戰略論

間接路線

Strategy

The Indirect Approach

B.H.Liddell-Hart 李德哈特｜著

鈕先鍾｜譯

戰略思想叢書 3

戰略論：間接路線

Strategy: The Indirect Approach

作　　者　李德哈特（B. H. Liddell-Hart）
譯　　者　鈕先鍾
責任編輯　揭仲、周湘華、吳莉君
總 經 理　陳蕙慧
發 行 人　凃玉雲
出　　版　麥田出版
城邦文化事業股份有限公司
100 台北市中正區信義路二段213號11樓
電話：(886)2-23560933　傳真：(886)2-23516320；23519179
發　　行　英屬蓋曼群島商家庭傳媒股份有限公司城邦分公司
104 台北市中山區民生東路二段141號2樓
客服服務專線：(886)2-25007718；25007719
24小時傳真專線：(886)2-25001990；25001991
服務時間：週一至週五上午09:00~12:00；下午13:00~17:00
劃撥帳號：19863813；戶名：書虫股份有限公司
讀者服務信箱：service@readingclub.com.tw
網　　站　城邦讀書花園
網　　址　www.cite.com.tw
麥田部落格　http://blog.yam.com/rye_field
香港發行所　城邦（香港）出版集團有限公司
香港灣仔軒尼詩道235號3樓
電話：(852)25086231　傳真：(852)25789337
E-mail：hkcite@biznetvigator.com
馬新發行所　城邦（馬新）出版集團【Cite (M) Sdn. Bhd. (458372U)】
11, Jalan 30D / 146, Desa Tasik, Sungai Besi,
57000 Kuala Lumpur, Malaysia.
電話：(60) 3-9056-3833　傳真：(60) 3-9056-2833
印　　刷　宏玖國際有限公司
初版一刷　1996年6月1日
二版一刷　2007年9月15日
售價／420元
ISBN：978-986-173-294-7

《戰略思想叢書》總序

鈕先鍾

有許多讀者，尤其是比較年輕的一代，對於以戰爭為主題的書刊，都顯示出熱烈的愛好。不過，坊間出版的書籍，和他們閱讀的方向，最普遍者多為武器技術的報導，其次則為戰爭行為的描述（戰史），很少能夠達到戰略層面。但對於戰爭的研究又還是不能僅以物質和行動為限，而必須逐漸深入到思想和理論的境界。否則其認知必然流於膚淺，對於因果關係更不能獲得適當的解釋。簡言之，任何學術的研究，若僅重視硬體而忽視軟體，則不僅將構成盲點，而且也會呈現眞空。戰爭研究又何獨不然？

這也就是我們決定出版《戰略思想叢書》系列的主要原因。其目的即為消滅盲點，塡補眞空，並替愛好戰爭研究的讀者開拓一個新境界。戰略思想的著作能使讀者在心與物，知與行之間獲得必要的平衡。這樣遂更能提高其研究的水平，和加深其了解的程度。

這一套叢書的前五本是以譯介西方戰略思想經典名著為內容。所謂經典者也就是不朽之作。這樣的著作在任何學域中都是像鳳毛麟角一樣地稀少和珍貴。在戰略領域中則更是屈指可數，凡是想要懂得戰略的人都應該將其列為必讀之書。

西方戰略思想雖源遠流長，但其發揚光大則還是始於十九世紀，而又是以拿破崙戰爭爲起點。所以，首先介紹的是約米尼(Antoine Henri Jomini)和克勞塞維茨(Carl von Clausewitz)。他們是十九世紀兩大師，也是拿破崙思想遺產的直接繼承者。其次則爲李德哈特(B.H. Liddell Hart)和富勒(J.F.C. Fuller)。他們是二十世紀前期兩大師，也是從近代到現代的關鍵人物。最後則爲法國薄富爾將軍(André Beaufre)。他的書可以代表傳統思想的總結，現代思想的開創。綜合言之，若能精讀這五位大師傳世之作，則對於戰爭和戰略的研究應可奠定足夠堅實的基礎。

約米尼是啓明時代(十八世紀)戰略思想主流的末代傳人。其所著《戰爭藝術》(*The Art of War*)，當代戰史大師何華德(Michael Howard)譽爲十九世紀最偉大的軍事教科書，而他本人則宣稱「我深信這本書對於國王和政治家都是極適當的教材」。約米尼對後世的影響極爲深遠，西方軍事教育至今仍奉其爲圭臬。

克勞塞維茨的《戰爭論》(*On War*)是知道的人很多，讀過的人很少，而眞正了解的人則少之又少。那是一本難讀的大書，要求一般讀者，尤其是青年學子或基層軍官，讀其全文，實在是不可能也不必要。現在所介紹的「精華」本，是一種很合理想的設計，使讀者不必花太多時間即能了解《戰爭論》的概要，和克勞塞維茨思想的重點。誠如原書編者所云，要算是一條捷徑。

《戰略論》(*Strategy: The Indirect Approach*)是李德哈特傳世之作。其最早的出現是在一九二九年，其最後的增訂版則在一九六七年。這本書不僅宣揚其「間接路線」，而對於戰略理論也作了有系統的扼要分析，尤其是有關大戰略的思考更開風氣之先，直到今天仍受到全世界的尊重。《戰略論》與《第二次世界大戰戰史》（本社出版）同爲不朽巨著，應同時研讀。

富勒之於李德哈特，其關係是介乎師友之間。富勒的最偉大著作爲《西洋世界軍事史》（本社出版），而《戰爭指導》（*The Conduct of War*）爲其晚年著作，可以視爲前書的補篇。富勒到此時，其思想已爐火純青，所以其價值不僅不遜於前者，而甚至於猶有過之。這本書以歷史爲基礎，其所分析的內容則爲法國革命、工業革命、俄國革命對戰略思想所產生的衝擊。尤是他在六〇年代初期即已預言「馬列主義正在逐漸枯萎」，其先見之明眞令人佩服。

薄富爾是我們要介紹的最後一位西方已故戰略大師。他要比李德哈特晚一輩，其思想的結晶，著作的出版都已在第二次大戰之後，可以算是核子時代的產品。他的思想不僅超過傳統境界，而且也越出軍事的範疇。他的第一本著作也是其代表作即爲《戰略緒論》（*An Introduction to Strategy*），出版於一九六三年，此時人類進入核子時代已近二十年。所以，他有完全不同的戰略認知，並建立新的思想體系。國人對於薄富爾的著作一直都不曾給與以應有的重視，實在很令人引以爲憾。

這樣五本西方經典名著構成這一套叢書的第一個部分，也是其首要的部分。若能認眞研讀這些著作，則不僅對於戰略思想的源流可獲全面的了解，而在研究戰史或國家安全問題時，更能提供必要的理論基礎。基於上述的認知，我們敢於相信這一套戰略思想叢書應能受到大家的肯定。

西元一九九五年二月

目錄

原序

李德哈特

氫彈的出現已爲世界投下了一道黑影，而「自由世界」方面，尤其顯得陰森。這種兵器在設計時的目的，本是爲了保護他們，可是結果他們反而最感焦急。他們這種日益增高的「不安全」感，正足以構成一個極富諷刺意味的反省，使人回憶到當一九四五年，他們的領袖對放出這個「原子惡魔」以來加速日本崩潰的決定，是如何的草率和缺乏思考。邱吉爾的《戰時回憶錄》，其最後一卷故意定名爲〈勝利與悲劇〉，在那本書上曾有一個極驚人且具有重大意義的透露。他說：「對於是否應該使用原子彈的問題，從來不曾有過一分鐘的討論。」

氫彈對於廣島的轟炸而言，可算是一個報應。當年負責的政治家認爲這是確保迅速完全的勝利，和爾後世界和平的最容易和最簡單的方法。誠如邱吉爾所云，他們的想法是以爲「這足以使戰爭結束，使世界和平，只要花少數幾個爆炸的成本，即足以顯示出驚人的力量，對於受苦受難的人民，伸出救援的手來。當我們經過這樣多的勞苦與危難之後，這似乎可以算是一種奇蹟了。」可是到了今天，自由世界的人們所感到的焦慮反而與日俱增，此正足以證明當時的領袖們，對這個問題並沒有能夠想透——這樣的勝利並不能獲得和平。

他們的眼光始終不曾超出眼前的戰略目標——「贏得戰爭」——之外，而且更認爲軍事勝利即足以保障和平——這個假定是與歷史的通則相違背的。這可以算是一個萬古不變的眞理：純粹軍事性的戰略，必須受到具有較長久和較廣泛觀點的「大戰略」的指導。

在第二次世界大戰那樣的環境中，勝利的追求是注定要變成悲劇的，把德國的抵抗力完全消滅了之後，結果當然無異於是爲蘇俄掃淸了侵入歐陸的道路，而使共產黨的勢力，可以向四面八方擴展。這也是同樣自然的結果：在戰爭結束的時候，原子武器旣然有了如此驚人的表演，俄國人在戰後就一定會設法發展這種武器了。

從來不曾有過這樣不安全的和平，經過了八個神經緊張的年頭之後，核熱武器的生產更使「勝利的國家」益增加其不安全感。但這還不是其唯一的效果。

即令還只是在試爆之中，氫彈卻早已比任何的東西，更足以證明出用「總體戰」當作方法，和用「勝利」當作戰爭目標，是如何的荒唐不經。這兩個名詞以及它們所代表的觀念，似乎都是完全不合理的。

連主張戰略轟炸的鉅子們，也都已經認淸了這個事實。英國空軍元帥斯雷索爵士(Sir Jocn Slessor)，最近曾經發表他的見解說：「四十年來，我們所知道的總體戰，現在是已經過時了……今後若再有世界大戰發生，其結果無異是集體自殺，而人類的文明亦將就此結束。」英國空軍元帥泰德勛爵(Lord Tedder)，也早已強調過這一點，他說：「用原子武器的戰爭不是決鬥，而是交互自殺。」

可是接著他又說：「這種趨勢似乎可使侵略行爲不致受到鼓勵。」——這句話卻比較不合邏輯。因爲一個冷血的侵略者，也許會估計到他的對手有一種不願意自殺的先天猶豫心理——這種心理使他們對那些不是明顯致命的威脅，可能就不會採取立即的反應。

任何一個負責的政府，當它達到這個地步時，是否會敢於使用氫彈，以來回應一個間接性的侵略，或者是任何局部和有限性的侵略呢？連空軍方面的領袖人物本身，都警告我們說，這是一種「自殺」的行爲，那麼若是再感到躍躍欲試的話，則似乎眞是瘋狂了。因此，我們可以假定除非這個威脅，要比氫彈本身還更可怕，否則就決不會有人使用氫彈。

政治家想把這種武器用來當作對於侵略的一種嚇阻工具，這種信念的基礎實在是一種幻覺。使用這張王牌的威脅可以當作是一種虛聲恫嚇。可是事實上，俄國人，尤其是克里姆林宮的主人，對於它似乎是不會太認眞，而那些靠近鐵幕邊緣的國家，卻也許會感到更傷腦筋，因爲他們會害怕蘇俄的戰略空軍拿他們當作開刀的試驗品。假使說用原子武器來保護他們，其結果可能反而削弱了他們的抵抗決心，那麼它的「後膛爆炸力」早已證明出來是有很大的損毀力量。

對於「遏制」政策而言，氫彈是不特無益而又害之。它固然可以減低全面戰爭爆發的可能性，但是它卻也使有限戰爭的可能性大爲增加，助長了間接局部性侵略之風。侵略者可以使用各種不同的技術，型式雖各有不同，而其設計著眼點卻是完全一樣的——設法使對方猶豫不決，不願意使用氫彈或其他原子武器。

要想「遏制」這種禍害，我們現在對於「傳統武器」反而倚仗更深。不過這個結論並不是說，我們一定要回到傳統性的方法，我們在方法方面是可以翻陳出新的。

我們已經進入一個新的戰略時代，它的本質與原子空權論者的假想是具有很大的差異——這些人對於舊時代而言，是一些「革命」派。我們的對手今天所發展出來的戰略，其基本的著眼點有二：㈠是閃避優勢的空權；㈡是使優勢空權無用武之地。很夠諷刺的，當我們對轟炸武器的「巨型」效力愈加以發展，則我們愈促進了新型游擊戰略的進步。

我們自己的戰略必須以明白把握住這個觀念爲基礎，我們的軍事政策也需要重新決定它的方向。我們必須針對敵人的戰略，成功發展出一種有效的反戰略。在這裏我們還可以附帶的說明一句：想用氫彈來毀滅敵人的城市，其結果則是減少了可以做我們「第五縱隊」的材料。

認爲原子武力即足以取消戰略的假定，是完全不正確的。因爲它既然能使毀滅達到「自殺」的極致，其結果一定會促使人們加速反省，而又回到間接的路線上——這本是戰略的精義，它爲戰爭帶來了智慧，使戰爭超出了暴力的境界之外。在二次大戰中，早已有很多的跡象，足以證明「間接路線」的價值——在那次戰爭中，戰略所擔負的角色，遠比一次大戰中更爲重要，雖然大戰略方面卻不免令人失望。而今，若沿著慣用的路線，而用原子嚇阻力來採取直接行動，則結果反而會使侵略者在戰略上坐享漁人之利。所以當原子武器日新月異之際，我們對於我方所具有的戰略力量，也必須有同等程度的了解，才足以發揮配合的效力。嚴格說來，戰略的歷史也就是間接路線的使用和演化的紀錄。

從本書的初版(用《歷史上的決定性戰爭》〔*The Decisive Wars of History*〕爲書名)迄今，已經二十五年了。一九四一年曾經有一個增訂版，用《間接路線的戰略》〔*Teh Strategy of Indirect Approach*)的書名發表。在二次大戰期間和戰後也曾經一再再版，不過現在卻早已銷售一空。此外，這個增訂版也從來不曾在美國出版。自從戰後，外國的譯本數量大形增加，似乎顯示出它的英文原本也有再出新版之必要，於是我就乘著這個機會，把內容又作了一次增補。這樣一來，書的篇幅就更擴大了，不過我對戰役的說明，還是力求簡潔，避免瑣碎的敍述。只有如此，才不會有見樹不見林之弊。

當我在研究古今的無數戰役時，我才發現到，間接路線實在是遠比直接路線更爲優越——在此，我還是專就戰略學的觀點來立論的。不過經過了更深入的反省之後，我才開始認識到這種間接路線，還可以有更廣泛的應用。在所有一切生活的領域之內，這都是一條不易的定律——這也是哲學上的眞理。對於人生途徑上的一切問題，它都能夠加以解決。無論在何種情形之下，一個新觀念的直接攻擊，結果必然會挑起頑強的抵抗，使局面反而難於改善。若是使用出人意外的滲透手段，用側擊的方式，則其收效反而會更容易和更迅速。從政治的領域以至於戀愛的場合，間接路線都是一個基本的原則。在商業方面，用討價還價的手段，則成交的機會可以較多。在任何的情形之下，要想說服一個人接受一個新觀念，最可靠的方法就是使他認爲這就是他自己的觀念！正和戰爭中的情形是一樣的，在未克服敵人抵抗之前，應首先減弱他的抵抗，而最有效的手段即爲把他引出其本身的防線之外。

在一切和人心有關的問題上，間接路線的觀念都具有密切的關係——而人心在人類歷史上，也正是一個最重要的因素。不過這卻與下述的另一種見解頗難調和——只有不顧一切的後果去追求眞理，始能獲得眞正的結論。

歷史固然證明出來，「先知者」對於人類的進步，是具有極重大的貢獻——這也表示出，當一個人看到眞理之後，若對於它做無保留的表達，還是能發揮終極的實際價值。不過歷史卻也同樣明白的顯示出，要使先知者的觀點爲大家廣泛的接受，還需要有另一類人物的努力。這種人就是「領袖」，他們是哲學的戰略家，在眞理與人們所可能接受的限度之間，獲致一個折衷的解決。決定他們成就的因素有二：㈠爲他們自己對於眞理的了解限度，㈡爲當他們表達眞理時所具有的實際智慧。

先知者是應該殉道的，這是他們命中注定了的，求仁得仁，死復何憾！但是一個領袖若以身殉道，則不過適足以證明他是失敗的，沒有達成他的任務。一方面表示他缺乏智慧，另一方面表示他並未認淸他的任務和先知者是有所不同的。不過只有時間才能做最後的裁判者，以來判決這種犧牲是否值得——就一個領袖的身分而言，表面上他是失敗了，但就一個「人」的地位而言，則這種失敗也許又適足以增加其光榮。至少，他已經避免了一般領袖人物的通病——那就是不惜為「便宜主義」而犧牲眞理，可是對於結果卻並無眞正利益之可言。假使一個人總是慣於為了眼前的利害，而犧牲眞理，則從你的思想子宮中所生產出來的，一定都會是畸形的嬰兒。

那麼有無一種實際的方法，折衷於二者之間呢？一方面不違背眞理，而另一方面又使人易於接受。從戰略原理的研究中，似乎可以暗示出一個可能的解決方案。戰略學告訴我們最重要的，**就是一方面經常保持著一個目標，而另一方面在追求目標時，卻應該適應環境，隨時改變路線**。眞理必然是會遭到反對的，尤其是當它採取一種新觀念的形式時更是無可倖免，但是這種抵抗的程度，卻可以設法減輕——那就是不僅要考慮到目標的本身，而且還更要考慮到進行的路線。避免向堅固的陣地作正面的突擊，盡量採取側翼上的行動，以求找到一個暴露的弱點。不過，在任何這一類的間接行動中，必須非常小心謹愼，不要背離了眞理，否則就會遭到更大的失敗。

從每個人自己的實際經驗中，就可以找到充分的例證，以來說明這些思想的意義。每當一種新觀念想要獲得大家的接受時，最容易的方式即為設法使大家認為這並非一種嶄新的東西，而只是把「古已有之」的舊東西，加以摩登化而已。這也非故意做欺人之談，實際上，在太陽底下的東西沒有一樣是全新的，只是大家不太肯用腦筋，去尋找新舊兩者之間的關係而已。下面所說的即為一個明顯的例證，當我們證明了機動化裝甲車輛就是古代裝甲騎兵的承繼者以後，那些反對機械化的呼聲馬上就降低了，他們馬上就自然而然的回想到騎兵在過去戰爭中所擔負的決定性任務。

孫子語錄

兵者詭道也。故能而示之不能，用而示之不用，近而示之遠，遠而示之近，利而誘之，亂而取之。

夫兵久而國利者，未之有也。故不盡知用兵之害者，則不能盡知用兵之利也。

不戰而屈人之兵，善之善者也。故上兵伐謀，其次伐交，其次伐兵，其下攻城。

凡戰者，以正合，以奇勝。

出其所必趨，趨其所不意。

進而不可禦者，衝其虛也。退而不可追者，速而不可及也。

人皆知我之所以勝之形，而莫知吾所以制勝之形。

夫兵形象水，水之行，避高而趨下。兵之勝，避實而擊虛。水因地而制行，兵因敵而制勝。

故迂其途，而誘之以利，後人發，先人至，此知迂直之計者也。

先知迂直之計者勝，此軍爭之法也。

無邀正正之旗，勿擊堂堂之陣，此治變者也。

圍師必闕，窮寇勿追。

兵之情主速，乘人之不及，由不虞之道，攻其所不戒也。

第一篇

二十世紀以前的戰略

第一章 緒論

「愚人說他們從經驗中學習，我卻寧願利用別人的經驗。」這句話據說是俾斯麥說的，但是卻不一定是他最先發現了這個眞理。這個眞理對於軍事問題具有特殊的意義。和其他的行業不同，一個「正規」軍人並不能經常的實習他這種職業。所以甚至有人會強辯著說，軍人這一行職業，簡直不能算是一種眞正的職業，而只是一種「臨時性的僱傭關係」(casual employment)。這似乎是很矛盾的：當過去實行傭兵制的時候，軍人倒還可以算是一種職業，爲了戰爭的目的，他們才受僱和領餉。可是等到傭兵制度爲常備兵制度所取而代之以後，軍人在不打仗的時候，也都照樣可以領到薪餉了。

關於這種嚴格說來並沒有「職業軍人」的辯論，假使說在工作方面，對於今天多數的軍人並不適用；那麼至少在練習方面，卻是非常的適合。因爲比之從前，戰爭是越來越少，而且也越來越大。在平時所謂訓練也者，即令是最好的，也都只是「理論」多於「實踐」。

但是俾斯麥的名言在這個問題上面，卻又投射出一線新希望。它使我們認淸了事實上有兩種不同的「實際經驗」(practical experience)：直接的和間接的。而在這兩者之間，間接的實際經驗可能是更有價值，因爲它的範圍比較廣泛。即令在一個最活躍的職業中，尤其是一個軍人的職業，其實習的範圍和可能性一定還是十分有限。與軍事作一個對比，醫師這一行職業可說是具有極大的實習機會。

可是在醫藥方面的最大進步，多數還是要歸功於科學思想家和研究工作者，而並非實際開業的醫師。

直接經驗有其先天上的限制，無論對於理論或應用而言，都不足以構成一個適當的基礎。最多它只能造成一種氣氛，這對於思想結構的精鍊化具有相當的價值。為什麼間接的經驗能夠具有較大的價值呢？主要的原因是由於它的種類較繁多，而範圍也較廣泛。「歷史是一種普遍性的經驗」——這不是某一個人的經驗，而是許多人在各種複雜多變的條件下，所產生的經驗。

為什麼要把軍事史的研究當作是軍事教育的基礎，這就是一個合理的根據，對於一個軍人的訓練和心智的發展，它都具有無上的實際價值。不過也和其他一切的經驗一樣，這種研究的成就應決定於下述兩點：它的範圍寬度，以及研究的方法。

拿破崙有一句常為人所引用的格言：「在戰爭中，精神對物質的比重是三比一。」大多數的軍人都一致接受這個廣泛的眞理。實際上，這種算術上的比例可能是毫無意義的，因為假使兵器不適當，則士氣也就會隨之減退，而在一具死屍上面，連最堅強的意志力也都會喪失了它的價值。不過儘管精神因素和物質因素是分不開的，可是拿破崙這一句格言卻還是具有不朽的價值，因為它表現出一個重要的觀念——在一切軍事性決定中，精神因素是居於首要的地位。戰爭和會戰的結果經常是以它們為轉動的基礎。在戰爭的歷史中，它們成為一個最具有「常」性(constant)的因素，僅僅只有程度上的變化而已。而其他的物質因素，則幾乎在每一個戰爭中和每一種軍事情況之下，都可以完全不同。

這種認識對於以實用為目的，而研究軍事歷史的整個問題，都具有影響作用。近代的研究方法常常是選擇一兩個戰役，而加以深入的研究，想以此來當作職業訓練的工具和軍事理論的基礎。不過這種基礎的範圍卻很有限，無法表示出從這一個戰爭到那一個戰爭之間，軍事方法(工具)的連續演變，所以很具有危險性，會使我們的視界狹窄而得不到正確的結論。在物質的領域中，唯一經常不變的因素就只是下述的事實：一切工具和條件幾乎經常是在變化之中。

反過來說，人類天性對於危險的反應卻幾乎很少變化。某些人，由於遺傳、環境，或訓練的影響，其反應可能不像旁人那樣敏感，但這只是程度上的差異，而並非根本上的差異。我們的研究若愈局部化，則此種程度上的差異愈不明顯，也愈難計算。我們固然無法精確的計算出來，人們在某種情況之下，就會具有多少的抵抗力，但是下述的判斷卻是人盡皆知的：受到奇襲時的抵抗一定會比在有戒備時較差；在飢寒交迫時的抵抗力一定會比暖衣足食時較差。心理觀察的範圍愈廣，則研究的基礎也就愈佳。

心理因素既然比物質因素還重要，而且它又具有較大的「常」性，因此可以得到一個結論：任何戰爭的理論，在基礎方面總是越寬廣越好。除非我們對於全部戰爭的歷史，都先具有廣泛的知識，然後以此爲基礎再來對某一特定戰役作深入的研究，否則這種深入研究很可能會把我們引入迷途。反而言之，假使在不同的時代和不同的環境中，一共有二、三十次的例證，都足以證明有某種的「因」，即能產生某種的「果」時，那麼我們再把這種因果關係當作是任何戰爭理論中的一個完整部分，似乎也並非沒有理由了。

這一本書的內容就是這種「廣泛」觀察的結果。實際上，它也可以認爲是由於某些因素所引起的複合後果，這些因素與我曾擔任《大英百科全書》軍事部主編的職業有關。以前，我也只是就興趣之所趨，以來個別的研究某些時代的戰史，可是這個工作卻強迫我不得不對各個時代作一個普遍的觀察。一個觀察者——甚至於只是一個遊歷者——對於世界上的一切，卻也至少能夠具有較廣泛的看法，而一個礦工卻只知道他那個坑道以內的一切。

在這個觀察之中，我逐漸獲得了一個強烈的印象——那就是從古到今，在戰爭中除非所採取的「路線」(approach)是具有某種程度的「間接性」(indirectness)，以使敵人感到措手不及，難以應付的話，否則很難獲得有效的結果。**這種「間接性」常常也是物質性的，但卻一定總是心理性的。**從戰略方面來說，最遠和最彎曲的路線，常常也就是一條眞正的「捷徑」。

這些累積的經驗明白的告訴我們，若是一個人沿著敵人所「自然期待的路線」(line of natural expectation)，以來「直接」地向他的精神目標或物質目標進攻，則所產生的常常都是負面的結果。拿破崙的名言——精神對物質的比重是三比一——即足以清楚的說明這個理由。我們也可以更科學化的把它的涵義再重述一遍：一個敵軍或敵國的力量，從表面上看來，其表現的方式就是它的數量和資源，可是其眞正的基礎卻是指揮、士氣和補給上的穩定性。

沿著敵人「自然期待的路線」採取行動，結果足以鞏固敵人的平衡，因而也增強了他的抵抗力量。戰爭也和摔角一樣，假使不先使敵人自亂步驟和自動喪失平衡，而企圖直接把敵人弄翻，結果只會使自己搞得筋疲力竭——用力愈大則輸得愈慘。除非雙方的實力太懸殊，否則這種笨方法是絕不可能獲勝的。而且即令獲勝，也不易獲得決定性的戰果。在多數戰役中，首先使敵人在心理上和物質上喪失平衡，常常即足以奠定勝利的基礎。

一個戰略性的「間接路線」——可能是有意的，也可能是偶然的——即足以使敵人「喪失平衡」(dislocation)。誠如以下分析所顯示出來的，它可以採取各種不同的形式。根據卡門將軍(Gen. Camon)的研究指出，當拿破崙指揮作戰時，其經常不變的目標和方法，就是「敵後的活動」(manoeuvre sur les derrières)。所謂間接路線的戰略，實際把這個觀念包括在內，而比它的範圍還更廣泛。卡門所注意的主要是物質性的行動——時間、空間和通信交通等因素。但是從心理因素上分析，我們可以看出來在許多戰略行動之間，是具有某種內在的關係，和向敵後的活動在表面上並無相似之處。可是這些卻也都是「間接路線戰略」的重要例證。

要發現這種關係，並想決定這種行動的性質，並不需要把雙方的實力數量，以及補給運輸的詳情，全部表列出來。我們所要注意的只是在這一套綜合性的例證中，找到其歷史性的結果，並且研究引出這些結果的物質上或心理上的行動是什麼。

假使不管條件如何的變化，某種類似的行動即足以引起某種類似的後果，那麼很明顯的，我們就可以找到一個共同的規律。這種條件的變化愈廣泛，則所得的結論也就愈可靠。

對於戰爭作廣泛的觀察，其客觀價值並不僅限於新型戰爭原理的研究。假使對於任何戰爭理論而言，這種廣泛的觀察均是一個必要的基礎；那麼對於一個有志於發展自己的觀點和判斷的軍事學者而言，這種廣泛的觀察，也就具有同樣的重要性。否則，他對於戰爭的知識將好像是一個倒金字塔，頭重腳輕，隨時都有傾覆的危險。

第二章　希臘時代的戰爭

這個觀察的當然起點就是歐洲歷史中的第一次「大戰」——波希戰爭(The Great Persian War)。在這個時代中，戰略還只是在萌芽的階段，我們當然不可能希望獲得很多的教訓，可是馬拉松(Marathon)的大名，卻在每一個歷史研究者的心靈上和意象上，留下了一個太深刻的烙印，所以對於這個時期的戰爭，還是有略加說明之必要。因爲歐洲人對於古代的希臘人，都抱著一種崇拜的幻想，因此它的重要性就更顯得誇張。當我們作客觀的研究時，這些史實的重要性固然相當的被減低，但是其在戰略上的意義卻反而增加了。

西元前四九〇年，波斯人的侵略行動，實際上只是一個規模相當小的遠征行動，其目的是要教訓艾雷特里亞(Eretria)和雅典(Athens)少管閒事，不要鼓勵波屬小亞細亞境內希臘人作謀叛的企圖。在大流士(Darius，波斯名王)眼中看來，這些國家眞是渺小得可憐。艾雷特里亞爲波斯人所滅，它的人民被強迫移殖到波斯灣上的地區中。第二個對象就輪到了雅典，據說當時雅典國內的極端民主黨，由於反對保守黨的緣故，也準備伺機幫助波斯人入侵。波斯並不直接向雅典城進軍，而在東北方二十四哩以外的馬拉松登陸。他們的計畫可能是想吸引雅典陸軍出城迎敵，然後他們的友黨便在雅典城內乘機奪權。若是直接攻擊雅典城，則會使這種機會不易發生，甚至於還會促使反對黨也合力自衛，結果

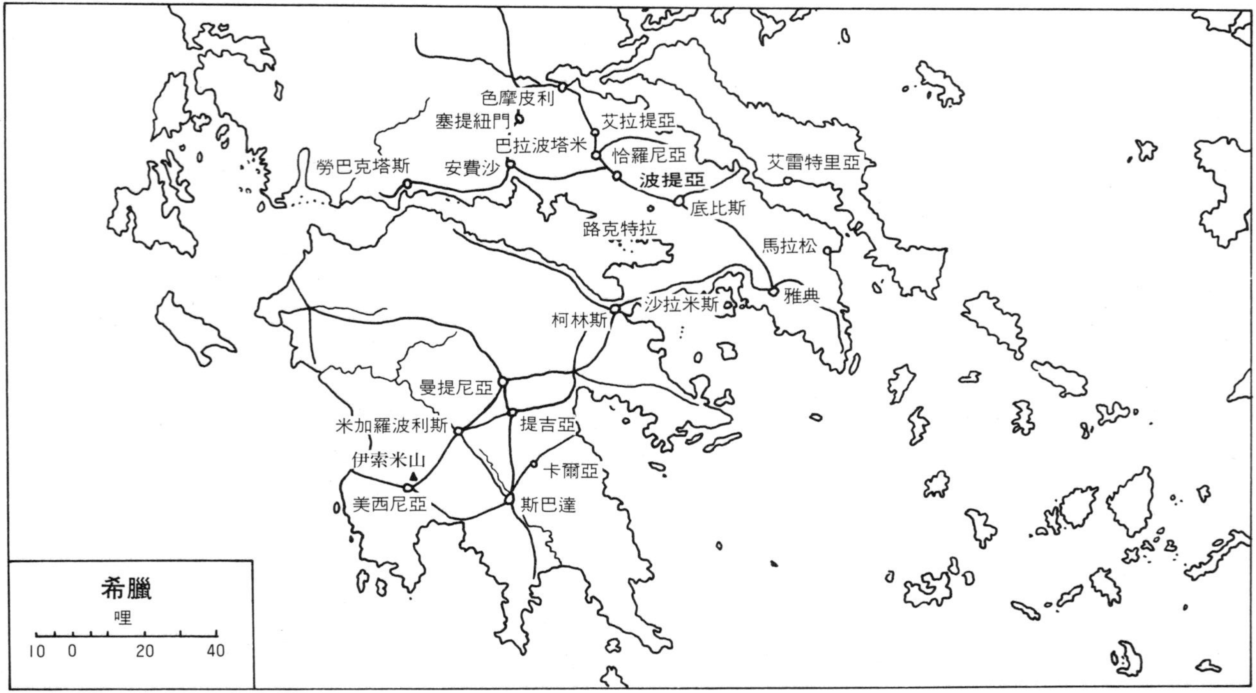
希臘
哩
10 0 20 40
色摩皮利
塞提紐門
艾拉提亞
巴拉波塔米
恰羅尼亞
勞巴克塔斯
安費沙
波提亞
艾雷特里亞
底比斯
路克特拉
馬拉松
雅典
沙拉米斯
柯林斯
曼提尼亞
提吉亞
米加羅波利斯
伊索米山
卡爾亞
美西尼亞
斯巴達

就會使他們必須作艱苦的攻城戰。

假使這眞是波斯人的計畫，那麼他們這一次誘敵行動要算是已經成功了。雅典的軍隊果然向馬拉松前進，以迎擊入侵者。此時，波斯人又開始執行他們戰略計畫中的第二步。在少數兵力掩護下，他們把其餘的部隊又重新裝上船隻，企圖繞道開往法里龍(Phalerum)，並在那裏登陸。然後從那裏向防務空虛的雅典城進攻。這個戰略計畫在原則上是很不錯的，可惜由於各種因素的關係，結果卻沒有成功。

由於希臘主將米爾泰德斯(Miltiades)具有過人的活力，所以雅典軍一獲得機會，便立即毫不遲疑的向波斯的掩護部隊進攻。在馬拉松會戰中，希臘軍的裝甲和長矛都比較優良，也是制勝原因之一——在波希雙方的戰爭中，這都是希臘人所擁有的重要優勢。即令如此，這一次的戰鬥卻要比稗官野史上所形容的遠爲激烈，而且波斯掩護部隊中的大部分都還是安全的上船撤走了。雅典軍又迅速的回到他們的城裏，由於這個行動上的迅速，加上反對黨的遲疑不決，才使他們獲救了。當雅典軍回城之後，波斯人就看出來非實行攻城戰不可。但是他們的目的只不過是想教訓雅典人一番，所以認爲若要付出較高的代價，實屬得不償失——所以他們自動的退回亞洲。

過了十年之後，波斯人才再度的大舉來犯。可是希臘人對於這一次的警報，卻反應得很慢，一直到西元前四八七年，雅典人才開始擴充他們的海軍——這是對抗波斯人優越陸上兵力的唯一決定性因素。事實上，希臘和歐洲之所以能逃避波斯人蹂躪的主因，是由於在埃及曾經發生了一次叛亂，這個叛亂使波斯人從西元前四八六年到四八四年之間，無暇他顧。此外，波斯第一位名王大流士之死也是原因之一。

當西元前四八一年，波斯人大舉侵略希臘的時候，這一次的規模可以說是大到了空前的程度。它不僅足以強迫希臘的各城邦和各黨派都一致團結禦侮，而且也強迫澤爾西士(Xerxes，大流士的承繼者)對於他的目標，非採取直接路線不可。因爲兵力太大了，無法使用海運，而必須由陸路前進。但爲了應付規模空前龐大的補給作業，又必須利用海運。結果陸軍的行動被限制在海岸上，而海軍又受到陸軍的牽制——彼此都縛著一隻腿。所以希臘人對於敵人的進路，事先可以有很準確的預測，而波斯人卻無法要弄一點變化。

地理的形勢也使希臘人可以獲得一連串的據點，足以有效的封鎖敵人的天然通道。誠如格侖地(Grundy)所說的，假使當時不是由於希臘內部意見分歧，利害不一致的話，那麼侵入軍可能永遠達不到色摩皮利(Thermopylae)以南。實際上的結果是，歷史上留下了一個不朽的故事，希臘的艦隊在沙拉米斯(Salamis)擊敗了波斯的艦隊，而使侵入軍立於必敗的地位。當其時，澤爾西士和他的強大陸軍只能在一旁愛莫能助的看著他的艦隊，以及更重要的補給來源被毀。

值得注意的是所以能獲得這次決定性海戰機會的原因，是希臘人用了一個詭計，這也可以算是間接路線中的某一種形式。提米斯托克里斯(Themistocles)故意送了一個假情報給澤爾西士，告訴他說希臘艦隊投降的陰謀已經到了成熟的階段。根據過去的經驗使得波斯人信以爲眞，於是波斯的艦隊被騙入了狹窄的海峽，使他們數量上的優勢喪失了價值。事實上，提米斯托克里斯之所以出此一計，是因爲他害怕伯羅奔尼撒(Peloponnesus)的聯軍指揮官會從沙拉米斯撤走——他們在戰爭會議中確曾作如此的主張。於是就只剩下雅典的艦隊，單獨和波斯人作戰，在大海之中，數量的優勢即足以決定勝負。

在波斯方面，只有一個人曾經當面警告澤爾西士——他本人是很想和希臘作一次決戰的。此人即爲從哈利卡納蘇斯(Halicarnassus)來的阿爾提米西亞(Artemisia)女王。她精通海軍之道，反對波斯海軍採取直接進攻的辦法，而主張與波斯陸軍合作，先向伯羅奔尼撒進攻。她認爲在這個威脅之下，伯羅奔尼撒的聯合艦隊一定會趕回家，於是希臘的海軍就會自動分散了。她的預測也正和提米斯托克里斯的焦慮是同樣的合理，假使不是波斯的艦隊阻塞了出口，那麼伯羅奔尼撒的艦隊在第二天上午就會開始撤退的。

攻勢一開始之後，攻方即處於絕對不利的地位，守方一部分兵力後撤，變成了誘敵之計，結果使攻方的強大兵力喪失了平衡。當攻方船隻進入了狹窄的海峽之後，希臘人再度撤退，於是波斯船隻加快划行的速度，終於亂成一團。此時希軍從兩側逆襲，使他們完全處於暴露的地位。

在此後七十年當中，唯一足以約束波斯人侵入希臘的主要因素，就是雅典人擁有一種間接攻擊的力量，以波斯的交通線爲目標。當雅典的艦隊在敍拉古(Syracuse)被毀之後，波斯人馬上又捲土重來了，由此即可證明這種看法的正確。從歷史上看來，這是一個值得注意的事實，使用戰略上的機動性，以採取間接的路線，在海戰中對此項原理的認識和發揮，要比陸戰爲早。這也是理所當然：只有在發展的後期中，陸軍才開始倚賴「交通線」以來取得他們的補給。可是，海軍卻是慣於以海上交通線(對方的補給工具)爲作戰的對象。

波斯人的威脅過去之後，沙拉米斯之戰的結果使雅典成爲希臘的盟主。其霸權的結束就是伯羅奔尼撒戰爭（西元前四三一—四〇四年）。這個長達二十七年的苦戰，不僅使雙方主要交戰國打得筋疲力盡，連所謂的中立國也受到很嚴重的影響。主要的原因是雙方在戰略上常常猶豫不決和無的發矢，所以才會使戰爭拖了這麼久的時間。

在第一個階段中，斯巴達（Sparta）和它的同盟國，準備向阿提卡（Attica）作一次直接的侵入。他們卻爲伯里克里斯（Pericles）的戰爭政策所阻，他拒絕和敵人作陸上的戰鬥，而專用雅典的優勢海軍，到處發動突襲，以來消磨敵人的戰志。

雖然「伯里克里斯戰略」是和「費賓戰略」（Fabian strategy）齊名，但是這種說法卻很容易引起誤解。爲了使思想澄清起見，名詞的定義也一定要力求正確。「戰略」這一個名詞，最好是限於「爲將之道」（generalship）的範圍內——即以實際指揮兵力作戰爲限，而與使用其他手段——經濟、政治和心理等方面——的政策有別。這種政策也可以說是一種較高級戰略的應用，我們可以另外創造一個名詞，那就是「大戰略」（grand strategy）。

所謂間接路線的戰略，其目的就是要設法使敵人喪失平衡，以來產生一個決定性的戰果。若以此例彼，那麼伯里克里斯的計畫應該算是一種大戰略，它的目的是想逐漸使敵人喪失耐性；最後使他認清沒有戰勝的希望。對於雅典人可以說很不幸的，在這個精神和經濟的消耗戰中，突然來了一次大瘟疫，使他們轉入不利的階段。於是到了西元前四二六年，伯里克里斯的消耗戰略，就爲克里昂（Cleon）和狄莫西尼斯（Demosthenes）的直接攻勢戰略取而代之。這種戰略的成本要高得多了，雖然有一些卓越的戰術性成功，但是總結果並不太好。接著在西元前四二四年的初冬時節，斯巴達的名將布拉西達斯（Brasidas）一口氣就把雅典人辛辛苦苦所贏來的成績，完全掃蕩乾淨。他的辦法是對著敵人的根本，採取戰略行動。繞過雅典本身，他迅速的向北進展，以進攻雅典在卡爾西德斯(Chaleidice)的領土——這裏素有雅典帝國的「阿奇里斯腳跟」(Achilles heel)之稱。一方面使用軍事力量，一方面用自由和保護的諾言，來鼓動各個城市背叛雅典。這個行動使雅典的守軍大爲震驚，於是他們派主力往援，在安費波里斯(Amphipolis)爲斯巴達軍所大敗。雖然在勝利中布拉西達斯也同時戰死了，可是雅典人仍然願意和斯巴達人訂定了一個吃虧的和約。

在以後的假和平時期中，雅典人雖然一再發動遠征的行動，但始終不曾收復他們在卡爾西德斯的立足點。於是作爲是一種最後的攻擊手段，雅典人決心向西西里(Sicily)之鎖鑰敍拉古，發動一次遠征。該地是斯巴達和伯羅奔尼撒主要的海外糧食供應地。這當然可以算是一種間接路線的大戰略，但卻具有一個重要的弱點，那就是它並非以敵人的實際同盟國爲攻擊對象，而是以他在貿易上的與國爲對象。所以結果不特未能牽制敵人的兵力，反而更吸引了新的生力軍，來和自己作對。

雖然如此，假使在執行上不犯一連串的錯誤——這幾乎是史無前例的——則也許還可能有成功的希望。若是眞能成功，則在精神上和經濟上都能發生很大的作用，足以使整個戰局改觀。阿爾西拜德斯(Alcibiades)本是這個計畫的擬定者，卻中途受了國內政敵的暗算，被迫解除兵柄。因爲他知道回國之後，必然會被判處死刑，所以他就逃往斯巴達，並且幫助對方來對付他自己所擬定的計畫。尼西亞斯(Nicias)本是堅決反對這個計畫的人，現在反而奉命來執行這個計畫。由於他的冥頑不靈，終於使雅典吃了一個大敗仗。

雅典陸軍在敍拉古被殲滅之後，只好再利用海軍來自衛，經過了九年的海戰，結果使它不僅獲得了一個有利的新和約，而且還重新建立了它的大帝國。可是好景不常，斯巴達在西元前四〇五年，又出了一位海軍名將賴桑德(Lysander)，終於使雅典從此一蹶不振。依照《劍橋古代史》的敍述：「他的作戰計畫是避免戰鬥，而專事攻擊雅典帝國的各個要害，使雅典人無法應付。」這第一句話並不太正確，因爲他並未絕對避免戰鬥，而是用避戰爲手段，以來尋求一個有利的決戰機會。他神出鬼沒的掉換他的航線，終於達到了達達尼爾海峽(Dardanelles)的出口處，於是他在那裏等候從朋提克(Pontic)運輸糧食往雅典的船隻。因爲這個糧食的供應對於雅典是一個重要的生命線，所以雅典的指揮官趕緊帶著總數一百八十艘軍艦的全部艦隊，開往護航。一連四天，他們都無法引誘賴桑德出戰，而他更裝做窘相百出的樣子，使雅典人深信他是已經被圍困住了。於是他們就沒退入西斯塔斯(Sestos)的安全港口中，而留在開闊的海面上。到了第五天，雅典的多數海軍人員都已經上岸去尋找食物，賴桑德卻突然全軍衝出，幾乎兵不血刃的把雅典的艦隊一網打盡。在一個小時之內，就爲這個最長的戰爭畫上了休止符。

在這個長達二十七年的爭霸戰中，有二十餘次的直接戰略都全告失敗，通常都是使主動的一方自己吃了大虧。由於布拉西達斯打擊在雅典的根本上，所以才使雅典的最後失敗成爲定局。阿爾西拜德斯的計畫，從大戰略方面來說，也是一條間接路線，以斯巴達在西西里的經濟根源爲攻擊對象。這對於雅典而言，是唯一轉敗爲勝的希望。再拖了十年，由於在海戰中採取了一條戰術性的間接路線，才使斯巴達獲得了一次大勝——但這個行動本身又是在大戰略上採取新間接路線的後果。以經濟目標爲攻擊對象，賴桑德希望至少可以使敵人的力量逐漸枯竭；但由於這個行動引起了敵人的恐懼和憤怒心理，終於又使他獲得了一個實行奇襲的有利機會，最後才使他迅速獲得了軍事上的決定性結果。

雅典帝國的衰落，使得在下一階段的希臘歷史中，由斯巴達取得了霸主的地位。於是我們的第二個問題當然就是，何者是使斯巴達喪失霸權的主要因素？這個答案是一個人，以及他對於戰爭藝術和科學的貢獻。在艾帕米隆達斯(Epaminondas)興起之前，底比斯(Thebes)就已擺脫了斯巴達的羈絆，而成爲獨立國家。當斯巴達的大軍經過波提亞(Boeotia)所向無敵的時候，底比斯人卻使用後人所謂的「費賓戰略」，拒絕和敵人發生戰鬥——就大戰略方面而言，這是一種間接路線，但就戰略方面而言，這卻僅是閃避的行動而已。這個方法使得底比斯獲得了足夠的時間，以來發展一支職業性的精兵，號稱「神聖部隊」(Sacred Band)，在此後的作戰中，這支兵力總是被當作矛頭使用。同時，它也獲得了時間和機會，來鼓勵各城邦反對斯巴達人。對於雅典人而言，他們又解除了陸上的壓迫，而可以集中全力來重建海軍。

於是在西元前三七四年，雅典同盟，包括底比斯在內，壓迫斯巴達和他們締結了一個有利的和約。雖然這個和約很快就破裂了，但由於雅典的海軍敢於冒險作戰，所以在三年之後，又重新召開了一個新的和會——到了此時，雅典同盟本身對於戰爭也感到厭倦了。斯巴達在這次和會上，收回了它在戰場上所喪失權利的大部分，並設法使底比斯與它的同盟國斷絕了關係。此後，斯巴達遂開始專以毀滅底比斯爲目的。可是當西元前三七一年，斯巴達的陸軍——在傳統上它是素質較優，但實際上卻是數量較多(一萬對六千)——開入波提亞的時候，卻在路克特拉(Leuctra)爲艾帕米隆達斯所率領的底比斯新型陸軍所擊毀了。

他不僅放棄了根據幾百年來之舊經驗所建立起來的戰術方法，而且無論在戰術、戰略和大戰略方面，他都奠定了一個新的基礎，以供後來的名家建立新的理論體系。甚至於他的組織設計也能夠永生或復活。因爲從戰術上看，使腓特烈大帝負有盛名的「斜行序列」(oblique order)，實際上只是把艾帕米隆達斯所用的方法，略加以修正而已。在路克特拉之戰中，艾帕米隆達斯違反了通常的慣例，不僅把他最好的兵力，而且更把他最多的兵力，都放在左翼方面，於是遂使他的中央和右翼的脆弱兵力向後收縮，而使對於敵人的一翼上，保持著壓倒性的優勢——這也是敵方將領所在的地方，所以也是他們意志上的關鍵。

路克特拉之戰後一年，艾帕米隆達斯率領著新成立的阿卡地亞同盟(Arcadian League)聯軍，開入處女地的斯巴達本土。伯羅奔尼撒半島的心臟地區，本來一直都是斯巴達的禁區，從來不曾受過外國的侵略。這一次進軍的特點，充分表現出它的間接路線性質。時間是在仲冬，共分爲三個獨立的縱隊，採取向心的方向，以來分散對方的兵力和迎擊的方向。專以此點而論，在古代，甚至於在拿破崙時代以前，都要算是絕無僅有了。但是不僅如此，艾帕米隆達斯還表現出他對於戰略具有更深刻的認識，當他的兵力在卡爾亞(Caryae)集結之後——距離斯巴達只有二十哩遠——他卻溜過了這個都城本身，而向它的後方活動。這個行動是具有預先估計的附帶利益，足以使侵入軍號召相當數量的希洛人(Helots，編註：美西尼亞地區之原住民，斯巴達人佔領此地後，原住民遂淪爲農奴或僕役階級)，和其他的不滿份子，參加作戰。不過斯巴達人卻向這些人民，提出允許解放的緊急諾言，以來阻止這種危險的內憂發展；此時伯羅奔尼撒其他同盟國的強大援軍也如期趕到，使這個不戰而陷敵之城的機會成爲過去。

艾帕米隆達斯不久就認清了斯巴達絕對不肯被誘出戰，而長時間的圍攻又會使他的雜牌部隊自行瓦解。於是他馬上把這個已經磨鈍了鋒口的戰略武器，換成一個更銳利的武器——一種間接路線的大戰略。在依索米山(Mount Ithome)上，這是美西尼亞(Messenia)的天然衛城，他建立了一個城市，把它當作一個新美西尼亞國的首都。把所有依附他的人民都安頓在這裏，把這次侵入戰中所獲得的一切戰利品，當作是這個新國家的基金。這個國家在希臘南部，對於斯巴達構成一個監視和對抗的力量。這個國家站穩了之後，斯巴達就會喪失它所有領土的一半，和大半的農奴。艾帕米隆達斯在阿卡地亞的米加羅波利斯(Megalopolis)所建立的基地，又構成另外一道防線，於是斯巴達在四周都受到政治性和要塞線的包圍，所以它在軍事優勢上的經濟根本也已經被切斷。僅僅經過了幾個月的戰役，艾帕米隆達斯就離開了伯羅奔尼撒，他在戰場上並未贏得勝利，但是他的大戰略卻使斯巴達的國力基礎受到了眞正的撼動。

可是在國內的政客們，卻希望能獲得一個毀滅性的軍事勝利，所以感到很失望。於是艾帕米隆達斯暫時引退。底比斯的民主黨人，使用短視的政策和錯誤的外交，逐漸使國家喪失了國際上的領導地位。結果阿卡地亞同盟中的其他國家，由於自負和野心的驅使，開始忘記了底比斯的恩德，而想要奪取它的領導權。到了西元前三六二年，底比斯就面臨著最後選擇的關頭，除非使用實力來維護他的權威，否則就必須犧牲它的威望。它對於阿卡地亞的行動，使希臘諸國又重新分爲兩個對立的集團。這也可以說是底比斯的大幸，它不僅還有艾帕米隆達斯可供驅策，而且他一手推動的大戰略，現在也已經結果了——由於他手創了美西尼亞和米加羅波利斯兩個新國的緣故，現在不僅足以監視斯巴達，而且也更使底比斯的實力大增。

他首先進入伯羅奔尼撒，在提吉亞(Tegea)與他的同盟軍會合在一起，於是他把自己的位置，擺在斯巴達軍和其他反底比斯國家聯軍的中間——後者已經集中在曼提尼亞(Mantinea)。斯巴達人採取迂迴的路線，以來與他們的同盟軍會合，此時艾帕米隆達斯乘著黑夜的掩護，突然率領一支機動的縱隊，直向斯巴達軍進攻。斯巴達本可能會全軍覆沒，但由於有一個逃兵事先洩漏了消息，所以斯巴達軍才兼程趕回首都，因而倖免於難。於是他決定用會戰的方式，來尋求一次決定性的結果，從提吉亞直趨曼提尼亞。其間距離約爲十二哩，須沿著一個葫蘆形的谷地前進。敵人在只有一哩寬的腰部，佔領著堅強陣地，準備頑抗。

當他前進的時候，我們就達到了戰略和戰術的分界線，不過這種分界線實在只是虛擬的，同時他這一次的勝利，其原因要歸功於他的間接路線，而並非實際的接觸。最初，艾帕米隆達斯直接向敵人的陣地前進，敵軍在他的進路上嚴陣以待——這是一條自然預期的路線。可是，走過了幾哩之後，他突然轉向左方，轉入了一個突出橫嶺的下面。這一個出奇的行動，使敵人的右翼方面受到側擊的威脅；爲了使敵人的戰鬥部署喪失更大的平衡起見，他又停止不進，並命令部隊把武器放在地上，好像是準備要宿營的樣子。這個誘敵計畫成功了，敵人居然也放鬆了戰鬥的準備，准許兵員散開和馬匹鬆韁。這個時候，艾帕米隆達斯的大軍，在輕裝部隊的掩護下，實際上已經完成了戰鬥的部署——和路克特拉的布置大致相似，但有若干的改進。於是在一聲號令之下，底比斯的軍隊拾起他們的兵器，橫掃直前——當敵人已經喪失了平衡之後，勝負是早已成爲定局了。在勝利的途中，艾帕米隆達斯也逝世了，他的死對於後代也構成一個同樣有價值的教訓——這是一個非常驚心怵目的例證：證明了無論是一個國家或是一支軍隊，假使它的頭腦痲痹了，那麼全體也就會很快的隨之而崩潰。

整整又過了二十年，才又發生一次決定性的會戰，結果使希臘的霸權又移轉到馬其頓人的手裏。其意義之重要不僅是因爲它那偉大的結果，而且這個西元前三三八年的會戰也是一個極明顯的例證，足以顯示政策和戰略之間是如何的相輔相成，同時戰略的運用又是如何的把地理上的障礙，由有害變爲有利。這個挑戰者雖然也算是希臘人，但卻一直被當作是局外人。此時底比斯和雅典卻聯合在一起，組成一個泛希臘同盟(Pan-Hellenic League)以來對抗如日東昇的馬其頓。他們還找到了一個國外的奧援——波斯國王——不論在歷史淵源或人類天性上，這個行動都要算是一個奇譚。這一次，又似乎是這個挑戰者，曾經認清了間接路線的價值。甚至馬其頓國王菲利普(Philip)企圖奪取霸權的藉口也都是間接的，因爲他只是被邀請參加近鄰同盟會議(Amphictyonic Council)，以協助懲罰安費沙(Amphissa)的工作——這個國家位於波提亞西部，因爲犯了瀆神罪而變成了衆矢之的。菲利普之被邀請，可能是出於他自己的示意，結果雖促使底比斯和雅典兩國聯合起來反對他，但至少卻使其他的國家保持著善意的中立。

在向南前進之後，菲利普到了塞提紐門(Cytinium)之後，就突然離開了趨向安費沙的路線——這是敵人所預期的路線——而改去佔領艾拉提亞(Elatea)，並在那裏建立要塞。這個最初的方向變換，即足以暗示出他較廣義的政治目的，同時也暗示出一種戰略性動機，後來的事實即足以證實此點。底比斯和波提亞的聯軍阻塞住了進入波提亞的道路：㈠西線由塞提紐門到安費沙，㈡東線由艾拉提亞到恰羅尼亞(Chaeronea)，並通過巴拉波塔米(Parapotamii)隘路。第一條路線好像是「L」字中之一直，而經過塞提紐門到艾拉提亞的一段路線又好像是下面一橫，至於再經過隘路延長向恰羅尼亞的那一段，則又像最後的一鉤。

在尚未採取進一步的軍事行動之前，菲利普又採取新的步驟，以來削弱對方的力量——在政治方面，他提出諾言，重建弗西亞諸邦(Phocian communities)——這是底比斯過去所征服的地區。在精神方面，他又自稱爲特耳菲神(the God of Delphi)的保護者。

於是在西元前三三八年的春天，使用了一條妙計把他的進路掃清之後，菲利普馬上就向前躍進。在佔領艾拉提亞之後，他已經把敵人在戰略方面的注意力，吸引到東面這條路線上面來了——這條路線現在已經變成了預期路線——於是他又安排了一封假信，說他要回到色雷斯(Thrace)，故意讓它落在敵人的手裏，以使防守西面路線的敵軍，分散他們在戰術上的注意力。接著他就從塞提紐門採取迅速的行動，乘著黑夜偷過隘路，在安費沙衝入了波提亞的西部。一直再向勞巴克塔斯(Naupactus)壓迫，打通出海的交通線。

他現在已經鑽到了敵人的後方，不過距離據守東線的敵軍，尚隔有相當的距離。於是敵軍遂自行撤離巴拉波塔米隘路，不僅是因爲他們若再守下去，其退路將被切斷，而且實際上再守下去也無價値之可言。可是，菲利普還是繼續出奇制勝，又採行另外一條新的間接路線。他不從安費沙向東進，因爲那必須要經過山地，足以增強敵人的抵抗力。他突然又從塞提紐門和艾拉提亞把他的全部兵力撤回，再轉向南面經過現在已經無人防守的巴拉波塔米隘路，在恰羅尼亞追上了敵軍，打擊在他們的背上，這個巧妙的行動即足以爲他後來的會戰奠定勝利的基礎。再加上他的高明戰術，遂收到了完全的戰果。他首先詐敗，以引誘雅典人離開原有的陣地，向前追擊；當他們進入了低地之後，菲利普馬上發動逆襲，把他們擊潰。由於恰羅尼亞一戰之成果，馬其頓遂取得了希臘的霸權。

當他正要繼續向亞洲發展的時候，菲利普卻不幸中道崩殂，留下他的兒子來完成他的遺志。亞歷山大(Alexander)所承繼的遺產，不僅有他父親手創的計畫和軍隊，還有他的大戰略觀念。另外還有一個具有決定性物質價值的遺產，那就是在西元前三三六年，由於菲利普的指導，馬其頓人佔領了達達尼爾橋頭陣地。（註：菲利普在青年時期，曾以人質的身分在底比斯度過了三年的時光。那正是艾帕米隆達斯的鼎盛時期。所以菲利普對他有極深的印象，以後在馬其頓陸軍的戰術上，還可以找到這種線索。）

假使我們研究亞歷山大東征的路線地圖，就可以看出來它是由一連串的「之」字形所組成。從歷史的研究中，我們發現這種「間接性」的原因是政治多於戰略的。雖然政治也可以算是屬於大戰略的範圍之內。

在他的早期戰役中，他的戰略是直截了當，殊少變化。這個原因有兩點：㈠年輕時的亞歷山大是在宮廷和勝利氣氛之中長大的，所以他的「英雄主義」色彩要比歷史上任何名將都更濃厚。（註：當他開始出發東征的時候，亞歷山大曾經戲劇性的，把古希臘人遠征特洛伊〔Troy〕的故事重演了一次。當他的大軍正在等候渡過達達尼爾海峽的時候，亞歷山大本人卻率領著一小隊精兵，在依流門〔Ilium〕附近登陸，那是傳說中古希臘人在特洛伊戰爭中的停船之地。於是他進到古城的遺址，在雅典娜〔Athena〕的神廟中舉行了犧牲祭典，再作了一次戰鬥演習，然後在著名的阿奇里斯的墓地上——這是他神話上的祖先——發表了一篇演說。在這些象徵性的表演完畢之後，他才趕上了他的大軍，開始作眞正的戰爭。）

㈡更重要的理由是他對於他自己的兵力和戰術，具有充分的信心，認爲憑著這種優勢即足以迅速的擊敗對方，因此當然不需要先用戰略的手段，以使對方喪失平衡。所以他對於後世的教訓是在兩個極端方面——大戰略和戰術。

西元前三三四年，他以達達尼爾的海岸爲起點，首先向南行動，在格拉尼卡斯河(Granicus)上擊

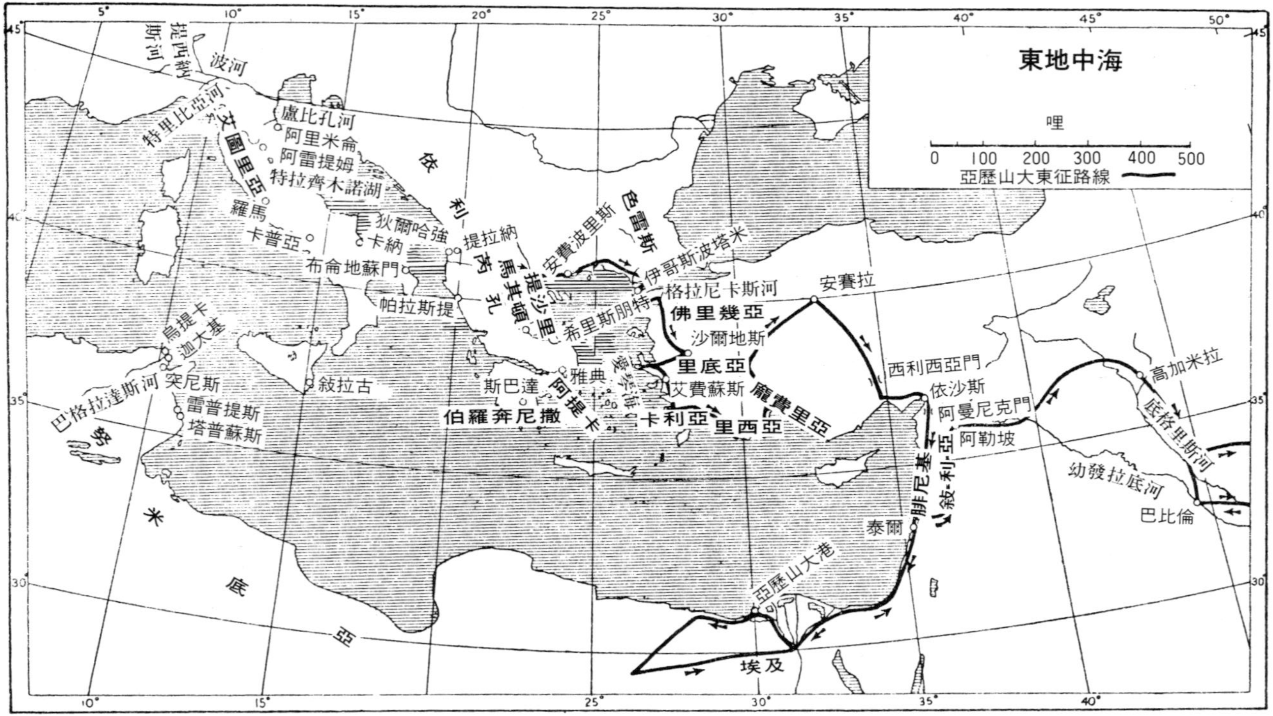
東地中海
哩
0 100 200 300 400 500
亞歷山大東征路線
波河
提西納斯河
特里比亞河
艾圖里亞
盧比孔河
阿里米侖
阿雷提姆
特拉齊木諾湖
羅馬
卡普亞
狄爾哈強
卡納
布侖地蘇門
帕拉斯提
提拉納
依
利
孔
馬其頓
提沙里
色雷斯
安費波里斯
伊哥斯波塔米
格拉尼卡斯河
安賽拉
佛里幾亞
沙爾地斯
希里斯朋特
里底亞
艾費蘇斯
龐費里亞
卡利亞
里西亞
雅典
斯巴達
阿提卡
伯羅奔尼撒
西利西亞門
依沙斯
阿曼尼克門
阿勒坡
高加米拉
底格里斯河
幼發拉底河
巴比倫
敍利亞
腓尼基
泰爾
亞歷山大港
埃及
烏提卡
迦太基
突尼斯
巴格拉達斯河
雷普提斯
塔普蘇斯
敍拉古
努
米
底
亞

敗了波斯的屏障兵力。在這一戰中，由於他麾下使用長矛的騎兵，具有驚人的重量和衝力，敵人很快的就被擊潰。不過這個勇猛過度的亞歷山大也認淸了假使敵人能再度集結，繼續作戰，則這一次的侵入很可能會在最初的階段中，即爲敵軍所阻止。敵人固然曾做如此的嘗試，但是卻不幸功敗垂成。

亞歷山大第二步就向南攻入沙爾地斯（Sardis），那是里底亞（Lydia）的政治和經濟總樞紐。由此又西向進入艾費蘇斯（Ephesus），使這些希臘人的城鎭都恢復了他們舊有的民主政府形式和權利，這是一種鞏固他自己後方的最經濟做法。

現在他又已經回到了愛琴海的海岸上，於是又首先向南走，然後再轉向東方，沿途經過了卡利亞（Caria），里西亞（Lycia）和龐費里亞（Pamphylia）。他之所以採取這種路線的理由，目的是要撼動波斯人的制海權——用佔領他們基地的方式，以來限制波斯艦隊的行動自由。同時，佔領這些港口之後，也使敵人艦隊的人力來源發生困難，因爲他們的兵員大部分都是從這些地方招募而來的。

過了龐費里亞，小亞細亞其餘地區的海岸線實際上就可以說是毫無港口之可言。所以亞歷山大現在又轉向北方，進入佛里幾亞（Phrygia），再向東走一直遠達安賽拉（Ancyra，即今天的安卡拉〔Ankara〕）鞏固他所已經征服的地區，使他在小亞細亞中部可以無後顧之憂。於是到了西元前三三三年，他又轉向南方，企圖通過「西利西亞門」（Cilician Gates），直接向敍利亞（Syria）進攻。而波斯國王大流士三世，就集中兵力在這裏等著他。一方面由於情報的不確實，一方面由於他個人的錯誤判斷——他認爲波斯軍一定會在平原上等候他——結果亞歷山大在戰略上受到了敵人的暗算。當亞歷山大採取一條直接路線時，大流士卻採取一條間接的路線——經過幼發拉底河（Euphrates）的上游地，通過阿曼尼克門（Amanic Gates），鑽到了亞歷山大的後方。亞歷山大雖然一直很謹愼，保持著一連串的基地，現在卻發現他的後路已經被切斷了。但是他卻不慌不忙的回過頭來，接受依沙斯(Issus)的會戰。憑著他在戰術和戰術工具方面的優勢，他終於衝出了難關。從來沒有一個名將，在應用戰術方面會比他具有更多的間接性。

此後，他又繼續採取一條間接的路線，不直接向巴比倫(Babylon)壓迫——那是波斯政權的中心——而改沿著敍利亞的海岸線向下直進。大戰略很明白的指示著他的進路：因爲雖然他已經使波斯人的制海權發生了動搖，但是卻並未能把它毀滅掉。只要波斯的海軍還繼續存在，則對於他的後方始終是一個威脅，而希臘人——尤其是雅典人——對於他又一直是心懷叛意的。他進入腓尼基(Phoenicia)之後，馬上使波斯艦隊發生了混亂現象，因爲所剩餘的兵力多數都是腓尼基人，其中大部分都向亞歷山大投降。而泰爾(Tyre)城陷落之後，駐防在該城的海軍也跟著完結了。到了這個階段，他還是繼續向南發展，一直進入了埃及。這個行動從海軍的立場上來說，是很難加以解釋的，除非說他是過分的小心。不過從政治的觀點上來看，他先佔領波斯大帝國的屬地，以來鞏固自己的地位，倒不失爲是一種很明智的措置。對於這個目的而言，埃及可以算是一個極大的經濟寶庫。

最後，到了西元前三三一年，他又再向北攻入阿勒坡(Aleppo)，然後轉向東面，渡過幼發拉底河，一直進到底格里斯河(Tigris)的上游。這裏在尼尼微(Nineveh)附近(即今日的摩蘇爾〔Mosul〕)，大流士又已經集中了一支數量龐大的新軍。亞歷山大是很熱心求戰的，但是他所採取的路線卻是間接的。他從上游渡過了底格里斯河，沿著東岸向下走，逼迫大流士變換他的陣地。在高加米拉(Gaugamela)開始會戰(常被稱爲阿貝拉之戰，阿貝拉〔Arbela〕距離戰地最近的一個城市，約在六十哩以外)。亞歷山大的大軍佔著完全的優勢，所以敵軍在他這個通向大戰略目標的進路上，只算得上是一個極小的障礙物。接著就佔領了巴比倫。

亞歷山大以後的進展，一直達到印度的邊境爲止，就軍事方面來說，都只算是對波斯大帝國的「掃蕩」工作。從政治方面來說，也就是爲了鞏固他自己的地位。他利用間接路線，攻破了烏克西亞隘路(Uxian defile)和波斯「門」，當他在海達斯配河(Hydaspes)上爲波魯斯(Porus)所阻時，他又創造了一個間接性的傑作，由此即足以證明他的戰略能力已經發展到了成熟的階段。他重新布置他穀倉的位置，並且把他的軍隊廣泛的分布在西岸上，他使敵人對於他的意圖感到神祕莫測。亞歷山大的騎兵衝來衝去，最先使波魯斯感到猶豫不決，一再重複之後，更使他的反應也隨之而遲鈍。這樣的使波魯斯陷入一個固定而靜態的位置之後，亞歷山大留下大部分的兵力監視敵人，而親率一支小型的精兵，在上游十八哩的地方，憑著黑夜的掩護，渡過了海達斯配河。藉由這種出人意表的奇襲手段，他使波魯斯本人在心理上和物質上都感到措手不及，而波魯斯的全軍在精神上和物質上，也都喪失了平衡。在以後的會戰中，亞歷山大只以他自己兵力的一部分，居然擊敗了敵人的全軍。假使他不是事先使敵人喪失平衡，則此種行動，無論從理論或事實上來說，都是絕對不合理的。因爲他只帶著一小部分兵力，而又處於孤立暴露的地位，是絕對有被敵人各個擊破的危險。

亞歷山大死後，發生了長期的「繼承人」爭奪戰，終於使他的大帝國瓦解。在這個時期中，有很多的戰例都足以說明間接路線的運用和價值。亞歷山大的部將要比拿破崙手下那些元帥們更能幹，由於他們的經驗，他們對於「經濟兵力」(economy of force)的原理，似乎具有更深入的認識。雖然他們的作戰有許多都是值得加以研究的，但是本書的範圍卻只以古代歷史中具有決定性會戰的分析爲限，而在這些戰爭中，只有最後在西元前三〇一年的會戰才可以夠得上這個標準。這一次會戰的決定性是毫無疑問的，因爲《劍橋古代史》上曾經這樣說過：由於這一次戰役的結果，中央政權和諸侯之間的爭鬥就宣告結束，而希臘——馬其頓世界的解體，遂成爲無可避免的事實。

到了西元前三〇二年，自稱爲亞歷山大承繼人的安提哥那(Antigonus)，已經差不多達到了穩定他這個帝國的目的。從他自己原有在佛里幾亞的采地開始向外擴張，他已經獲得了亞洲的控制權，其疆界由愛琴海直達幼發拉底河。反對他的勢力有如下述：㈠塞流卡斯(Seleucus)很困難的才守住了巴比倫一隅之地；㈡托勒密(Ptolemy)手中只剩下了埃及一塊土地；㈢賴西馬巧斯(Lysimachus)在色雷斯比較安全；㈣但是他的最大勁敵卡桑德(Cassander)，卻已經被安提哥那的兒子狄米提流斯(Demetrius)，趕出了希臘的境域以外。狄米提流斯在個性上，有許多地方都可以算是「亞歷山大第二」。當他向敵人提出無條件投降的要求時，卡桑德卻使用他的戰略天才，作了一個實力上的答覆。這個計畫是在和賴西馬巧斯及托勒密兩個人舉行會議時所決定的。他更派遣使者，騎著駱駝越過阿拉伯沙漠，以與塞流卡斯取得聯絡。

當狄米提流斯率領著號稱五萬七千人的大軍向提沙里(Thessaly)進犯的時候，卡桑德一共只率領著三萬一千人去迎敵，而把他的其餘兵力都借給賴西馬巧斯。後者越過達達尼爾向東進發。而塞流卡斯則同時向西攻入小亞細亞，他的部隊包括著五百匹從印度得來的戰象。托勒密則向北攻入敍利亞，但是中途獲得一個假報告，說賴西馬巧斯已經失敗了，於是他就半途折回埃及。儘管如此，東西兩路的大軍，卻直逼安提哥那帝國的心臟地區，逼得他不能不從提沙里召回他的兒子，以作緊急的應援。卡桑德在那裏一直設法把狄米提流斯弄得寸步難移，由於後者在小亞細亞的戰略後方已經受到了間接行動的威脅，他只好自行退卻——這正和以後西庇阿(Scipio)迫使漢尼拔退回非洲的戰略，在原理上是完全一樣的。

在佛里幾亞發生了依普蘇斯(Ipsus)之戰，由於他的同伴在戰術上獲得了決定性的勝利，所以才使卡桑德的戰略收到了全功。結果是安提哥那戰死，狄米提流斯遠逃。在這次會戰中，值得一提的，就是戰象成爲決定勝負的主要工具，而勝利者的戰術也是採取間接的方式，以來與此配合。當狄米提流斯正在乘勝窮追的時候，對方的騎兵卻突然不見了，而大象卻湧出，切斷了他的退路。此後賴西馬巧斯又故意不立即向安提哥那的步兵攻擊，而改用攻擊的威脅和弓箭來打擊他們的士氣，一直等他們的士氣到了溶解的階段，才開始進攻，於是塞流卡斯一擊就把安提哥那擊毀了。

當戰役開始的時候，安提哥那似乎是具有絕對的優勢，像這樣由大勝轉爲大敗的情形，實在是很少見。很明顯的，由於卡桑德採取間接的路線，才使安提哥那喪失了平衡。安提哥那在心理上首先喪失了平衡，接著他的臣民在精神上也喪失了平衡，最後他的軍事布置在物質上也喪失了平衡。

第三章　羅馬時代的戰爭

第二個在歐洲歷史上具有決定性影響和結果的大戰，就是羅馬和迦太基(Carthage)的戰爭。其中又以漢尼拔時代的戰爭，或稱第二次布匿克戰爭(Punic War)，爲其決定階段。這個戰爭又可以分爲一連串的戰役，每一個戰役都各自具有決定性，足以使戰爭的潮流趨向一個新的方向。

第一個階段的序幕，是漢尼拔(Hannibal)於西元前二一八年從西班牙向阿爾卑斯山脈和義大利進攻，而其結束點似乎就是第二年春天在特拉齊木諾湖(Trasimeno)的殲滅性勝利。假若當時漢尼拔若進攻繼續，則羅馬城除了它本身的城牆和守兵以外，可說是再沒有其他的屏障了。

爲什麼漢尼拔在最初要選擇這一條迂迴而艱難的陸上路線，一般的解釋都認爲是因爲羅馬人握有制海權的緣故(譯註：這個解釋的主要提倡者，即爲《海權論》的作者馬漢)。不過當時的船隻還是那樣的原始化，他們在海上攔截敵人的機會也是非常的不可靠，所以若是把「制海權」的近代化定義應用上去，那實在很不合理。而且進一步說，當時羅馬人在海上是否佔著優勢，也很可疑。根據羅馬史家波里比亞斯(Polybius)的記載，當時的羅馬元老院，對於迦太基人可能會獲得較完全的制海權，感到很焦急。甚至於到了戰爭的末期，羅馬人在海上曾經一再的獲得勝利，使迦太基的艦隊無法再利用西班牙的一切基地，同時他們自己也在非洲獲得了立足點；可是他們卻還是無法阻止馬哥(Mago)的遠征軍在熱內亞的沿海地區(Genoese Riviera)實行登陸，而且漢尼拔也平安的退回了非洲。所以漢尼拔之所以要採取間接迂迴的侵入路線，他的目的很可能是是想糾合義大利北部的塞爾特人(Celts)，以來協力進攻羅馬。

其次，我們應該注意到這次陸上行軍的間接性，並且說明它所獲得的利益。羅馬人曾經派遣他們的執政官巴布里亞士西庇阿(Publius Scipio)到馬賽(Marseilles)去阻止漢尼拔渡過隆河(Rhône)。可是漢尼拔不僅出其不意的從上游渡過這條號稱天險的大河，而且繼續向北進行——採取依塞爾(Isere)河谷中的艱險路線，而不經過里維拉附近的直路，因爲那條路線容易爲敵人所攔阻。據說當老西庇阿在三天後到達渡口時，卻驚訝的發現敵人早已渡過該河，因爲事先他認爲敵人是絕不可能從這一條路線上進入義大利的。於是他當機立斷，採取了一個敏捷的行動，把一部分兵力留在後面，他自己卻從海路趕回了義大利，恰好在倫巴底(Lombardy)平原上，和漢尼拔碰上了。但是在這裏，卻有足夠廣大的空間，使漢尼拔的優勢騎兵能夠大展其長。結果是在提西納斯河(Ticinus)上和提里比亞河(Trebia)上，漢尼拔連續獲勝。這個精神上的影響，使得漢尼拔獲得了大量的兵員和物資。

漢尼拔現在已經成爲義大利北部的主人翁，就留在那裏過冬。第二年春天，因爲預料漢尼拔必然會繼續前進，所以羅馬的新執政官把他們的兵力分爲兩部分，一部分開向亞德里亞海邊上的阿里米侖(Ariminum，即今利米尼〔Rimini〕)；另一部分開向艾圖里亞(Etruria)的阿雷提姆(Arretium，即今阿雷左〔Arezzo〕)。於是無論漢尼拔採取東線或西線向羅馬進攻，都一定要受到他們的阻擊。漢尼拔決定採取西線，但是他卻不採取大家所常走的路線，從四處訪問中他獲得了一個結論：通向艾圖里亞的路線，不僅距離較長，而且也是敵人所知道的；反而言之，另有一條通過沼澤地的小路，不僅距離較短，而且一衝出來就到弗拉米尼亞斯(Flaminius)，可以使敵人感受到奇襲的作用。這個發現和他的特殊天才正好相得益彰。他馬上決定採取這條小路。當他的部隊知道主將是正在領著他們向沼澤中前進的時候，所有的士兵都不免大吃一驚……

一般的軍人都是歡喜已知的東西，而害怕未知的東西。漢尼拔卻是一個「非常」的將才，所以他正如所有的其他名將一樣，寧願選擇最艱險的途徑，而不願意讓敵人立於「有備」的地位。

整整四天三夜，漢尼拔的軍隊在沼澤的泥水中行軍，人員疲倦得要命，一路損失了許多的人馬。可是等到他們走出沼澤後，卻發現羅馬的軍隊還是安安靜靜的駐在阿里提姆，一點動作都沒有。漢尼拔還不想作直接的攻擊。他卻這樣的計算著：假使他越過敵人的營地，而逕向後方的城鎮──弗拉米尼亞斯──進攻，那麼敵人一方面害怕人民的譴責，一方面忍受不住這樣的挑戰，必然不會消極的坐視城鎮被攻擊，而一定會自動的跟上來。這樣就可以使他獲得一個反客爲主的機會──設下陷阱以待羅馬軍隊自投羅網。

這是在敵後行動時，如何根據敵人個性的研究，以來決定作戰方針的典範。接著就是實際上的執行。沿著向羅馬的大路前進，漢尼拔布置了一個有史以來的第一次大埋伏戰。第二天上午，正當曉霧未消的時候，羅馬軍隊沿著特拉齊木諾湖周圍的山地，向漢尼拔作捨命的窮追，卻突然的掉入了陷阱，前後都爲敵人所截斷，終於全被殲滅。讀歷史的人也許只會注意到這次勝利的結果，而忽略在心理上的攻擊，才是勝利的眞正基礎。唯有波里比亞斯在他的評論中曾道出這個基本教訓的意義：

好像一艘船一樣，假使你把它的舵工取消了，於是全船就都會落入敵人的手中，所以在戰爭中，假使你能使對方的主將在鬥智的過程中失敗，或者是使他在行動上處於被動的地位，那麼全軍也就會落入你的手中。

在特拉齊木諾湖大捷之後，爲什麼漢尼拔不立即進攻羅馬城，這在歷史上也是一個神祕的疑案——幾乎一切的解答都只是猜想罷了。缺乏適當的攻城裝備當然是其中原因之一，但卻並非完全的解釋。我們所確知的事實，卻是在以後的幾年中，漢尼拔的主要努力就是想拆散羅馬和義大利其他同盟國間的合作，並另行組成一個反羅馬的同盟。爲了達到這個目的，勝利只能算是一種精神上的刺激。假使他能夠使會戰的條件適合他所擁有的優勢騎兵運用，則在戰術上即足以保證他百戰百勝。

第二階段的開始，是由於羅馬方面採用一種間接的路線。以性質而言，這似乎是希臘氣味重於羅馬氣味。這個號稱「費賓戰略」(Fabian strategy)的形式，曾經爲史家所樂道，而且在後世也有多人模仿它(有些卻學得很壞)費賓(Fabius)的這種戰略不僅是避免會戰，以來爭取時間，而且更進一步估計到它對敵人士氣的影響，以及它對敵人潛在同盟國的影響。所以它主要是屬於軍事政策方面——即是大戰略。費賓深切的認清了漢尼拔在軍事方面的優勢，所以他決心不冒險求戰。他一方面盡量避免決戰，另一方面卻到處挑撥，以消磨敵人的耐性。同時更使敵人無法從義大利城市和迦太基本土中，獲得兵員的補充，以維持他們現有的實力不至於磨滅。爲了要使這種大戰略能付諸實施，在軍事戰略方面的要點，就是要設法使羅馬的軍隊永遠不離開山地，以來抵銷漢尼拔在騎兵方面的絕對優勢。在這個階段之中，漢尼拔和費賓雙方都是使用間接的戰略，眞可以說是「棋逢敵手」。

在敵人周圍盤旋不去，截斷敵人的零星兵力，阻止他們建立任何永久性的基地。費賓好像是天邊的一片浮雲，遮斷了漢尼拔的勝利光輝，使它顯得黯然無色。這樣，費賓本人永遠立於不敗的地位，使漢尼拔過去的勝利，在義大利其他國家的心目中，減輕了重量，因而阻止了他們背叛羅馬。這種游擊式的戰法也使羅馬的部隊，恢復了士氣；同時迦太基的軍隊離家千里，當然希望能夠速戰速決，這樣拖延了下去，士氣也隨之而一落千丈了。

但是消耗戰卻是一個雙面開鋒的武器，即令使用得再巧妙，使用的人也一樣會感到吃不消。尤其是老百姓更是怨聲載道，他們都希望戰爭趕緊結束。當漢尼拔大勝之後，羅馬人民都感到十分的震驚；現在他們慢慢恢復了，於是就忘記了是由於費賓的智慧，才使他們獲得了恢復的機會。軍隊中有許多「匹夫之勇」的份子，都開始批評和反對費賓的戰略，認爲他是一個「懦夫」。於是羅馬政府遂古無前例的，任命米那夏斯(Minucius)爲副統帥——他是費賓手下的大將，同時也是他的主要批評者。接著漢尼拔找到了一個機會，把米那夏斯誘入陷阱，若非費賓迅速來援，則一定會全軍覆沒。

由於這個事件的發生，才使大衆對於費賓的批評暫時停息了。但是到了他六個月的任期屆滿時，他的人望和政策都已不足以使他獲得連任。在執政官的選舉中，所選出來的兩個人，其中一個就是瓦羅(Varro)。他這個人個性容易衝動，而且又愚昧無知，過去任命米那夏斯做副統帥，也是出於他的主張。此外，羅馬元老院又通過了一個決議案，決定要和漢尼拔決一死戰。做這個決定當然也並非毫無理由：一方面義大利有許多地區都正在受著敵人的蹂躪；另一方面爲了準備這個西元前二一六年的會戰，羅馬已經建立了一支史無前例的龐大兵力，一共是八個兵團(legion)。但是因爲羅馬人選出了這樣一個該死的領袖——他的攻擊精神和他的判斷力不能保持平衡——所以終於付出了極高的代價。

另外一位執政官包拉斯(Paullus)，希望能等候一個有利的時機，再發動攻勢；可是這種謹愼的態度卻不合於瓦羅的觀念——「一個人上戰場之後，就應該少顧慮，而多使用他的刀劍」。瓦羅的主張也正是民意的主張，那就是說看到敵人就打。因此，在卡納(Cannae)平原上，他決心和漢尼拔拚一個你死我活。當包拉斯辯論著說，應該設法把漢尼拔引到有利於步兵作戰的地區，再發動攻勢的時候，瓦羅卻利用他輪值指揮的那一天，把軍隊開到了接近敵人的位置。第二天，包拉斯又把部隊關在設防營地之中，認爲由於補給上的缺乏，不久就可以強迫漢尼拔自動引退。可是瓦羅卻怒不可遏，一心只想找敵人拚命，同時大多數的部隊也都同情他的主張，痛恨包拉斯的遲誤。正如史家波里比亞斯所說：「對於人類而言，再也沒有比拖延更使人感到受不了的。」

第二天上午，瓦羅把羅馬軍隊開出了營地，向漢尼拔挑戰——這正是漢尼拔最喜歡的一種會戰形式。照平常的習慣，雙方的步兵都位置在戰線的中央，而騎兵則位置在兩翼上面。但是漢尼拔的部署卻有其別出心裁的地方。他把西班牙人和高盧人構成步兵戰線的中央，並向前凸出，而把他的非洲步兵擺在後方，恰好構成這一條線的兩端。這樣一來，西班牙人和高盧人就變成一顆天然磁石，把羅馬步兵都向他們身上吸引過來。他們故意後退，於是凸線變成了凹進的弧線。羅馬兵團爲眼前的勝利氣氛所迷惑，一直向這個空洞中擁入，大家都擠成一團，甚至於連使用兵器的空間都沒有了。當他們正沉溺在突破迦太基陣線的美夢時，卻恰好鑽進了迦太基人的口袋。在這一刹那間，漢尼拔手下的非洲精兵從兩面向中央進逼，輕而易舉的把密集的羅馬軍團圍在核心。

這次的行動，一切都是事先計算好了的，正像沙拉米斯的海戰一樣。這在戰術上說，可以說是一種集體的「柔道」——很明顯，它的基礎就是「間接路線」。

此時，漢尼拔的重騎兵本位置在左翼方面，也擊破了這一翼方面的羅馬騎兵，並且掃過羅馬軍的後方，又把另一個側翼（右翼）的羅馬騎兵也擊散了。於是他們把追擊的任務，移交給原先扼守右翼的努米地亞（Numidian）輕騎兵，接著重騎兵就開始作最後的一擊，向羅馬步兵的後方直衝了過去。羅馬軍團已經三面受困，擠在一起，完全無法作有效的抵抗。之後，這場會戰就開始變成了一場屠殺。羅馬軍一共七萬六千人，在戰場上被殺死的卻有七萬人之多。其中包括包拉斯在內，但是那個罪魁禍首瓦羅，卻僥倖逃出，這實在是十分的諷刺。

卡納的慘敗固然曾使義大利同盟自動崩潰了一段時間，但是卻還是未能使羅馬本身崩潰。結果又是費賓出來收拾殘局，領導人民繼續抵抗。羅馬之所以還能夠恢復元氣的原因，可以分為兩點：㈠是由於費賓具有冷靜的定力和高度的耐性，不惜一切的犧牲，以來實行他的避戰戰略。㈡是由於漢尼拔缺乏適當的攻城裝備和補充，同時在一個經濟發展程度頗低的地區中，侵入者是很難於以戰養戰的。（註：以後西庇阿用同樣的手段反侵入非洲，他卻發現迦太基的經濟狀況是具有較高度的發展，因而使他獲得了很大的幫助。）

第二階段的結束是在西元前二〇七年，這又是另外一種新形態的戰略性間接路線。羅馬的執政官尼祿（Nero），突然從他面對著漢尼拔的位置溜走了，然後集中全力去進攻漢尼拔的兄弟——後者率領著他的軍隊，剛剛才到達義大利北部。當這支兵力在米陶拉斯（Metaurus）被毀之後，漢尼拔想獲得援兵以贏得勝利的希望，也隨之而毀滅了。在漢尼拔發現對方是空營以前，尼祿又迅速的回到他原有的位置。

此後，在義大利境內的戰爭又恢復了僵持的局面——這是第三階段的開始。在此後五年當中，漢尼拔始終無法攻入義大利南部；而每當羅馬的將軍過分接近漢尼拔的獅穴時，也一定會受到重傷而還。

此時，老西庇阿的兒子西庇阿阿非利加斯（Africanus Scipio）在西元前二一〇年，被派往西班牙作一種希望甚微的冒險。他的目的是償父志、報父仇（羅馬軍在他的父親和叔父指揮之下，遭到了慘敗，才會使國勢一蹶不振；而他們也都已經戰死了），並且若是可能的話，在西班牙東北角上，爲羅馬保住一個渺小的立足點。面對著在西班牙境內的優勢迦太基兵力，利用快速的行動、優越的戰術，和巧妙的外交手段，他把這個防禦性的目標，變成了攻擊性的目標——間接的，以迦太基和漢尼拔爲打擊對象。因爲西班牙是漢尼拔的眞正戰略基地。他在那裏覓取增援，和訓練新兵。利用一次時機配合的恰到好處的奇襲，西庇阿首先奪取了卡爾塔吉那（Cartagena），該地是迦太基軍在西班牙的主要基地，這是使他們喪失與國，覆軍殺將的前奏曲。

當他在西元前二〇五年回到義大利的時候，西庇阿就被選爲執政官，此時他又準備執行第二個具有決定性的間接戰略，這是他早已胸有成竹的，那就是攻入漢尼拔的戰略後方。費賓現在已經年老，他的頭腦逐漸頑固，反對這種非正統的方法，認爲西庇阿的職責就是在義大利本土擊敗漢尼拔。他說：「你爲什麼不直接在此地進攻漢尼拔，而一定要到非洲去繞著大圈子走，你又如何確知漢尼拔一定會跟著你走呢？」

西庇阿從元老院方面只獲得一個可以渡海去非洲的准許，但拒絕增派任何兵力給他。所以當西元前二〇四年春天，他出發遠征的時候，一共只率領著七千名志願兵，和兩個喪失了名譽的兵團——他們被罰擔負西西里島的防禦工作，以贖他們在卡納之役戰敗的罪衍。當他在非洲登陸的時候，迦太基一時之間只能調動一支騎兵來迎敵。西庇阿使用逐漸退卻的巧計，引誘敵人進入陷阱，然後把他們全部殲滅。這一次的大捷，不僅使他獲得充分的時間以來鞏固他的地位，而且更創造了一個先聲奪人的威勢，一方面使羅馬國內當局肯付出更多的力量來支援他；另一方面也使迦太基在非洲的各盟國，受到了相當的震動——除了最強大的賽法克斯(Syphax)以外。

西庇阿於是嘗試奪取烏提卡(Utica)港口，當作他的基地。他本想和過去奪取卡爾塔吉那一樣，企圖獲得一個迅速的成功。六個星期之後，當賽法克斯派來了六萬大軍，以增援吉斯哥的兒子哈斯德魯巴爾(Hasdrubal Gisco)所率領的迦太基新軍時，他就只好解圍而去。兩路聯軍的到達，姑不說質的方面，至少在量的方面已使西庇阿處於劣勢的地位。於是他退到一個小型半島上面，建立工事，憑險固守——其形勢正和威靈頓的托里維費德拉斯(Torres Vedras)防線差不多。在這裏，他首先使敵軍的指揮官產生一種虛僞的安全感，接著假裝想向烏提卡進行海上攻擊，以來分散敵人的注意力，而最後卻乘著黑夜向敵人的兩個營地進發。

由於西庇阿的精密計算，更增強了這次奇襲對於敵軍組織和士氣上的打擊作用。他首先進攻紀律較差的賽法克斯軍營地，在那裏蓋營舍的草料堆出了要塞的邊緣之外。在混亂之中，羅馬人首先放火，然後透入了營地的中心。火光又引得迦太基軍大開營門，紛紛跑出來救火，他們還以爲這只是偶然的火災——因爲當天黑的時候，位置在七哩外的羅馬營地，還是寂靜無聲，一點都看不出有異常的現象。當迦太基人營門大開之後，西庇阿馬上揮兵進擊，並迅速的攻佔了迦太基營地，只付出了極輕微的代價。兩支敵軍紛紛潰逃，據說一共損失了總兵力之一半。

若是仔細分析這一次作戰，我們就發現我們已經越過戰略的了界線，而進入了戰術的領域。事實上，在這一次會戰中，戰略不僅是爲會戰中的勝利鋪了一條道路；而且更直接產生了勝利。勝利僅僅只是戰略行動中的最後一幕而已。因爲一場漫無限制的屠殺算不上是一場會戰。

當他獲得了不流血的勝利之後，西庇阿並未馬上進攻迦太基。爲什麼呢？與漢尼拔在特拉齊木諾和卡納大捷之後，爲何不向羅馬進攻的史實相較，雖然說歷史也還是不能提供一個肯定的答案，但至少卻已經提供了一個比較清楚的解釋。那就是除非能夠獲得一個有利的機會，可以作迅速的奇襲，否則在戰爭的所有作戰形式中，「攻城」實在是一種最不經濟的方式。假使敵人手裏還保持著一支野戰軍，能夠隨時加以干涉，那麼攻城戰也就是一種最危險的作戰——因爲除非是獲得了最後的勝利，否則繼續不斷的圍攻，將會使他自己的兵力逐漸減弱，而無法與敵人對抗。

西庇阿所考慮的不僅是迦太基的城牆，而且還有漢尼拔回軍救援的問題。把漢尼拔吸引回來，本是他的主要目的之一；假使他能在漢尼拔趕回之前，即先佔領迦太基城，那當然是最有利的。但是要達到這個目的，卻只能使用精神上的方法，以來減弱敵人的抵抗力，而決不可以頓兵堅城之下，大量的耗損自己的實力。假使向前攻城不下，而後方又爲漢尼拔的大軍所乘，那麼勢必就會全軍覆沒了。

他不直接向迦太基進攻，而是有體系地破壞它的資源來源和同盟國的實力。最重要的，是對於賽法克斯的部隊窮追不捨，終於把這個國家顛覆掉了；因此，西庇阿雖然分散了他自己的兵力，也是非常有理由的。他又扶植他自己的同盟勢力馬西尼沙(Masinissa)，奪取了努米地亞的王位，這使西庇阿獲得了寶貴的騎兵來源，足以對抗漢尼拔手中的最好武器。

爲了增強這種精神壓迫的效力，他又進到了突尼斯(Tunis)，距離迦太基已在目視距離之內，這是在精神上打擊迦太基的最好方法，使他們陷入了恐慌的情緒中。當他用了各種間接的方法，使迦太基人的抵抗意志漸次削弱之後，終於迫使迦太基提出了和平的要求。可是當這個條件正在等候羅馬當局批准的時候，迦太基人又突然聽到漢尼拔回來了，並已在雷普提斯(Leptis)登陸的消息，於是他們馬上又撕毀了臨時的和約——時爲西元前二〇二年。

這時，西庇阿的處境實在是十分的困難、危險。雖然他並未對迦太基實行蠻攻，以削弱他自己的實力；但是他卻已經讓馬西尼沙返回努米地亞，以鞏固他在該國的統治權——這是迦太基接受了西庇阿和平條款之後的事情。在這種情形之下，一個普通的將軍就只有兩條路好走：㈠先向漢尼拔進攻，以阻止他到達迦太基；㈡在原地堅守，以待援兵的到達。可是西庇阿所採取的路線，從地理上看來，簡直是完全不合理。因爲假使漢尼拔從雷普提斯到迦太基城的直接路線，好像是「人」字形右面的一捺，從下往上走；西庇阿只留下一個支隊，守住迦太基附近的營地，而自己卻率領著大兵，向「人」字那左面一撇的方向，由上往下退去。這才眞是一條非常間接的路線！但是這條路線，通到巴格拉達斯河谷(Bagradas)，一直深入到迦太基的內地——即該城物資補給的主要來源。同時當他每前進一步的時候，他就距離馬西尼沙的援兵更接近一步。

這個行動達到了它的戰略目標。因爲這個主要的地區，逐漸有爲敵人毀滅的危險，所以迦太基的元老院感到十分的憂心，於是立即命令漢尼拔趕緊設法和西庇阿決一死戰。儘管漢尼拔回答他們說：「一切聽我自己調度好了」，但是他究竟還是受著環境的壓迫，向西南強行軍去找西庇阿挑戰，而不北向回到迦太基城。於是西庇阿已經把他的敵人，引誘到他自己所選擇的戰場，在那裏漢尼拔缺乏物質上的增援，和安定的旋轉樞紐；一旦戰敗之後，也不像在迦太基附近，可以退入有良好掩蔽的避難所。

西庇阿估計到敵人有求戰之必要，並且對於己方在精神上的優點——以逸待勞——更曾加以充分的發揮。當漢尼拔趕上了西庇阿的時候，恰好馬西尼沙的援兵也剛剛趕到了。西庇阿還是不向前進，而繼續向後退，以引誘漢尼拔進到一個理想的戰場——㈠使迦太基軍缺乏水源的供給，㈡這是一個平原，西庇阿在騎兵方面所得來的新優勢，在這裏正好大展所長。所以在查瑪(Zama)會戰中(說得更精確一點，應該叫作「那拉格拉」會戰〔Naraggara〕)，他的騎兵終於把漢尼拔的百戰精兵打得大敗。當漢尼拔在戰術上第一次失敗之後，他在戰略上事先所造成的錯誤也就不再饒過他。因爲他戰敗之後，附近並無城塞可以供收容之用，於是只好落荒而逃，在敵人的追擊下，終於難免被殲滅的命運。接著迦太基也就不流血的投降了。

查瑪會戰使羅馬成爲地中海世界中的主人翁，自此以後，羅馬的地位就好像是如日中天一樣，誰也無法制止它的膨脹。所以西元前二〇二年，從軍事的觀點來看，可以算是古代史上一個重要的轉捩點。最後羅馬的膨脹也開始退縮了，這一個大帝國終於難免瓦解的命運，其原因一部分是由於野蠻民族的壓迫，而主要的卻還是由於內在的崩潰。

在這「衰亡」的時期當中，有好幾個世紀之久，歐洲又由「統一」而變回到「割據」的局面。對於這個時代的研究，在「將道」(military leadership)方面也當然可以獲得很多有益的教訓。不過就一般而論，所謂「決定性」者是很難於確定，轉捩點也不太明顯，有目的的戰略也太不肯定，而紀錄也太不可靠，所以似乎很難當作一種科學化研究的基礎。

不過當羅馬的勢力還沒有發展到最高峰的時候，卻有一個內戰是値得詳細加以研究的，其理由有兩點：㈠這是另外一位名將的傑作，㈡它的結果對於歷史的演化具有重大的影響。正好像第二次布匿克戰爭使羅馬成爲世界的中心一樣；西元前五〇年到四十五年之間的內戰，則使凱撒(Caesar)和凱撒主義(Caesarism)成爲羅馬世界的中心。

當西元前五〇年十二月，凱撒渡過盧比孔河(Rubicon)的時候，他的實力基礎只有高盧(Gaul)和依利芮孔(Illyricum)兩地，龐培(Pompey)卻控制著整個義大利，和羅馬其他領土的全部。凱撒只有九個兵團，而其中又只有一個駐在拉芬那(Ravenna)的兵團，是跟在他身邊，其餘的兵力都完全留在遙遠的高盧。龐培在義大利境內一共有十個兵團，在西班牙另有七個兵團，在帝國其他各地還有許多的支隊。但是在義大利的兵團卻只不過是一個空架子——一個現有的兵團，卻比兩個尙未動員的兵團還更有價值。有人認爲凱撒這種魯莽的，只帶著一部分兵力，即向南進攻的行動是非常的冒險。但是時間和奇襲卻正是戰爭中的兩個最主要因素。凱撒戰略的基礎是，他對於龐培的心理具有極深刻的了解。

從拉芬那有兩條路可以通到羅馬。凱撒採取那較長而較不直接的路線——沿著亞德里亞海的海岸——但是他的行動卻很快。當他經過這些人口衆多的地區時，有許多部隊本來是集中起來，準備投入龐培的麾下，現在卻反而都跟著他走。這正和一八一五年拿破崙的經驗完全一樣。因爲在精神上發生了動搖，龐培的黨羽就逃出羅馬，而退到了卡普亞(Capua)——此時，凱撒卻推進到敵人位於柯費紐門(Corfinium)的前衛兵力，以及位於魯西里亞(Luceria)附近由龐培指揮的主力間的位置。於是敵人的前衛兵力又都向他投降了。當他兵不血刃的，一直往南面的魯西里亞挺進之時，這種滾雪球的程序就也跟著繼續發展。不過他的進展現在卻已經變得直接化了，直接壓迫敵人向義大利靴踵地區退卻，那裏有一個要港叫作布侖地蘇門(Brundisium，即今布林狄西〔Brindisi〕)。因爲凱撒追得太厲害，結果才逼得龐培決定渡過亞德里亞海，逃入希臘。由於這個直接行動未免太過火，缺乏藝術的氣質，所以使凱撒喪失了在第二階段中，尋求一次決定性的會戰，以結束整個戰爭的機會，於是他只好環繞著地中海的盆地周圍，繼續苦戰了四年之久。

現在第二個戰役又開始了。凱撒這一次卻不再尾隨著龐培後面，一直向希臘境內追下去，而反過來攻擊龐培在西班牙方面的防線。有許多人批評他這是「小題大做」，事實上卻不盡然，因爲他早已料定龐培絕不會乘機行動，所以他可以放心先去解決敵人的羽翼。凱撒在這一次戰役開始的時候，動作又是未免魯莽，一越過庇里牛斯山脈之後，即直接向駐在依勒爾達(Ilerda，即今勒里達〔Lerida〕)的敵人主力進攻，使得敵人有了避戰的機會。當突擊失敗之後，幸虧凱撒親臨前線，才算是未釀大禍。但是凱撒所部的士氣日益低落，逼得他只好馬上改變他的方法。

他不再勉強作攻城的打算，改用全力來建造一個人工要塞，使他能夠控制著西柯里斯河(Sicoris)的兩岸，依勒爾達就位在河岸上面。這個行動使敵人的補給來源受到了威脅，於是龐培的部下遂不敢久留，而自動撤走。凱撒並沒從後面加以壓迫，而聽任他們溜去；但卻派遣他的高盧騎兵，深入敵人的後方，以遲滯他們的行動。他不攻擊敵人後衛部隊所佔領的橋頭陣地，而寧願冒險率領他的步兵通過深水灘(通常認爲只有騎兵才可能徒涉)，乘著黑夜迂迴到敵人的退卻線上。到了這個時候他仍然不想和敵人交戰，而只是設法強迫敵人無法採取另外一條新的退卻路線。先使用騎兵去實行阻撓和遲滯的動作，然後再使用步兵來切斷他們。他一方面盡量控制部下躍躍欲試的雄心，另一方面更設法使敵人們喪失鬥志；最後，他把敵人逼到了水邊，在飢寒疲憊和失望的壓力之下，敵人終於向他不戰而降了。

這種兵不血刃的勝利，也是一種戰略性的勝利；因爲流血愈少，則投降附和的人數也就會隨之而增多。當他用間接的方法來代替直接的方法以後，這個戰役一共只用了六個星期的時間，就勝利的結束了。

可是到了西元前四八年，當他進行下一個戰役時，他又改變了他的戰略——結果花了八個月的時間，才使他的軍隊獲得勝利；即令如此，也還只是不完全的勝利而已。這一次，他不採取間接的路線，經過依利芮孔進入希臘；反之，他卻決定採取直接的海上路線。如此一來，固然在最初階段中節省了一些時間，可是最後卻還是吃了大虧。龐培原先有一個大型的艦隊，凱撒卻完全沒有，雖然他已經下令建造和搜集大量的船隻，但是卻只找到一部分。可是凱撒卻不肯再等，兵力只集中了一半，即開始從布林狄西登舟出發了。凱撒在帕拉斯提(Palaeste)登陸之後，就沿著海岸走，直趨重要港口狄爾哈強(Dyrrhachium，即今杜拉左〔Durazzo〕)，但龐培卻已先一步趕到該地。對於凱撒而言，可以說是十分的僥倖，龐培的行動老是那樣的遲緩，以至於坐失良機；當安東尼(Antony)率領凱撒的另外一半軍隊躲過對方的艦隊，開來加入凱撒的兵力之前，龐培沒有能夠用他的優勢兵力，先把凱撒擊敗。甚至於當安東尼已在狄爾哈強的另外一面登陸之後，龐培雖然居於中央的位置，卻還是未能阻止凱撒和安東尼的兩支兵力，在提拉納(Tirana)會師。於是龐培開始向後撤退，他的敵人跟在後面追，無法使他停下來接受會戰。以後兩軍就繼續在吉紐沙斯河(Genusus)的南岸上對峙著——這條河正位於狄爾哈強的南面。

結果還是使用間接的方法，才打開了死結。經過了山地，走了四十餘哩的艱難路程，凱撒終於達到狄爾哈強與龐培之間的位置。假使龐培若能早些發現這個危險，而趕回去援救他的基地，則所要經過的只不過是一段二十五哩長的直路而已。但是凱撒並未能利用這種有利的形勢，因爲龐培還是保有海運補給的便利，而且像龐培這樣一個性格的人，是很難引誘他領兵向敵人進攻的。於是凱撒只好勞而無功的建立一條綿長的包圍線，可是他的敵人不僅兵力比他強大，而且還擁有海運的優勢——其補給不至於匱竭，同時必要時還可以從海路撤退。

即令像龐培這樣消極的人，對於這樣單薄的包圍線，也不會放棄尋找弱點加以攻擊的機會。凱撒爲了救援起見，遂不得不集中兵力來實行逆襲。這個逆襲卻不幸遭受慘重的失敗，若非龐培這個人惰性太重，否則凱撒的軍隊一定會一敗不可收拾。

當凱撒把殘部整頓好了之後，他馬上認清了這次失敗的教訓，在整軍而退之後，即開始採取一種間接路線的戰略。當凱撒正在調整戰略的時候，龐培若能乘此青黃不接的機會，主動的向敵軍進攻，則一定可以大獲全勝，更可以乘勝渡過亞德里亞海，重行奪取義大利的統治權——因爲凱撒大敗之後，其所轄的軍民在精神上一定會發生動搖。此時凱撒已經明瞭向西的行動是不再有可能性，於是馬上倒過來向東發展，迅速的去攻擊龐培留在馬其頓的部將納西卡(Scip io Nasica)。龐培的心理立即受到凱撒的控制，他接著採取了另外一條路線，追隨在凱撒的後面，趕去援助納西卡。結果還是凱撒先到，但他卻不命軍隊攻城，反而等待龐培趕來。這對凱撒而言，似乎也可以說是喪失了一個良好的機會，但是也可以說由於狄爾哈強的經驗，凱撒認清了必須要有強烈的誘惑，才能使龐培在開闊地區接受會戰。假使眞是如此，那麼凱撒這個觀念要算是相當正確。儘管龐培所擁有的兵力，在數量方面是具有二對一的優勢，但還是由於部下的勸說，他才肯冒險出戰。正當凱撒準備用各種手段，來創造一個戰勝的機會時，龐培卻自己送上門去，使他得來全不費工夫——這就是法爾沙拉斯（Pharsalus）會戰。但對於凱撒而言，這個會戰毫無疑問的是過於倉促——損失之重即足以說明其倉促的程度。凱撒的間接方法固然已經在戰略上，重新建立了平衡的局面，可是還需要再進一步，才能夠使龐培本人喪失平衡。

在法爾沙拉斯戰勝之後，凱撒追擊龐培越過了達達尼爾海峽，通過小亞細亞，然後渡過地中海，以達到亞歷山大港（Alexandria）。在那裏龐培即爲托勒密（Ptolemy）所殺，使凱撒省了許多麻煩。但是凱撒本人卻把這個有利的機會蹧蹋掉了，爲了干涉托勒密和他妹妹克麗奧佩脫拉（Cleopatra）之間對於埃及繼承權的爭執，他一共浪費了八個月的寶貴時間。凱撒所常犯的嚴重錯誤，是他老只注意著眼前的目標，而缺乏遠大的眼光。在戰略方面來說他是瑕瑜互見。

由於凱撒坐失良機，所以才使龐培的舊部有死灰復燃的機會，他們在非洲和西班牙又獲得了一線生機。

在非洲方面，由於凱撒的部將古力歐（Curio），早已採取了直接的行動，結果使他的處境更爲困難。在登陸之後，古力歐首先贏得了一個初步的勝利，於是他就因勝而驕，被龐培餘黨的同盟者，裘巴國王（King Juba），引入陷阱而被殲滅。西元前四六年，凱撒展開了他自己的非洲戰役。他還是像過去希臘戰役那般直接而衝動，使用著不充足的兵力，一頭鑽進了敵人的圈套。也正和他過去的慣例一樣，僅僅憑著好運氣和戰術技巧的結合，才使他倖免於難。此後，他就在魯斯皮那（Ruspina）附近設營固守，以等候其他兵團的到達，無論敵人如何引誘，他都絕對不出戰。

這一次凱撒又把他的不流血戰略，運用到了最高的程度。幾個月當中，即令他的增援已經達到之後，他還是執行一種絕對間接性質的戰略，只不過是路線略嫌狹窄而已。他發動了一連串的小戰，以打擊敵人的士氣，從敵方逃亡數字激增的事實看來，即足以證明這種戰略的價值。最後，他才採用一種比較寬廣的間接路線，向敵人在塔普蘇斯（Thapsus）的重要基地進攻。這樣他就創造了一個有利的會戰機會，而他的部隊——早已等候得不耐煩——立即不需上級的指揮，而自動的向敵人猛攻，終於獲得了大勝。

接著在西元前四五年，凱撒又發動了西班牙戰役，這也是整個內戰的結束。這次，凱撒從一開始就力求避免生命上的損失，在狹窄的限度之內，不斷運用調度上的技巧，一定要使敵人立於絕對不利的地位，他才肯和他們交戰。結果他在孟達（Munda）獲得了一個有利的機會，而終於大獲全勝；但這次還是經過了激烈的苦戰，所損失的士兵也還是不少。由此即足以指明出所謂「經濟兵力」（economy of force）的意義，和僅僅是「節省兵力」（thriftiness of force）的意義，是大有區別的。

凱撒的間接戰略路線，似乎都是很「狹窄」的，而且缺乏「奇襲」的意味。在他的每一次戰役當中，他都只不過是使敵人的精神發生「緊張」的現象，而並未能使其潰裂。主要的原因似乎是他所重視的，只是敵方部隊的心理，而非敵方指揮官的心靈。假使說他的這些戰役足以當作一個極好的例證，以來說明兩種不同間接路線的區別——㈠以對方的部隊爲目標，㈡以對方的主將爲目標——那麼還不如說，更足以有力的說明直接路線和間接路線的區別。當凱撒每次採取直接路線時，幾乎無往而不失敗；反過來說，當他失敗改採間接路線之後，則又往往能夠轉敗爲勝。

第四章 拜占庭時代的戰爭

當西元前四五年，凱撒在孟達獲得了最後勝利之後，他就榮獲羅馬和羅馬世界的「永久獨裁權」。這一個具有決定性的事件，使羅馬的共和從此告一結束。也就是由一個共和國轉變成爲帝國的前奏曲——在帝國的制度中，就潛伏著使它自己內在崩潰的細菌。不過這些發展都是逐漸性的——從遠大的觀點看來，這也是一種進步。從凱撒的凱旋，到羅馬的最後崩潰，中間還經過了五百年的光陰。甚至此後，在另外一個地方還有一個「羅馬帝國」，一直又再延長了一千年之久，才終告滅亡。這個原委從頭說起，是：㈠君士坦丁大帝(Constantine the Great)於西元三三〇年，從羅馬遷都拜占庭(Byzantium)，即君士坦丁堡(Constantinople)。㈡在西元三六四年，羅馬世界正式分裂爲東西兩個帝國。東羅馬帝國的命運較長，而西羅馬帝國則由於野蠻民族的不斷攻擊和滲透，國勢日趨衰頹。到了西元五世紀末葉，隨著高盧、西班牙和非洲的榜樣，獨立的義大利王國也建立起來了，於是名義上的西羅馬皇帝遂終於被廢除。

不過在六世紀的中葉，西羅馬又有復活的跡象——這卻是由東羅馬所發動的。當查士丁尼(Justinian)在君士坦丁堡做皇帝的時候，他的部將們又重新征服了非洲、義大利和西班牙南部。這些成就主要應歸功於一個人，那就是貝利沙流士(Belisarius)。他之所以能被稱爲名將的理由，有下述兩點：

㈠他的兵力眞是少的可憐，與他的工作簡直不成比例；㈡他經常使用守勢的戰術。在一連串的征服之中，竟完全缺乏攻勢的行動，這種奇蹟也可以算是史無前例的。而最大的特點，卻是他所率領的軍隊，其基礎又完全是機動部隊——主要是騎兵。貝利沙流士並不缺乏膽量，但是他的戰術都是設法引誘對方先動手進攻。他這種作風的理由，一方面是因爲他在數量上總是居於劣勢的緣故，但另一方面也表示他在戰術和心理兩方面，都有極精密的計算。

他的軍隊在組織形態上，和羅馬全盛時期的兵團制度很少相似之處——它很接近中世紀的形態，但是卻具有較高度的發展。若是凱撒時代的軍人看到這種部隊，他們一定不會承認這也是羅馬的軍隊；不過若從追隨西庇阿轉戰非洲的軍人眼中看來，也許對於這種演變的趨向，一點都不會感到驚異。從西庇阿到凱撒之間的時代中，羅馬本身漸次由一個城邦國家，變成了一個帝國；他們的軍隊也由短期服役的公民部隊，變成了長期服役的職業化兵力。儘管查瑪會戰已經顯示出騎兵的重要性，但是他們的軍事組織卻夠不上這個標準。儘管馬種已經大事改良，體型和速度都已經進步，但是在羅馬帝國的陸軍中，步兵仍然是主力兵種，而騎兵還是和初期對抗漢尼拔的戰爭一樣，始終只是一種輔助性的兵種。以後由於在邊防方面需要較大型的機動兵力，於是騎兵的比例才逐漸增加，但是一直到西元三七八年，羅馬兵團在亞得里亞堡(Adrianople)遭到了慘敗之後——爲哥德人(Goths)的騎兵所擊敗——羅馬陸軍才記取這個慘痛的教訓，開始實行改組。在以後的時代中，鐘擺卻又擺向另外一個極端。在提狄奧多西(Theodosius)統治之下，爲了加速擴充機動部隊，甚至大量收編野蠻人的騎兵。以後，這個招募的比例終於獲得了某種程度的平衡，於是才發展成爲一種有體系的新型組織。到了查士丁尼和貝利沙流士的時代，主要的兵種是由重騎兵所組成，他們穿著鐵甲衣，所使用的兵器爲弓弩和長槍。

在原理上，它是想兼有機動「火力」和機動「衝力」兩者之長——匈奴和波斯的騎弓手顯出了第一方面的價值，而哥德的騎槍兵也顯出了第二方面的價值。作為重騎兵的輔助兵力，又有輕騎兵的組織，那便是輕裝的騎弓手。無論從組織上或戰術上來看，這兩者的結合都可以算是近代輕重(或中型)兩型戰車聯合使用的先例。步兵也同樣分為輕重兩型，但是後者卻使用重矛和密集的隊形，只是當作會戰中的一個固定樞紐使用，而騎兵則環繞它做各種的運動。

在西元六世紀的初期，東羅馬帝國的國勢是十分危險的。它的軍隊在波斯的邊界上，一再遭到屈辱的戰敗，其在小亞細亞的整個地位也都在動搖之中；有一度——由於匈奴人從北面侵入了波斯——這個壓力曾暫時減輕，但是在西元五二五年左右，邊界上又發生了新的戰爭——不過其形式卻很散漫。貝利沙流士在這次戰爭中，開始嶄露頭角。他曾經率領騎兵，幾度侵入波斯屬的亞美尼亞(Armenia)地區，以後當波斯人佔領了一個邊境要塞之後，他又發動了一個精采的逆襲，把它奪了回來。把他的成功和其他諸將的失敗對比之後，查士丁尼就提升他做東面軍的總司令——那時他還不到三十歲。

西元五三〇年，一支總數約四萬人的波斯大軍，向達拉斯(Daras)要塞發動進攻。面對這個威脅，貝利沙流士手中只有大約兩萬人的兵力，而其中大多數都是剛剛開到的新兵。可是他並不準備作守城的打算，而決心冒險和敵人作一次會戰，不過他對於戰場卻事先有精密的選擇，以便運用他「防禦攻勢」(defensive-offensive)的戰術。他估計敵人一方面抱有直搗拜占庭的雄心，一方面仗著他們在數量上的絕對優勢，必然會一直向前進攻，而不多所顧慮。他在達拉斯的前方，挖掘一條既寬且深的壕溝，它的位置很靠近城牆，以便壕中的守兵可以獲得城頭上的「火力」支援。貝利沙流士就把最不可靠的步兵，位置在這裏。在這條戰壕的兩端，成直角的又挖掘兩條長壕，在頂點上又有兩條橫壕，一直向外伸展到谷地兩側的丘陵地中。沿著這兩個側翼之上，重騎兵就分別埋伏在那裏，以供逆襲之用。匈奴人的輕騎兵又擺在兩個內角裏面，假使兩翼的重騎兵爲敵人所逐回，他們就可以突然襲擊敵人的後方，以來消除這種壓力。

波斯人到達了戰地之後，首先是對於這種部署感到困惑，於是第一天的時間都花在偵察工作方面。第二天上午，貝利沙流士派人送了一封信給波斯軍的主將，暗示最好是不必兵戎相見，而採取互相討論的方式來解決爭端。他的信上這樣的寫著：「最大的善事就是和平，所有略有理性的人都莫不公認如此……所以最偉大的將軍，就是要能夠從戰爭中求得和平。……」這眞是至理名言，而尤其是在他第一次偉大勝利的前夕，從這樣一個青年將領的口中說出來，才更感難能可貴。可是波斯的主將卻回答他說，羅馬人的諾言素來是不可以相信的；照他的看法，貝利沙流士的來信，以及他躲在戰壕後面採取守勢的姿態，都足以表示他是心存畏懼。所以波斯人開始進攻了。當然他們也很謹愼，並未衝入位在中央的那個明顯的「陷阱」中，但是他們這種謹愼的態度，卻正中了貝利沙流士的妙計。因爲這不僅使他們的兵力分散，而且更使戰鬥限制在兩翼騎兵的方面。對於貝利沙流士而言，這些正是他手中最可靠的精兵，並且在數量上也不比敵人少得太多。同時他的步兵，也可以使用弓弩的「火力」，參加作戰。拜占庭的弓弩在射程上要比波斯的遠，同時波斯的裝甲也不如羅馬的精良。

波斯騎兵首先攻擊他的左翼，最初似乎頗有進展，可是有一支小型的騎兵支隊，預伏在側翼上一座小山背後，現在突然躍出，向波斯人的後方猛衝。這個意想不到的奇襲，再加上在另一個側翼方面，又有匈奴輕騎兵出現，結果遂迫使波斯人自動後撤了。另外在右翼方面，波斯騎兵攻入的距離更深，一直達到了城牆腳下。可是結果卻恰好使他們這個前進的側翼，與中央的靜止部分之間，露出了一個極大的空隙。貝利沙流士立即把他手中所有的騎兵，都投擲在這個空隙裏面。這個針對波斯戰線弱點的逆襲，首先把波斯騎兵趕得落荒而逃，脫離了戰場，然後再向中央的波斯步兵——他們的側翼已經暴露——進攻。這次達拉斯的會戰使波斯人受到決定性的失敗。這是許多年來，他們第一次敗在拜占庭人的手裏。

經過幾次挫敗之後，波斯國王就開始和查士丁尼的使臣，討論和平的條件。當這個和談還正在進行的時候，波斯人的同盟國薩拉森(Saracen)國王，卻提出了一個新的作戰計畫——用間接的方式來打擊拜占庭的勢力。他認爲不應該向具有堅城利兵的拜占庭邊界上進攻，而應該採取一條大家所料想不到的路線。一支大部分由機動部隊所組成的兵力，可以從幼發拉底河向西走，越過沙漠地區——這是當時人認爲不可能越過的障礙物——向東羅馬最富庶的城市安提阿(Antioch)進攻。波斯人立即採納這個計畫，在執行的時候也證明出，只要有適當的軍隊組織，這種沙漠是絕對可以越過的。不過，貝利沙流士卻已經使他的軍隊具有極高度的機動性，而且沿著邊界也建立了一個有效率的通信體系，所以他才能夠從北面星夜馳援，恰好在敵人之前趕到了戰地。當這個威脅解除之後，他卻僅以把敵人逐回爲滿足。這種自制的態度使他的部下非常不滿。當他發現部下都在私下議論紛紛的時候，他就向他們解釋說：眞正的勝利就只是要強迫敵人自動放棄他們的意圖，而同時又盡可能減少自己的損失。假使這個目的已經達到了，那麼又何必要在會戰中去尋求勝利呢？正所謂「窮寇勿追」，因爲這種行動可能會引起不必要的失敗，結果反使帝國有受到新侵略的危險。對於退卻中的敵人，使他們感到無路可走，這無異於提高他們死裏求活的勇氣。

這種說法是太理智化了，很難使那些「匹夫之勇」的軍人們感到心悅誠服。因爲害怕軍心離散的緣故，他只好聽任他們去碰一次釘子——這是他有生以來唯一的一次失敗，恰好證明了他的警告是完全正確的。但是波斯人雖然戰勝了追兵，卻也付出了極高的代價，所以他們還是被迫繼續撤退。

當他在東方累立戰功之後，貝利沙流士不久即被派往西方，擔負一次攻勢的任務。在一個世紀之前，日耳曼民族的一支，汪達爾人(Vandals)佔領了羅馬所屬的非洲殖民地，結束了他們向南移殖的行動，並且建都於迦太基。以那裏爲基地，他們開始進行一種大規模的海盜行動，並且派遣突擊性的遠征軍，去劫掠地中海沿岸的各個城市。西元四五五年，他們曾經攻入羅馬本身，以後君士坦丁堡方面曾派重兵進剿，但卻爲他們所擊敗。不過經過了幾代之後，奢侈的生活加上非洲的烈日，不僅已經使他們的態度軟化，而且也消磨了他們的活力。於是到了西元五三一年，原有的汪達爾國王希爾德里克(Hilderic)，突然爲他那個黷武好戰的姪子吉里米爾(Gelimer)所廢並加以監禁。因爲希爾德里克在青年時期，曾與查士丁尼友善，所以後者寫了一封信給吉里米爾，要求他釋放他的叔父。當這個要求被拒絕之後，在五三三年，查士丁尼遂決定派遣貝利沙流士，率領一支遠征軍，到非洲去興師問罪。可是他一共卻只有五千名騎兵，和一萬名步兵。雖然他們都是精兵，但是衆寡之勢還是差得太遠，因爲汪達爾人號稱擁有十萬大軍。

當這支遠征軍到達了西西里之後，貝利沙流士聽到一個好消息——當時汪達爾人的屬地薩丁尼亞(Sardinia)，發生了叛亂，他們已經派了一部分精兵去平亂，而且當時吉里米爾本人也離開了迦太基。貝利沙流士當然不肯放過這個時機，他立即揚帆向非洲前進，爲了避免遭優勢的汪達爾艦隊攔截，所以他在距離迦太基還有九天行軍距離的地點，實行登陸。聽到了貝利沙流士登陸成功的消息，吉里米爾匆忙的命令幾方面的部隊，集中在阿德戴西門(Ad Decimum)附近的隘路上——這是通往迦太基大路上的第十個里程碑——他希望在那裏可以把侵入軍，加以包圍聚殲。但是這個計畫卻失敗了，因爲貝利沙流士進展得太快，同時他的艦隊也對迦太基城，擺出嚴重威脅的姿態。當汪達爾軍隊正在集中的時候，馬上即爲侵入軍所乘，於是在一連串的混戰中，他們發生了混亂的現象，不特不能擊敗貝利沙流士，而且紛紛向各方逃走——使貝利沙流士勢如破竹的進入了迦太基城。到了這個時候，吉里米爾已經重新集中了他的軍隊，並且從薩丁尼亞召回他們的遠征軍，準備重整攻勢。可是貝利沙流士已經把迦太基的防禦部署完成了——使汪達爾人感到毫無辦法。

等了幾個月之後，他看到汪達爾人還無攻城的意圖，貝利沙流士就獲得了一個結論：認爲從他們這種消極的態度上，即足以證明他們的士氣已經非常低落。同時就他自己這一方面而言，若是一旦戰敗之後，也有一個安全的退步，所以他決定冒險進攻。他率領著他的騎兵前進，直迫汪達爾人設在提卡米侖(Tricameron)的營地——在一條河流的後面——不等他的步兵趕到，即開始進行戰鬥。他的想法可能是這樣的：因爲當他這樣顯得兵力很薄弱的時候，必可能引誘敵人傾巢來犯，於是就可以達到「半渡而擊」的目的。但是這種「挑撥」性的進攻，和緊接著後面的退卻，都不能夠引誘敵人渡河追擊。所以貝利沙流士又馬上抓著他們這個過度小心的弱點，乘機把大量的兵力，安全的送過了河去。首先向敵人的中央部分進攻，以吸住敵人的注意力，然後再沿著全線上展開攻擊。

汪達爾人的抵抗馬上開始崩潰，殘餘部隊逃回營中，不敢再戰。吉里米爾本人乘著黑夜逃走了，在他失蹤之後，他的全軍也就自動瓦解。貝利沙流士乘戰勝的餘威，實行追擊，最後俘虜了吉里米爾，結束了這場戰爭。這個收復羅馬非洲失地的計畫，在最初看來，似乎是一種冒險的賭博；可是在執行的時候，卻顯得十分的簡單。

這一次輕鬆的勝利，鼓勵著查士丁尼在西元五三五年又開始企圖從東哥德人(Ostrogoths)手中，作奪回義大利和西西里的嘗試——不過也以付出最低廉的代價爲原則。他只派了一支小型部隊到達爾馬提亞(Dalmatia)的海岸上。他又用「賄賂」的謊言，來引誘法蘭克人(Franks)，從北面進攻哥德人。在這種分散敵人兵力的戰略掩護之下，才再命貝利沙流士率領遠征軍一萬二千人，開往西西里島，並且命令他在到達該島的時候，應揚言這一支兵力是假道開往迦太基的。假使他認爲這個島嶼可以很容易的加以佔領，那麼他就可以進佔該島；否則他可以不動聲色的，再重新上船揚帆而去，不必顯示出他的意圖。在這次的情況中，是一點困難都沒有。雖然西西里島上的諸城一向很受到他們征服者的優待，但是他們卻還是熱烈的歡迎貝利沙流士，把他當作解放者和保護者看待。除了在巴勒摩(Palermo)一地以外，這一支小型的哥德戍兵對他根本未作任何激烈的抵抗。至於巴勒摩的抵抗也被他利用巧計所擊退。與他勝利恰好成一個對照，拜占庭軍對於達爾馬提亞的侵入企圖卻遭到了慘敗。不過不久，拜占庭軍又獲得了增援，繼續進攻；同時貝利沙流士也越過了墨西拿海峽(Straits of Messina)，開始侵入義大利半島的本部。

由於哥德人內部意見不一，同時他們的國王也疏於防範，結果才使貝利沙流士在義大利南部的進軍，並沒有遇到阻攔。當他進到了那不勒斯(Naples)之後，始暫時受阻。這是一個堅強的要塞，守兵的力量也大約與他的兵力相當。但是不久，貝利沙流士還是從一個廢棄不用的水道中，找到了攻進這個城塞的捷徑。他派了少數的精兵，從這個狹窄的隧道中，鑽進了城裏，於是乘著黑夜攻城，裏應外合的很快便佔領了該城。

那不勒斯的陷落使得哥德人爲之大嘩，於是羣起而反對他們的國王，結果取而代之的是一員勇將，名叫費提吉斯（Vitigis）。可是費提吉斯卻具有一種很特殊的軍事觀念，他認爲必須先結束對法蘭克人的戰爭，然後才再來集中全力對付這個新的侵入者。所以，當他在羅馬留下了一支自以爲很足夠的守兵之後，他就親率大軍向北面進發，以對付法蘭克人。但是羅馬的人民卻不同意他的見解，同時哥德的守兵也認爲若無人民的協助，則勢必無法守住這個城塞，所以當貝利沙流士的軍隊開抵羅馬時，守軍立即棄城而走，使得他毫無困難便收復了這座名城。

當費提吉斯重新做決定的時候，已經太遲了。他用了黃金和土地做代價，才向法蘭克人買得了和平，於是他集中了十五萬人的大軍，企圖重新奪回羅馬。而貝利沙流士卻只有一萬人的兵力，來供防守之用。但是在圍攻開始之前，他卻早已有了三個月的準備時間，來改建該城的防禦工事，同時還囤積了大量的糧食。此外，他的防禦方法也是採取一種積極的方式——不斷的作有計畫的出擊。在這種出擊中，他又盡量的發揮他騎兵的優勢，因爲他們都配備了強力的弓弩，所以可以在敵軍騎兵達不到的射程之外，使其受到阻撓，或者是引誘哥德的騎槍兵作盲目的衝鋒。雖然這少數的守軍在苦戰之下，是已經疲憊不堪，可是圍攻部隊的兵力卻損失得更快，尤其是因爲疾病的緣故。爲了加速敵人的崩潰起見，貝利沙流士更勇敢的冒險，從這個單薄的兵力中，再抽出兩個支隊，用奇襲的方式攻佔了提弗里（Tivoli）和提拉西那（Terracina）兩個城鎮。它們恰好控制著圍攻軍的補給線。等拜占庭的援兵到達後，貝利沙流士更擴大了這種機動突襲的範圍，直達亞德里亞海的海岸上，直趨哥德人在拉芬那的主要基地。最後，經過了一年的圍攻，哥德人終於放棄了他們的企圖，開始向北撤退——由於他們獲得了一個消息，說拜占庭的襲擊部隊已經佔領了利米尼（Rimini），這是距離他們基地拉芬那交通線極近的一點，所以更加速了他的撤退。當哥德大軍的後半部正擁擠在穆爾芬(Mulvian)橋樑上面的時候，貝利沙流士開始發動猛烈的追擊，使他們受到慘重的損失。

當費提吉斯向東北撤回拉芬那的時候，貝利沙流士派遣他一部分的兵力，連同艦隊一起，沿西岸推進，佔領了帕維亞(Pavia)和米蘭(Milan)。他自己卻只帶著三千人，橫到東岸上，和新到的七千援兵會合在一起——這些援兵是由宮廷中的總管太監納爾西士(Narses)所率領。於是他火速的去援救圍在利米尼城中的一個支隊——他們正爲費提吉斯的大軍所包圍著。在外圍的阿西莫(Osimo)要塞中，哥德人曾經留有二萬五千人的守兵，可是貝利沙流士卻很巧妙的溜了過去，直向利米尼進發。他的兵力分爲兩個縱隊，另外還有一部分則由海上開來。因爲三路進攻，顯得聲勢浩大，使得哥德人對於他的兵力不免發生了誇大的印象。爲了加強這個印象起見。在夜裏他又多燃營火，故意的虛張聲勢。這個計策成功了，尤其是現在光憑他的英名都足以使哥德人不寒而慄，所以當他決定接近的時候，大多數的哥德軍都開始望風而逃，不敢接戰。

現在，貝利沙流士就一方面監視留在拉芬那的費提吉斯，另一方面計畫如何掃淸他通往羅馬的交通線，因爲當他迅速挺進的時候，有許多要塞都是溜過去的，現在必須一一加以攻陷。由於他手中的兵力是如此微弱，所以這實在不是一個容易解決的問題。他的方法是首先集中力量對付某一個要塞，使其孤立化，利用機動部隊構成一道鐵幕，使任何可能的救兵都被牽制在他們自己的地區之內，使其無法分身。即令如此，這種工作還是需要相當長的時間，尤其是有一些部將，恃著宮廷中的寵愛作護身符，故意違背他的調度，專門尋找容易和富庶的目標，所以更使時間延長了。此時，費提吉斯又派遣使臣往法蘭克和波斯求救，他們說現在是擊敗拜占庭人的最好機會，因爲他們的兵力已經伸展得太遠，若此時能從各方面同時發動攻勢，那麼一定可以成功。法蘭克的國王聽了，馬上就率領了一支大軍，翻越了阿爾卑斯山，進入義大利。

第一個吃大虧的卻是對於他們期望殷切的同盟國。當哥德人在帕維亞——當時哥德人正在該地與拜占庭軍對峙——附近，放他們過了波河之後，他們卻毫不客氣的向兩方面一視同仁的發動了攻擊，使雙方都措手不及，紛紛逃竄。於是法蘭克人就開始向各地蹂躪。因爲他們的軍隊差不多完全是由步兵所組成，所以搜劫的距離很有限，不久就在他們自己所造成的饑饉中，大批的餓倒。他們實在太愚笨，一碰到機動的對手，即不敢交戰，所以貝利沙流士並未花多少工夫，就把他們勸誘回家去了。貝利沙流士接著便加緊對拉芬那的控制，以迫使費提吉斯投降。

然而在西元五四〇年，貝利沙流士卻突然被查士丁尼召回，其理由是要他去對付波斯人的新威脅——這當然也是眞的。不過，似乎眞正的動機卻是出於妒嫉的緣故，因爲有消息傳到查士丁尼的耳朵裏，說當哥德人向貝利沙流士求和的時候，已經承認他就是西方的皇帝。

當貝利沙流士正取道回國的時候，波斯的新王卡斯羅斯(Chosroes)又重新採取横越沙漠的路線，並且攻佔了安提阿城。當他把這個城市以及其他敍利亞各城，夷爲廢墟之後，查士丁尼就只好許以大量的「歲幣」，以求締結一個新的和約。當卡斯羅斯回到了波斯，而貝利沙流士也回到了君士坦丁堡之後，查士丁尼馬上就撕毀了這個和約，不肯再破財了。於是吃虧的人還是他的臣民——這是一般戰爭的正常結果。

在下一次的戰役中，卡斯羅斯王侵入在黑海岸上的柯爾齊斯(Colchis)，並且佔領了拜占庭人在佩特拉(Petra)的要塞。這時貝利沙流士也已經到達了東面的邊界上。他聽到卡斯羅斯已經出發遠征，雖然他還不知道他的眞正去向，可是貝利沙流士卻馬上抓到了這個機會，立即用奇襲的方式，侵入波斯的國境。爲了加強效力起見，他又派遣他的阿拉伯同盟軍沿著底格里斯河發動突襲，向亞述(Assyria)進攻。這個來得恰到好處的反擊，無形中正足以證明間接路線的價值。這就是「圍魏救趙」的辦法，當波斯大軍已經侵入柯爾齊斯的時候，貝利沙流士卻威脅到他們的基地，這樣就把卡斯羅斯調回來了，否則他就會有後顧之憂。

不久之後，貝利沙流士又被召回君士坦丁堡——這一次是由於內亂的緣故。當他離開了東方之後，波斯國王馬上又向巴勒斯坦(Palestine)發動了一個侵略戰，以佔領耶路撒冷(Jerusalem)爲目標，自從安提阿被毀之後，它已經成爲東方的一個富庶大城了。接到了這個消息之後，查士丁尼就立即派遣貝利沙流士去援救。這一次，卡斯羅斯率領了一支非常龐大的兵力，估計約在二十萬人左右，因此他不能再採取那條越過沙漠的舊路線。而必須從幼發拉底河上游，進入敍利亞，然後南轉向巴勒斯坦進攻。這是卡斯羅斯所必然會走的路線，所以貝利沙流士集中他所可能集中的兵力——數字雖少但卻具有高度的機動性——把他們都擺在幼發拉底河上游的卡契米希(Carshemish)，在侵入軍向南轉進的緊要關頭上，這就恰好威脅到他們的側翼。卡斯羅斯聽到這個消息之後，馬上派了一個使臣到貝利沙流士軍中，名義上是以討論和平條件爲藉口，實際上卻是想偵察對方的實力和部署。事實上，貝利沙流士的兵力比之侵入軍，還不到十分之一，甚至於還不到二十分之一。

因爲猜到了敵人的意圖，貝利沙流士馬上就在軍事上變了一個「戲法」。他把他手裏最精壯的人員，挑選了出來，其中還包括著哥德人、汪達爾人，和摩爾人(Moor)等等單位——這都是所收編的俘虜——率領著他們先進到某一點上，以來等候波斯使臣的到達。這樣遂使對方誤認爲他們所遇到的，只不過是貝利沙流士大軍的前哨而已。這些部隊奉命展開在平原上面，並且經常在運動之中，更使人難以估計他們的眞正兵力。貝利沙流士本人顯出十分樂觀自信的態度，在他手下的部隊也都顯出趾高氣揚的味道，所以更增強了對方的印象——好像他們對於波斯人的攻擊，是滿不在乎的。使臣回來的報告認爲卡斯羅斯若再繼續前進，則交通線勢必要受到側面上的威脅，那似乎是非常的危險。於是貝利沙流士更進一步派遣騎兵沿著幼發拉底河實行神出鬼沒的活動，這些行動終於把波斯人駭昏了，使他們匆匆忙忙渡河撤回本國去。從來不曾有過這樣來勢凶猛的侵入行動，就這樣輕鬆的被擊敗了。而這個奇蹟式的結果，卻完全是利用間接路線得來的，雖然表面是由於一個側翼位置的作用，但事實上卻純粹是心理的。

由於查士丁尼的妒嫉和猜疑，貝利沙流士又再度被召回君士坦丁堡。不久以後，義大利的屬地由於管理不善的緣故，局勢又變得岌岌可危，於是查士丁尼不得已，又只好命令貝利沙流士去收拾殘局。但是由於鄙吝和妒嫉的原因，他卻只給他最微弱的兵力，以來擔負這個頗爲艱鉅的任務。等到貝利沙流士到達拉芬那之後，局勢就更形嚴重。因爲哥德人在一個新王托提拉(Totila)的統治之下，已經逐漸恢復了他們的實力，重新佔領了義大利的西北部，並且開始向南部發展。那不勒斯已經被他們攻陷，而羅馬也受到了威脅。貝利沙流士爲了想救援羅馬城，作了一個果敢而並未成功的行動，用一個支隊的兵力，繞著海岸航行，並且勉強進到了台伯河(Tiber)邊。托提拉於是拆除了羅馬城防工事，留下大約一萬五千人的兵力，把貝利沙流士的七千人釘死在海岸上面，而自己率領大軍向北進發，想乘貝利沙流士本人不在的時候，重行奪取拉芬那。可是貝利沙流士卻躲過了他的「監視」者，又溜入羅馬城。這個香餌使任何哥德人無法不上鈎。三個星期之後，托提拉才又領兵來攻，可是貝利沙流士已經把一切的防禦工事都布置好了，所以他一連擊退了兩次的猛攻。因爲哥德人損失慘重，所以他們的信心已經開始消沉，等到他們第三次來攻的時候，就已經成爲強弩之末，於是貝利沙流士接著開始發動逆襲，把他們打得大敗而逃。第二天，他們放棄圍攻的企圖，退回了提弗里。

儘管他一再向查士丁尼要求增派援兵，可是所獲得的數量卻十分有限，因此貝利沙流士無法收復全部的失地，而只好在要塞和港口之間，東奔西跑的進行游擊戰。最後，他也絕望了，他知道查士丁尼絕不會再信任他，再也不會把一支夠強大的兵力交給他去運用，所以在西元五四八年，堅決要求辭職回到君士坦丁堡去。

四年之後，查士丁尼決心不放棄義大利，於是又發動了一次新的遠征行動。他還是不願意讓貝利沙流士當統帥，因爲他害怕他會乘機獨立，於是最後命令納爾西士爲統帥。納爾西士一向以軍事理論家著名，而且在貝利沙流士的第一次義大利戰役中，也曾經有機會顯過身手，表示他並非僅是一個理論家而已。

納爾西士對於這個較大的機會，現在就充分的加以利用。他首先提出一個條件，要求必須有一支眞正夠強大且具有良好裝備的兵力，他才肯接受這個艱鉅的任務。接著他就率領著這一支大軍，繞著亞德里亞海岸向北進發。因爲哥德人認爲侵入軍必須渡海來犯，所以使他這次行軍大爲便利。哥德人認爲沿著海岸的道路是太險惡，同時又有許多的河口，所以拜占庭軍似乎不可能循這條路線進攻義大利。但是納爾西士卻預備了大批的船隻，沿著海岸與他的部隊一同前進，利用這些船搭成浮橋，所以他的進展之速，出乎一般人意料之外，未受到任何抵抗，即達到了拉芬那。他想不浪費時間，立即向南壓迫，對於擋路的若干要塞都設法繞過，其目的是想要在托提拉兵力尚未完全集中之前，即強迫他接受會戰。托提拉扼守著亞平寧(Apennines)山地上的主要隘路，但是納爾西士卻從側路上溜了過去，並且在塔吉納(Taginae)逼住了托提拉。

以前，貝利沙流士在每一次會戰中，兵力幾乎總是居於劣勢，可是這次納爾西士的兵力卻要比哥德人優越。雖然如此，當他已經把戰略上攻勢的優點充分發揮了以後，納爾西士在遭遇到托提拉時，卻寧肯採取戰術上的守勢。他知道哥德人具有一種「攻勢」的本能，所以決定讓他們先行進攻，並且安排好了一個陷阱來等候他們——這正和八百年以後，英國人在克雷西(Crecy)擊敗法國騎士的戰術完全一樣。他這個計畫的基礎，是根據他對於哥德人心理上的一種認識——哥德人素來看不起拜占庭的步兵，認爲他們吃不消騎兵的衝鋒。所以他在戰線的中央，擺著一大批徒步(下馬)的騎兵，使用他們的長槍，使敵人看起來，好像是一堆使用長矛的步兵一樣。在這個中央部分的兩翼上，他布置著步兵弓弩手，向前推進成一個新月形，假使敵人向中央突擊時，就可以從兩面來加以夾擊。多數的乘馬騎兵就集中在他們的後方。此外在左面一個小山的下面，他更埋伏了一支最精銳的騎兵，等到哥德軍深入陷阱之後，這支兵力就躍出向敵人的後方實行奇襲。

這種巧妙的安排達到了它的目的。哥德人果然認爲中央是一些不可靠的步兵，所以揮動騎兵向他們突擊。在他們衝鋒的時候，首先受到兩翼箭雨的「射擊」，然後在正面又爲堅定不動的徒步騎槍兵所阻。當他們衝不進的時候，兩翼的弓弩手更向中央捲進。此時哥德的步兵卻不敢上前支援他們的騎兵，因爲納爾西士的騎兵正在側翼山地附近，他們害怕騎弓弩手攻擊他們的後面。硬攻了相當時間沒有結果之後，哥德騎兵在氣餒之餘，開始後退了。納爾西士立即揮動他的騎兵預備隊，發動了一個具有決定性的逆襲。這一次，哥德人可以說是「大獲全敗」，從此納爾西士即毋須花費太多氣力，就把整個義大利都收復了。

哥德人最後投降之後，法蘭克人卻接受了哥德人的最後求救呼籲，也開始舉兵來犯，但是納爾西士這時已經騰空了手腳，可以應付新的威脅。這一次，法蘭克人要比以前各次都更深入——一直進到了康配尼亞(Campania)。納爾西士根據過去的經驗，決心讓他們用自己結好的繩子去上吊——首先避免和他們交戰，等他們由於行軍的困難和痢疾的死亡，逐漸把龐大的兵力消耗乾淨。到了西元五五三年，當他在卡西里侖(Casilinum)準備和他們交戰時，法蘭克人的兵力都還有八萬人之多。在這裏，納爾西士又發明了一個新的圈套，特別適合於法蘭克人的特有戰術。因爲他們是步兵，所以在攻擊中使用一個縱深的縱隊，專門依賴重量和動量來取勝。他們的武器也都是近距離形態的——長矛、投斧和短劍。

在卡西里侖會戰中納爾西士用徒步的長矛兵和弓弩手，來扼守防線的中央。法蘭克人的衝鋒把他們逐退，可是納爾西士卻立即旋轉側翼上的騎兵，用他們來攻擊敵人步兵的側翼。敵人步兵馬上停止不進，轉身向外準備抵抗拜占庭騎兵的衝鋒。但是納爾西士卻不去接近他們，因爲他深知法蘭克步兵隊形是相當的堅強，不是騎兵所能衝散的。所以，他命令騎兵停駐在法蘭克人「投斧」的射程之外，用「箭雨」去攻擊敵人，逼得他們非疏開不可。最後法蘭克人無法支持，只好解散密集縱隊，並往後撤退，於是納爾西士立即抓著這個機會，命令騎兵衝鋒。這個恰到好處的逆襲，幾乎殺得法蘭克人片甲不還。

從第一眼看來，對於貝利沙流士和納爾西士的戰役，似乎在趣味上是戰術重於戰略，因爲其中許多行動都是直接與會戰有關，比起其他名將的戰役，似乎較少專以敵人交通線爲行動對象的例證。但是若仔細的加以觀察之後，這個印象就要有所改正。貝利沙流士曾經發明了一種新型的戰術工具，他知道只要敵人肯在適合這種戰術的條件下，先行進攻，則他利用這種工具，即足以擊敗具有極大數量的優勢敵軍。爲了達到這個目的，他的兵力劣勢反而是一種優點，這是大家所不易看出來的，而尤以與大膽的直接戰略攻勢相配合，更爲相得益彰。所以他的戰略著眼點是心理上的，而非物質上的。他知道如何挑撥西方野蠻民族的軍隊，使他們發「牛性」，於是不顧一切的向前直衝。至於對於文明程度較高的波斯人，他首先利用他們對於拜占庭人的優越感，以來當作誘敵的工具。以後，當波斯人累戰累敗，以致對於他個人發生了一種敬畏的心理之後，他又馬上利用他們這種謹愼小心的態度，當作是一種心理上的作戰工具。

他的最大特長就是能把他自己的劣勢變成優勢，而同時又把敵人的優勢變成劣勢。此外，他的戰術也具有間接路線的特徵——先使敵人喪失平衡，然後使敵人戰線上接頭的地方暴露出來，成爲一個可以攻擊的對象。

在第一次義大利戰役中，有朋友私下問他，當他面對著這樣強大的優勢敵軍，他憑什麼可以擁有必勝的信心。他回答說在第一次和哥德人交手的時候，他位置在前哨的地位上，馬上就發現了他們的弱點，認爲他們雖有強大的兵力，但卻不知道怎樣去運用。這個理由，除了由於兵力過大，調度不靈以外；哥德人的騎兵，事實上也不如貝利沙流士的那樣精銳。哥德人的騎兵只受了長槍和短劍的訓練，而他們的步弓手卻慣於躲在騎兵的背後作戰。這種騎兵僅能在近接戰鬥中發揮作用，因爲當敵人騎兵在遠距離用弓箭向他們攻擊時，他們是毫無抵抗的能力；至於他們的步弓手，卻又絕不敢直接面對敵人的騎兵。其結果就是哥德的騎兵總是希望盡量接近敵人，因此常常會發動不合時機的衝鋒。至於步兵在騎兵的掩護下向前推進後，卻停留在很遠的後方，不敢跟上去。於是步騎間的聯絡就開始中斷了，在側翼上的敵人馬上就獲得了一個反擊的機會。

貝利沙流士的戰術體系和防禦攻勢戰略，構成了拜占庭帝國的軍事基礎。在以後幾個世紀當中，西歐進入了黑暗時代，可是拜占庭卻能繼續維持它的地位和羅馬的傳統。從拜占庭的兩本著名軍事學教科書：毛萊斯皇帝(Emperor Maurice)的《戰略學》(*Strategicon*)和李奧六世(Leo VI)的《戰術學》(*Tactica*)，還可以發現這些方法和軍事組織的遺風。這種組織似乎是很夠強硬，足以抵抗野蠻民族從多方面所施的壓力，甚至於回教徒的征服狂潮，已經席捲了整個波斯帝國後，他們都還是屹立無恙。雖然外圍的地區已經喪失掉了，但是拜占庭帝國的主要堡壘卻並未發生動搖，而自從九世紀巴西爾一世(Basil I)的朝代之後，那些失地又逐漸被收復。到了十一世紀初葉，在巴西爾二世的統治之下，這個帝國的國威達到查士丁尼之後的最高峰。五百年以來它比過去更爲堅強有力。

可是五十年之後，它的安全開始受到了威脅，而在幾個小時之內，它的前途開始顯得黯然無色了。因爲一直沒有受到外侮的威脅，所以它的軍事預算一再的受到削減，結果使陸軍的兵力減少了，而其內部也開始腐化。於是塞爾柱土耳其人(Seljuk Turks)，在阿爾普阿斯蘭(Alp Arslan)的領導下，開始強大了起來。從一〇六三年之後，拜占庭才開始覺醒，準備重整軍備，但是卻已經太遲了。一〇六八年，狄阿吉尼斯(Romanus Diogenes)將軍，被擁戴做了皇帝，其目的也是爲了抵禦外侮。他本應先爭取時間，來訓練他的軍隊達到如同過去的水準；可是他卻偏不如此，而發動了一個時機未成熟的攻勢戰役。由於在幼發拉底河上獲得了初步的勝利，所以使他更有信心，於是領兵向亞美尼亞境內深入，在曼齊克特(Manzikert)附近和塞爾柱的大軍遭遇。因爲拜占庭的軍容頗盛，土耳其的蘇丹(Sultan)必須撤出他的營地——對他而言這是一種「面子」上的損失，他當然是不肯接受。當阿斯蘭拒絕了之後，狄阿吉尼斯立即開始進攻，他完全違反了拜占庭的傳統，爲敵人少數兵力所引誘著，直向陷阱中猛衝，而敵人的騎弓手卻不斷的阻撓他們的前進。到了天黑的時候，他的部隊已經筋疲力竭，他們的隊形已經混亂破裂，最後他只好命令退卻，於是土耳其人從兩翼方面直逼過來，在包圍的壓迫之下全軍覆沒。

這一場慘敗使拜占庭帝國從此一蹶不振，土耳其人不久就侵佔了小亞細亞的大部分。由於這個匹夫之勇的將軍，他的攻擊精神和他的判斷力不能取得平衡，所以才會使國家受到如此重大的損失——不過即令如此，微弱的拜占庭帝國還是又拖了四百年之久才告滅亡。

第五章 中世紀的戰爭

這一章的目的只是當作古代史和近代史兩個周期之間的一個銜接而已，雖然中世紀也有幾次戰役是很有示範的意義，可是資料的來源比之前後兩個時代，都更缺乏且不可靠。在科學眞理的研究方面，最安全的途徑就是把我們分析的基礎，放在已經證實的史實上面，對於某些時代卻不妨略去，儘管這樣會犧牲若干有價值的例證，但是因爲根據不可靠，所以還是寧缺勿濫比較好。固然這種意見上矛盾的地方，多半是屬於戰術方面，與中世紀軍事史的戰略方面關係較少。但是對於一個普通的戰爭研究者而言，這種矛盾所引起的塵霧，卻足以把這兩方面都掩蔽住了，因此會使他們對於這個時代中所獲得的研究結論，感到十分的懷疑。不過，假使不把它們包括在我們的詳細分析之中，而只是把某些片段作一個簡明的敍述，也未嘗不可以暗示出來它們的意義和價值。

在中世紀的西歐，所謂封建武士的精神是與軍事藝術互不相容的。不過儘管一般說來，他們在軍事方面的表現都是拙劣不堪，但是在黑暗之中卻也不乏少數的明星——而且從比例上來說，比之歷史上其他任何時期，其數量也毫不遜色。

諾曼人(Normans)是最先嶄露頭角的，他們的子孫在中世紀的戰爭中，也始終保持著他們祖先的光輝。因爲他們把諾曼人的血液估價頗高，所以勢必要用腦力來代替，這樣遂使他們獲利不少。

一〇六六年是英國小學生都記得的一個年代，在戰略和戰術兩方面，諾曼人都有驚人的成就，所以他們的結果也是眞正具有決定性的——不僅是對當時的局勢具有決定性，而且對於整個歷史的演進，也都具有決定性的作用。由於有一個戰略性的紛亂，使諾曼第的威廉(William of Normandy)，在侵入英格蘭時獲得了極大的便利，於是從一開始起，他就獲得了間接路線的利益。這個紛亂的成因，是由於哈羅德國王(King Harold)的叛弟托斯提格(Tostig)，和他的盟友挪威國王哈爾德拉達(Harlod Hardrada)，事先在約克夏(Yorkshire)的海岸上登陸。這似乎沒有威廉的侵入那樣可怕。但是它卻提前發生，所以即令它立即失敗了，對於威廉的計畫也還是增加了很大的功效。當挪威人在斯坦福橋(Stamford bridge)被殲滅之後的第三天，威廉就在蘇塞克斯(Sussex)的海岸上登陸了。

威兼登陸後並不立即向北前進，而先蹂躪肯特(Kent)和蘇塞克斯地區，以引誘哈羅德；後者只帶著一部分兵力，便急忙向南方進發以來救援。哈羅德愈向南方深入，想要趕緊和敵人交戰，則在時間和距離上，與他的後方也就愈遙遠了。這也正是在威廉的算計，結果完全不出他所料。他把哈羅德引到了可以看見海峽海岸的地方，才開始和他交戰，然後又用了一個戰術性的間接路線，決定了這次的勝負——首先命令他一部分的軍隊假裝戰敗逃走，以來引誘敵人自亂陣脚。而到了最後階段，高角度的弓弩「火力」，使哈羅德死於非命，也可以算是一種間接的火力方式！

在這次勝利之後，威廉的戰略也是同樣的具有意義。他不馬上向倫敦進發，而先佔穩了多佛(Dover)，並確保他自己的海上交通線。當他達到了倫敦的郊外後，他避免任何直接的攻擊，首先繞著城區向周圍作破壞性的騷擾，先到倫敦的西面，再繞到北面。因爲有餓死的危險，所以當威廉達到伯克漢普斯提德(Berkhampstead)之後，倫敦就自動開城投降了。

在下一個世紀當中，又有一次歷史上的驚人戰役使諾曼人的軍事天才又獲得了進一步的明證。那就是「強弓」伯爵(Earl "Strongbow")和幾百個威爾斯邊界武士的功勞，他們征服了愛爾蘭的大部分，並且也擊退了挪威人的強大侵入軍。因爲他們的兵力是如此的薄弱，而這些地區的森林和沼澤又是那樣的險惡，所以他們的成就也就更顯得驚人。爲了適應這種特殊的環境，征服者對於封建時代的傳統作戰方式，遂不得不加以修改，甚至於完全違背。他們表現出精密的計算，和高度的技巧。經常總是引誘敵人在開闊地面上交戰，使他們的騎兵衝鋒可以發揮充分的效力。此外，他們又盡量使用詐敗、佯攻，和後方的攻擊，以來拆散敵人的陣形。當他們無法引誘敵人離開防禦陣地的掩護時，他們就改用戰略上的奇襲、夜間攻擊和弓弩術上的妙用，以來克服他們。

到了十三世紀，都還有很多戰略巧妙運用的例證。第一個是發生在一二一六年，英國國王約翰(King John)在幾乎完全亡國之後，居然在一戰之中又把它挽救了回來。這一次的戰役是純粹戰略的運用，完全與戰鬥不相混雜。他的工具就是機動性，堡壘所具有的堅強抵抗力，以及城市中人民對於「男爵」(Baron)們和他們的外國盟友法國國王路易(Louis)的傳統厭惡心理。當路易在東肯特登陸之後，立即就佔領了倫敦和溫契斯特(Winchester)，約翰的兵力太薄弱，不足以在會戰中與對方交手，而多數的鄉村都是控制在男爵們的手裏。但是約翰卻還保有溫莎(Windsor)、李丁(Reading)、瓦林福德(Wallingford)和牛津(Oxford)等要塞——它們足以控制著泰晤士河(Thames)之線，並且把男爵們的勢力隔絕在南北兩邊。同時重要的多佛要塞也仍然留在路易的後方。約翰本身已退到多塞特(Dorset)，可是等到情況逐漸明朗之後，在七月間，他開始向北進到烏斯特(Worcester)，確保住了塞汶河(Severn)之線，於是建立了一道屏障，使叛亂的狂潮不能向西面和南面流動。於是他再移師東指，沿著已經佔穩了的泰晤士河之線，好像是以解救溫莎之圍為目的。

為了使圍攻溫莎的敵軍深信不疑起見，他又派遣了一個威爾斯弓弩手的支隊，乘著黑夜向敵人營地射擊，而他自己卻轉向東北方，由於這樣的安排，才使他先趕到了劍橋(Cambridge)。他現在橫跨著通向北方的大路，又建立了一道新的防線，此時法軍的主力卻都為多佛的圍攻戰所吸引，而不能脫身。雖然在十月間，約翰本人病故，結束了他的統治，可是他的成功卻已經使反叛的地區縮減並分化，由於失敗的關係，叛徒和他們盟友之間也發生很多的衝突。假使說他是因吃多了桃子和新麥酒的緣故而送命的，那麼他們的希望也就是因為吃多了戰略據點而被斷送了。

一二六五年，受了愛德華親王(Prince Edward，即以後的愛德華一世)的戰略打擊之後，第二次男爵們的叛亂又復功敗垂成。因為英王亨利三世(Henry III)在盧易斯(Lewes)的戰敗，遂使英格蘭各地幾乎都完全控制在男爵們的手裏，只有威爾斯邊界地區例外。蒙德福(Simon de Montfort)就開始向這一方面進展，越過了塞汶河，率領他的常勝軍一直深入到新港(Newport)為止。愛德華親王剛剛從叛軍手中逃了出來，也回到這個邊界上的地區，來收集勤王的兵力。他首先攻佔了蒙德福後方，塞汶河上的橋樑，一直鑽到敵人的後方，於是破壞了蒙德福的原定計畫。愛德華不僅把敵人趕過了烏斯克河(Usk)，同時又派遣三艘大划船組成了一個突襲隊，攻擊停在新港的敵人船隻，打消了敵方用船隻把軍隊運回英格蘭的新計畫。於是蒙德福被迫只好採取一個迂迴的路線，向北通過威爾斯的蠻荒地區，做艱苦的行軍。此時愛德華卻退到烏斯特，扼守著塞汶河，以等候敵人的來到。當蒙德福的兒子從英格蘭的東部，領兵救援時，愛德華利用他的中央位置，把這兩位分別盲目前進的父子，予以各個擊破——他迅速的來回調動他的兵力，利用機動性獲得了兩次奇襲的勝利，第一次在肯尼爾華斯(Kenilworth)，第二次在伊甫斯罕(Evesham)。

愛德華即位之後，在他的威爾斯戰爭中，對於軍事科學更有頗重大的貢獻，他不僅發明使用弓弩的「火力」與騎兵衝鋒相配合的戰術，而且他在戰略方面也有很多的創見。問題是一個野蠻而強悍的山地民族，他們可以退入山地避免戰鬥；等到冬季侵入軍停止作戰之後，他們馬上又可以重佔那些谷地。雖說愛德華所能使用的方法是很有限的，不過他卻也另外有一個優點足以抵銷這個弱點，那就是事實上這個地區的面積也很有限。他的辦法是把機動性和戰略據點結合在一起。在這些要點上建立碉堡，並用道路把它們連結起來，同時迫使他的敵人經常在運動之中——這樣就可以使敵人在心理上和物質上，都無恢復元氣之可能。於是他把敵人的力量分散了，並且逐漸消磨他們的抵抗力。

可是愛德華的戰略天才卻未能傳之子孫，所以在百年戰爭(Hundred Years' War)中，從他的孫子和曾孫的戰略中，我們就只能學到負面的教訓。他們在法國境內做無目的的行動，是絲毫不生效力的，幾個比較重要的戰果卻都是他們更大的愚行所造成。在克雷西和普瓦提耶(Poitiers)的兩次戰役，愛德華三世和黑王子(Black Prince)是自已先陷入了危境中，因此才發生了一種非常間接而完全出人意料之外的效果。由於英國人已經處於如此的窘境，所以才會引得具有「勇往直前」個性的敵人，敢於在絕對不利的條件下，發動了魯莽的攻擊。結果遂使英國人乘機逃出了他們的厄運。因爲在一個守勢的戰鬥中，英軍據有自己所選擇的地形，並使用「長弓」來對付法國騎士的衝鋒，他們在戰術上遂獲得了絕對的優勢。

法國人在會戰中受到這次慘敗之後，卻反而使他們獲益不少。因爲在以後的戰爭中，他們就堅守著蓋克蘭(Constable du Guesclin)的費賓戰略。這種戰略是盡量避免與英軍主力交戰，但卻經常的阻擾敵軍的運動，迫使他們縮小佔領地區的範圍。他並非純粹消極的避戰，在戰略上他是盡量發揮機動和奇襲的功效，其程度之高，在歷史上是很少有幾個人能夠與之比擬。他切斷敵人的運輸隊，攻擊他們的支隊，攻佔孤立的守兵。他總是採取期待性最少的路線，通常總是在夜間向敵人守兵實行奇襲；他一方面發明了一種新型的快速攻擊方法，另一方面在選擇目標時，具有極巧妙的心理計算。利用這些方法，他在各地煽起了不安的火焰，分散了敵人的注意力，最後使他們的領土日漸縮小。

不到五年的時間，蓋克蘭已經把英國人在法國的龐大領土，縮小成夾在波爾多(Bordeaux)與巴永那(Bayonne)之間的一個狹窄帶形了。事實上，他不曾作過一次會戰，即獲得如許的成績。即令是一支極小型的英國兵力，只要他們有足夠的時間來從事防禦部署，他就絕不會冒險的加以硬攻。一般的將軍，大都是遵守著放債者的信條：「不安全就不放款(前進)」；可是蓋克蘭的原則又還進一步：「無奇襲就不攻擊。」

英國人第二次想作征服外國的企圖時，雖然在開始時是同樣的魯莽，但是以後卻略有進步，知道用長計取勝了。亨利五世(Henry V)的第一個和最著名的戰役，實際上也是最蠢的一個。一四一五年他又作「愛德華」式的前進，直到阿金考特(Agincourt)爲止，法國人只要把他的進路塞住，即足以使他的軍隊由於飢餓的威脅而自動崩潰。但是他們的領袖卻忘記了克雷西的敎訓，和蓋克蘭的遺言。他們認爲己方的兵力佔了四對一的優勢，若再不直接進攻，那才是可恥孰甚。結果使他們的失敗，比克雷西和普瓦提耶的舊事還更可恥。在這次僥倖戰勝之後，亨利五世就開始採取一種號稱「分區」制度(block-system)的戰略。他有計畫的逐步擴張領土，爭取當地人民的擁護，以作爲永久征服的基礎。亨利五世以後的戰役，在趣味和價值方面，都偏重大戰略，而越出了戰略的限度。

關於中世紀的戰略研究，我們似乎可以把愛德華四世當作一個總結束。他在一四六一年即位，中間被流放出國，到了一四七一年，使用卓越的機動作戰，又終於重新復辟了。

在第一次戰役中主要是由於判斷和運動的迅速，而獲得了勝利。當他聽到蘭開斯特家族(Lancastrian，編註：即紅薔薇黨，英國內戰期間支持蘭開斯特家族出任英王之黨派)的主力軍正從北面向倫敦進迫的時候，愛德華正在威爾斯與當地的蘭開斯特黨支隊作戰。他在二月二十日回師到達了格勞斯特(Gloucester)，在那裏他聽到蘭開斯特黨人於二月十七日，已經在聖阿爾班斯(St. Albans)擊敗華維克(Warwick)所率領的約克軍(編註：即白薔薇黨)。聖阿爾班斯距離倫敦僅二十哩，而格勞斯特卻在一百哩以外，換言之，蘭開斯特黨有三天的優先時間。但是到了二十二日，他在布爾福(Burford)和華維克的殘部會合在一起，並且聽說倫敦城還在和敵人談判和平條件——城門還是關著的。第二天，愛德華離開了布爾福，在二十六日進入了倫敦城，就在那裏宣布登基爲主，蘭開斯特黨人沮喪之餘，就開始向北撤退。當他在跟蹤追擊的時候，他決定選擇托頓(Towton)一地作戰場，以來冒險攻擊優勢的敵軍。由於天降大雪，他的部將法孔堡(Fauconberg)利用這個機會，用弓矢激怒盲目的敵人，終於使他們不顧一切的發動了毫無秩序的衝鋒，而遭到了慘敗。

在一四七一年，愛德華的戰略不僅是具有相同的機動性，而且還更靈巧。在這中間的階段，他喪失了他的王位，但是他從他的內兄那裏借到五萬克朗(crown，一克朗值五先令)，率領著一千二百名舊部，開始作復辟的企圖，此外在英國各地也都有舊部向他提出了擁護的諾言。當他從弗拉辛(Flushing)揚帆啓程的時候，他知道英格蘭各地海岸上都設有守兵，以防備他回國。但是他卻採取了一條最不被預期的路線，決定在亨堡(Humber)登陸，這是經過精密計算的，因爲這個地區是同情蘭開斯特黨，所以它可能並未設防。他迅速的行動，在他登陸消息還未傳開，敵人尚未集中兵力之前，他就已達到了約克。於是他就沿著倫敦大路向下前進，在台德卡斯特(Tadcaster)巧妙的繞過了一支擋路的敵軍。他一直往前走使這支敵軍跟著他後面追。於是他又威脅到另外一支敵軍，他們是位置在紐華克(Newark)等候他的到達，但是他卻引誘他們向東撤退。接著愛德華轉向西南面，達到了萊斯特(Leicester)，在那裏他又收集了不少的兵力。此後他就直向柯芬特里(Coventry)進發，華維克——過去的部下，現在的主要敵人——正在那裏集中他的兵力。他把他的兩路追兵都再拖行了一段距離，並且使他自己的兵力逐漸增加，而使敵人的兵力相對的減弱之後，接著突然的轉向東南直向倫敦進發，那裏卻大開城門歡迎他進來。現在他覺得他的兵力已經足夠強大，可以接受一次會戰，當兩路追兵達到巴尼特(Barnet)的時候，他就出城去迎擊他們，在大霧之中發生了混亂會戰，終於使他獲得了全勝。

同一天，蘭開斯特家族的王后，安茹的馬格麗特(Margaret of Anjou)也率領了一些法蘭西的傭兵，在威茅斯(Weymouth)登陸了。她在西部徵集了擁護她的兵力之後，就向前推進以與潘布洛克伯爵(Earl of Pembroke)在威爾斯所召集的軍隊會合在一起。又是由於行動迅速，當女王的軍隊正在河谷地區沿著布里斯托—格勞斯特之間的大路向北前進的時候，愛德華卻已經趕到了科茲窩(Cotswolds)丘陵的邊緣上。於是在一整天的競走後——一支軍隊在谷地中，另一支軍隊在丘陵上面——到了黃昏時，他終於在吐克斯伯里(Tewkesbury)追上了她。因為他事先已經命令地方官關閉城門，所以阻止了她在格勞斯特渡過塞汶河的行動。自從拂曉時起，他一共走了差不多四十哩的距離。那一天夜間，他宿營在與敵人極接近的地方以防止他們逃走。女王部隊的陣地具有堅強的防禦力量，但是愛德華卻利用他的攻城機和弓弩來引誘他們衝鋒，終於在次晨的會戰中獲得了決定性的勝利。

愛德華的戰略具有特殊的機動性，而在那個時代中尤屬難能可貴。因爲在中世紀裏，所謂戰略也者，就是直接單純的尋求正面的戰鬥而已。假使會戰的結果不具決定性，那麼吃虧的多半是尋求會戰的那一方。除非他們能夠反客爲主的，先引誘守方在戰術方面採取攻勢，才可能有例外的結果。

在中世紀中，最後的戰略例證不在西方，而是來自東方。在十三世紀中，蒙古人對於歐洲的騎士，才是在戰略方面最好的教師。無論在規模和素質方面，在奇襲的機動方面，在戰略和戰術的間接路線方面，他們的戰役都可以說是遠邁前古。當成吉思汗伐金的時候，他利用大同府來作爲一個引誘敵人入伏的香餌，這正和拿破崙利用曼圖亞(Mantua)要塞一樣。他兵分三路，用分進合擊的戰略，終於使金國在精神方面和軍事組織方面，都全部崩潰。當他在一二二〇年侵略花刺子模帝國的時候，後者的權力中心位置在今天的新疆省內。他使用一支兵力分散敵人的注意力，讓他們注意到南面通喀什噶爾(Kashgar)的路線；而他的主力卻又在北方出現。以這個作戰爲屏障，他本人又率領著總預備隊向更遠處迂迴，一度在克孜勒空(Kizyl-Kum)大沙漠中失蹤了之後，終於在布克哈拉(Bokhara)出現，而開始從後方向敵軍防線實行奇襲。

一二四一年，他的將領速不台奉命遠征歐洲，讓他們接受一個雙重意義的教訓。他以一軍當作戰略性的側衛，通過加里西亞(Galicia)前進，以吸引波蘭人、日耳曼人和波希米亞人的注意，並使他們連續的遭受挫敗。而他的主力則分成三個間隔頗遠的縱隊，掃過匈牙利，直抵多瑙河上。在這個前進中，兩側的縱隊又恰好做了中央縱隊的掩護物。當他們的兵力在格倫(Gran)附近，集中在多瑙河上時，匈牙利人卻集中兵力在對岸，以阻止他們渡河。蒙古人立即用技巧的行動，逐漸向後撤退，以引誘匈牙利軍離開這個河川的天險，進到了增援兵力趕不上的地點。於是速不台利用黑夜迅速調動部隊，在沙爵河(Sajo)上發動了一個奇襲，終於把匈牙利軍殲滅殆盡，而成了中歐平原的主人翁。一年之後，他才自動放棄了他所征服的地區，在他沒有自動撤走之前，歐洲幾乎沒有一個人敢碰他一下。

第六章 十七世紀的戰爭

現在我們就要來研究近代史中的第一次「大戰」：三十年戰爭(一六一八—四八年)。它的最大特點，就是在這樣長期的戰爭中，卻沒有一個戰役是稱得上具有決定性。

最接近此一標準的戰役，就是古斯塔夫(Gustavus)和華侖斯坦(Wallenstein)的最後決鬥。因爲前者在魯曾(Lützen)會戰的最高潮中突然死去，結果遂使在瑞典領導之下組成一個巨型新教同盟的可能性被打消掉了。但若非法國人參戰，和華侖斯坦被刺，那麼也就可能會有另外一種決定性——使日耳曼提早三個世紀統一。

不過這些結果和可能性卻都是間接獲得的，而並非戰役的直接決定性後果。在這次戰役內的唯一一次正式會戰中，原先最佔優勢的一方面卻反而遭到了失敗。這個失敗的原因有二：㈠是華侖斯坦的戰爭工具遠不如瑞典人的優秀，㈡是華侖斯坦在戰略上固然具有勝利的機會，但是他的戰術卻不足以與此相配合。當他在會戰之前，可以說是獲有眞正的優勢，最值得注意的，是三次連續應用間接路線的結果——它使得戰爭的全部局勢都完全改觀。

一六三二年，過去曾經虧待過他的國王，現在卻懇求他回來，並出任一支並不存在的陸軍的指揮官。華侖斯坦憑著他個人的英名，在三個月之內召集到了四萬名兵員，他們都是一些亡命之徒。儘管巴伐利亞已經提出求救的緊急呼籲，因爲古斯塔夫的常勝大軍已經壓境了。可是華倫斯坦卻反而向北面，以古斯塔夫的較弱同盟國薩克森(Saxon)，爲攻擊的對象，把他們逐出了波希米亞之後，就直接進攻薩克森本土。他甚至於強迫巴伐利亞選侯也帶著他的軍隊來參戰，表面上這樣將使巴伐利亞的防務比以前更空虛。但事實上卻完全相反，華倫斯坦的計算是一點都不錯——因爲害怕他這個脆弱的同盟國被擊毀，所以逼得古斯塔夫只好放棄了巴伐利亞，而趕回來救援。

在他尚未趕到之前，華倫斯坦和選侯的兵力已經聯合在一起，面對著他們的聯合兵力，古斯塔夫退回了紐倫堡(Nuremberg)。華倫斯坦也跟進追擊，但卻發現瑞典人已經在嚴陣以待，所以他認爲會戰的時機是已經喪失了，必須嘗試另外的方法。他不敢把他的新兵用來攻擊瑞典的精兵，於是找到了一個有利的位置，可以用他的輕騎兵來控制著古斯塔夫的補給線，同時他的新軍在獲得充分的休息後，信心也日益增高。他一直繼續這種方法，對於瑞典人的挑戰，絕對置之不理。而瑞典軍一方面受到飢餓的威脅，一方面累攻他的陣地不下。這種結果在軍事方面的影響還比較有限，但在政治上卻具有極大的意義；消息傳遍了全歐，都知道古斯塔夫這次失敗了。雖然古斯塔夫的力量並未喪失平衡，但是他的百戰雄威卻不免打折扣，於是他對於日耳曼諸國的控制力也就開始鬆懈了。華倫斯坦的成功，關鍵在於他對於自己能力的限度，具有現實感；同時對於較高的戰略目標，也具有遠大的眼光。

從紐倫堡，古斯塔夫又向南再度侵入巴伐利亞。華倫斯坦還是不跟著追，而再度從北面攻向薩克森——這是一個極高明的行動。它馬上使古斯塔夫又和上次一樣的趕了回來。但是他卻回來得很快，使華倫斯坦來不及強迫薩克森訂立一個單獨的和約。接著就是魯曾的會戰，瑞典軍利用戰術上的成功，挽回了他們在戰略上的挫敗，但是他們的領袖卻戰死了，這個代價也著實不輕。於是瑞典人想組織新教國家大同盟的理想也從此告一結束。

這個戰爭又再拖了十六年，使日耳曼成爲一片廢墟，而使法國從此在歐洲的政治舞台上，變成一個最重要的主角。

若把一六四二至五二年間的英國內戰，拿來和同世紀歐洲大陸上的其他戰爭作一個對比的話，那麼前者的唯一特點就是具有尋求決戰的精神。狄福(Defoe)所著的《騎士回憶錄》(*Memories of a Cavalier*)一書中，對此有很適當的描寫——「我們從不設營和掘壕……從不憑險固守。戰爭中的最大的格言，就是那裏有敵人，我們就跑到那裏去打他們。」

儘管具有這樣好的攻擊精神，可是第一次內戰卻還是一拖就是四年，除了戰術性的意義以外，沒有哪一個會戰可以算是眞正具有決定性。等到一六四六年，戰爭名義上宣告結束的時候，英國到處都留有王黨的餘燼，以後加上勝利者本身之間的衝突，不過兩年的時間，這些死灰又復燃了，其火焰比上一次還更猛烈。

既然大家都提倡尋求決戰的精神，爲什麼戰爭卻反而這樣缺乏決定性呢？其原因何在？主要是由於在每一次戰爭中，雙方都是一再的採取直接進攻的方式，其間夾著所謂的「掃蕩戰」，但卻只具有局部和暫時性的作用。這樣的作戰結果只是把雙方的實力都完全消耗殆盡而已。

在戰爭開始的時候，王黨的軍隊是以西部和中部作爲基地；國會軍則以倫敦爲基地。當王黨第一次進攻倫敦的時候，到了屠恩漢綠地(Turnham Green)就可恥的崩潰了。因爲在此以前，雙方的主力曾在邊嶺(Edgehill)作過一次毫無結果的苦戰，其精神上的影響力遂使這次進攻不流血的結束。

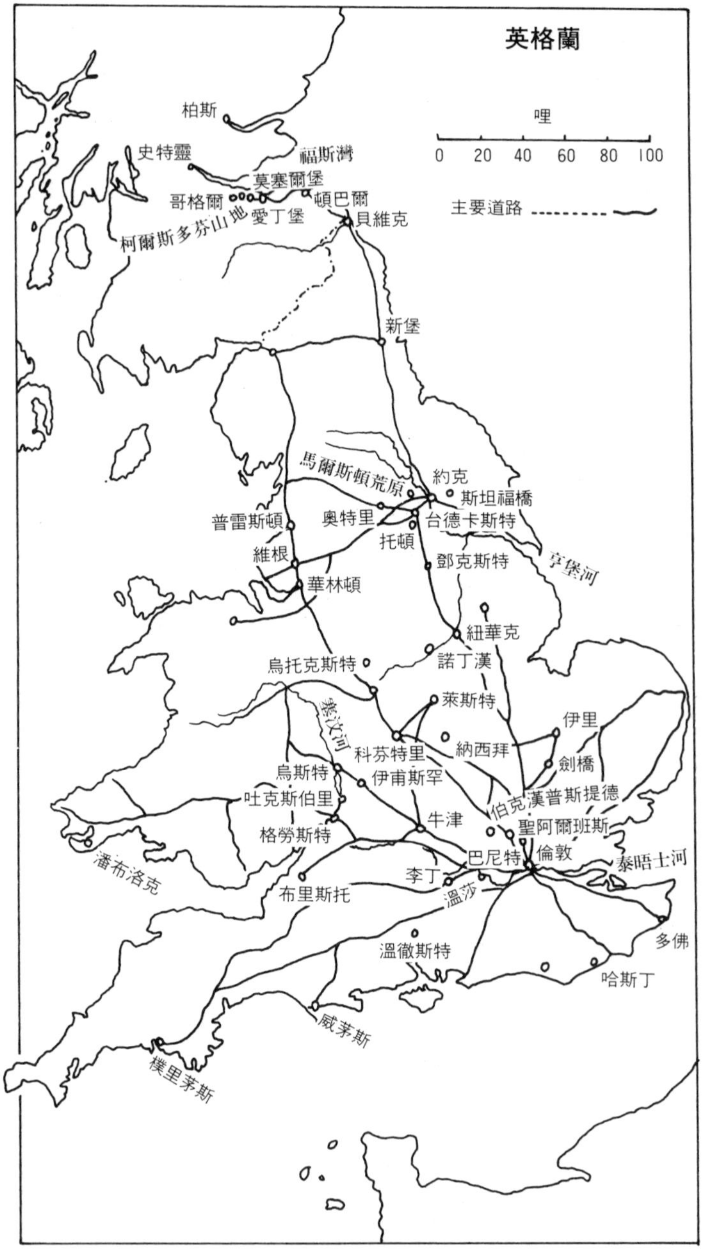
英格蘭
哩
0 20 40 60 80 100
主要道路
柏斯
史特靈
福斯灣
莫塞爾堡
哥格爾
頓巴爾
愛丁堡
柯爾斯多芬山地
貝維克
新堡
馬爾斯頓荒原
約克
斯坦福橋
奧特里
台德卡斯特
普雷斯頓
托頓
維根
鄧克斯特
亨堡河
華林頓
紐華克
烏托克斯特
諾丁漢
塞汶河
萊斯特
伊里
科芬特里
納西拜
劍橋
烏斯特
伊甫斯罕
吐克斯伯里
伯克漢普斯提德
格勞斯特
牛津
聖阿爾班斯
潘布洛克
巴尼特
倫敦
泰晤士河
李丁
布里斯托
溫莎
多佛
溫徹斯特
哈斯丁
威茅斯
樸里茅斯

此後，牛津和它附近的城鎮成爲王黨軍隊的作戰樞紐。在這個地區的邊緣上，兩軍的主力曾經反覆的搏戰，卻一點結果也沒有。此外，各地的局部兵力在西部和北部，到處形成了混亂的局勢。最後在一六四三年的九月間，由於格勞斯特的圍城有加以解救的迫切需要，遂迫使艾塞克斯勛爵(Lord Essex)，率領著國會軍的主力，沿著牛津區的側翼上，採取一條狹窄的進路去援救它。這個行動使王黨有截斷他的後路的機會；但以後在紐布里(Newbury)的直接衝突，又還是不曾獲得決定性的結果。

天然的厭戰心理很可能使戰爭就此化爲談判的和平；但是英王查理一世(Charles I)卻在政治方面犯了一個大錯誤，和愛爾蘭的叛徒先訂了和約。這個行動使人看來，好像是要利用天主教的愛爾蘭，來制服新教的英格蘭，結果使隸屬長老會的蘇格蘭，也參加了反王黨的作戰。因爲蘇格蘭的軍隊可以牽制北面的王黨兵力，所以國會黨立即集中兵力再直接向牛津區進攻。這一次除了佔領少數的外圍堡壘之外，也還是一無所獲。甚至於在這個時候，英王還能命令魯普爾特(Rupert)迅速集中在北部的王黨兵力，以與蘇格蘭軍決戰。可是不幸的很，在馬爾斯頓荒原(Marston Moor)上的戰術失敗，卻浪費掉了這個戰略性的機會。勝利的一方也沒有獲得什麼利益。由於對牛津區的直接進攻失敗，又使國會軍在精神上受到了很大的打擊，逃亡者日衆，若非有意志堅強的領袖人物如克倫威爾(Cromwell)者，則可能早已罷兵求和。所幸王黨方面的情形還更惡劣，內在的危機較外來的打擊還更嚴重。實際上，他們在精神上和數量上，都是居於劣勢的，只因爲國會軍的戰略一誤再誤，所以才使他們苟延至今。到了一六四五年，費爾法克斯(Fairfax)和克倫威爾終於率領了一支新型的軍隊，在納西拜(Naseby)把他們擊敗了。不過即令有這次戰術上具有決定性的勝利，戰爭也還再拖了一年才結束。

當我們談到第二次內戰的時候，情形就完全不同。此時克倫威爾已成爲統治的中心，而二十八歲的蘭伯特(John Lambert)也做了他的重要助手。在一六四八年四月底時，聽說蘇格蘭人已經組織了一支勤王的軍隊，準備侵入英格蘭，於是費爾法克斯領兵北進去征討他們。克倫威爾則前往西部鎮壓王黨在南威爾斯的起事。可是當蘇格蘭人從北面入侵時，在肯特和東盎格里亞(East Anglia)又發生了新的叛亂，把費爾法克斯的兵力牽制住了。所以蘭伯特手裏只剩下一支極單薄的兵力，以來遲滯侵入軍的行動。但是他卻運用極巧妙的間接路線，在敵人沿著西海岸大路前進時，不斷的威脅他們的側翼，並且設法制止他渡過潘寧斯河(Pennines)，以與約克方面的叛黨結合。

最後，一六四八年七月十一日，潘布洛克被攻陷之後，克倫威爾也開始移師北向了。他並不直接向蘇格蘭人進攻，而採取經過諾丁漢(Nottingham)和鄧克斯特(Doncaster)的迂迴路線——沿路收集補充——然後向西北進發，在奧特里(Otley)與蘭伯特會合在一起。他們正面對著蘇格蘭軍的側翼，它們的位置延展在維根(Wigan)和普雷斯頓(Preston)之間，由蘭格達爾(Langdale)率領著三千五百人，來保護這個側翼。此時克倫威爾的總兵力僅爲八千六百人，包括著蘭伯特的騎兵和約克夏的民團在內，而敵人的總兵力則在兩萬人左右。但是他卻在普雷斯頓先攻擊蘇格蘭軍的尾部，使他們喪失了平衡，於是蘇格蘭軍紛紛向後轉，逐次用部分的兵力來向他進攻。在普雷斯頓荒地上，蘭格達爾一軍遂全被擊潰。克倫威爾乘勝急追，席捲蘇格蘭的縱隊，把他們從維根一直趕到了烏托斯克特(Uttoxeter)。在那裏，前面有中部的民團阻路，後面有克倫威爾騎兵的追擊，於是到了八月二十五日，敵軍全部投降。這個勝利具有決定性，克倫威爾不僅肅清了在國會中的仇敵，而且使國王受審，並判處以死刑。

此後對於蘇格蘭的侵入戰，實際上要算是另外一個獨立的戰爭。這時國王的兒子，即未來的查理二世，正準備利用蘇格蘭人的助力，以來重新奪取他那已經喪失了的王位，於是新的統治者決定先下手去破壞他的計畫。這一個戰役可以算是對歷史具有決定性的影響力。同時也可以算是一個明證，足以證明克倫威爾對於間接路線的戰略，具有強烈的認識。當他發現由萊斯利(Leslie)所率領的蘇格蘭軍，正位置在他向愛丁堡(Edinburgh)前進的道路交叉點上，他只是作了一個小型的遭遇戰，以探測敵人的實力和部署。儘管一方面目標已經在望，另一方面又缺乏補給，但是他卻具有強烈的自制力，絕不在不利的環境之下，作正面的直接攻擊；儘管他具有熱烈的求戰決心，但除非他能夠把敵人引到開闊地上，並有機會威脅其暴露的側翼，否則他決不冒險挑戰。所以他先退往莫塞爾堡(Musselburgh)，再退往頓巴爾(Dunbar)以來引誘敵人，並使他的軍隊獲得補給。一個星期之內，他又再度前進，在莫塞爾堡配發了三天的口糧，準備經過愛丁堡丘陵地，採取迂迴的路線以達到敵人的後方。但是對手的萊斯利也很高明，他於一六五〇年八月二十一日，又在柯爾斯托芬山(Corstorphine Hill)，直接攔住了他的進路。克倫威爾此時距離自己的基地是已經很遠，但是他卻很有耐心的採取了另外一條迂迴路線，向敵人的左面前進，可是到了哥格爾(Gogar)又再度爲萊斯利所阻。多數的人在這種情形之下，都不免會冒險一戰。可是克倫威爾卻不是這樣的人。他把他的損失減去之後——由於疾病和行軍的疲勞所造成的——又退回到莫塞爾堡，再回到頓巴爾，以來吸引萊斯利跟著追擊。有些部將勸他把部隊裝上船隻撤走，但他卻不肯，只是在頓巴爾坐候著。希望敵人走錯一步，即可以使他獲得勝利的機會。

不過，萊斯利也是一個高明的對手，他的下一個行動更使克倫威爾陷入險境。離開了主要的大路，萊斯利在九月一日乘著黑夜，繞過了頓巴爾，並佔領了頓山(Doon Hill)，監視著通到貝維克(Berwick)的道路。他也派了一個支隊去攻佔在更南面七哩以外的燒雞隘路(Cockburnspath)。所以到了第二天上午，克倫威爾才發現他和英格蘭間的交通線已經被切斷了。更嚴重的他早已缺乏補給，而病兵的數字也大量的增加。

萊斯利的原定計畫，是把兵力位置在高地上面，坐候英軍沿著通往貝維克的道路突圍而出時，再衝下去打擊他們。可是他的部將們卻都已經很高興，認爲不怕敵人會突圍而去。尤其是九月二日的天氣極壞，使蘇格蘭軍在這個禿山上簡直站不住腳。大約下午四時左右，他們就從山地下來，移到了貝維克道路附近的低地上，在那裏有較多的房舍可以避雨。他們的前方又受到布洛克溪流(Brock)的掩護——經過谷地一直流到海邊。

克倫威爾和蘭伯特在一起，注視到敵人這個行動，他們同時心裏在想：這是一個有利的機會，可以使我們擊敗敵軍。因爲蘇格蘭軍的左翼恰好挿在山地和溪流峽谷之間，所以假使集中全力進攻其右翼，則左翼就很難加以應援。那天黃昏開軍事會議的時候，蘭伯特主張立即攻擊蘇格蘭軍的右翼，席捲他們的陣線，並且同時用砲兵痛擊那個被束縛住的左翼。克倫威爾極度讚賞他這種主動的精神，於是就命令他擔任前鋒。在黑暗大風雨之夜中，部隊移到了布洛克溪流北岸的陣地上。在把砲兵集中在面向敵人左翼的位置之後，蘭伯特在拂曉時，又騎馬趕到另外一翼上，率領著騎兵在海岸附近，發動了攻擊。由於奇襲發生了效力，他們和中央的步兵都毫無困難的渡過了溪流，雖然他們暫時被阻止住了，可是等到英軍預備隊投入之後，在海岸側翼方面的敵軍立即發生了動搖。於是克倫威爾就可以乘勢從右到左，席捲敵人的戰線，把他們逼到山地和溪流之間的一個角落裏面，使他們只好潰散逃命了。把握著敵人的偶然過失，使用一個戰術性的間接路線，克倫威爾終於擊敗了比他自己兵力大兩倍的強敵。在這個戰役中，他之所以能夠獲得勝利的主要原因，就是因爲他能夠拒絕一切的誘惑，即令在萬難之中，也絕不放棄他的間接路線戰略。

頓巴爾的勝利使克倫威爾獲得了蘇格蘭南部的控制權。把蘇格蘭教會(Kirk)的軍隊完全掃蕩乾淨，並且使教士們從此不再算是一個政治因素後，就只剩下高地上的純粹保王黨，還保留著反對克倫威爾的態度。由於他害了重病的緣故，所以很久都未能把亂事平定，此時萊斯利卻已經獲得了一個喘息的空間，在福斯灣(Forth)以北開始組一支新的王黨軍隊。

到了一六五一年六月間，克倫威爾的健康恢復了，使他可以繼續作戰，這時他就面臨著一個非常困難的問題。他所採取的解決方案，以技巧和精密而言，比之戰史上任何的戰略傑作，似乎都毫不遜色。雖然這是他第一次佔有數量上的優勢，可是他的敵人卻是非常的狡猾，據有極有利的地形，到處都是沼澤和荒原，使他們可以很容易阻塞住通往史特靈(Stirling)的道路。除非克倫威爾能在短時間之內擊敗敵人的抵抗，否則他就勢必要在蘇格蘭再度過一個艱難的冬天。若是這樣，他的部隊就無可避免的要大吃苦頭，而國內的情況也會更趨惡劣。只是擊退敵人還不夠，因爲這種不完全的勝利只是把敵人趕進山地中，留在那裏他們依然還是禍害。

克倫威爾的解決方法可以算是一個傑作。首先從正面攻擊萊斯利的部隊，在福爾克(Falkirk)附近，向卡蘭德屋(Callander House)衝鋒。於是他逐步使他的全軍渡過了福斯海灣，一直推進到伯斯(Perth)爲止。這不僅已繞到萊斯利防線的後方，還進一步控制著他的補給線，同時也使敵人前往英格蘭的道路上不再留有任何障礙物；這也正是克倫威爾計畫的要點，他已經到達了敵人的後方，使他們感到飢餓和被切斷的威脅，但是另一方面卻又有意留下一個大空洞。於是他的敵人一定會這樣想：「不動也是死，那麼何不率領這少數的兵力衝向英格蘭去，也許還可能死中求活。」於是他們自然而然的的採取這種辦法，到了七月底，他們向南攻入英格蘭。

克倫威爾早已預料到了，並已經作好了迎擊的準備。所有民團立即被召集，一切有王黨嫌疑的人都已經受到了監視，一切私藏的軍火和物資也已經被搜出充公。這次蘇格蘭人又是沿著西岸路線前進。克倫威爾派了蘭伯特的騎兵去追擊他們。當時哈里遜(Harrison)從新堡(Newcastle)斜進，以達華林頓(Warrington)，弗立伍德(Fleetwood)率領著中部的民團向北進發。蘭伯特從敵人的側翼方面繞過，於八月十三日和哈里遜會合在一起。於是兩支兵力就開始對於侵入軍，實行有彈性的遲滯抵抗。此時，克倫威爾在八月的酷熱中，每天走二十哩，沿著東岸路線，趕回英格蘭，然後再折向西南方。這樣，四支兵力集中在一起，構成一個陷阱把敵人圍在核心。查理二世離開了倫敦大路，趨向塞汶河谷，也只多拖了幾天日子，但並未能突破這個包圍。九月三日，這是頓巴爾大捷的周年紀念日，在烏斯特的戰場上，遂使克倫威爾獲得了空前的勝利。

從三十年戰爭結束之日算起，直到西班牙繼承權戰爭開始之日為止，中間曾經有過許多次的戰爭。在這些戰爭中，一方面是法國國王路易十四的軍隊，而對方則歐洲各國的軍隊都有，有時還是他們所合組的聯軍。這些戰爭的特點就是不具有決定性，目標常常是有限的，彼此如出一轍。這種缺乏決定性的主要原因有二：㈠築城術的發展超過了兵器的進步，使守方居於絕對有利的地位，這正和二十世紀初葉機關槍剛剛發明時的情形是一樣的。㈡軍隊還沒有組織成一個永久性自給自足的獨立單位，所以在運動和作戰中都必須凝成一個整體，這使他們在分散兵力時受到極大的限制——但分散兵力卻是欺騙敵人和限制他們行動自由的最好方法。

在這許多次戰爭中，只有一個戰役在它特殊的領域中，可以算是具有決定性。那就是一六七四至七五年之間的屠雲尼(Turenne)冬季戰役，其頂點爲土爾克漢(Turkheim)的勝利。這時法國的處境頗爲危險，路易十四的盟友已經一個個的背叛了他，西班牙、荷蘭、丹麥人、奧地利和多數的日耳曼諸侯們紛紛加入了敵方的同盟。屠雲尼在蹂躪了帕拉庭那特(Palatinate)地區之後，就被迫退過了萊茵河。布蘭登堡(Brandenburg)選侯正準備集中兵力來投向敵軍，但是在一六七四年時，卻爲屠雲尼的兵力在恩茲漢(Enzheim)所阻。可是當日耳曼人進入了亞爾薩斯(Alsace)，並且在史特拉斯堡(Strasbourg)到貝爾弗特(Belfort)之間的城鎮中過冬的時候，屠雲尼只好撤回了帝特魏勒(Dettweiler)。

這就是屠雲尼演出他這幕名劇的布景。因爲他決定作一次仲冬的戰役，使他獲得了最初的奇襲效果。爲了欺騙敵人，他使亞爾薩斯中部的要塞處於設防的狀態之中；於是他就靜靜的把整個野戰軍都撤入了洛林(Lorraine)。接著他又迅速的向南推進，在佛日(Vosges)山地的掩護下，一路上盡可能徵集他的援兵。到了運動的最後階段中，他甚至於把他的兵力化整爲零，以來欺騙敵人的斥候。在大雪深山之中，經過了艱苦的行軍後，他在貝爾弗特附近才重新集結他的兵力，立即從南面侵入亞爾薩斯——他本是從北面退出亞爾薩斯的。

對方的主將布農維爾(Bournonville)手裏握有強大的兵力，遂決定在莫爾豪森(Mulhausen)阻止屠雲尼的進攻，但卻立刻被擊敗(十二月二十九日)。於是法軍橫掃過夾在佛日山地和萊茵河之間的谷地，把敵軍擊碎，紛紛向史特拉斯堡逃走。此時在通往史特拉斯堡半路上的柯爾馬(Colmar)指揮日耳曼諸國兵力的布蘭登堡選侯，就建立了一道新防線，守軍的兵力約和屠雲尼的兵力相等。但是屠雲尼乘戰勝的餘威，在物質和精神方面都具有較大的重量，而且在土爾克漢的戰場上，他更巧妙的採用戰術性的間接路線。在這裏，屠雲尼亦不以毀滅整個敵軍爲目的，而只以專門消滅敵軍堅強抵抗爲原則，至於其他的敵軍則聽任其散去。他這個手段獲得了高度的成功，幾天之後，他提出報告說，在亞爾薩斯境內已經一個敵兵也都沒有了。

於是法軍就在史特拉斯堡宿營過冬，以恢復他們的實力，並且將萊茵河對岸的日耳曼地界中，自由的吸取補給物資，甚至於遠到尼卡爾河(Neckar)上。這時，布蘭登堡的選侯，已經率領他的殘餘兵力回國去了，而屠雲尼的老對手蒙特庫柯利(Montecuculi)，在春天裏又被召回，充任日耳曼帝國的總司令。他也被屠雲尼引到了一個絕地，可是當沙斯巴赫(Sasbach)之戰一開始時，屠雲尼即爲一顆砲彈所擊中——他的死遂使整個戰局改觀。

比起十七世紀歐洲所有其他的戰役，爲什麼屠雲尼的冬季戰役特別具有決定性呢？在這個時代中，所有的將軍都擅長迂迴之術，他們的本領都在伯仲之間，所以在其他時代中可能獲得成功的側翼行動，在這裏卻會不生效力。眞正使敵人喪失了平衡，就只有這一次。屠雲尼是一位鼎鼎大名的名將，他的本領隨著年齡而進步。這是特別有意義的，當他所指揮的戰役次數超過所有歷史上的任何將領之後，在他的最後戰役中，終於達到了最高峰，找到了一個如何在十七世紀的戰爭中，獲得決定性的方案。當他擬定這個方案的時候，他並未背棄那個時代的黃金教條——具有高度訓練的軍隊，其成本實在太高，所以千萬不可以隨意的浪費。

似乎從他的經驗中使他獲得了一個教訓，認爲在這種條件之下，要想獲得一個決定性的結果，則在戰略上所採取的路線，其間接性一定要超過一般人的認識之外。在那個時候，所有的調動都是以城塞作爲基地和樞紐——對於野戰軍在補給上構成一個保障。他卻放棄了這種大家所慣用的作戰基地，而認爲奇襲和機動的結合，不僅可以使他獲得一個決定性的成果，而且也可以提供他安全的保障。這是一種合理的計算，而並不是一種賭博。因爲敵人在心理上、精神上，和物質上，都已喪失了平衡之後，他在安全上也就可以不必多加顧慮了。

第七章　十八世紀的戰爭

一七〇一到一三年之間的西班牙王位繼承戰爭，具有相當顯著的矛盾特性。在政策方面，它是一個有限目標戰爭的極好例證，但同時也是一個具有決定性的戰爭，足以推翻或增強路易十四統治下的法國在歐洲的統治地位。在戰略方面，是充滿了直接路線的例證，但其間卻也不乏優秀的間接路線，而其中主要又都與馬堡公爵(Marlborough，或譯馬爾波羅，爲二次大戰期間，英國首相邱吉爾的祖先)的大名有關。它們就成爲戰爭中的幾個主要轉捩點，因此可以想見其價值。

反對法國的同盟軍包括著奧國、英國、幾個日耳曼小國、荷蘭、丹麥和葡萄牙。至於擁護路易十四的國家有西班牙和巴伐利亞，最初還有薩伏衣(Savoy)。

戰爭開始的地點是在義大利北部，其他各國的軍隊也在準備之中。奧國的軍隊在尤金親王(Prince Eugène)率領之下，集中在提羅爾(Tyrol)，表面上準備作直接的前進。所以，對方的軍隊，在卡提那(Catinat)的率領之下，就位置在利弗里(Rivoli)隘路上面，以來擋住他的進路。但是尤金親王卻早已祕密探知在深山之中，還有一條艱險的小路，那是多年來未曾有部隊走過的，這條路向東繞了一個大圈子，終於通到了平原上。利用這個優點，然後一再作機動的調度，使敵人摸不清他眞正的意圖，終於引誘敵人在基亞里(Chiari)向他發動了一個盲目的攻勢，使他在義大利北部站穩了腳跟。這個間接路線的結果，不僅使同盟軍在開戰之初，就在精神方面吃下一劑有價值的定心丸，摧毀了「大君主」軍隊百戰百勝的英名；更使法西兩國的聯軍在義大利遭受到沉重的打擊。其重要的後果之一，就是使素來依附較強一方面的薩伏衣公爵，馬上掉換了他的方向。

主力的戰鬥在一七〇二年展開。一支最大的法軍集結在法蘭德斯(Flanders)地區上面，並在該地建立了一條長達六十哩的布拉班特(Brabant)防線，從安特衛普(Antwerp)到繆斯河(Meuse)上的羽伊(Huy)，以來使他們在前進時可以獲得安全的保障。面對著侵入的威脅，荷蘭人的本能使他們準備困守在要塞之內。可是馬堡公爵對於戰爭卻具有另一種不同的觀念。但是他也並非用直接的攻勢，以來代替這個消極的守勢——直接攻擊由布夫勒(Boufflers)所指揮的法軍，然後再向萊茵河進發。他捨棄了這些寶貴的要塞，迅速向布拉班特防線和法國軍退卻線上進攻。布夫勒馬上感到了這種心理上的吸引力，立刻趕了回來。法軍此時在精神上和體力都已經疲憊不堪，喪失了平衡，實際上很容易為伺機而動的馬堡公爵所擊敗；可是荷蘭的代表看到侵入的威脅已經解除，就感到心滿意足，於是拒絕繼續作戰。在那一年當中，法軍還曾經兩度為馬堡公爵的計策誘入陷阱，可是每次都是由於荷蘭人的猶豫不決，而使他們有脫逃的機會。

第二次，馬堡公爵使用了一條妙計，佔領了安特衛普，從那裏透入設防的堤岸。從馬斯垂克(Mastricht)直接向西進攻，他希望能吸引維勒魯瓦(Villeroi)所率領的法軍主力，移往戰線的南端。接著由柯賀恩(Cohorn)所率領的荷蘭軍就要攻擊奧斯登(Ostend)，由一支艦隊來予以協助。另外有一支荷蘭軍，並由斯巴爾(Spaar)指揮，從西北向安特衛普運動——這些從海岸上出發的行動，目的是引誘在安特衛普的法軍指揮官向後面看，並且迫使他分兵防守防線的北端。四天之後，另有一支荷蘭兵力，由阿普丹(Opdam)率領，準備從東北面進攻，此時馬堡公爵也就放鬆了維勒魯瓦，向北面趕去以便集中全力來攻入安特衞普。

第一階段開始得很順利，馬堡公爵的威脅迫使維勒魯瓦的法軍也隨之趨向繆斯河。可是不久柯賀恩卻取消了向奧斯登的進攻，而改和斯巴爾會合在一起，並採取較窄的正面，向安特衞普附近前進——其對於敵人的牽制力量並不相同。而阿普丹的兵力因爲看到本身有危險，所以也就提前發動了攻勢。此外，當馬堡公爵也向北轉進的時候，他也未能使維勒魯瓦不發現他的動向；事實上，維勒魯瓦卻追到了他的前頭——派布夫勒率領三十個騎兵中隊，和三千名榴彈兵(grenadier)去追擊。這支機動兵力在二十四小時之內，差不多走了四十哩的距離；並在七月一日與安特衞普的守兵會合在一起，向阿普丹進攻——他的軍隊被打垮了，連逃走的機會都沒有。這個馬堡公爵所稱的「偉大計畫」，全部都付之流水。

在這次失敗之後，馬堡公爵即主張在安特衞普的正南方，向敵人戰線作一次直接的突擊。荷蘭的指揮官們拒絕了這個建議，這個看法是正確的——因爲當敵人的兵力與我方大致相等，而想向一個設防陣地實行硬攻的時候，總是害多利少的。儘管他在戰略調度上頗有卓越的成就，但馬堡公爵卻常常顯出賭徒的狂妄心理，而尤其是在失敗時爲然。英國的史學家，震於他個人的成就，而且又多敬愛其爲人，所以對於荷蘭人常有不公正的批評。事實上，荷蘭人的處境是遠比馬堡公爵危險，他們面臨著強敵的威脅，稍一不愼即有亡國的危險，所以他們當然不敢把戰爭當作兒戲或賭博。他們正和兩個世紀以後的傑利柯上將(Adm. Jellicoe,第一次大戰中的英國海軍艦隊司令)的想法一樣：他們可以在一個下午之中，輸掉了整個戰爭——假使在這種不利的環境中挑戰，就一定有一敗塗地的可能。

因爲荷蘭將領們的一致反對，馬堡公爵只好放棄硬攻安特衞普的觀念，回轉到繆斯河上，在那裏掩護著對於羽伊的圍攻。八月底，他又力主向敵方防線進攻，這一次的理由比較充足，因爲敵人防線在南段是比較容易進攻的。可是這個辯論還是不能說服荷蘭人。

馬堡公爵因爲對荷蘭人極端不滿，所以他對奧皇的使節瓦提斯拉(Wratislaw)的見解特別容易接受，瓦提斯拉力勸他把兵力轉移到多瑙河方面去。這種影響力量的結合，再加上馬堡公爵的廣義戰略看法，於是就在一七〇四年，產生了一個史上少見的間接路線的完全例證。主要的敵軍分爲兩支：一由維勒魯瓦統率，位置在法蘭德斯平原上；一由塔拉爾(Tallard)指揮，位置在上萊茵河上，夾在曼漢(Mannheim)和史特拉斯堡之間，此外還有少數的連結部隊。而在巴伐利亞選侯和馬爾新(Marsin)統率之下的巴法聯軍，則位置在烏爾門附近和多瑙河上，並正由巴伐利亞向維也納推進。馬堡公爵的計畫是把他所率領的英軍，從繆斯河上移到多瑙河上，然後先擊潰巴伐利亞軍，因爲他們是敵人中間最脆弱的一環。他這次的行動距離他的基地，以及他在北面所應該保護的直接利益，都實在是太遠了，從任何標準來看都嫌魯莽，而從他那個時代中謹愼戰略的觀點上看來，則尤其是如此，它的安全保障完全倚賴在奇襲的衝力上面。他在前進的過程中，不斷的變換他的方向，在每一個階段中都威脅著不同的目標，而使敵人摸不清楚他的眞正目的。

當他向南達到萊茵河上的時候，最先好像是準備沿著摩塞爾河(Moselle)之線進入法國。以後當他推進到科不林茲(Coblenz)之後，他又好像是以在亞爾薩斯的法軍爲攻擊對象。他又故意的在菲立普斯堡(Philipsburg)作架橋渡過萊茵河的準備，以來加強這個印象。可是等他到達曼漢的附近以後，他原本應該轉向西南，可是他卻故意轉向東南，在尼卡爾河谷邊緣的山林中，突然失蹤了，然後又越過萊茵、多瑙三角形的底線，向烏爾門前進。因爲戰略上的捉摸不定，使他的行軍受到了安全的保障，而且也抵銷了他速度遲緩的弱點——平均一天只有十哩，一走就是六個星期。在大希巴赫(Gross Heppach)與尤金親王和巴登(Baden)的馬格雷夫(Margrave)會合在一起之後，馬堡公爵就與後者的兵力一起行動，而前者則轉過身來，以便將法軍遲滯在萊茵河上——維勒魯瓦雖然行動略遲，但卻已從遙遠的法蘭德斯平原上，追趕過來了。（註：除非等到馬堡公爵眞正離開了萊茵河谷，否則他隨時可以利用已經徵集好的船隻，迅速的把部隊裝上，順流而下的回到法蘭德斯平原——這也是法軍指揮官沒有立即追趕的主要原因之一。）

雖然馬堡公爵把他自己的位置——對於法國而言——是已經放在法巴聯軍的後面，可是對於巴伐利亞而言，卻還在該國的面前。這種複雜的地理形勢，再加上其他的因素，使他無法發揮這種戰略優勢。在這些條件當中，其中有一個是那個時代中最普通的：由於軍隊戰術組織的硬化，所以很難於配合戰略上的要求。一位將軍可以把敵人引到水邊，但是卻無法使敵人一定喝水——假使他不肯，無法使他接受會戰。另外一個更特殊化的困難就是他和謹愼小心的馬格雷夫共同指揮。

巴伐利亞選侯和馬爾新元帥的聯軍，在多瑙河上的地林根(Dillingen)，佔據了一個要塞化的陣地，它在烏爾門以東，又在烏爾門與多瑙華斯(Donauwörth)之間的中點上。因爲塔拉爾元帥的軍隊可能會從萊茵河上向東走，所以若想從烏爾門進入巴伐利亞，實在是非常的危險。馬堡公爵決定他應在多瑙華斯渡河，這是他新交通線的天然終點——爲了更安全起見，這個交通線已經變成了通過紐倫堡的東面路線。當他佔領了多瑙華斯，他就可以安全地進入巴伐利亞，並且在多瑙河的兩岸自由的運動。

不幸的是，由於這個在地林根敵人陣地面前的側翼運動，在目標上過於顯著，而速度也太遲緩，所以巴伐利亞選侯能夠派出一支強大的支隊，以防守多瑙華斯。雖然馬堡公爵在行軍的最後階段中，已經加快了他的速度,可是敵人卻已經在掩護著多瑙華斯的希倫堡(Schellenberg)山地上,建築好了工事，等到七月二日馬堡公爵到達時，就只好徒喚奈何了。於是他決定不等待敵人去完成他們的防務部署，即在黃昏的時候發動攻擊。第一次突擊受到慘重的損失，全部兵力差不多損失了一半以上。一直等到聯軍主力趕到之後，使其在數量上佔了四對一的優勢，然後才轉敗爲勝。即令如此，也還是在敵人防線上發現了一個兵力較弱的地段，然後使用側翼行動透入之後，才決定了勝負。馬堡公爵在他的私信中，也承認這是一次「慘勝」，至於批評他的人更一致認爲戰勝功應歸之於馬格雷夫。

敵人的主力現在就向奧格斯堡(Augsburg)撤退。從此之後，馬堡公爵就向南進入巴伐利亞，在四鄉騷擾，燒毀幾百個鄉村，及一切的穀物。其目的是想藉此強迫巴伐利亞當局求和，或是在不利的情況之下，接受會戰。馬堡公爵對於這種野蠻的行動也很感到羞恥，而且其效果也很微弱。因爲在那個時代中，戰爭只是統治者之間的事情，與老百姓毫無關係，所以用這種間接的手段，並不能使巴伐利亞的選侯感到心痛。於是，塔拉爾現在已經有時間從萊茵河上趕來助戰，於八月五日達到了奧格斯堡。

不過很僥倖的，當塔拉爾出現的時候，尤金親王也上場了。他採取了一個果敢的行動，擺脫了維勒魯瓦，來和馬堡公爵會合在一起。照預定的計畫，在馬堡公爵和尤金的聯合兵力掩護下，馬格雷夫就應該向多瑙河的下游發展，以圍攻敵人在英哥斯塔德(Ingolstadt)的要塞。可是在九日那天，突然有消息傳來，敵人的聯合兵力已經正在向北移動，以直趨多瑙河爲目的，他們的目標很可能是想打擊馬堡公爵的交通線。雖然如此，馬堡公爵和尤金兩人卻還是繼續讓馬格雷夫去分兵進擊；於是使他們的聯合兵力減到了五萬六千人，以來面對差不多六萬人的敵軍，而且還可能再增加。他們要把馬格雷夫遺走，其動機是很容易解釋，因爲他們都不喜歡他那種審慎的態度；但是此時分散兵力卻實在是很奇怪，因爲他們的決心本是盡量尋找會戰的機會。他們似乎對於自己部隊的素質優勢是具有充分的信心——照以後戰況的激烈情形來判斷，他們這種自信的態度實未免有一點過火。

所幸的，是敵人那方也和他們具有同樣的自信。雖然他自己部隊的大多數尙未達到戰地，可是巴伐利亞選侯卻十分希望立即開始進攻。當塔拉爾主張暫時掘壕固守，以來等候援兵的到達時，這位選侯卻痛斥此種謹慎小心的態度。塔拉爾反唇相譏的回答說：「假使我不是對於殿下的人格完整素有認識的話，那麼我會以爲你是故意想讓法國國王陛下的軍隊去冒險，而保留住你自己的實力。」最後他們獲得了一個折中的意見，法軍首先躍進到布倫亨(Blenheim)附近的位置，該地在通向多瑙華斯路上的尼貝爾(Nebel)小河後面。

第二天，八月十三日上午，他們在那裏突然爲聯軍所乘——聯軍正沿著多瑙河北岸前進。在河岸附近，馬堡公爵正向法軍右翼進攻，而尤金則以法軍左翼爲目標向內陸挺進。在河與山之間，空間很狹窄，殊少活動之可能。聯軍的優點，除了他們的精神較旺盛，訓練較優良以外，還有在這種環境之下實行挑戰，也是出人意外的。這個局部性的奇襲阻止了兩支法軍做適當的聯合部署，所以他們是在倉促之中應戰，因此本身即具有不平衡的效力。結果使他們在這個寬廣的中央地區中，感到了步兵的缺乏。不過這種弱點一直到這一天過去了很久之後，才顯現了出來，但若非另有其他的失著，則還是不會太嚴重的。

會戰的第一個階段還是聯軍不利。馬堡公爵軍的左翼向布倫亨進攻，受到了重大的損失而被擊退，其右翼向上格勞(Oberglau)的進攻也失敗了。尤金向敵人左翼之右方的進攻也兩次被逐回。當馬堡公爵在中央的部隊正在渡過尼貝爾河時，卻一頭碰上了法國騎兵的衝鋒，花了很大的力量才把他們擊退。這實在很僥倖，由於誤會的原因，法軍逆襲的兵力並不如塔拉爾所計畫中的那樣強大。接著馬爾新的騎兵，也對著聯軍的暴露側翼上發動了另外一次逆襲。不過剛剛在這個緊急關頭，尤金的騎兵也同時發動逆襲，於是才使局勢化險爲夷。當尤金接到了馬堡公爵的緊急呼籲之後，他馬上毫不遲疑的把他的本錢都投擲了下去。

當這一個難關度過之後，所剩下來的也不過只是一個危險的平衡而已。除非馬堡公爵能夠衝出去，否則他還是陷在一個窟穴之中——背後就是尼貝爾沼澤地。不過到了此時，塔拉爾由於計算的錯誤，讓馬堡公爵安然渡過了尼貝爾河，那才眞是鑄成了大錯。因爲一旦法軍的騎兵逆襲未能達到目的之後，馬堡公爵的中央兵力就乘著這一個空檔，陸續的渡河了。雖然塔拉爾手裏有五十個營的步兵，以來對抗馬堡公爵的四十八個營，可是由於最初部署上的錯誤，而且當他還有時間的時候，也沒有把它糾正過來，所以專以這個地區而論，他手裏只有九個營以來對抗敵人的二十三個營。當這少數的法國步兵爲數量優勢的敵人，和密接支援的砲火所擊潰之後，馬堡公爵就可以從這個空洞中一直向前進攻，並在多瑙河上的布倫亨附近，切斷了法軍步兵的主力，同時也使馬爾新的側翼暴露了出來。馬爾新擺脫了尤金的壓迫，沒有受到太多的損失，安然撤退了，可是塔拉爾大部分的軍隊，卻都被圍在多瑙河上，被迫投降。

布倫亨會戰是花了重大的成本，才獲得的勝利，而且更是一個巨大的冒險。平心靜氣的分析顯示，這次獲勝的原因是由於士卒的用命，和法軍指揮官的計算錯誤，而並非因爲馬堡公爵的將才。但是由於最後的勝利，遂使人們都不曾注意到，這實在只是一場大賭博。法軍「常勝」的威名從此喪失，使整個歐洲局面又為之一變。

緊跟著法軍敗退之後，聯軍也推進到了萊茵河，並且在菲立普斯堡渡河。但是由於布倫亨的勝利所付出的代價實在太大，所以除了馬堡公爵本人以外，大家都不主張再打下去，於是這個戰役就這樣停止了。

一七〇五年，馬堡公爵又擬定了一個侵入法國的計畫，他的目的是要設法避免法蘭德斯要塞地帶的糾纏。尤金負責在義大利北部牽制法軍的兵力，荷蘭人在法蘭德斯平原上取守勢，至於聯軍的主力，在馬堡公爵率領下，準備開到在提昂維爾(Thionville)的摩塞爾河上，而馬格雷夫的掩護兵力將越過薩爾河(Saar)作向心的前進。但是這個計畫卻為一連串的障礙所阻。補給未能如期運到，運輸工具缺乏，聯軍的增援要比理想數字低太多，同時馬格雷夫也不肯合作——大家都認為馬格雷夫的動機是因為嫉妒，可是比較合理的解釋卻是他正負重傷，最後他也是由於這個傷而死的。

當一切成功的條件都已經消失以後，馬堡公爵還是堅持著不肯放棄他的計畫，於是就變成了一個意義非常狹窄的直接路線。他一直衝到了摩塞爾河，很明顯的，他的目的是希望利用自己的弱點，以來引誘法軍出戰。但是法將維拉爾(Villars)元帥卻希望馬堡公爵因為糧食缺乏的原因，而日益衰弱，所以堅守不出。同時維勒魯瓦在法蘭德斯方面的攻勢，又已經迫使荷蘭人提出了求救的緊急呼籲。這雙重的壓迫逼得馬堡公爵勢必非要放棄他的冒險不可。在無限的失望和苦痛中，他就怪罪馬格雷夫，把他當作代罪的羔羊。他甚至於還寫了一封信給對方的主將維拉爾，對於他自己的撤退表示非常的遺憾，並且把整個責任都推到馬格雷夫的頭上。

馬堡公爵迅速回到法蘭德斯，立即把那裏的情況改善了。當他到達之後，維勒魯瓦也立即放棄了列日(Liège)的圍攻，並且退入布拉班特防線。馬堡公爵於是專心研究穿透這個障礙物的計畫。首先在繆斯河附近，向一個設防較弱的地區進攻，以來吸引法軍的移動，接著他就兼程趕回，在台里蒙特(Tirlemont)附近企圖突破一段工事堅強，但守兵卻很薄弱的地區。但是當這個企圖成功之後，他卻並未能乘機擴張戰果，沒有立即進至魯文(Louvian)並渡過戴爾河(Dyle)。這次失敗的原因之一，是由於他欺騙盟軍的程度，甚至比敵人還有過之；另外一個原因是他自己的精力也用盡了。而且這個著名的防線也不再是一個障礙物了。

幾個星期之後，他又設計了一個新計畫，由此即可以看到他在「將道」方面的進步。雖然他並未獲致較大的成功，但是卻表現出一個較偉大的馬堡公爵。他過去在法蘭德斯平原的行動，都是以純粹欺詐爲基礎，假使要想成功，在執行時就必須要迅速，這卻是荷蘭部隊所做不到的。這一次他卻採取了一個間接的路線，在路上好像不止一個目標——他使對方的兵力作了廣泛的分散，於是他本身就不必仰賴那樣高的速度了。

在魯文附近，他轉向維勒魯瓦陣地的南面，他所採取的路線使敵人一直都摸不清他的目的，因爲他可以威脅到在該區中的任何要塞——那慕爾(Namur)、查利瓦(Charleroi)、蒙斯(Mons)和阿斯(Ath)等地。等他到了吉那普(Genappe)之後，又馬上向北旋轉，直達從滑鐵盧(Waterloo)到布魯塞爾的道路上。維勒魯瓦匆匆地決定趕回援救這個城市。正當法軍準備行動時，馬堡公爵卻乘著黑夜的掩護，又繞回了東方，突然在敵軍的新正面前出現。由於受到了牽制，所以這個正面的組織十分空虛，雖然也許要比行軍的側翼略爲堅固一點。但是馬堡公爵因爲行動得太快，反而使他本身蒙受其害，那些謹慎的荷蘭將領們又找到了一些理由，來反對他這個立即進攻的理想。他們的理由是，儘管對方已經發生了混亂現象，可是敵人在依斯克河(Ysche)後方的陣地，實際上要比在布倫亨時更強。

在第二年的戰役中，馬堡公爵孕育了一個新觀念，把間接路線又拓展得更寬了——越過阿爾卑斯山以和尤金會合。在把法軍完全逐出義大利後，就從後門攻進法蘭西。他的陸上進攻更可以和對土倫(Toulon)的兩棲作戰，以及彼德波羅(Peterborough)在西班牙的作戰相配合。荷蘭人這次卻一反他們過去謹愼小心的作風，而同意讓他冒險一試。因爲維拉爾把巴登的馬格雷夫擊敗了，同時維勒魯瓦也向法蘭德斯進攻，所以這個計畫也未能實現。法軍爲什麼要採取這個冒險行動，其原因是路易十四相信若能在「各處」採取攻擊，則可以製造一種印象，顯得他的聲勢浩大，於是就可能使敵人接受對於他有利的和平條件——這是他現在所迫切需要的。可是對於馬堡公爵所在的那個戰場上採取攻勢的行動，其結果卻適得其反，反而使法軍獲得一條通到失敗的捷徑，使他喪失了一切的目標。馬堡公爵毫不猶豫的抓住這個機會——照他的判斷是法軍覺得勝利在望，所以不肯再安靜的守下去，這樣就使他獲得一個翻本的機會。他在拉米萊斯(Ramillies)遭遇到法軍，此時法軍正佔著凹進的陣地。馬堡公爵正佔著弓弦的地位，他就充分發揮這種形勢上的優勢，實行戰術上的間接路線。首先攻擊法軍的左翼，把他們的預備隊吸引到了那一方面之後，接著他馬上使自己的部隊，擺脫了左翼上的戰鬥，立即轉用到右翼方面，此時丹麥的騎兵已經在那裏衝開了一個大缺口。這個後方的威脅再加上正面的壓迫，遂使法軍開始崩潰。馬堡公爵乘勝窮追，使這次勝利的戰果獲得了極大的擴展，於是所有法蘭德斯平原和布拉班特防線都完全落在他的手裏。

同一年中，義大利方面的戰爭也事實上告一段落，這也可以當作戰略性間接路線的又一例證。在最初的階段中，尤金被迫撤退，一直退至加爾達湖(Lake Garda)爲止，於是就鑽進了山地。至於他的同盟者，薩伏衣公爵，卻在杜林(Turin)被圍。尤金並不向正面進發，他用巧妙的行動溜過了敵人，也擺脫了自己基地的束縛，從倫巴底一直進入了皮德蒙(Piedmont)。接著在杜林使敵人受到了決定性的失敗。敵軍在數量上固然遠佔優勢，但是卻已經喪失了平衡。

現在南北兩方面，法軍都已經受到了挫敗。可是在一七〇七年，由於同盟國之間的目標不一致，所以使法國獲得了捲土重來的機會；到了第二年，他們又集中全力來對付馬堡公爵。他的腿在法蘭德斯被束縛住了，而且數量上也相差太遠，他就決定再向多瑙河行動一次，以來重建平衡——尤金率領他的軍隊從萊茵河上前進，以與馬堡公爵會合。但是法軍的主將現在卻是能幹的文當(Vendôme)，他在尤金尚未到達前，即已開始採取行動。利用這個直接的威脅，他把馬堡公爵誘回了魯文，這一計成功之後，文當又生一計，他突然的向西急轉，於是不花一點氣力就把在須耳德河(Scheldt)以西的全部法蘭德斯地區都收復了。可是馬堡公爵卻不直接與敵人交戰，而突然轉向西南方，插入了法軍和法國邊境之間的地區。在奧德納爾德(Oudenarde)，這個戰略上的運用，使馬堡公爵獲得了初步的優勢，接著在戰術上也獲得了勝利。

假使能夠讓馬堡公爵自己獨立作主，他就會立即向巴黎進攻，那麼這個戰爭即可能就此結束。即令聯軍未能如此的擴張戰果，但是到了那年冬天，路易十四卻還是開始求和；他所提出來的條件雖然令同盟國感到滿意，但是他們卻拒絕接受，因爲大家覺得已有希望使法國完全屈服——這在大戰略方面，實在是一個愚行，也是一個失敗。馬堡公爵本人對於這種和平建議的價值，應不會那樣的盲目無知，不過他對戰爭的興趣是要比和平更爲濃厚。

到了一七〇九年，戰爭又有了新的生氣。馬堡公爵現在的計畫還是一條間接性的軍事路線，且具有一個重要的政治目標。他的觀念是溜過敵人的主力，監視著他們的各要塞，而以巴黎爲目標。不過這未免過分勇敢了，連尤金都感到吃不消。結果這個計畫又作了下列的修改：避免直接進攻在道埃(Douai)和貝松尼(Bethune)之間，掩護法軍正面的要塞防線，而以佔穩側翼上，位在杜爾內(Tournai)和蒙斯等地的要塞爲第一目標，以便採取在要塞地區以東的路線，攻入法國。

這一次馬堡公爵的欺敵行爲又收到了效果。他對於要塞線首先實行佯攻，使敵人把杜爾內的大部守兵都抽去增援。接著他兼程趕回，立即進攻杜爾內。但守軍卻抵抗得十分的激烈，使他耽擱了兩個月之久。不過由於拉巴西(La Bassée)防線上受到了新的威脅，結果使他不費吹灰之力就佔領了蒙斯。可是法軍的行動也很快，馬上阻塞了他的進路，使他無法作更進一步的擴展。這個挫折使他在一怒之下，而採取了一條直接路線，這足以表示他對當前的環境和未來的後果，是如何的缺少計算——這也表示他遠不如克倫威爾在頓巴爾一役中那樣的聰明。雖然敵人在馬爾普拉凱(Malplaquet)的堅強防線終於被攻破了，可是其損失的慘重，足以使敗軍之將的維拉爾，很高興的上書給法王路易十四說：「假使上帝肯讓我們再這樣的失敗一次，那麼陛下您的敵人就注定要毀滅了。」這個預言是一點都不錯，這一個慘勝的會戰，使得聯軍斷送了他們對於整個戰爭的勝利希望。

一七一〇年，又回到了僵持的局面，法軍從法倫辛(Valenciennes)起，直到海岸爲止，建立了一條「特強防線」(Ne Plus Ultra)，把馬堡公爵擋住了，而他的政敵也在英國國內掀起了反對他的狂潮。幸福女神對於那些蹧蹋她恩賜的人們，是絕不會加以饒恕的。一七一一年尤金的軍隊由於政治因素，也被召回，只留下馬堡公爵獨自對付實力遠較強大的敵人。現在他的兵力實在太弱，不足以做任何決定性的行動，於是他決定使用他的拿手本領，以來粉碎法國人對「特強防線」的誇大宣傳。這次他採取了最富間接性的路線，一再欺騙敵人和分散他們的兵力，結果他終於不發一槍溜過了這一道防線。但是兩個月以後，他卻被召回國接受不榮譽的處分，到了一七一二年，這個厭戰的英國退出了戰爭，讓它的同盟國去獨力掙扎。

現在在尤金統率之下，奧國和荷蘭還繼續作戰達相當長的時間，不過雙方都已經疲憊不堪了。可是在一七一二年，法將維拉爾卻採取了一個高明的行動——其機密、神妙，和速度都可以和馬堡公爵相比擬。結果遂在地南(Denain)獲得了一個廉價又具決定性的勝利。這一戰使同盟國從散約解，也使路易十四獲得了一個有利的和平，和他過去所想像的完全不同。一次直接的路線，即足以使過去許多次間接路線的累積效果，完全付之東流。不過，更值注意的，這次戰爭之所以能獲得決定性結果的原因，也還是因為法國採取了間接路線所致。

雖然同盟國對於阻止法西兩國合併的目的，並未達成，但是英國在這一次戰爭中卻獲得了領土上的收穫。這主要該歸功於馬堡公爵的遠見，能夠把他的眼界推廣到戰場以外去。一方面當作軍事上的牽制行動，另一方面又在政治上具有實際的利益，馬堡公爵在地中海方面曾經進行一個目標遠大的作戰，來和他在法蘭德斯地區的作戰相配合。一七〇二年和一七〇三年的遠征對於葡萄牙和薩伏衣的退出戰爭，具有很大的助力，並且為他們鋪好了一條大路，以來爭取更大的財產——西班牙。接著在一七〇四年，又獲得了直布羅陀(Gibraltar)，於是彼德波羅在西班牙才能夠完成牽制敵軍兵力的任務；而在一七〇八年，英軍又作了另外一次遠征，並佔領了米諾卡島(Minorca)。雖然以後在西班牙的作戰，因為指揮失當而失敗，但英國在戰爭結束後，卻仍舊佔領著直布羅陀和米諾卡島，這是控制地中海的兩把鎖鑰。此外在北大西洋中，他們也佔領了新斯科細亞(Nova Scotia)和紐芬蘭(Newfoundland)。

腓特烈的戰爭

一七四〇至四八年間的奧國王位繼承戰爭，也是完全沒有決定性的結果。最好的例證可以用下面的故事來代表：當時的法國人在軍事上是最成功的，他們罵人的時候，常常慣用這種語氣：「你頑皮的程度簡直和和平一樣。」腓特烈大帝是戰爭中唯一獲得利益的君主。他很早就獲得了西利西亞(Silesia)，然後就退出了競爭。雖然他以後又重回戰場，並且冒了很大的危險而未獲得更多的收穫，不過由於累次的勝利，卻使其威名大振。一言以蔽之曰：這個戰爭使普魯士奠定了成爲強國的基礎。

一七四二年的布勒斯勞(Breslau)和約，決定了把西利西亞割讓給普魯士，這個經過是很值得加以注意。在那一年剛開始時，普軍似乎是並沒什麼希望。普法兩國的聯軍已經準備向奧軍的主力進攻。但是法軍的進展不久即告停頓。此時腓特烈卻不向西前進，和他的盟友會合，而突然向南進攻維也納。雖然他的軍隊已經攻到了敵人都城的門口，他卻又迅速折回，因爲敵軍已經威脅他的後路。腓特烈這一次的進攻，常常被批評是一種魯莽的示威行動，然而，魯莽的卻可能是這種批評本身。因爲他迅速的撤退，使敵人誤以爲他是怯弱，所以就引得奧軍乘勝長追，一直深入西利西亞境內。於是他把敵軍困在巧屠希茲(Chotusitz)附近後，突然發動一次猛烈的攻擊，把奧軍擊敗並立即窮追以擴張戰果。僅僅三個星期之後，奧軍即單獨與腓特烈議和，把西利西亞割讓與他。若從這個事實中引出太強烈的結論，似乎略嫌過分，不過至少可以看出，這個具有犧牲意味的和約，卻還是戰場上一個間接路線的後果——雖然它僅是在維也納前方出現一下，接著獲得一個小型的戰術勝利而已。表面上只不過是轉敗爲勝，比腓特烈其他勝利的光輝似乎差得太遠了。

固然奧國王位繼承戰爭，在一般的結果上來說，是不具決定性；而其他十八世紀中葉的大型戰爭也都莫不如此——從歐洲政策的觀點上看——唯一能獲得結果，並足以使歐洲歷史路線受到決定性影響者，就是英國，在七年戰爭（一七五六—六三年）中，它只是一個間接的參加者，而它的貢獻和利益也都是間接的。當歐洲各國的軍隊和國力都因爲採取直接行動而筋疲力竭的時候，英國的少數兵力即足以轉弱爲強，使大英帝國收到了實利。此外，當普魯士到了快要失敗的時候，他寧可獲得一個不決定的和平，而避免屈辱投降。可是法國在殖民地方面的失敗，使法國的攻勢力量受到了間接的打擊，接著由於俄國女皇的去逝，也使俄國放棄了進攻普國的企圖。命運之神對腓特烈大帝是太慈悲了。到了一七六二年，雖然他曾經有過一連串的光榮勝利，但是現在卻已經資源匱乏，完全喪失了繼續抵抗的能力。

在這一長串的戰役中，從軍事和政治性的結果上看，只有一個算得上具有決定性。這個戰役的結果就是英國人佔領魁北克(Quebec)。這不僅是最簡單的，而且也是在次要戰場上的。因爲魁北克的佔領，和加拿大法屬領土的被取消，都是由於使用海權，在大戰略方面採取了間接路線之所致，所以戰役的實際軍事路線,也是決定於戰略上的間接路線。結果最使人感到趣味的,卻是在蒙莫朗西河(Montmorency)之線上。當採取直接路線失敗，並且在生命和士氣方面受到嚴重損失後，才改採這種表面上似乎很冒險的行動。當時英軍的主將吳爾夫(Wolfe)，本是想盡量引誘敵人——砲轟魁北克，並且把少數孤立的單位，暴露在雷微角(Point Levis)，和蒙莫朗西瀑布附近——但是卻始終未能把法軍誘出他們的堅強陣地。比較他們這次的失敗，和他們以後在法軍後方冒險登陸的成功後，我們可以獲得一個教訓：引誘敵人出來還不夠，必須把他們引出來才上算。當吳爾夫準備採取直接行動之前，他的佯攻失敗也可以提供一個教訓：使敵人感到神祕還不夠，一定要使他感到迷惑才行——這個名詞的意義不僅是使敵人受騙，而且還要使他們喪失行動自由，不能調動軍隊以採取反制行動。

吳爾夫的最後行動，從表面上看來，好像是賭徒孤注一擲，但是因爲一切的條件都符合，所以結果才大獲全勝。即令如此，對於那些慣於從純軍事立場，研究戰史的人來說，似乎會覺得這一點挫折，應該不至於使他們一敗塗地。有許多的文章曾經討論過法國應該採取怎樣的行動，以改善這個情況。不過魁北克之戰卻是一個極好的例證，足以說明假使能使指揮官在精神和心理上喪失平衡的話，那麼所產生的決定性，就要比使敵方部隊在物質上喪失平衡時更大。這種效力要比地理上和統計上的計算，不知道大了多少倍，而在一般軍事史的教科書上，卻十分之九都是充滿了這一類的計算。

假使歷史上的事實，足以證明出來七年戰爭中的歐洲戰場，都是不具決定性的，雖然其中不乏許多戰術性的勝利，那麼這個原因又在哪裏，似乎是很值得加以研究。腓特烈的敵人太多，是一種通常的解釋，不過他本人也具有不少的優點，似乎足以抵銷這種解釋。因此我們還要更深入一點。

與亞歷山大和拿破崙一樣，而和馬堡公爵不同，腓特烈可以沒有一切的責任和限制，這是一般戰略家所不能享有的特權。他一身兼管大戰略和戰略兩方面的工作。又因爲他是一個國王，所以他和他的軍隊間具有永久性的關係，使他可以不斷的準備和發展他的工具，以達到他所選定的目標。在他的戰場上，要塞比較稀少也是另外一個優點。

儘管只有英國是他唯一的同盟國，而他所面對的敵人卻是奧法俄瑞(典)薩(克森)等國的聯軍，可是從開戰之日起，一直到第二次戰役的中途爲止，腓特烈實際所能調動的兵力，卻還是始終居於優勢的地位。此外他還有另外兩大優點：㈠他的戰術工具要比任何敵人更優秀，㈡他佔有中央的位置。

因此他就可以運用一般人所謂的「內線」戰略：從他的中央位置先向周圍任何一個敵人發動攻勢，然後利用較短的距離馬上縮了回來，在敵人有互相應援的機會前，即先把他們逐一各個擊破。

從表面上看來，這似乎是很明顯的，個別敵軍間的距離隔得愈遠，更容易獲得決定性的成功。從時間，空間，和數量上的關係來分析，這應該是毫無疑問的。不過精神上的因素此時又加了進去。當敵人們彼此間隔遠的時候，他們成了一個自給自足的單位，在外來的壓力下，反足以加強他們的組織。當他們彼此靠得很近時，在心理、精神和物質等方面，卻不免發生了互相倚賴的現象。各個指揮官的心靈好像是互通消息的，一切精神上面的印象都很迅速的交流著，甚至於每一個部隊的行動，都很容易使其他的部隊發生驚擾和解體的危險。固然對方在行動時，時間和空間都比較受限制，可是其使敵人所受到的震動效力，其發展也更快和更容易。而且當敵人們都密集在一起的時候，只要其中有一個敵人偶然離開了他原定的路線，即足以使其他部隊受到奇襲的打擊。反而言之，假使個別敵軍中間距離很遠時，那麼他們就可以有相當長的時間來準備和趨避，於是使中央位置的軍隊在一擊獲勝之後，就很難於再繼續作第二次的打擊。

像馬堡公爵在向多瑙河流域進軍時，所採用的「內線」戰略，當然算是一種間接路線的方式。不過其對於整個敵軍的關係，固然是間接的；但對於其實際目標而言，卻並不盡然，除非在襲擊的時候能出敵不意。否則，要使這個行動達成目的，則勢必還要再加一個新的間接路線——以目標本身爲對象。

腓特烈不斷的利用中央位置，以集中全力攻擊敵人的一部分，而且他也總是使用間接路線的戰術，因此獲得了許多次的勝利。但是他的戰術性間接路線卻是幾何性重於心理性——並不像西庇阿那樣富奇襲意味——儘管在執行時是非常有技巧，這些運動的路線卻很狹窄。假使對方在心理上和部隊組織上，並非如此的缺乏彈性，則對於以後的打擊應該不會難於應付，因爲打擊本身的來臨並非完全出於意料之外。

一七五六年八月底，腓特烈爲了破壞同盟國的計畫，首先侵入薩克森，戰端從此開啓。由於奇襲的利益，腓特烈差不多沒有遭遇抵抗即進入了德勒斯登(Dresden)。奧軍雖然趕來救援，但已經太遲了，腓特烈已經推進至易北河(Elbe)上去迎擊他們，在萊特米里茲(Leitmeritz)附近的羅布西茲(Lobositz)會戰中，將他們擊退，於是就佔穩了薩克森。一七五七年四月間，他翻過山地進入波希米亞，並向布拉格(Prague)進發。當他到達之後，卻發現奧軍在河對岸的高地，已經建立了堅強的陣地。於是他留下了一個支隊監視河岸，並且掩護他的行動，而他本人則率領大軍乘著黑夜向上游轉進，在那裏渡河進攻敵人的右翼。雖然當他開始行動時，這要算是一種間接路線，可是在這個行動完成以前，卻已經變成了直接性的——奧軍有充分的時間來變換他們的正面，所以當普魯士步兵進攻的時候，即已變成了面對敵人的火線硬衝，結果死傷了幾千人之多。幸虧齊曾(Ziethen)的騎兵從迂迴的路上突然朝趕到，才使布拉格之戰的局面改觀，而迫使奧軍後撤。

普軍接著就圍攻布拉格，但由於道恩(Daun)又率領了一支奧軍來解圍，所以使普軍只好暫停進攻。當腓特烈聽到奧國援軍將至的消息後，他只留下極少數的兵力去圍困布拉格，而親率大軍迎擊道恩。當他在六月十八日於柯林(Kolin)和奧軍遭遇時，他卻發現奧軍不僅已經構築了堅強的陣地，兵力也比他自己超過了兩倍之多。這一次，他又是想轉到敵人的右翼方面進攻，但這一次的機動性卻太狹窄，所以他的縱隊爲敵方輕型部隊的火力所乘，被引出了應取的路線，而變成了不連貫的正面攻擊——結果遭到了一場慘敗。腓特烈被迫只好放棄圍攻布拉格，並撤出了波希米亞。

此時，俄軍已經侵入東普魯士，法軍已經佔領了漢諾福(Hanover)，而希爾德堡豪森(Hildburghausen)所率領的混合聯軍，也從西面威脅柏林。爲了防止後述的兩軍會合，腓特烈經過萊比錫(Leipzig)，匆忙趕回，制止了這個禍害的發展。接著西利西亞又面臨了新的威脅，他又連忙趕到那一方，可是當他行到半路上時，奧軍又已經侵入並圍攻柏林。當希爾德堡豪森開始繼續前進的時候，腓特烈已經勉強的擊退了奧軍，於是又趕過來迎擊他。

接著就是羅斯巴赫(Rossbach)之戰，此時聯軍的兵力約爲腓特烈的兩倍，也開始嘗試模仿腓特烈的老辦法——迂迴進攻敵人的右翼——想以其人之道還治其人。但由於這個行動太狹窄，使腓特烈事先早已獲得了充分的警告，同時敵人在匆忙中，又誤認他已經開始撤退，於是自亂步驟，分別引兵窮追以防止他逃走。可是腓特烈並未潰退，他立即採取對抗的行動，不面對敵人主力，而向他們側翼方面深入，結果使他們立即喪失了平衡。在這一場會戰中，由於他的敵人自己犯了錯誤，所以才使腓特烈獲得了一個眞正的間接路線，不僅是機動性的，更是奇襲性的。羅斯巴赫會戰在他所有各次勝利之中，要算是最經濟的勝利，他自己的損失只有五百人，卻使敵人損失了七千七百人，並且擊潰了總數六萬四千人的大軍。

不幸的是，在他以前的各次戰鬥中，已經把兵力消耗得太多，所以使他無法獲得完全的戰果。他還要繼續對付奧軍，那是他在布拉格和柯林兩次戰鬥中都未能擊潰的，雖然他以後在魯騰(Leuthen)終於戰勝了，所使用的就是著名的斜行序列，這是一種太明顯的間接路線，不過他在執行時卻很巧妙。但是這次勝利的代價卻未免太高，簡直使他付不起。

在一七五八年，戰爭還是繼續進行，而前途卻越來越黯淡。腓特烈最初對奧軍採取了一條眞正的間接路線，越過他們的正面向右前進，在阿爾穆茲(Olmütz)經過了敵人的側翼，此處已經深入敵人後方達二十哩以上。甚至於當他在途中喪失了一個重要的補給縱隊之後，他還是不稍卻步，仍然繼續挺進，經過波希米亞，從右邊繞到敵人的後方，一直到達敵人在柯尼格雷茲(Königgrätz)的基地。可是由於過去在布拉格和柯林喪失了良好的機會，使他今天還要再度食其惡果，俄軍又重整攻勢，從通向柏林的大路上，已經進到了波森(Posen)。腓特烈於是決定放棄完成波希米亞戰役的希望，向北方轉進以來阻止俄軍的侵入。他雖然成功了，但是左恩多夫(Zorndorf)會戰卻又是另一次的布拉格會戰。腓特烈還是繞過了俄軍的堅強據點，向右繞過了他們的東翼，以便從後方加以攻擊。可是守軍卻也同樣轉變了正面，而把腓特烈的間接路線變成了正面的攻擊。於是腓特烈陷入了嚴重的困難之中，一直等到他手下的騎兵名將席德里茲(Seydlitz)，經過了號稱不能通過的險地，向敵人新側翼上實行迂迴攻擊之後，才轉敗爲勝。因爲席德里茲的行動完全出乎敵人意料之外，所以要算是一個眞正的間接路線。

雖然腓特烈的損失要比俄國人輕，但是以他所有的力量而言，則可說是十分慘重。

因爲他的人力資本還在不斷的減少，所以他只好聽任俄軍去恢復他們的元氣，而回轉過來對付奧軍。他在霍奇克奇(Höchkirch)遭到了挫敗，使他的兵力更形減少，主要的原因是他過分的自信，認爲他的老對手道恩，是永遠不會具有主動精神的。在黑夜之中，腓特烈受到了雙重意味的奇襲，幸虧齊曾的騎兵爲他殺開了一條血路，才使他免於滅亡。一七五九年，戰爭還是繼續往下拖，而腓特烈的兵力也日趨於衰落。在庫勒爾斯多夫(Kunersdorf)，他從俄國人手中，蒙受有生以來最慘重的失敗，在馬克森(Maxen)也再度爲道恩所敗——原因又是因爲他的過度自信。從此之後，他所能做的事情，就只不過是消極的抵抗敵人而已。

不過當普魯士的命運正在黯然失色的時候，在加拿大方面卻出現了勝利的曙光。由於吳爾夫的成功，促使英國人願意直接出兵歐洲，在明登(Minden)擊敗了法軍之後，使腓特烈度過難關。

雖然如此，他在一七六〇年的形勢卻比過去更危險。他使用了一條詭計，減輕了東面來的壓力，使他獲得了一個喘息的機會。他故意讓俄軍虜獲一封假造的通訊，上面說：「今天奧軍完全失敗了，現在該輪到俄國人了。照我們事先所約定的辦法進行。」雖然俄軍上了當，立即退兵，事後腓特烈在托爾高(Torgau)固然也擊敗了奧軍，但這次勝利卻已經是強弩之末。他自己的慘重損失使他形成了癱瘓的狀態，現在全部剩餘兵力只有六萬人，他不特無力再冒險作另一次的會戰，而且更被封鎖在西利西亞，與普魯士之間的聯繫也被切斷。很僥倖的，奧軍的戰略還是和過去一樣毫無生氣，而此時俄軍的後勤組織也發生了裂痕。正當這個危機四伏的時候，俄國的女皇突然逝世了。她的承繼者不但願意講和，而且還有倒過來幫助腓特烈的意圖。在以後幾個月中，法奧兩國的軍隊還是繼續漫無目的的作戰。法國人因爲在殖民地方面遭受了挫敗，實力已經大爲削弱，而奧軍現在則不僅惰性頗重，而且更已疲憊不堪，所以不久就簽定和約。幾乎所有的交戰國都已經筋疲力竭，也許只有英國的損失比較輕微。

在腓特烈的戰役中，固然可以使我們獲得很多的教訓，但其中最主要的，似乎就是他的間接性還是太直接化了。換一種說法，他只是把間接路線當作一種機動性的運動，而並沒有把它當是機動和奇襲的結合。所以儘管他很高明，他的兵力還是不免消耗殆盡。

第八章　法國大革命與拿破崙

又過了三十年，另一個「偉大戰爭」的序幕才開始展開，因拿破崙天才的照耀，更顯得光輝萬丈。和一個世紀前的情形差不多，法國再度成爲歐洲的禍首，其他各國都只好團結自衛。不過這一次的鬥爭過程卻與過去不同。革命後的法國曾經有許多的同情者，但是他們既非各國的政府當局，也不能控制各國的軍隊，法國好像是害了傳染病一樣被迫與其他國家隔離，自始至終都是獨力應戰，結果使他們不僅拚命擊退了敵人的圍攻，而且更變本加厲的，對歐洲其他地區，形成一個正在膨脹中的軍事威脅，最後更成爲許多國家軍事上的主人翁。法國人爲什麼能有如許成就，一方面是具有優越有利的條件，另一方面也是爲時勢所迫。

所謂革命的精神，在法國創立了一支國民軍，同時也創造出新的條件和活力。因爲他們不可能有精密的操練，所以爲補償起見，只好注重戰術上的意義和個人的主動精神。這種新的機動戰術有一個基本事實，是最簡單也最重要的：法軍在行軍和戰鬥中，都是每分鐘走一百二十步，而他們的敵人卻堅持每分鐘走七十步的傳統規定。當軍隊還沒有機械化的時候，主要的運動工具就是兩條腿，所以這個基本的差異就具有重大的意義。法軍可以迅速的調動，隨時把打擊力量集中在選定的要點上，用拿破崙所慣用的術語來說，就是無論在戰略和戰術上，都可以實行「動量乘速度」的原理。

另外一個有利的條件，就是把軍隊分成「師」的永久性組織。當一支軍隊分成了若干自給自足的單位後，他們就可以獨立作戰，並且可以向共同的目標實行分進合擊的戰法。包色特(Bourcet)是在理論上第一個主張改制的人，從一七四〇年以後，也曾經多次的加以試驗。一七五九年，布羅伊元帥出任法軍總司令時，官方才正式接受這個原則。另外有一位革新派的軍事思想家吉貝爾特(Guibert)，更曾對這種理論作進一步的發展，在法國大革命的前夕，一七八七年的軍事改革中，也曾經由他將這個原則加入。

第三個條件也與此有關，由於革命軍的補給制度極爲混亂，同時紀律也較差，所以勢必又回到了「就地取食」的老辦法。因爲軍隊已經分成了師的組織，所以在採取此種行動時，對於軍隊效力的影響已不如過去般嚴重。在過去必須把分散的兵力集中後，才可以開始作戰，而現在當他們移口就糧時，同時也可以執行軍事上的任務。

因爲補給的負擔減輕了，所以軍隊的速度增高，使他們具有更高的機動性，能夠在山林地區中作自由的運動。同時，因爲他們在糧食和裝備方面，都不能仰賴後方的補充，所以反而使這種飢寒交迫的軍隊，願意鼓起勇氣攻入敵人的後方，因爲這是取得補給最直接有效的方法。

除了這些條件以外，還有一個具有決定性的個人因素——一個像拿破崙這樣的偉大領袖。拿破崙的軍事才能是從戰爭研究中得來的，而更重要的，是他的思想深受包色特和吉貝爾特兩人的影響。這兩個人是十八世紀中，最出色和最富想像力的軍事思想家和作家。

從包色特的理論中，拿破崙學會了如何故意分散自己的兵力，以來引誘敵人也分散兵力，然後再突然集中自己兵力的原理。此外他也認淸了「有計畫地派遣數個支隊」(plan with several branches）的價值，採取作戰線總是以能威脅兩個以上的目標爲原則。而且，當拿破崙在作他的第一次戰役時，其所選定的計畫，實際上也是以包色特在半世紀以前所擬定者爲基礎。

從吉貝爾特方面，他認清了兵力機動性和流動性的無上價值，並且也認清了，當一個軍分爲幾個師之後，所具有的特殊潛力。吉貝爾特在十多年以前即曾這樣的寫著：「戰爭的藝術就是要在延伸兵力時，能不暴露自己的意圖；在包圍敵軍時，不至於脫節；在運動或向敵人作側翼攻擊時，不暴露自己的側翼。」這些話似乎是爲拿破崙而寫。吉貝爾特主張從後方進攻，以破壞敵人的平衡，這也成爲拿破崙所慣用的手段。拿破崙又慣於集中他的機動性砲兵，以來在敵人戰線的要點上，打開一個缺口，這也是吉貝爾特思想的實踐。更重要的，是在革命前夕，吉貝爾特曾經在法國推動軍事改革，以後拿破崙所用的工具，也就是以此爲模型。最後，吉貝爾特曾預言說，戰爭在將來一定會發生革命，而推行這個革命的人一定是出身於一個革命性的國家之內，由此才使青年的拿破崙在內心裏，點著了幻想和野心的火焰。

拿破崙對於他所接受的觀念，雖然殊少新的補充，但是他卻使它們得到完善的發展；如果沒有他那種具有活力的執行，則這種新機動性者，也只不過是紙上空談而已。因爲他所受的教育與他的天性恰好暗合，同時他的環境又足以發展他的天才，所以他對於這種新「師」制的優點，才能作充分的發揮。由於戰略的範圍具有較廣泛的發展，於是拿破崙才能對戰略做出重要貢獻。

當一七九二年，外國軍隊首次侵入法國時，在法爾梅（Valmy）和吉馬皮斯（Jemappes）曾經遭到了慘敗。由於這個事實，遂使大家未曾注意到，在以後法國的革命勢力也曾遭遇更重大的危機。一直到法王路易十六被處決後，英、荷、奧、普、西、薩（丁尼亞）等國才開始組織第一次大同盟。由於法國人在精神上具有堅定的決心，並傾全力作戰，才扭轉了局勢。雖然侵入軍對於戰爭的執行，缺乏目標和技巧的指導，可是法國的處境還是愈來愈危險；一直到一七九四年，局勢才突然的改變，侵略的狂潮開始倒流。自此之後，法國由被侵略者的地位，轉變成爲侵略者了。其理由安在？當然這算不得是一個戰略上的傑作；雖然其目標是很模糊而有限的，但是其唯一的意義則在於：這個產生決定性的戰略路線，毫無疑問是間接性的。

當兩軍的主力正在里耳(Lille)附近互相搏鬥時，雖然雙方流血頗多，但是卻一點結果也沒有，於是遠在摩塞爾河上的約爾丹(Jourdan)軍，奉命在左岸集中一支打擊力量，然後經過阿登(Ardennes)山地，以攻擊列日和那慕爾爲目的。他們餓著肚皮行軍，一路只靠沿途搜劫來的補給維生，終於達到了那慕爾。從通信和遠處的砲聲，約爾丹得知法軍主力的左翼，在查利瓦的前面接戰不利。所以，他就決心不向那慕爾實行形式上的圍攻，改從西南面向查利瓦前進，鑽到了敵人後方的側翼上。他的到達使這個要塞(查利瓦)投降了。

約爾丹似乎並不具有更廣泛的觀點，他之所以向敵人後方運動的動機，是受了天然心理上的吸引作用，而不像拿破崙和其他名將，是故意這樣的行動，不過結果卻還是一樣的。敵人的總司令柯堡(Coburg)，匆忙的趨向東面，沿途收集部隊。接著就率領這支兵力進攻約爾丹，他正據守在查利瓦的郊外。這個號稱弗勒呂斯(Fleurus)的會戰，是一個猛烈的戰鬥，但是法國在戰略方面卻具有絕對的優勢：敵人不僅在戰略上已經喪失平衡，而且也被引誘著，只率領了部分兵力來企圖進攻。這一部分的兵力被擊敗後，聯軍也跟著總退卻了。

以後輪到法國來充當侵略者時，儘管他們在數量上具有優勢，但是在越過萊茵河的主要戰役中，卻未能獲得任何決定性的結果。事實上，由於一個間接路線的作用，這個戰役到了最後不僅是落空了，而且更慘敗了。一七九六年七月間，查理士大公(Archduke Charles)面對約爾丹和莫勞(Moreau)兩支優勢敵軍的進攻時，他就作了如下的決定：「把自己和華騰斯里本(Wartensleben)的兩支兵力，步步爲營的向後撤退，避免與敵人交戰。然後找機會集中兩支兵力，以先擊破兩支敵軍中的一支。」但是敵軍的壓迫，使他根本沒機會來實行這種「內線」戰略。不久法軍卻轉變了方向，準備作更冒險的打擊，才使他獲得了一個難得的機會。最先提出這個主動思想的，是一位騎兵旅長瑙恩多夫(Nauendorff)，他從搜索中發現法軍已經脫離了查理士大公的正面，而準備用全力先擊毀華騰斯里本。他馬上向查理士報告說：「假使殿下能夠派一萬二千人，向約爾丹的後方進攻，那麼他就完蛋了。」雖然大公的執行，並不如他部下所設想的果敢，結果也還是能使法軍的攻擊崩潰。約爾丹的敗軍毫無秩序的退過了萊茵河，此時莫勞雖已順利的進入巴伐利亞，但也只好隨著退回來了。

不過當法軍的主力在萊茵河上一再挫敗的時候，在另外一個次要的戰場上，卻獲得了一次決定性的勝利。在義大利，拿破崙從一個情況很危險的守勢，轉變成一種具有決定性的間接路線，終於大獲全勝。兩年以前，當他還在這個地區擔任參謀軍官時，內心裏就早已蘊藏著這個計畫，當他回到巴黎後，這個計畫也就逐漸發展成形。這個計畫本身，實際上是以一七四五年的計畫爲藍本，不過再根據那次戰役的實地經驗略加修改而已。這正可以說明拿破崙的一切基本觀念，都是受了過去幾位兵學大師的影響，在他這一生中最緊要的階段上，他曾經努力於軍事學術的研究。不過這個時間卻非常的短促——在他二十四歲時，以一個砲兵上尉的身分，參加土倫的圍攻戰；而到了二十六歲時，卻已經升任「義大利軍團」的總司令了。他在這幾年當中，固然讀了不少書，吸收了很多思想；可是此後，卻很少有餘閒來作沉思和反省的工作。他這個人是具有充沛的活力，而缺乏深刻的思考，所以並不能創造任何條理淸楚的戰爭哲學；而從他所寫作的東西裏，去發掘他實際應用時的理論，就不免有斷簡殘篇之感。後世的軍人因爲遵守他的敎訓，有時就不免會發生誤解，而被引入歧途。

下面一句話是大家所最愛引用的，即足以作爲一個極好的例證，以來說明這種趨勢——「戰爭的原理和圍攻的原理是完全一樣。火力必須集中在一點上，一旦打開了一個裂口之後，平衡就被破壞了，其餘的就完全等於零。」後來的軍事理論就把重點放在這句話的前半段上，而忽略了後半段。尤其是只注重「一點」，而忽略了「平衡」。前者只不過是一個具體性的「隱喻」，而後者卻表現出實際的心理結果，因爲喪失了平衡，所以其餘的才會完全等於零。從拿破崙本人在戰役中所採取的戰略路線，即足以證明他所注重的是什麼。

尤其是這個「點」字(point)，更是引起混亂和誤解的根源。有一派認爲拿破崙的眞意，是主張對於敵人的最強點加以集中的打擊，理由是唯有如此，才保證獲得決定性的結果。因爲敵人的抵抗主力崩潰之後，其餘的殘部當然就會不堪一擊。這種說法完全忽視了成本因素，事實上，勝利者在攻堅的行動中，可能已經把實力消耗殆盡，於是就再無餘力來擴張他的戰果。因此即令敵人的兵力已經減弱，但是抵抗力卻反而比過去增高。另外又有一派過分重視「兵力經濟」的原則，而主張攻擊的對象應針對敵人的最弱點爲對象。不過假使這個點是一個非常明顯的最弱點，那麼它不是距離敵人的神經中樞和大動脈過遠，就一定是敵人故意布下的陷阱，來誘我入局。前者是不值得一攻，而後者則是不可攻。

於是我們只好從拿破崙本人的戰役過程中，去尋找眞正的解釋，看看拿破崙本人是如何的應用自己手訂的格言。從這裏即暗示出他的眞正意思並不是一個「點」，而是一個「結」(joint)。從他在這個階段（義大利）的戰役中，就可以看出他是如何的重視兵力經濟的原則，絕對不肯把手中有限的兵力，用去攻擊敵人的堅強據點。反而言之，一個「結」（接頭的地方）通常總是既重要而又容易被攻入。

同樣的，在這個期間，拿破崙又曾經說過另外一段話，也常常爲後人引用，以來替他們的愚行辯護。他說：「奧國是我們最堅強的敵人……只要奧國被打倒了，則西班牙和義大利就都會不戰而潰。我們絕不能分散我們的攻擊力量，而一定要集中它們。」但是從包括這一段話的整個備忘錄中，卻表示出他的意見正和表面的看法相反，他反對直接向奧地利進攻，而主張把兵力使用在皮德蒙的邊境上，以作爲擊敗奧國的間接路線。照他的理想看來，義大利北部應該算是通往奧國的一個走廊。而在這個次要的戰場上，他的目的——完全是依照包色特所指示的——是準備先擊敗較弱的對手皮德蒙（編註：薩丁尼亞王國），然後再來對付較強的敵人。在執行時，他的路線就變得更間接化，幾乎達到了神化的境界。當他獲得了最初的勝利後，他呈給政府當局的報告中曾說道：「在一個月內，我希望可以達到提羅爾的山地，在那裏和萊茵軍團會師，然後把戰爭帶入巴伐利亞的境內。」可是等到和現實接觸之後，才打碎了他的美夢。不過話又說回來，因爲他這個原有的計畫未能兌現，反而使他獲得了一個眞正成功的好機會。奧國的大軍被他吸引了出來，一再的在義大利境內向他進攻，並且也一再的受到挫敗，結果使他在十二個月之後，可以一路長驅直入奧國。

當一七九六年三月間，拿破崙出任義大利軍團司令時，他的部隊正沿著熱內亞沿海地區展開，而奧國和薩丁尼亞的聯軍則扼守住通往平原地帶的山地隘路。拿破崙的計畫是分兵兩路越過山地，向謝瓦（Ceva）要塞作向心的進攻，在奪獲了這個進入皮德蒙平原的大門後，就準備向杜林進攻，以來威脅薩丁尼亞的政府和他訂定單獨的和約。他希望奧軍還繼續在休息過冬之中。當然他們可能會嘗試與他們的同盟軍會合，不過拿破崙心裏卻認爲，只要向亞奎(Acgui)作一個佯攻，即足以把奧軍吸引到東北方向去。

事實上，拿破崙固然獲得了把兩支敵軍隔開的初步優勢，但是這個機會的到手卻完全是偶然的，而並非依照原有的計畫。因爲奧軍突然向法軍發動攻勢，才創造出這個機會——他們威脅拿破崙的右翼，以阻止法軍進攻熱內亞。拿破崙爲了對抗這種威脅，就向奧軍前進的「接頭」處，進行突襲，然後再在附近的點上作了兩次以上的突擊，結果遂迫使奧軍向亞奎撤退。

此時，法軍的主力正向謝瓦前進。四月十六日，拿破崙想用直接突擊的方式，來佔領這個要塞，但是這個魯莽的企圖卻還是失敗了。於是他改變計畫，準備在十八日作迂迴的行動，並且也變更了他的交通線，使它的位置更遠，更沒有受到奧軍擾亂的可能性。可是在這個新的攻勢尙未展開之前，薩丁尼亞卻自動撤出了這個要塞。在追擊的時候，拿破崙又受到了一次損失嚴重的挫敗，因爲他向敵人已經站穩了腳步的陣地，再度作直接的突擊。但是當他採取次一個行動時，他們的兩翼就開始向後捲，並且匆匆的退入平原中。

從薩丁尼亞政府的眼中看來，因爲奧軍必須採取迂迴的路線，所以他們應援的諾言遲遲未能兌現，而法軍的進迫杜林，就更顯得威脅嚴重。這樣一來，「平衡就破壞了」，有了這個心理上的作用後，遂不再需要任何物質上的失敗，也足以強迫薩丁尾亞要求休戰。從此他們就退出了戰爭。

在任何指揮官的第一次戰役中，再沒有比這次戰役更足以說明時間因素的重要性。假使薩丁尼亞能再多守幾天，則拿破崙爲了補給上的困難，可能就要退回沿海地區。不管他當時是否承認這個事實，可是從他下述的感想中，即可證明他對時間的重要性，具有極深刻的認識——「在將來，我可能會喪失一個會戰，但是我絕不會喪失一分鐘的時間。」

他現在比單獨的奧軍在數量上已經佔了優勢(三萬五千比二萬五千)，但是他還是十分的謹愼，並沒有直接向奧軍前進。在與薩丁尼亞休戰協定簽字後的第二天，拿破崙就以米蘭爲目標；但是他所採取的路線卻是間接的，由托土納(Tortona)經帕辰察(Piacenza)，而達到了米蘭的後方。他首先設法欺騙奧軍，使他們在瓦侖扎(Valenza)集中兵力，以阻止他向東北方前進。可是拿破崙卻向東進發，沿著波河(Po)的南岸走，一直達到帕辰察。這樣他就繞過了奧軍的一切可能抵抗線。

爲了獲得這種利益起見，他毫不猶豫的侵犯了帕爾馬大公國(the Duchy of Parma)的中立，帕辰察即在該國境內，並且估計在那裏可以找到船隻和渡口，以抵補他缺乏適當架橋縱列的缺點。但是這次侵犯中立權的舉動，卻也有一個意想不到的副作用。當拿破崙向北面旋轉，以攻擊奧軍的後方側翼時，奧軍也就通過了威尼西亞(Venetia)的領土，不失時機的退走了——他們學著拿破崙的成例，不尊重戰爭的道德規律，而逃出了危亡。在他想要用阿達河(Adda)以阻止敵人退卻之前，奧軍即已溜到他所達不到的地方，利用曼圖亞和著名的四邊形要塞，作爲掩護。

面對這個頑強的現實，拿破崙想在一個月之內侵入奧地利的夢想，已經變成了一個遙遠的幢影。因爲距離隔得愈遠，法國政府就愈感到焦急，他們害怕資源會匱竭，會遭到意外的危險，所以就命令他一直向來亨(Leghorn)前進，並且沿途「撤出」那四個中立國——照當時文字的解釋，那就是搶劫他們的一切資源。因爲這個原因，義大利遭受了空前的浩劫，其搜括之徹底，使它以後永遠不曾恢復以往的繁榮程度。

不過從軍事的立場上來看，這個對拿破崙行動自由的限制，卻反而使他「因禍得福」。因爲這迫使他遲遲不能去追求他個人的夢想，在敵人抵抗之下，使他反而可以調整他的目的，以配合他的手段。一直等到雙方力量平衡的關係變得對他有利時，那個原有的目的才會有實際的意義。費里羅(Ferrero)是偉大的義大利史學家，他曾經作過下述的判斷：

差不多一個世紀以來，大家都把義大利的第一次戰役，描寫成一個攻勢行動的凱歌。根據這種說法，因爲拿破崙是連續不斷的採取攻勢，其果敢的程度正和他的好運是一樣的偉大，所以才輕鬆的征服了義大利。但是假使對戰史作進一步的客觀研究後，我們就可以馬上認清雙方都曾採取攻勢，或者可以說他們是輪流進攻，而在多數的情形之下，都是攻方失敗。

與其說是由於拿破崙的設計，毋寧說它是爲環境所逼的，曼圖亞恰好變成一個香餌，以來連續的吸引奧國的援軍，遠離他們的基地，自動的鑽入拿破崙所設的陷阱。不過有一點卻是值得重視的，拿破崙並不遵照當時的傳統慣例，找一個有掩護的位置，掘壕固守；他使他的軍隊保持著機動性，分別作寬鬆的部署，以便可以向任何方向集中。

當奧軍第一次作救援企圖時，由於拿破崙捨不得放棄對於曼圖亞的圍攻，結果使他幾乎遭受失敗。以後當他解除了這個拘束之後，他才終於使用他的機動性，在卡斯提格隆(Castiglione)擊敗了奧軍。

拿破崙現在奉法國政府的命令，經過提羅爾前進，以和法軍的主力——萊茵軍團——協同作戰。他這個直接的前進，使奧軍坐收其利，他們大部分的兵力都向東撤走了，經過了法爾蘇加那(Val Sugana)，向下進入了威尼西亞平原，然後再向西救援曼圖亞。但是拿破崙既不繼續北進，又不退回來保衞曼圖亞，他的辦法是經過山地，向敵軍的尾巴窮追，這樣他就把敵人的間接路線變成了自己的同樣路線——而且其目的要比敵人更具決定性。在巴沙諾(Bassano)，他抓到了敵軍的後半段，把他們打成了粉碎。而當他進入曼圖亞平原去追擊敵人的前半段時，他並不把敵人從曼圖亞附近向外面趕，反過來他卻切斷了敵人通到的港(Trieste)和奧地利的退路。於是敵軍無路可逃，就只好鑽入曼圖亞，使他的保險箱中又增加了一筆新投資。

因爲有這許多的軍事資本被封鎖在曼圖亞要塞中，逼得奧軍勢必再作一次新的冒險不可。這一次——但並非最後一次——拿破崙在戰術上的直接性，卻使他在戰略上的間接性功敗垂成。當阿爾芬茲(Alvintzi)和達維多維區(Davidovich)的兩支兵力，向心的迫近威羅那(Verona)的時候——該地是拿破崙用以監視曼圖亞的樞紐——他就首先趕去迎擊前者，那是較強的一支兵力，結果在卡地羅(Caldiero)卻遭受了重大的挫敗。拿破崙失敗後，卻不立即退回，他反而選擇了一條極果敢的路線，繞著阿爾芬茲軍的南面，作了一個大迂迴，再向敵人的後方進攻。這時拿破崙也感到沒有把握，從他寫給法國政府的報告上，就可以想見其心情的沉重。他提出警告說：「由於我軍的微弱與疲憊，使我害怕會發生最惡劣的事情。也許我們就要把義大利丟光了。」沼澤和河川更使他在行動上感到非常的困難，可是這一個行動卻還是粉碎了敵人準備在威羅那實行合圍的計畫。當阿爾芬茲轉過身來迎擊他的時候，達維多維區卻留在原地不動。即令如此，拿破崙想勝過阿爾芬茲的數量優勢，還是十分的困難。當會戰在阿爾柯拉(Arcola)尚未獲得最後決定之前，拿破崙在情急之下，使用了一條戰術上的詭計——這是他素來很少用的手段——派了幾名號兵到奧軍的後方，大吹衝鋒號。不出幾分鐘之內，奧軍就和流水一樣的敗退了。

兩個月之後，一七九七年一月間，奧軍又作了第四次努力來救援曼圖亞，這也是最後的一次，他們在利弗里爲拿破崙所擊碎，在該地，拿破崙的寬鬆分組辦法可說是獲得了最完美的運用。它好像是一面張開的網，每個角上吊著一些石塊，當敵人的縱隊投進這個網羅中間時，網馬上就向這個承受壓力之點縮緊，同時每個角上的石塊就一齊向侵入者飛來，直到把它擊碎爲止。

這種自衛的形式，一經敵人衝突之後，馬上就會變成一個集中攻勢的形式，這也是拿破崙對於新軍制的最大貢獻——在過去一個軍團(或軍)是的整體，使用時只能夠暫時派出若干支隊，現在一個軍團，卻已永久劃分成若干獨立活動的單位。拿破崙在義大利戰役中所使用的分組辦法，在他以後的戰爭中，就變成了更高度發展的「營方陣」(bataillon carre)，而軍(army corps)也就代替了師。

雖然在利弗里，這個彈性的防禦網已經擊碎了運動中敵軍的側翼，不過更應該注意的，卻是拿破崙又大膽的派了一個兵力約二千人的團，用船舶渡過加爾達湖，到達奧軍全軍的退卻線上。由於退路受到威脅，所以奧軍的抵抗主力才開始崩潰。曼圖亞的奧國守軍也只好投降，奧國人爲了想守住他們國家的第一道門戶，就已經把兵力都消耗殆盡，現在看到拿破崙迅速的向毫無防禦力量的內門進犯時，卻感到無可奈何。這個威脅逼得奧國只好求和，此時法軍的主力卻仍然徘徊在萊茵河上，未能越雷池一步。

一七九八年的秋天，俄、奧、英、土、葡、那(不勒斯)和教皇國等國家又重組第二次同盟，以來解除此次和約的束縛。拿破崙此時已經到埃及去了，當他趕回來時，法國的國運已經降到了最低點。野戰軍已經疲憊不堪，國庫一空如洗，而徵兵也無法足額。

拿破崙回國之後，首先推翻原有的督政政府(Directory)，而上尊號爲第一執政(First Consul)，接著就命令在第戎(Dijon)成立一個預備軍團，把所有能搜括到手的地方部隊都編了進去。但是他卻並不用它去增援主要的戰場，和在萊茵河上的主力部隊。相反的，他卻計畫實行一個間接的路線，這也是他所有計畫中最富冒險精神的一個——繞著一個巨大的弧線走，一直深入到義大利境內奧軍的後方。此時在義大利境內的奧軍，已經把法國兵力微弱的「義大利軍團」，差不多趕到了法國的邊境上，並且把它釘死在義大利的西北角上。拿破崙原有的計畫是想先進入瑞士，經過琉森(Lucerne)或蘇黎士(Zurich)，然後從聖哥塔德(St. Gothard)隘道以東的地區，降入義大利，甚至於還要遠到提羅爾地區，但是後來因爲聽到「義大利軍團」已經受到極嚴重的壓迫，爲了趕緊應援起見，就改採較短的路線，經過聖貝納德(St. Bernard)隘道前進。當他在一八〇〇年五月的最後一個星期，從依弗雷亞(Ivrea)的阿爾卑斯山中躍出時，他仍然位置在奧軍的右前方。當時法將馬塞納(Masséna)正在熱內亞被圍，可是拿破崙並不立即向東南挺進，拯救他脫險，反而派遣他的前衛向正南面的齊拉斯柯(Cherasco)進發，這樣就分散了敵人的注意力，於是他才親領主力直趨東面的米蘭。

用拿破崙所慣用的成語來說，奧軍的「天然位置」(natural position)是面對著亞歷山德(Alessandria)的西方，拿破崙並不直接向他們進攻，他卻獲得了一個橫跨奧軍後方的「天然位置」。這構成了一個戰略性的阻塞物，這也正是他在敵人後方作最險惡運動的原始目標。因爲這樣的位置，能夠具有天然的障礙力，使他獲得一個穩定的樞紐，以來絞殺敵人。當敵人在退路和補給線被切斷之後，其本能的趨勢一定是匆忙的回頭，常常是潰不成軍的向他衝來，因此極容易加以收拾。這種戰略性阻塞物的觀念，要算是拿破崙對於間接路線戰略的最大貢獻。

在米蘭他已經切斷了奧軍兩條退路中的一條，現在他就沿著波河南岸進展，達到了斯塔德拉(Stradella)隘路，於是另外一條退路也被封鎖了。不過到了這個時候，他的觀念卻已經超出了他的工具範圍之外——因爲他手裏只有三萬四千人，雖然拿破崙曾經命令萊茵軍團分兵一萬五千人，立即開到聖哥塔德隘道，由於莫勞的猶豫不決，這支兵力遂遲遲未到。於是他對於自己的兵力單薄，不免感到焦急。正在這個時候，熱內亞投降了，又使他喪失了「固定」敵人的工具。

由於拿破崙算不準奧軍會採取那一條路線，而尤其是害怕他們會退向熱內亞，在那裏他們可以取得英國海軍的支援和補給，所以拿破崙遂只好放棄所已經獲得的戰略優勢。因爲他對敵人主動精神的估計，超過了敵人眞正具有的程度，所以他放棄了他在斯塔德拉的「天然位置」，而向西推進以來偵察敵人的行動。另外派遣狄舍(Desaix)率領了一師人，去切斷從亞歷山德到熱內亞之間的道路。這時他突然爲敵人所乘，他手裏只帶著一部分的兵力，而奧軍於六月十四日，卻突然離開亞歷山德前進，在馬倫哥(Marengo)平原上和他發生了遭遇戰。這一次的戰鬥拖了很久都未能解決，甚至於當狄舍的支隊趕回來之後，也僅僅只是把奧軍逐回而已。但是拿破崙的戰略位置卻還是使他獲得了一個工具，以使奧軍的指揮官在精神上受到打擊，於是簽署了一個協定，奧軍自願撤出倫巴底，並且退到明西奧河(Mincio)後面去。

在明西奧河的彼岸上，戰爭雖然還是漫無目的繼續著，但是馬倫哥這一戰對於敵人精神上的壓力，卻終於在六個月之後，使第二次同盟的戰爭宣告結束。

法國大革命這一場戲的布幕已經放了下來，經過了幾年的勉強和平之後，一幕新的好戲又登場了

——那就是拿破崙戰爭。一八〇五年，拿破崙手裏的二十萬大軍，正集結在布倫(Boulogne)，準備渡海攻英，突然奉命用強行軍趕回萊茵河上。到現在這仍然還是一個疑案，到底拿破崙是眞的準備進攻英國麼？抑或這個威脅只是他準備向奧國採取間接路線的第一個步驟呢？可能他是採取包色特的原則，一個計畫是具有兩個分枝。當他決定採取向東發展的路線時，他估計奧軍一定會和過去的慣例一樣，派一支軍隊進入巴伐利亞，以來阻塞黑森林(Black Forest)的出口。以此估計爲基礎，他的計畫就是遠遠繞過敵人的北翼，跨過多瑙河，而達到萊希河(Lech)上——這樣他就可以獲得一個切斷敵人退路的戰略位置。實際上，這只是把斯塔德拉的行動加以放大而已——拿破崙本人也曾向他的部下說明這一點。此外，因爲他這一次擁有兵力上的優勢，所以一旦「阻塞」建立了之後，他又可以把它變成一道活動的障礙物。在把奧軍的退路完全切斷之後，遂迫使他們在烏爾門不流血的投降了。

把這個較弱的敵人掃除了之後，拿破崙現在就要去對付由庫圖索夫(Kutosov)所率領的俄軍——他們穿過了奧地利，沿路收集了若干小型的奧軍支隊，剛剛達到了茵河(Inn)之上。另外還有一個比較小型的威脅，那就是其他從義大利和提羅爾等地撤回的奧軍。這是第一次，但卻非最後一次，由於兵力過大，反而使拿破崙感到很不方便。因爲擁有這樣大的兵力，在多瑙河和西南方山地間的空間就顯得太狹窄，使他很難對敵人採取局部性的間接路線，同時時間也不夠作烏爾門式的大迂迴行動。可是當俄軍停留在茵河之上時，他們正佔據著一個「天然位置」，不僅是對於奧國的領土構成了一個防盾，而且在這個防盾的掩護下，其他的奧軍可以從南部調來，經過卡林西亞(Carinthia)，和俄軍會合，而對拿破崙構成一道堅強的抵抗牆壁。

面對著這個問題，拿破崙遂使用了一套最高明的間接路線，並隨時變換它們的方向。第一個目標是盡量把俄國人向東面推送，距離越遠越好，這樣才可以把他們和從義大利回國的奧軍，隔成兩段。所以，當他自己向東面對著庫圖索夫和維也納前進時，另一方面又派遣莫提耶(Mortier)軍沿多瑙河的北岸前進。這個威脅庫圖索夫和俄國本土間交通線的行動，足以誘致他向東北方作斜行的撤退，以多瑙河上的克雷姆斯(Krems)爲目標。於是拿破崙又另派繆拉(Murat)越過庫圖索夫的新正面，而以維也納爲其目標。從維也納，繆拉又奉命向北進攻荷拉布侖(Hollabrunn)。那就是說，在先威脅了俄軍右翼之後，拿破崙現在又開始威脅他們的左翼。

因爲繆拉誤與敵人訂了一個臨時的休戰協定，這個行動才未能切斷俄軍，但至少也已經把他們匆忙的向東北方撤退，直到阿爾穆茲，這已經很接近他們自己的國界了。雖然現在他們和奧國的援軍已經隔得很遠，可是他們卻已經很靠近自己的援軍，實際上，俄軍在阿爾穆茲還接受了一大批的增援。若是再壓迫他們往後退，那無異是使他們的力量團結在一起。此外，時機也已經迫不及待，普魯士的參戰也已指日可待。

於是拿破崙採取心理上的間接路線，有意顯出他自己的弱點，以來引誘俄軍採取攻勢。面對著八萬的敵軍，他在布留恩(Brünn)只集中了五萬人的兵力，而從那裏又分派一支孤立的支隊，向阿爾穆茲挑戰。一方面擺出這個「示弱」的姿態，另一方面再向俄奧兩國的皇帝，放出了「和平的鴿子」。當敵人吞下了這個香餌之後，拿破崙卻從他們的面前後撤至奧斯特里茲(Austerlitz)，該地的天然形勢非常適合當他的陷阱。在這次會戰中，他用了一個稀有的戰術性間接路線，以抵銷他在戰場上的數量劣勢(這也是很少見的情形)。他引誘敵人向左伸展，以攻擊他的退卻線(編按：是僞裝的)，然後他用在中央所集中的兵力，向敵方那個脆弱的「接合」處，加以猛擊。這一次他所獲得的勝利，是如此的具有決定性，在二十四小時之內，奧國的皇帝即提出了和平的要求。

幾個月以後，當拿破崙再回過身來對付普魯士時，他所佔的數量優勢差不多是二對一，他的軍隊不僅量多而且質精，至於對方的普軍，訓練既差，觀念又都已經陳腐過時，這種絕對的優勢，對於拿破崙戰略上所具有的效力是非常顯著的，而對於他以後各次戰役的進行，也都具有很大的影響。在一八〇六年，他最初還是尋找奇襲的機會，而且也眞的找到了這種機會。爲了達到這個目的，他首先把軍隊分段駐紮在多瑙河附近，於是在紹令吉森林(Thüringian forest)的天然掩護下，突然集中起來向北進攻。接著，他的部隊從森林掩蔽的山地裏，突然躍入下面的開闊地區中，於是直接衝向敵國的心臟部分。這樣拿破崙自然就達到了普軍的後方，實在是得來全不費工夫，接他就席捲過來，在耶納(Jena)將他們擊碎。這一次，他似乎只是完全依賴著他的重量，雖然他在形勢上的優勢也很重要，但那只是偶然的。

接著在波蘭和東普魯士等地的對俄戰役中，拿破崙似乎就只關心一個目的，即如何把敵人引入戰場——他已經具有堅強的信心，認爲不管怎樣，他的戰爭機器都一定可以勝過敵人。他雖然仍使用向敵人後方迂迴的行動，但是其目的卻只是把敵人握得更緊，以便將他們引入他的陷阱。而不是用來當作一種打擊敵人士氣的工具，以便更易將敵人嚼爛。

從這裏所看出來的間接路線，似乎只具有物質上的作用，而不具有精神上的價值，並不能使敵人在心理方面喪失平衡。

所以在普爾屠斯克(Pultusk)的行動中，他的目的是要引誘俄軍向西進攻，以便當他從波蘭向北前進時，可以切斷他們通往俄國的退路。俄軍卻溜出了他的陷阱。一八〇七年一月間，俄國人又自動的向西進攻，拿破崙馬上抓到了這個機會，企圖切斷他們與普魯士間的交通線。可是他的命令不幸落入了哥薩克騎兵的手裏，於是俄軍立即後退，才倖免於難。接著，拿破崙又直接追上了他們，發現他們在艾勞(Eylau)佔領著堅強的陣地，準備接受會戰，他就向敵人後方進行一個純粹戰術性的行動。在中途又遭到了大風雪的阻撓，所以結果俄軍雖然失敗，但卻並未崩潰。

四個月之後，雙方都已恢復了元氣，俄軍突然南下向海爾斯堡(Heilsburg)進攻，拿破崙立即調動兵力向東進發，以切斷他們與中間基地哥尼斯堡(Konigsberg)之間的交通線。但是這一次，他卻未免太重視「會戰」的觀念，當他側衛方面的騎兵報告說發現俄軍在弗里德蘭(Friedland)佔領了堅強的陣地時，他馬上就掉轉兵力直撲這個目標。這次他獲得戰術性勝利的主要原因，既非奇襲又非機動，而是拿破崙的一個新型砲兵戰術，把大量的火砲集中在一個選定點上。以後這逐漸成為他戰術機器中的主要機件。雖然在弗里德蘭和以後的其他戰鬥中，這種方法都可以保證勝利，但是它對於生命的節約，卻只有少許的貢獻。

一八〇七年到一四年的情形，恰好與一九一四年到一八年的情形非常相似，都是任意的浪費人力。而更奇怪的，是兩次都與使用強烈砲擊的方法有關。這個解釋也許是因過度的使用，就培養成浪費的習慣了，這正是「兵力經濟」原理的心理反應。要想節約兵力，必須以機動和奇襲為工具。從拿破崙的政策中，即可以獲得明確的認識。

拿破崙利用他在弗里德蘭戰勝的餘威，以增強他個人的威望，藉此來引誘俄皇退出第四次同盟。但是因為他以後過度追求這個目標，結果遂使其帝國也為之而傾覆。他對於普魯士所訂的嚴厲和約，也適足以使這個和約無法持久。他對於英國的政策，也正足以使他本身陷於危亡的境界；而他的侵略行動又使西班牙和葡萄牙變成了新的敵人。這些都要算是大戰略方面的基本錯誤。

英將摩爾(Sir John Moore)對於布哥斯(Burgos)和法軍在西班牙的交通線，施以頻繁的突擊，才使拿破崙對於西班牙的作戰計畫，受到了擾亂；才使西班牙起義的人民，有充分的時間和空間，來集結他們的力量；這樣才使伊比利半島變成拿破崙身上一個化膿發炎的創口。所應該注意的，這又是一種間接的路線。尤其重要的，是當拿破崙正在一帆風順時，這個行動卻使他首次受到了阻力，這個精神上的影響實具有決定性的意義。

拿破崙卻沒有機會來補救這個局勢，因爲當時普魯士已經有叛變的可能，而奧國又可能會捲土重來，所以他只好立刻趕回。結果奧國人果然又來了，在一八〇九年的戰役中，拿破崙在蘭德夏(Landshut)和維也納，又再度作向敵後迂迴的企圖。但是當這些行動在途中遇到了阻礙後，拿破崙就感到不耐煩，而決定採取直接路線，用會戰的手段來孤注一擲。於是在阿斯本—艾斯林(Aspern-Essling)遭到了他有生以來的第一次大失敗。雖然六個星期之後，他在同一點上又有了華格南(Wagram)的勝利，但是所付出的代價卻很高，而所獲得的和平也當然不穩定。

半島戰爭

現在拿破崙有了兩年的休息時間，他利用這個時間來割治「西班牙的潰瘍」。摩爾的努力使拿破崙未能在初期即撲滅那個星星之火。在以後幾年中，威靈頓(Wellington)更繼續的擴大創口，使毒素蔓延。法軍固然曾累次擊敗西班牙的正規軍，但是這種失敗的程度愈慘重，則結果反而對失敗者更有

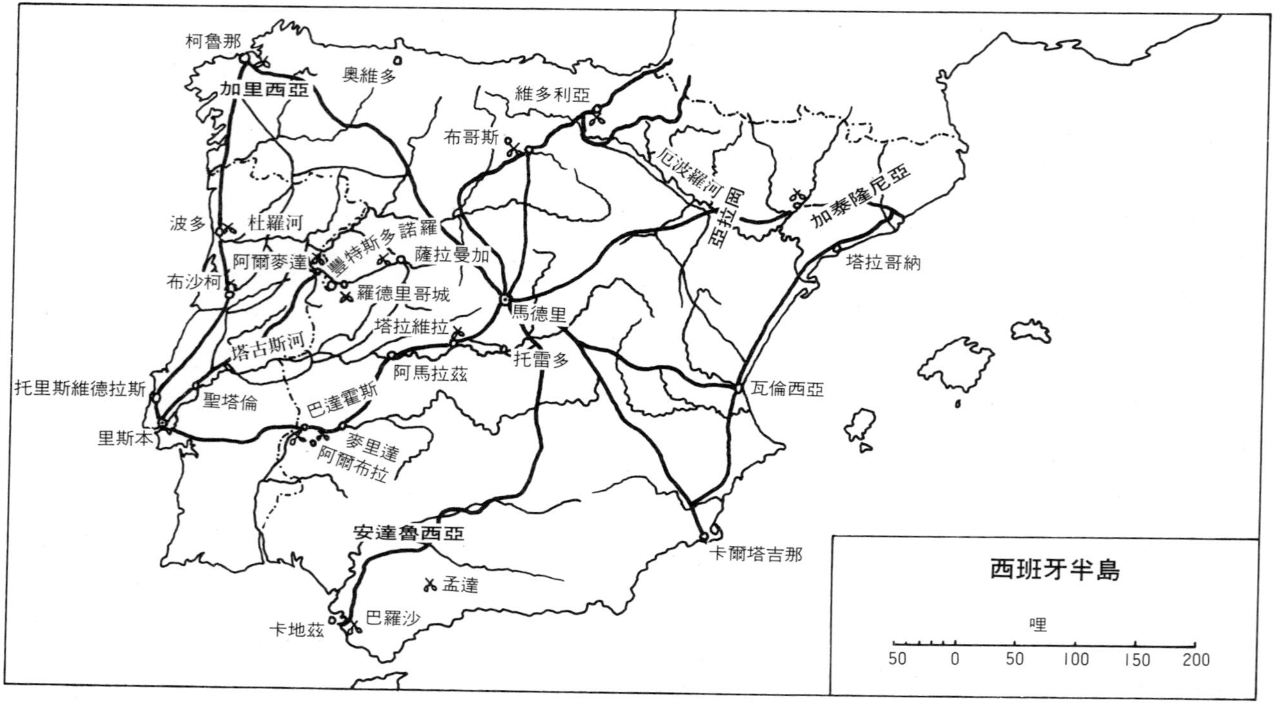
西班牙半島
柯魯那
加里西亞
奧維多
維多利亞
布哥斯
厄波羅河
亞拉岡
加泰隆尼亞
塔拉哥納
波多
杜羅河
阿爾麥達
豐特斯多諾羅
薩拉曼加
布沙柯
羅德里哥城
馬德里
塔拉維拉
塔古斯河
阿馬拉茲
托雷多
托里斯維德拉斯
聖塔倫
巴達霍斯
瓦倫西亞
里斯本
麥里達
阿爾布拉
安達魯西亞
卡爾塔吉那
孟達
巴羅沙
卡地茲
哩
50
0
50
100
150
200

利。因爲唯有經過這種敎訓之後，西班牙人才會傾全力來實行游擊戰。一個組織完整的游擊網，代替那些容易被擊毀的軍事目標。指揮作戰的都是經驗豐富，非正統出身的游擊隊領袖，代替了那些出身高貴的西班牙將軍們。

對於西班牙而言，是間接的，對於英國而言，最大的不幸就是組成新正規軍的企圖，往往可以暫時獲得成功，所幸的是他們不久即被擊敗。這樣法軍卻是幫了他們的忙，促使毒素向各處蔓延，而不向一處集中。

在這種奇怪的戰爭中，英國最大的作用就是增強這種擾亂的程度，和擴大它們的來源。這眞是一個稀有的成就，用這樣少的軍事力量，而使對方受到了這樣大的牽制。在這些戰爭中，英國一方面與他們的大陸同盟軍比肩作戰；另一方面也遠涉重洋，向海外的敵人殖民地發動遠征。這些行爲所產生的結果可以說是微乎其微，甚至只有不愉快的結果，若與西班牙戰爭所產生的效力相比，那才眞是不可同日而語。那些海外殖民地因爲距離太遠，所以無論在地理上和心理上，都不足以使對方受到影響。不過從國策和國富的立場上來看，這一類的遠征卻有其價值，它使大英帝國又增加了很多的領土。

因爲一般的史學家大多重視有形的會戰，這種傳統趨勢，使英國人在西班牙的大戰略間接路線，很難顯示出它的眞正價值。假使以威靈頓的會戰和圍攻來當作基礎，爲半島戰爭編撰一部編年史，其結果將會毫無意義。英國史學家弗特斯糾(Sir John Fortescue)對於這種趨勢和誤解，曾經作過很多的矯正。雖然他的研究對象主要是以「英國陸軍史」爲限，可是當他的研究愈深入後，他就愈重視西班牙游擊隊對這次戰爭的貢獻。

雖然英國的遠征軍對於這個戰爭是一個重要的基礎，但是威靈頓的會戰在整個戰爭中，卻是最不重要的一部分。一直到法軍被逐出西班牙之日爲止，在五年的戰役中，威靈頓使法軍所受的損失——包括擊斃、殺傷和被俘都在內——只有四萬五千人左右。而在這個階段之內，據馬爾波特(Marbot)的估計，平均每一天法軍都要死亡一百人。由此可以看出使法國的兵力逐漸消耗殆盡，使他們的士氣低沉到底的因素，都是由於游擊隊的作戰。威靈頓本人用這樣的戰略，把西班牙變成了一個人造沙漠，使法國人無法再停留，否則只好全部餓死。

另外一個特別值得注意的現象，是在這樣長的一連串戰役中，威靈頓所作的會戰次數，卻少得可憐。傳記家通常都認爲實際的「常識」，就是他的個性和觀點的基礎，這是否足以解釋此種現象呢？最近有一個傳記家曾經對威靈頓作下列的評語：「直接和狹窄的現實主義，即爲威靈頓個性的要點。對於他的限度和失敗，這個因素都應該負責，但是若就其大者而言之，則這卻又相當於是天才了。」威靈頓在半島上的戰略，即足以證明這種分析的不謬。

這一次的遠征雖然產生了這樣偉大的後果，可是在最初時，它只是英軍主力挽救葡萄牙的嘗試，並不曾想到更高深的大戰略運用，以來使「西班牙的潰瘍」一發不可收拾。威靈頓曾經發表他的見解如下：假使葡萄牙的軍隊和民團，能夠受到兩萬英軍的增援，那麼法國人就需要用十萬人的兵力，才能征服葡萄牙。可是當西班牙還在繼續抵抗時，法國絕不可能抽出這樣龐大的兵力。用另外一種說法來表示，那就是兩萬英軍即足以牽制十萬法軍，至少可以使他們無法投入奧國方面的主戰場中。

若想直接幫助奧國，這一點遠征軍才眞是無濟於事。即專以保護葡萄牙而論，也都不能使他們的人民感到滿足。但是它卻使拿破崙受到了很大的損失，也使英國人坐收其利，從這一點看，其效果之大簡直可說無法計量。

威靈頓率領了二萬六千人，於一八〇九年四月間到達了里斯本（Lisbon）。一部分是由於西班牙各地都已經燃起了反抗的怒火，一部分是由於摩爾向布哥斯突擊之後，又退回了柯魯那（Corunna），結果遂使法軍散布在半島上，彼此間隔得很遠。賴伊（Ney）在西北角落上，正圍攻加里西亞（Galicia）不下。在他的南面——即葡萄牙北部——索爾特（Soult）位置在波多（Oporto），他的軍隊卻已分成許多支隊。維克多（Victor）位置在麥里達（Merida）周圍，面對著通到葡萄牙的南面路線。

威靈頓佔有三種不同的優勢：他是居於中央的位置，他的出現是出其不意，同時敵人的兵力卻早已分散。於是他首先向北運動以來攻擊索爾特。照他原定的計畫，他本想切斷索爾特最南面的一個支隊，可是他卻未能達到目的。不過在索爾特尚未來得及集中兵力前，威靈頓已經使索爾特遭到奇襲，他從杜羅河（Douro）的上游渡河，擾亂了索爾特的部署，再接著驅逐索爾特離開他的天然退卻線，而使他喪失了平衡。也正和一六七五年的屠雲尼一樣，威靈頓接著就掃蕩敵人的殘部，使他們無法再會合。最後的結果，是索爾特被迫經過不毛的山地，向北退往加里西亞，他的部隊在行軍中所受的損失，其程度遠超過正式的戰鬥。

可是威靈頓的第二次作戰卻不如第一次那樣順利，同時在用目的去配合手段的工夫上，也不那樣的顯明。在索爾特「失蹤」之後，原本消極留在麥里達的維克多，也奉命撤回到塔拉維拉（Talavera），在那裏他可以掩護通到馬德里（Madrid）的直接路線。一個月以後，威靈頓決定採取這條路線，向馬德里進攻，一直攻入西班牙的心臟——同時也等於鑽進了獅子口。因為他恰好構成一個目標，使所有的法軍都可以從最容易的路線上，集中兵力向他攻擊。而且當他們都集結在一個中心樞紐上時，彼此之間也有機會織成交通網——當軍隊分散在各地時，他們最大的弱點就是交通上的隔絕。

威靈頓只率領二萬三千人前進，支援他的有同等數量的西班牙軍，其主將爲軟弱的庫斯塔(Cuesta)，此時維克多已經向後撤退，使他和在馬德里附近的兩支法軍很接近，足以受到他們的支援。法軍所集中的兵力差不多已經超過十萬人，誠如弗特斯糾所說，這只是偶然的結果，而並非事先有完整的計畫。賴伊、索爾特，和莫提耶的兵力都正分別從北面向馬德里退卻。由於庫斯塔的優柔寡斷，和他自己的補給接不上來，所以一直等到維克多受到從馬德里方面的增援之後，威靈頓才開始與他交戰。此時維克多和拿破崙的長兄約瑟夫(Joseph)會合在一起，可是威靈頓卻並未敗退，而在塔拉維拉僥倖贏得了一次防禦戰，假使不是庫斯塔反對，那麼他就要再向前進。這對於威靈頓卻是一個難得的好運，因爲索爾特正好達到了他的後方。原有的退路既已被切斷，威靈頓就溜到塔古斯河(Tagus)以南，逃出了險境。但是仍然經過了一個成本極高的退卻，他才再度獲得了葡萄牙邊境的掩護，這時他的部隊已經疲憊不堪，士氣低落。因爲缺糧的緣故，才阻止了法軍的追擊。這樣遂結束了一八○九年的戰役，同時也教會了威靈頓，讓他認清了西班牙正規軍的毫無用處——根據莫爾的經驗，早就已經可以獲得這個教訓。爲了報酬他的功勞起見，威靈頓被封爲子爵，事實上他在第二年的成就才足以配得上這樣的獎賞。

因爲在一八一○年，奧國已經被迫求和，因此拿破崙可以自由的把注意力集中在西班牙和葡萄牙方面，一直到一八一一年爲止。這兩年也就是半島戰爭最緊急的階段。法軍在這兩年當中未能達到他們的目的，其在歷史上的重要性，要比他們以後的失敗，或者是威靈頓在一八一二和一三兩年間的勝利，尤有過之。英國人此次成功的基礎有兩點：㈠是威靈頓對於軍事經濟因素有很精密的計算，知道法軍的生存工具非常有限；㈡是他建造了托里斯維德拉斯(Torres Vedras)防線。他的戰略完全是一種間接路線，其目標是軍事經濟性的，而且也是客觀性的。

在主要戰役尙未開始之前，和平常一樣，他也受著西班牙正規軍的協助。他們發動了一個冬季戰役，可是卻爲法軍徹底擊潰。此後法軍就更無目標，遂使得他們更廣泛的分布在西班牙境內，並且侵入了在南部的富饒地區，安達魯西亞(Andalusia)。

現在拿破崙就開始從遠距離之外，作遙遙的控制，到了一八一〇年二月間，他在西班牙大約已集中了三十萬人，還有更多的部隊在運動之中。在這個總數當中，有六萬五千人是指定由馬塞納指揮，專門擔負驅逐英國離開葡萄牙的任務。這個兵力固然很夠龐大，但是比起法軍的總兵力，卻只佔了一小部分，由此即可看出來西班牙境內游擊戰的嚴重性。威靈頓的兵力，若把接受英國訓練的葡軍都加進去，才勉強達到五萬人。

馬塞納的侵入從北面而來，要經過羅德里哥城(Ciudad Rodrigo)，所以使威靈頓具有極長久的時間和充分的空間，來運用他的戰略。他首先實行堅壁淸野的辦法，逐漸增加馬塞納在前進時的困難，然後在布沙柯(Busaco)建立了一個中途的立足點，好像是一道「腳刹車」一樣，而馬塞納更是愚蠢不堪，用他的軍隊作毫無必要的直接攻擊。於是威靈頓逐漸退到已經完成的托里斯維德拉斯防線，這條防線通過塔古斯河和海岸之間所夾成的山地半島，成爲里斯本的屏障。到了十月十四日，馬塞納已經打了四個月的仗，但是距離他的起點還只有兩百哩。這時他才看到了這一道防線，一見之下就使他大吃一驚。他無法透過這個防線，在那裏徘徊了一個月之久，然後爲飢餓所迫，撤退到三十哩以外，塔古斯河上的聖塔倫(Santarem)。威靈頓卻非常的高明，他既不作追擊的企圖，也不勉強敵人接受會戰，而只是設法盡可能的，把馬塞納圈禁在一個最狹小的地區內，使他的部隊難於有求食的機會。在過去，拿破崙曾經痛斥謹愼的戰略家，他說：「補給麼？關於這些事用不著向我囉嗦。兩萬人也一樣可以在沙漠中生活。」今後，法軍爲了堅持這種樂觀的幻想，就不免要付出很高的代價。

儘管在英國國內有變換政策的可能，這是一個間接的威脅；同時法將索爾特也取道巴達霍斯(Badajoz)，在南面進攻，其目的是分散威靈頓的兵力，以來解馬塞納之圍，這是一個直接的威脅，可是威靈頓卻不爲所動，一意執行既定的戰略。馬塞納使用一切的方法來引誘他發動攻勢，但是威靈頓卻完全置之不理。威靈頓這個戰略是正確的，而且也獲得了極大的收穫。最後在三月間，馬塞納終於被迫撤退，當他這支飢軍重行越過邊界時，已經喪失了二萬五千人之多，而其中眞正戰死人卻只不過是二千人而已。

此時西班牙的游擊隊更是活躍非常，人數一天比一天多。專以亞拉岡(Aragon)和加泰隆尼亞(Catalonia)地區而論，有兩個法國的軍，總數近六萬人，本來是準備開入葡萄牙增援馬塞納的，可是在幾個月之內，卻爲幾千個游擊隊，以及從事游擊作戰的西班牙正規軍所牽制住了，結果使他們實際上陷於癱瘓的狀態。在南面也是一樣，當法軍圍攻卡地茲(Cadiz)的時候，聯軍未能擴張巴羅沙(Barrosa)之戰的戰果，以來達到解圍的目的，結果反而使他們坐收其利，因爲他們使法軍頓兵於堅城之下，作一種徒勞無益的工作。在這幾年當中，還有一個因素也使法軍受到很大的牽制，那就是由於擁有制海權的緣故，使英軍在綿長的海岸線上，到處都可以作登陸的威脅。

所以，威靈頓對於戰爭的最大影響，也都只是他的牽制，而並非他的打擊。因爲無論當他威脅哪一點時，勢必會使法軍都吸引到那一方面去，於是使游擊隊在其他地區中獲得了大肆活動的機會。

可是威靈頓對於這種成就並不滿意。當馬塞納退回薩拉曼加(Salamanca)之後，他即使用自己的兵力，向北去擊破阿爾麥達(Almeida)邊境要塞的封鎖，同時更派貝里斯弗德(Beresford)在南面進攻巴達霍斯。這樣就使他自己的機動力受到了約束，同時兵力也被分成兩部分。可是他的運氣還是相當好，馬塞納在略事補充之後，又集中兵力回過頭來援救阿爾麥達，在豐特斯多諾羅(Fuentes de Onoro)，威靈頓陷入了窘境，很吃了一點虧，雖然他還是擊敗了敵軍的攻擊，但是他自己也承認說：「假使拿破崙本人在這裏，那麼我們就敗定了。」在巴達霍斯附近，貝里斯弗德也和索爾特的援兵發生了遭遇戰，因為他指揮失當，在阿爾布拉(Albuera)已經產生了敗象，但是由他的部下官兵拚死奮戰，終於在作了壯烈犧牲之後，把局勢穩定住了。

威靈頓現在就集中兵力來圍攻巴達霍斯，但是他缺乏攻城的工具，接著由於馬塞納的部隊已改由馬蒙特(Marmont)指揮，並毫無拘束的向南移動試圖與索爾特會師，所以他只好解圍而去。這兩支法軍現在遂聯合起來進攻威靈頓。很僥倖的，合作不免引起了摩擦。同時，索爾特因為看到在安達魯西亞境內的游擊戰又已勢成燎原，不免感到心慌，於是就率領一部分的兵力回去平亂，而把剩餘的兵力都交給馬蒙特指揮。這應該感謝馬蒙特的過分小心，一八一一年的戰役就如此靜靜的轉寂了。

在這些會戰中，威靈頓所冒的險實在是很大，而他所收穫的，卻並不比他過去的戰略為多。因為他自己的兵力太有限，所以這實在不是一種有利的投資，儘管他的損失要比法軍輕，但是照比例算起來，卻已經夠巨大。不過他總算撐過了這一個緊張的階段。現在拿破崙又無意中幫了他的忙，使他可以確保有利的地位。因為拿破崙已經在準備侵俄之戰，所以他的注意力和兵力都已經轉變了方向。這種新發展和這種傷腦筋的游擊戰情況，使法國人在西班牙不得不改變他們的作戰計畫。法國人現在準備先集中全力肅清瓦倫西亞(Valencia)和安達魯西亞的游擊隊，然後再去征服葡萄牙。

若與一八一〇年作一個對比，則這次法軍的總兵力已經減少了七萬人之多，而在所剩下來的二十三萬人當中，又至少要用九萬人去保護交通線——從地中海海岸上的塔拉哥那（Tarragona）起，一直到大西洋海岸上的奧維多（Oviedo）為止——使其不為游擊隊所切斷。

所以威靈頓現在有了很自由的活動範圍，而且只面對著很脆弱的抵抗力，於是他突然的向羅德里哥城進攻，而另外由希爾（Hill）率領著一個分遣師，保護他在戰略上的側翼和後方。馬蒙特無力加以干涉，而且也無法奪回這個要塞，因為他的攻城裝備在該地都已為英軍所俘獲，同時他也無法越過那些糧食已經搜括殆淨的地區，去追擊威靈頓。

在這一道飢餓的屏障掩護下，威靈頓又溜向南方，接著又向巴達霍斯猛攻——也許所付出的代價未免過高，但是在時間上卻很上算。在巴達霍斯虜獲法軍的架橋縱列。在這個收穫之後，他馬上就毀滅了法軍在阿馬拉茲（Almaraz）所架設、橫跨塔古斯河的浮橋。這樣他在戰略上就把馬蒙特和索爾特兩支法軍隔開了，現在他們最近的交通線，都必須經過托雷多（Toledo）的橋樑，距離塔古斯河河口在三百哩以外。

除此之外，索爾特又因為補給上的困難，和游擊隊的阻擾，也完全被牽制在安達魯西亞境內，動彈不得。所以威靈頓可以不必害怕他的干擾，而敢於集中他全部兵力的三分之二，去進攻位置在薩拉曼加的馬蒙特軍。但是因為他採取了直接路線，結果只不過是使馬蒙特向他的增援來源方向後退而已。

於是雙方的兵力又恢復了平衡的關係，馬蒙特也向威靈頓的交通線，實行迂迴運動，使他較佔便宜的地方，是他已經可以不必顧及自己的交通線。有幾次，雙方都以平行的縱隊併排的前進，其間所隔不過是幾百碼的距離，彼此都在尋找一個打擊的機會。法軍因為行軍的速度較高，所以很有超過英軍將其迂迴的可能性。但是在七月二十二日那一天，由於過分的自信，馬蒙特卻走錯了一步，於是使他暫時的喪失了平衡。他讓他的左翼和右翼隔得太遠，威靈頓馬上抓住這個機會，向這個暴露側翼上迅速發動攻擊。結果法軍還沒等到援軍到達，即遭受了失敗。

不過在這次薩拉曼加會戰中，威靈頓實際上卻並未獲得眞正的大勝，就整個半島而論，他的兵力比之法軍還是差得很遠。有人責備他爲什麼不立即隨著法國敗軍殘部——現在由克勞賽爾(Clausel)指揮——實行追擊。不過既然沒有獲得把敵軍擊潰的機會，現在要想在敵軍到達布哥斯庇護之前，再來獲得這種機會，似乎也不見得很有希望。同時這種追擊也會使他本人處於暴露的地位，約瑟夫從馬德里隨時都可以襲擊他的後方和交通線。

威靈頓雖不向法軍實行追擊，他卻決定進攻馬德里——因爲這個行動具有精神上和政治上的作用。當約瑟夫狼狽出走後，他就進入了西班牙的首都，這對於西班牙人民而言，是一個精神上的興奮劑。不過美中不足的卻是威靈頓並不能久留，一旦法軍兵力集中來救之後，他就勢必要迅速撤回不可。事實上，只有馬德里的失守，才足以使分散在各地的法軍，向中央迅速的集合。威靈頓不等到敵人迫近，即從容的退出了馬德里，而改向布哥斯進攻。但是因爲法軍採取就地取食的辦法，所以這種對於他們交通線的打擊，並未發揮出正常的效力。甚至於連有限的影響都談不上，因爲威靈頓的圍攻方法和工具都太不中用，當時間逐漸消耗後，他遂感到無能爲力。這一次薩拉曼加的會戰，使他所獲得的唯一成功，就是引誘法軍放棄了原有的任務，和西班牙的大部分土地，而從各地集中兵力來對付他。面對著這樣強大的兵力，威靈頓的處境似乎比摩爾還更危險。當希爾的兵力和他會合之後，他就感到很安全，認爲足以在薩拉曼加和法軍的聯合兵力作一次會戰。法軍在數量上所佔的優勢，與過去差不多，以九萬人對六萬八千人，但他們卻不願意在威靈頓所選定的戰場上，接受他的挑戰。於是威靈頓只好繼續向羅德里哥城退卻。當他到達了該地後，一八一二年的戰役也隨之而閉幕。

雖然他又再度退回了葡萄牙邊境，而且從表面上看來，他再也不曾前進；可是實際上半島戰爭的勝負卻已經決定了。因為法軍放棄了大半個西班牙，以集中兵力對付威靈頓，結果遂使游擊隊坐享其成，從此一發不可收拾。正當這個緊急關頭，拿破崙退出莫斯科的消息又傳來，結果使更多的法軍自動撤出了西班牙。所以到了下一次戰役展開序幕時，一切的情況都完全改變了。

威靈頓經過了增援之後，其兵力達到了十萬人——但僅有不到半數是英軍。由於受到游擊隊的不斷騷擾，法軍的士氣要比在軍事上戰敗更為低落，所以當威靈頓憑著優越的兵力，抱著進取的精神向前進攻時，他們就立即被迫退過了厄波羅河(Ebro)，僅僅只想退守西班牙北部一隅之地而已。甚至於到了那裏，由於游擊隊在他們的後方，比斯開灣(Biscay)和庇里牛斯山地中，繼續施以壓迫，他們也還是站不住腳——在微弱的法軍兵力中，還抽調了四個師去對付這個後方的壓迫。威靈頓以後逐漸向庇里牛斯山地進攻，終於進入了法國的領土，事實上這對於半島戰爭而言，只不過是一個戰略性的尾聲而已。

半島戰爭之所以能有如此愉快的結束，主要都應歸功於威靈頓一人。他的出現使半島上的人民，獲得了精神和物質的支援；而他的活動也吸引了法國人的注意力，使游擊戰的範圍日益擴大。

不過這卻還是一個疑問，也是一個很有趣味的啞謎：是否由於他在一八一二年的勝利，才促使法軍減低他們的損失，並且縮小他們的防區，結果反而對法軍有利，使威靈頓在一八一三年的進攻中，遭到許多不必要的困難。因為法軍在西班牙境內，分布得愈廣泛，則其最後的崩潰也就一定更徹底和更確定。半島戰爭是一個歷史上很顯著的例證，足以說明某種特殊形式的戰略，採取這種戰略的原因，與其說是故意，毋寧說是由於本能性的常識所致。一個世紀後，英國的勞倫斯(T. E. Lawrence)把它演化成一種合理的理論，並且付之於實際的應用，不過卻並未能收到圓滿的結果。

在把「西班牙潰瘍」的問題觀察完畢後，我們現在又要回過頭來，研究另外一種戰略形式的生長和發展，它對於拿破崙的內心，具有潛伏的影響的作用。

從維爾拿到滑鐵盧

在拿破崙的戰略思想發展過程中，早就已經可以看出一種趨勢來，那就是逐漸偏重「數量」，而忽視了機動；偏重戰略形式，而忽視了奇襲。一八一二年的征俄戰役就是這種趨勢的最高峰。而地理的條件，只不過是更增強了這種弱點而已。

因爲拿破崙擁有總數四十五萬人的精兵，這樣龐大的兵力，使得他只好採取一種近似直線形的分配，結果也必然會沿自然期待的路線，作直接性的行動。他是和一九一四年的德國一樣，把他的兵力集中在戰線的一端——左端——然後作一次大規模的橫掃運動，以期在維爾拿把俄軍擊潰。即令他的幼弟傑羅姆(Jerome)在擔負吸引敵軍的任務時，惰性不那麼強，這個計畫本身也還是太臃腫、太直接，不足以當作一個有效的方法，以來使敵軍喪失平衡——除非他們眞是冥頑不靈，才會有這種可能性。實際上，俄軍當時正小心謹愼的採取一種閃避的戰略，所以這種行動更是無的發矢了。

當拿破崙向俄國境內挺進時，在他第一拳落空之後，他就依照平常的慣例，把他的戰線收縮起來，準備向敵人的後方作戰術性的攻擊。此時俄國人也改採尋求「會戰」的政策，他們蠢到了這樣的程度，一頭鑽進了拿破崙大張的獅子口。拿破崙在斯摩稜斯克(Smolensk)首次咬緊了他的牙床，可是俄國人卻機警的溜走了；而在波羅地諾(Borodino)更撞碎了拿破崙的門牙。這是一個極好的例證，足以說明一個向心性的路線，和眞正的間接路線之間，所具有的優劣得失。以後法軍從莫斯科撤退的悲慘結果，與其說是由於嚴寒天氣之所致，則毋寧說是因爲法軍士氣頹喪的緣故——實際上那年的冰凍期比平常還來得晚。主要的原因，是由於俄國人的避戰戰略，擊敗了他這種尋求會戰的戰略——而這種避戰的戰略，卻應該當作是一種間接路線的大戰略看待。(編註：對於俄國在此次戰役中的「避戰行爲」，近世有不少史家懷疑它是否眞是一種有計畫的行動；他們認爲俄軍之所以後撤，並非因爲俄國有計畫地迴避戰鬥，而是因爲俄國的兩支主力軍，在法軍的重壓下，始終無法順利會師，以與法軍決戰之故。所以只好一再撤退，尋求會師的機會，以免被法軍各個擊破。)

當拿破崙在俄國慘敗而歸後，他的軍隊在西班牙的失敗，無論從精神和物質方面，也都足以增加他的困難。所應注意的，是在這個戰役中，英國人又是追隨著他們的傳統戰爭政策，那就是「切斷敵人的根本」(severing the roots)。

到了一八一三年，拿破崙又集中了一支生力軍，其數量之龐大和機動性的缺乏，都要算是空前。當時普魯士已經在蠢動了，而俄軍也正準備侵入，拿破崙還是想用他的老辦法，集中力量把他們逐一擊碎。但是無論魯曾(Lützen)會戰也好，包曾(Bautzen)會戰也好，都不曾獲有決定性。此後，聯軍即長期的堅守不出，拒絕了拿破崙一切的挑戰企圖，他們這種避戰的態度促使拿破崙也暫行休戰六星期，可是到了這個期限終了之後，奧國也加入戰爭了。

秋季的戰役使我們對拿破崙那個已經產生變化的心理，又多了更深刻的了解。他手裏有四十萬人的兵力，大致與對方相等。他使用十萬人向柏林作向心的進攻，但是這種直接的壓力只不過是把貝納多提(Bernadotte)在這個地區中的兵力，壓縮得更緊，使他們可以發揮出更大的抵抗力，結果法軍終被擊退。此時，拿破崙本人，率領著法軍的主力，佔領一個中央位置，準備向薩克森的首都德勒斯登進攻。但是到了這個緊要關頭，拿破崙突然沉不住氣，於是立即向東前進，直攻蒲留歇(Blücher)所率領的普軍九萬五千人。蒲留歇向後退以引誘他進入西利西亞，而斯華曾堡(Schwarzenberg)則率領著十八萬五千人，開始向北移動，從波希米亞到易北河上，然後越過波希米亞山地進入薩克森——這樣在德勒斯登達到了拿破崙的後方。

留下了一個支隊作後衛，拿破崙馬上趕回，準備用更厲害的一拳，擊退從這一條間接路線上進襲的敵軍。他的計畫是向西南方運動，越過波希米亞山地，而在羣山中達到截斷希華曾堡退路的位置。他心裏所想達到的位置，的確是一個理想中的戰略阻塞物。但是敵人迫近的消息卻使他感到神經緊張，在最後一分鐘，他突然決定改向德勒斯登，直撲希華曾堡的主力。結果又獲得了一次戰術上的勝利，可是希華曾堡卻安全經過山地向南撤退。

一個月後，三支不同的聯軍又開始聯合進攻拿破崙，這時他的兵力，由於累次的會戰，已經逐漸減弱，所以只好從德勒斯登退到了萊比錫附近的杜本(Duben)。希華曾堡位置在南，蒲留歇則在北，而出乎拿破崙意料之外的，貝納多提卻已差不多繞到他北面側翼的後方。拿破崙決定先採取直接的行動，然後再換用間接的路線——首先擊碎蒲留歇，然後再切斷希華曾堡和波希米亞間的交通線。根據以前所已經講過的歷史經驗看來，這次的後果似乎是很不理想。拿破崙對於蒲留歇的直接行動，並未能使後者接受會戰。但是它卻產生了一個很奇怪的結果，因為它是事先完全沒有預料到的，所以也就產生了重大的意義。拿破崙固然只是直接進攻蒲留歇，可是無意中卻變成了對於貝納多提的後方，作了一種間接性的行動。這使得貝納多提感到神經緊張，於是匆忙向北退卻，這樣就解除了拿破崙退卻線上的威脅。拿破崙對蒲留歇的這一拳固然落了空，但是間接的，卻使他在幾天之後，得免於一個最大的慘敗。因為當蒲留歇和希華曾堡在萊比錫，再度迫近拿破崙時，拿破崙就決定接受會戰的考驗，而終於失敗了。但是在失敗之後，他卻還是有一條安全的退路，使他可以撤回法國。

一八一四年，聯軍在數量上現在已經佔有很大的優勢，於是遂分兵數路，向法國作向心式的侵入。因為已經無法獲得以往那樣強大的兵力，所以拿破崙又只好再度使用舊有的武器——奇襲和機動。儘管他在使用時的技巧非常高明，可是他卻已經缺乏耐性，並且太沉醉於會戰的觀念，所以遠不如漢尼拔、西庇阿、克倫威爾，和馬堡公爵等人那樣的爐火純青。

不過最後還是因為這種戰略，才使他的命運延長了很久的時間。他現在對於他的目的和手段之間，已經作了一個很明智的配合，他認清了他的力量是已經太弱，不足以在軍事上獲得決定性的結果。遂決定把他的目標只限於破壞同盟國軍隊間的合作，而他對於機動性的發揮，也達到了空前未有的程度。即令如此，雖然他在阻止敵人前進的工作上，已獲得相當的成功，假若他能繼續不斷採取這種戰略，而不想在每一次戰略成功後，就接著又獲得一次戰術性的勝利，那麼其效力一定可以更大、更持久。他不斷的集中兵力，以來對付敵人的孤立部分——其中有五次都是攻擊後方的目標——使敵人受到了一連串的挫敗。可是最後他還是沉不住氣，終於在拉翁(Laon)向蒲留歇發動了一次直接攻擊。結果他卻失敗了，受到了無法承受的損失。

他現在手裏只剩下三萬人，遂決定孤注一擲，於是他向東前往聖狄則爾(St. Dizier)，盡量集合他所能找到的地方駐防部隊，並且鼓動鄉村對於侵入者發動廣泛的抵抗運動。但是採取這個行動，他就要越過希華曾堡的交通線。而且，他不僅要達到敵人的後方，並且要乘敵人採取行動前，在那裏建立一支兵力。這個問題變得非常的複雜，不僅是缺乏時間和兵力，他的基地也會喪失掩護，更會在精神上引起了極大的不安。因爲巴黎並不像一個普通的補給基地。這也可以說是天意，他的命令又落到敵人的手裏，於是奇襲和時間兩個因素完全化爲烏有。即令如此，可是他這個行動在戰略上卻具有強烈的「引力」，使得聯軍當局經過了激烈的辯論後，才決定先進攻巴黎，而不回轉過來對付他的行動。他們這個行動，使拿破崙在精神上受到了徹底的打擊。據說爲什麼聯軍最後會作此決定，其中重要原因之一是害怕威靈頓的英軍，會首先進入巴黎。假使這是眞的，那麼就更諷刺的爲間接路線戰略，奏出了最後的凱歌了。

一八一五年，當拿破崙從厄爾巴島(Elba)逃回法國時，他的兵力又變得很龐大，似乎使他的血液又衝進了他的頭腦。不過，他這一次卻很巧妙的運用奇襲和機動逐步前進，最後幾乎達成了一個決定性的結果。當他向蒲留歇和威靈頓的聯軍進攻時，他所採取的路線，在地理上，固然是屬於直接性的，但是在時機上卻具有奇襲的意味，而其方向也是直指兩軍「接頭」的地方。可是在李格尼(Ligny)，賴伊本指定擔負一個迂迴的任務——戰術性的間接路線——但是卻失敗了，遂使普軍免於一次決定性的失敗。以後當拿破崙在滑鐵盧回過頭來攻擊威靈頓時，他所採取的路線卻是純粹直接性的。結果使他損失了一些時間和人力，而尤其是他的部將格羅齊(Grouchy)，未能引誘蒲留歇遠離戰場，更使這種困難加重。所以當蒲留歇再度出現時，雖然他僅僅只到達拿破崙的側翼上，但是這種意想不到的行動，在心理上構成了一個間接的路線，所以就具有決定性了。

第九章 一八五四至一九一四年的戰爭

當一八五一年盛大的「和平」博覽會閉幕後，接著又是一個新的戰爭時代。在這一連串的新戰爭中的第一個戰爭，在軍事過程和政治目的上，都是同樣的不具決定性。但是從這個混亂和愚笨的克里米亞戰爭(Crimean War)當中，我們卻至少可以獲得一些消極的教訓。其中最主要的就是直接路線的毫無效果。當將軍們都是帶著「遮眼罩」胡亂瞎撞時，那又何怪乎一個副官會率領輕騎兵旅，直向俄軍的砲口裏衝鋒。在英國的陸軍中，其直接性使得一切的動作都是十分的準確，都是具有硬性的形式。這種情形使當時的法軍指揮官康羅貝爾(Canrobert)感到大惑不解，直到許多年後，當他參加一次英國宮廷中的舞會，他才恍然大悟。於是他驚訝的說：「原來英國人打仗就正和維多利亞女王跳舞是一樣的。」但是俄國方面對於這種直接性的本能，其基礎之深也未遑多讓，甚至某一次的迂迴行動中，有一團俄軍在經過了一天的行軍後，終於又回到了原有的起點。

從克里米亞戰爭的研究中，我們絕不可忽視下述的事實(當然也不必誇張)，自從滑鐵盧之戰以後，已經過了四十年，在這段期間，歐洲國家的陸軍比之過去變得更職業化。這個事實的意義，雖不能當作反對職業軍隊的藉口，不過卻足以當作一種例證，以來說明職業環境的潛在危險性。尤其是高階的軍人，因爲服役的時間較長，若沒有與外界的事務和思想多所接觸，這種危險性勢必更加嚴重。反而言之，美國內戰初期，卻又正都可以顯示非職業性軍隊的弱點。只有訓練才能鍛鍊出一個有效的工具，以便將軍們在使用時可以得心應手。一個長期的戰爭，或是一個短期的和平，對於這種工具的產生，都可以算是最有利的條件。不過假使工具要比工匠還更優秀，那麼這種體系就會出毛病了。

關於這一點，一八六一至六五年間的美國內戰可以當作一個顯明的對照。那些軍事領袖，尤其是南方的，主要都是從職業軍人中挑選出來的，但是他們這些人的職業生活，卻不盡相同，有些人擔任過文職，有些人利用餘暇時間作過私人性質的研究工作。他們的戰略觀念既非以操場爲發源地，而也不受其限制。不過儘管「個別」的戰略可以具有如許廣大的差異，但是最先控制各主要作戰的，還是傳統性的目的。

鐵路的發展更使這種趨勢變本加厲。鐵路對於戰略的最大貢獻，就是增加了運動的速度，但是它卻並未能使彈性也同樣增加——這卻是眞正機動性所不可缺少的要素。鐵路運輸在戰爭中發揮重要貢獻，應以美國內戰爲有史以來的第一次。但是因爲鐵路路線本身是固定的，所以自然使戰略也照著直接和直線的趨勢來發展。

而且，在這次和以後的戰爭中，陸軍都變得仰賴鐵路，以維持他們的作戰，但是卻並未認淸他們對於鐵路的依賴性，已經發展到了何種程度。由於補給比較容易，所以就鼓勵指揮官們拚命擴充他的數量，但是他們卻不曾想過一旦到了鐵路終點時，這麼大量的軍隊又將如何運動。所以很矛盾的，這種新型的運輸工具不特不能增加機動性，反而卻會減少機動性。鐵路足以使軍隊膨脹，足以把他們運往前方，足以使他們有東西吃，但卻不能使他們作有效的戰鬥。它更增加了物質要求，使他們爲鐵路線所束縛。同時，他們的補給線都是千鈞一髮地吊在這一條線上面——而這一條綿長的鐵路線，本身卻是極易加以破壞。

在美國內戰初期，便可以看到這些事實，而尤以一八六四年最爲顯著。北軍過慣了補給充足的好日子，所以比南軍更容易陷於癱瘓。在西戰場上，這種靠鐵路補給的大軍，對於南軍卓越騎兵領袖——例如弗里斯特(Forrest)和摩根(Morgan)——所發動的機動性突襲，特別有面臨暴露的危險。這對於未來而言是一個預兆——大量軍隊的交通線，可以用空軍和裝甲兵力來加以切斷。最後，北軍方面也出現了一位驚人的將才，那就是薛曼(Sherman)，他對於這個困難的來源，所作的分析比之同時和以後的任何人，似乎還清楚——一直到第一次大戰後，才有新的思想產生——所以薛曼實在可以算是近代機械化機動性戰爭的鼻祖。敵人本來用攻擊鐵路線的方式，來攻擊薛曼，薛曼在設法使他自己不受威脅後，馬上以其人之道還治其人，也用攻擊鐵路線的方式來攻擊敵人。爲了重新獲得適當的戰略機動力，並且不怕敵人的突擊會使他陷於癱瘓起見，他認清了必須擺脫一條固定補給線的束縛。這就是說他在運動中，應能自給自足，進一步說也就是必須減少物質需求，以絕對必需者爲限。換言之，唯一避免讓敵軍捉住尾巴的辦法，就是把尾巴捲起來夾在脅下，然後再作長距離的跳躍。所以，當他把自己的包袱縮小到最低限度之後，就可以擺脫鐵路線的束縛，而一直衝進了南方的「後門」，進一步切斷南軍的鐵路線，破壞他們的補給制度和來源。這個效力所具有的決定性，可以說是十分的驚人。

美國內戰

在戰爭開始的時候，雙方都是企圖作直接性的進攻。結果在維吉尼亞(Virginia)和密蘇里(Mis-

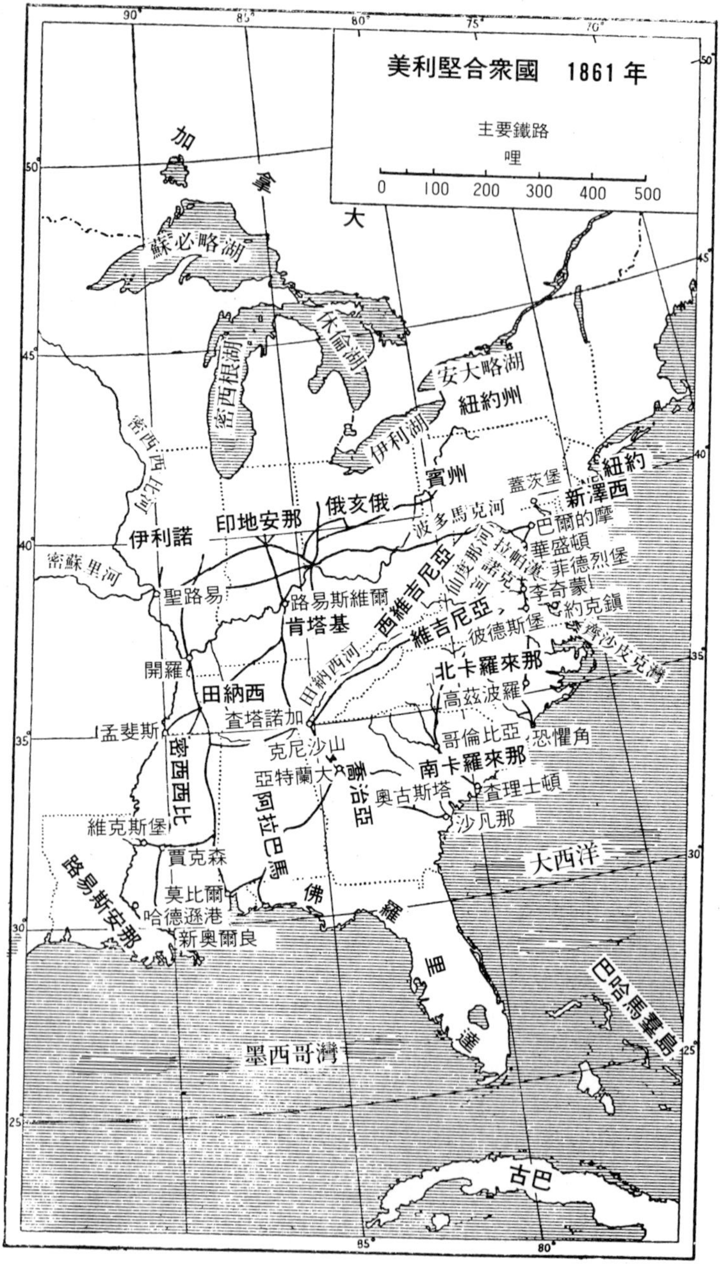

美利堅合衆國 1861年
主要鐵路
哩
0 100 200 300 400 500
加拿大
蘇必略湖
密西根湖
休倫湖
安大略湖
伊利湖
紐約州
賓州
紐約
新澤西
蓋茨堡
巴爾的摩
華盛頓
菲德烈堡
李奇蒙
約克鎮
彼德斯堡
齊沙皮克灣
波多馬克河
拉帕漢諾克河
仙度那河
密西西比河
密蘇里河
伊利諾
印地安那
俄亥俄
聖路易
路易斯維爾
肯塔基
西維吉尼亞
維吉尼亞
北卡羅來那
高茲波羅
恐懼角
田納西河
開羅
田納西
查塔諾加
孟斐斯
克尼沙山
亞特蘭大
喬治亞
哥倫比亞
南卡羅來那
查理士頓
奧古斯塔
沙凡那
大西洋
密西西比
阿拉巴馬
維克斯堡
賈克森
莫比爾
哈德遜港
新奧爾良
路易斯安那
佛羅里達
墨西哥灣
巴哈馬羣島
古巴

souri)的戰役都不具決定性的結果。於是麥克里蘭(McClellan)受命爲北軍總司令，他在一八六二年擬定了一個計畫，想利用海權把軍隊運到敵人的戰略性側翼上。這個計畫比之陸地上的直接進攻，實具有更多的希望。可是當時設計者的認識並不夠淸楚，他並沒有把它當作是一個眞正的間接路線，反而把它認爲是攻擊敵方首都——李奇蒙(Richmond)——的一種較短的直接路線。可是林肯卻不接受這個計畫，他不敢作這種有計畫的冒險——他要把麥克里蘭的兵力留下來，以直接保護華盛頓。結果麥克里蘭不僅減少了一部分的兵力，同時也無法利用華盛頓來當作誘敵的工具，這本是保證他這個計畫成功所不可缺乏的條件之一。

所以在登陸之後，麥克里蘭在約克鎭(Yorktown)前，浪費了一個月的時間，於是只好改變計畫，作一種向心的(或半直接性的)攻擊，以與麥克多威爾(McDowell)的直接攻擊相配合——他奉命只許從華盛頓向李奇蒙作陸上的直接進攻。此時南軍名將「石牆」傑克遜("Stonewall"Jackson)又在仙度那河谷(Shenandoah Valley)，採取一種間接路線的進攻，其精神上的威脅迫使華盛頓當局臨時又命令麥克多威爾不要參加這一次主要的攻擊。雖然如此，麥克里蘭的部隊還是到達了距離李奇蒙四哩以內的地區，並且準備作最後的衝擊，直到最後關頭才爲李將軍(Gen. Lee)所擊退。雖然在「七日會戰」(Seven Days' Battles)中，麥克里蘭受到戰術性的挫敗，但是他在戰略上卻還是居於有利的地位——也許比以前任何時期還更爲有利。因爲他的側翼進展固然已被阻止，但是南軍卻不能阻止他把基地向南移到詹姆斯河上(James River)。所以不僅他自己的交通線不會受到威脅，而且還壓迫到從李奇蒙通往南方的敵人交通線，而使對方感受到威脅。

可惜由於戰略的變化，卻使這種優勢付之東流。由於政治上的原因，哈里克(Halleck)做了北軍的統帥，其位置又在麥克里蘭之上，他命令麥克里蘭重新上船退回北方，然後再與波普(Pope)的軍隊會合，一同在陸上作直接性的進攻。如同歷史上的慣例一樣，當兵力直接增加一倍時，其效力不特不會加倍，反而會減半——因爲它會使敵人的「期待線」徹底簡化。可是哈里克的戰略卻滿足一般對「集中原理」的解釋——這也可以顯示在通向軍事目標的「慣用」路線上，總是布滿了很多陷阱。由於這種直接路線戰略是如此的缺乏效力，所以一八六二年下半年戰役的結束，即爲十二月十三日，北軍在菲德烈堡(Fredericksburg)爲南軍所擊退，受到了重大的損失。一八六三年，北軍還是繼續實行這種戰略，結果是他們不特不能更接近李奇蒙，而且南軍在北軍的攻勢崩潰之後，反而接著侵入北方的地界。

最初，這一次的侵入，無論從物質上和心理上來說，都可說是具有戰略上的間接意味。但是當李將軍突然把持不住，偏要向在蓋茨堡(Gettysburg)的北軍陣地(主將爲麥德〔Meade〕)猛攻時，這個意味即完全喪失了。他一連硬攻了三天，損失了他所有兵力的一半，然後才不得已被迫放手。到了年底，雙方都回到了原有的位置，且因拚得筋疲力盡，只好暫時休兵不動。

值得注意的，是在這種互相作直接進攻的戰役中，似乎總是守方有利。因爲在這種戰略條件下，守方是比較消極的，可以少作無謂的行動，所以就這兩方面說來，守方比之攻方，似乎所具有的直接性還比較少一點。

南軍在蓋茨堡的挫敗，常常被人認爲是整個戰爭的轉捩點，事實上這種說法卻是言過其實。史學家經過冷靜判斷，現在都強調眞正具有決定性的結果，是來自西方戰場。

第一次的決定性會戰要回溯到一八六二年四月間。當時法拉古特(Farragut)的騎兵繞過了保護密西西比河(Mississippi)河口的要塞，而使新奧爾良(New Orlean)地區在兵不血刃下，即向北方投降。這可以算是一把戰略性斧頭的鋒刃，把南軍在這個重要的河流線上，砍成了兩片。

第二次決定性結果的獲得是在密西西比河上游，時間與李將軍退出茨堡戰場恰好是同一天——七月四日。此即是格蘭特(Grant)的佔領維克斯堡(Vicksburg)，使北軍對於這一條重要的大動脈，獲得了完全的控制權。從此南軍再也無法從越過密西西比河的那些州中，吸收增援和補給。這種首先集中全力打擊敵方較弱部分的方法，在大戰略方面固然具有極大的價值，但是我們卻也不可以忽視達到這種目的戰略本身。一八六二年十二月，北軍第一次向維克斯堡進攻時，格蘭特沿著鐵路線作陸上的進攻，而薛曼則從水上經過密西西比河順流而下，作會合的攻擊。由於南軍騎兵的阻擾，使格蘭特的前進受阻，於是南軍現在就可以集中全力來對付薛曼——此時他已經變成了完全直接性的進攻。所以當薛曼準備在維克斯堡附近登陸時，南軍很輕鬆地便把他擊退了。

在一八六三年的二、三月間，北軍利用狹窄的側翼迂迴運動，向維克斯堡進攻，四次都不曾達到他們的目標。於是在四月間，格蘭特決定改取一種眞正的間接路線，和吳爾夫最後向魁北克的進攻十分相似。一部分的北軍艦隊和運輸船乘著黑夜，向南行動溜過了維克斯堡要塞，達到要塞下游約三十哩的地方。大軍在此上岸，沿著密西西比河西岸前進。而薛曼則向維克斯堡的東北面，作牽制性的行動，以掩護格蘭特的主力。在敵人的微弱抵抗之下，格蘭特的大軍又移到了該河的東岸。當與薛曼會合在一起的時候，格蘭特遂決定作一次有計畫的冒險，他暫時切斷他與臨時性新基地間的聯繫，向東北運動以求深入敵境，於是便達到了維克斯堡的後方，切斷了敵人與東部各州間的交通線。在作這個行動時，他從起點動身，差不多繞了一整個圈子。現在他的位置似乎是夾在敵人上下兩個牙床的正中央。此時敵人的兵力分別集中在維克斯堡和東面四十哩以外的賈克森(Jackson)兩地上，而賈克森又恰好是東西和南北兩條主要鐵路線的交叉點。但是事實上，他不特沒有給敵人咬住，而且還撞斷了他們的門牙。

這裏應該加以說明的，卻是當他達到這條鐵路線的時候，他突然發現最好還是把他的全軍都先移向東面，以來強迫敵軍撤出賈克森。這也可以當作一個例證，以來說明鐵路的發展，對於戰略的條件曾經產生了如何的變化。拿破崙慣於用一條河川和一道山脊，來當作在戰略上遮斷敵人的阻礙物，可是格蘭特的方法卻又不同，他只要佔領一個點——鐵路的交叉點——即足以達到同樣的目的。一旦這個目的達到以後，他就再回過身來向維克斯堡運動，現在這個要塞即已陷於孤立之中，七個星期之後遂被迫投降。其戰略上的後果是在查塔諾加(Chattanooga)打開了通往喬治亞(Georgia)州的門戶，這是南軍的穀倉，並且由此可以控制整個東部各州。

現在南軍的失敗似乎已經無可避免。可是北軍自己卻幾乎把已經到手的勝利蹧蹋掉了。因為到了一八六四年，北方由於久戰之故，已感到疲憊不堪，於是精神上的因素變得非常重要。由於人民厭戰，所以和平派的勢力一天比一天雄厚，總統大選又已定在十一月間舉行，除非能夠獲得一個提早勝利的確實保證，否則林肯即可能為主和派的總統候選人取代。為了這個原因，格蘭特遂被召回出任北軍統帥。那麼他又將用何種方式來提早獲得勝利呢?他還是重新採取了一般正統出身的軍人，所慣於使用的傳統戰略——用他強大的優勢力量去壓碎對方，或者至少使用「不斷的捶擊」以來把敵人敲碎。從維克斯堡會戰中，我們可以看出來，他僅是在直接路線一直碰釘子之後，才開始採取一條眞正的間接路線。他固然很巧妙的把這個戰略運用成功，可是這次戰役所暗示出來的教訓，在他的心靈上卻並未留下足夠深刻的印象。

現在他已經升任最高統帥，於是一切又故態復萌。他決定採取古老和直接的陸上進攻路線，從拉帕漢諾克河（Rappahannock）上，直向南面的李奇蒙進攻。不過在目標方面卻具有某種的差異，因爲他並非以敵人的首都爲眞正目標，所注意的卻是敵軍的主力。他向他的部下麥德，發出了下述的指示：「不管李走到哪裏，你就跟到哪裏。」說一句很公正的批評，固然格蘭特的路線從廣義的立場上來看是直接性的，但是它卻並非盲目的向前硬撞。實際上，他經常想迂迴到敵人的側翼方面，不過這種迂迴的半徑也許並不太長。此外，他對於所謂「集中」和「目標」的戰爭原理，都一律堅守不渝，絕不讓其他任何方面的警報，分散了他的注意力。甚至於福煦元帥的「勝利意志」也還不如他那般堅強。那些在一九一四到一八年間，使用這類似方法的人們，應該十分嫉妒他，因爲誰都比不上他那樣能夠獲得全國上下的擁護，和政治領袖的絕對信任。凡是使用直接路線、正統戰略的人，很少能夠獲得這樣完全合乎理想的有利條件。

可是到了一八六四年的夏末，這顆已經成熟了的勝利之果，卻居然從他的手掌中溜過了。北軍差不多已經達到他們忍耐力的極限，而林肯對於再度當選也已經感到絕望——因爲他開給他的軍事政策執行者的「空白」支票，現在卻面臨兌現的困難。說起來似乎很諷刺，儘管格蘭特具有運用優勢兵力以來擊碎敵人的決心，可是經過了懷爾德尼斯（Wilderness）和冷港（Cold Harbor）兩場血戰之後，結果還是未能達到他的目的。而最主要的收穫，就是在地理上，達到了逼近李奇蒙後方的有利位置，但這卻是不流血迂迴運動的後果。換言之，經過了慘重的犧牲後，他才又重新回到了一八六二年麥克里蘭所已經佔領的位置。

但是當天空彷彿已經黑到了極點的時候，卻突然出現了光明。在十一月的大選中，林肯居然又再度當選。那麼這張救命的王牌又是什麼？爲什麼林肯可以擊敗主和派（民主黨）的總統候選人麥克里蘭呢？這並不能歸功於格蘭特。因爲他在七月到十二月之間，事實上可以說是毫無進展，而且在十月中旬還吃了一次大敗仗。照後世史學家的判斷，薛曼在九月裏攻佔亞特蘭大（Atlanta）之役，才眞算是扭轉乾坤的一件大事。

當格蘭特被召回出任統帥時，薛曼由於在維克斯堡之戰中建了不少戰功，遂接替了他出任西方戰場的總指揮官。他們兩人之間，在觀念上是具有明顯的差異。格蘭特是把敵人的軍隊當作他的主要目標，而薛曼的方法卻是威脅戰略點，以壓迫敵人自動暴露出來，用求戰的方式以來保護這個點的安全，否則即必須自動放棄這個點，以維持平衡。所以他總是同時具有兩個目標，不過以後他卻達到了他的第二個目的——其作用就更深遠。亞特蘭大是南軍的基地，不僅是四條重要鐵路線的交點，而且更充滿了重要的補給物資。誠如薛曼自己所指明，它是「充滿了鑄鐵廠、兵工廠和機器廠」，此外它又更是一個精神上的象徵，他說：「只要佔領該地，則南軍在精神上也無異於宣告了死刑。」

關於格蘭特的目標和薛曼的目標，孰優孰劣的問題，固然有很多爭論，但是後者比較適合一個民主社會的心理，那卻是毫無疑問。也許只有擁有絕對地位的統治者，當他大權在握時，才有資格堅持這種「擊敗敵人軍隊」的軍事觀念；甚至於像這樣一位統治者，也應該考慮到如何使這種觀念去與現實情況相配合，或者是權衡它有無達到的可能性。但是當一位戰略家是民主政府的公僕時，他所具有的權力通常沒這麼大。他一定要仰仗他的僱主對他的支持和信任，他在工作時，對於時間和成本兩方面，都要比「絕對」性的戰略家，具有更狹窄的限度。在壓迫之下，他必須要求速勝。不管最後的希望有多大，但是在時間上他卻不可拖得太久。所以有時他不免要暫時把原定的目標放在一邊，或者至少要改變他的作戰路線，以來使他的觀念獲得一個新的偽裝。當面臨著這些不可避免的障礙時，軍事理論一定要與現實相配合，一切軍事上的努力，其基礎都是建立在大衆的支持上面——不僅人力和物力都要以此爲泉源，而且究竟能否繼續作戰，也要看「老百姓」的臉色。所以戰略家對於他所唱的戰略高調，也最好是以避免「曲高和寡」爲原則。

薛曼利用機動的運動，以來節約他的兵力，是最值得加以注意的，因爲若與在維吉尼亞州的格蘭特對比，他在補給方面實在是更受限制，所依賴只是一條單獨的鐵路線而已。可是，他卻不使用他的軍隊作直接性的攻擊，反過來他甚至於暫時還擺脫了他的補給線。在這幾個星期的運動中，他僅僅在克尼沙山地(Kenesaw Mountain)上，曾經作過一次正面攻擊的企圖。這一次的行動是特別具有深意，因爲他的部隊實在是太疲倦，所以他不忍叫他們在大雨滂沱的道路上作側面的行軍。這一次攻擊在略經接觸之後，也就自動停止了。薛曼在山林起伏、河川縱橫的地區中，一共走了一百三十哩，但是卻只讓他的部隊作了一次攻擊戰鬥。然而同時，他卻採取了極其巧妙的運動，一再的引誘南軍發動徒然的進攻。而這類攻擊必定都以失敗收場，因爲他的攻擊運動結合了高度的防禦技術：靈活快速的壕溝和土牆工事。每當敵人無法透入他這種機動性的「防盾」時，他就獲得了一次新的戰略利益。強迫本來在戰略上採取守勢的敵人，不斷的使用這種成本極高的戰術性攻勢，這從歷史上來看，可以算是一種最高明的戰略例證。而更值得注意的卻是薛曼還受著一條單獨交通線的束縛。除開巨大的精神和經濟效力不說，專就最狹窄的軍事觀點而論，薛曼的成就也已經夠偉大，因爲他使敵人所受的損失，要比他自己所受到的遠爲巨大，這不僅是相對的，而且是絕對的——若與格蘭特在維吉尼亞的戰績作一對比，則更明顯。

在攻佔了亞特蘭大之後，薛曼馬上又進一步作了一次空前的新冒險，關於這一件事，他曾經受到許多軍事評論家的批評。他深信假使他若是能深入敵境，首先進入南方的穀倉——喬治亞——接著再繼續攻進南方的心臟——南北卡羅來那(Carolina)——並且破壞他們的鐵路體系，那麼這個侵入的行動就會產生極強烈的精神作用，同時阻止補給向北流動，以去接濟李奇蒙和李將軍的軍隊，這樣一來南軍的抵抗就會自動崩潰了。

於是，他完全不考慮到胡德(Hood)的南軍——這支軍隊是被他壓迫退出亞特蘭大城的——而開始進行他那個著名的「向海岸行軍」運動。他經過喬治亞州，一路破壞鐵路，也一路就地取食。一八六四年十一月十五日，他離開了亞特蘭大城，十二月十日他就達到了沙凡那(Savannah)的郊外。在那裏他才又接上了他的交通線——不過那是海運而非陸運。南方的亞歷山大將軍，同時也是一位史學家，他曾經作下述的判斷：「這一次的進軍，對於南方地區人民的精神影響，其巨大的程度可以說是毫無疑問的。比任何最具有決定性的勝利，還要更偉大。」薛曼於是就繼續通過卡羅來那州，向北直趨李將軍的後方，並且使南軍喪失了他所剩餘的主要港口。

薛曼的作戰方法是很值得加以更詳細的研究。因爲當他經過喬治亞州行軍時，他不僅和他的交通線完全斷絕了聯繫，而且還把他的輜重減少到了最低限度，使他的部隊變成了一支巨型的「飛行縱隊」，完全是輕快部隊，一共只有六千個精兵。分爲四個兵團，每個都以自給自足爲原則，當縱隊前進的時候，搜括糧食的部隊就在前面和側面，無形中構成了一道寬廣的屏障。

此外，在這次進軍中，薛曼又成功地發展出一種新的戰略實踐。在亞特蘭大的戰役中，他認清了當只有一個單純的地理目標時，常常容易受到阻礙，因爲敵人要阻止他前進的工作是很簡單的，並無太多變化。於次薛曼就盡量的避免這個弱點，他盡可能的使他的敵人不斷居於「左右兩難」的地位。他所採取的路線一直使敵人感到狐惑不決，最先猜不透他是以馬孔(Macon)還是以奧古斯塔(Augusta)爲目標，接著又猜不透他是以奧古斯塔還是以沙凡那爲目標。而且即令薛曼心中早已有所選擇，可是他卻隨時準備掉換他的目標，完全以當時的情況來作決定。由於他不斷的採取欺詐的方向，於是敵人遂始終摸不清楚他的眞正意圖。

在穿越喬治亞州的進軍中，薛曼已經證明了一支軍隊雖然輕裝到如此程度，卻也還是具有運動的能力。現在他進一步的證明，這種輕快的程度還可以更增進。當他尚未繼續越過卡羅來那州向北前進時，他已設法把他的軍隊，變成一種具有最高度機動性的戰爭機器：一接到命令，頃刻之間即可開始行動，而且只需最少量的糧食即足以維持他們的生活。儘管已經是冬天，可是連軍官也得露宿，兩個人共用一塊帆布，撐張在樹枝上面過夜。所有的營帳和營具完全被取消。

這一次，薛曼們是採取一條欺敵的路線，同時具有兩個可以互換的目標。所以他的敵人無法決定究竟應該防守奧古斯塔，還是查理士頓(Charleston)，因此分散了他們的兵力。結果，他對於這兩點卻都棄置不顧，而從它們中間橫掃過去，以攻取哥倫比亞(Columbia)爲目的——這是南卡羅來那州的首府，也是南軍最重要的補給來源。此後，南軍又拿不穩他到底是想向夏洛特(Charlotte)，還是向費也維爾(Fayetteville)進攻。最後當他從費也維爾出發時，敵人又猜不透他的次一個目標是拉雷(Raleigh)還是高茲波羅(Goldsborough)。而他自己也尚未決定到底是應以高茲波羅，還是懷明頓(Wilmington)作爲最後目標！

因爲這種神出鬼沒的行動方向，在物質上和精神上是具有極大的影響作用，這也就是唯一合理的解釋，足以說明爲何當薛曼在這個遠達四百二十五哩的長距離行軍中，可以一路通行無阻的理由。事實上這個地區中充滿了各種障礙物——河川、沼澤和岩岸——同時敵人的數量也遠較優越，具有充分的抵抗力量。此外，薛曼的彈性也具有極大的貢獻，其價值和方向的變換幾乎不相上下。在一個寬廣和不規則的正面上運動——分成四、五、六個縱隊，每個縱隊外面又都有一層搜括糧食人員的掩護——假使有一支縱隊被阻，其他的縱隊還是照樣的前進。從效果和方法上來看，他們就是一九四〇年德國裝甲兵力橫掃法國的先例。對方的部隊完全給他駭昏了，在精神的壓迫下，他們一再後退，在未曾感到任何嚴重的物質壓力前，即已自己發生了動搖。他們的心理對於薛曼的機動力量，已經產生了一種「飽和」的印象，每當他們建立了一個抵抗陣地時，就會先想到如何退卻的方法。他們又總是先聲奪人的喊道：「我們是薛曼的突襲部隊，你們趕快逃吧！」假使有信心就等於贏得了會戰的一半，那麼若能破壞敵人的信心，就不僅只等於一半，而在一半以上了——因爲這就樣可以不戰而勝。薛曼，也正和拿破崙在奧國作戰的時候一樣，他可以誇口的說：「我僅僅用行軍即已經把敵人打垮了。」

三月二十二日，薛曼達到了高茲波羅，在那裏他接受了補給和夏費德(Schofield)的增援兵力，經過一番整補之後，他便準備向堅守李奇蒙的南軍兵力，作最後的攻擊。

一直等到四月初，格蘭特才開始繼續前進。這次馬上獲得了驚人的成功，首先是李奇蒙投降，在一個星期之內，李將軍的軍隊也全部投降了。從表面上看來，這似乎是格蘭特的直接戰略和尋求「會戰」的目標，能夠獲致全勝的明證。但是，在下一個嚴正的判斷時，時間因素是特別重要。爲什麼南軍的抵抗會突然崩潰的主因，是由於他們的肚子感到空虛，並且從「家鄉」傳來的消息使得他們感到灰心喪氣。甚至於在薛曼尚未達到高茲波羅之前，格蘭特就已經可以這樣的寫著說：「李的軍隊現在已經士氣低沉，逃亡得非常快。」

人類具有兩種最高的「忠心」——一是忠於他們的國家，一是忠於他們的家庭。而對於多數人而言，後者因爲更具有個人性，所以也就更強烈。只要他們的家庭還是安然無恙的，他們是願意出死力保衞國家，因爲他們相信這種犧牲也就是間接保護了他們的家庭。可是一旦當他們的家庭本身都已受到威脅時，那麼一切的愛國心、紀律和同胞的情感就會喪失了維繫的力量。所以薛爾曼的後方攻擊，最大的效力也在於此，他不僅只是攻擊一個軍隊的後方，而且還更攻擊一個國家的後方，結果使這兩種「忠心」形成對立的狀態，這樣就使軍人的抵抗意志發生了裂痕。

這種間接的路線，以敵人在經濟上和心理上的後方爲攻擊對象，終於產生了決定性的後果。只要對戰爭肯虛心研究的人，一定可以獲得這樣的結論。三十年之前，英國戰史學家艾德蒙茲將軍(Gen. Edmonds)曾經作過下述的按語：

> 由於南方名將，李和傑克遜，都具有偉大的軍事天才，而北維吉尼亞州的軍隊也具有極高的戰鬥力，同時雙方的都城又距離得那樣近，所以使人們的注意力，都完全集中在東戰場上。但實際上作決定性打擊的地點卻是在西方。一八六三年七月，北軍佔領了維克斯堡和哈德遜港(Port Hudson)，這就是戰爭的眞正轉機。以後由於薛曼西面軍的作戰，才終於使南軍覆亡。

爲什麼大家會有這種不正確的認識，部分原因是由於戰鬥的光輝，把多數軍事史學家的頭腦給弄昏了；另外一部分的原因是由於韓德遜(Henderson)所寫的《傑克遜傳》，實在未免言過其實，其傳奇的意味重於歷史。這本書裏到處充滿了韓德遜本人的戰爭觀念，遂不免使其在軍事史上的眞正價值大爲減少。英國軍事學者受了這些影響，遂把注意力集中在維吉尼亞的戰役方面，而完全忽視了西部戰場——實際上那裏卻產生了決定性的行動。近代的史學家，若是能分析出這種錯誤觀念對一九一四年以前的英國軍事思想，以及對一次大戰中英國戰略的影響作用，那麼對後世才不失爲一項極有意義的貢獻。

毛奇的戰役

當分析家的眼光，從美國內戰轉移到緊接其後的歐洲戰爭上，那麼最可能使他具有深刻印象的事實，莫過於這兩者之間的明顯對比。

第一點，在一八六六年和一八七〇年，交戰雙方至少在名義上，對於戰爭都已經有周全的準備。第二點，雙方所使用的都是職業性的軍隊。第三點，雙方高級指揮官所犯的錯誤，都要比美國內戰的情形更多且更嚴重。第四點，德軍在這兩次戰爭中所採取的戰略，完全缺乏藝術性。第五點，儘管具有這樣多的缺點，戰爭的勝負卻還是迅速的獲得了決定。

毛奇(Moltke)的戰略在設計上完全缺乏技巧，是一種純粹的直接路線，全憑優勢兵力的集中，以單純的重量來把敵人壓垮。那麼我們是否可以就此認爲這兩次戰爭即足以證明戰爭的規律是具有眞正的「例外」呢？固然它們可以算作一種例外的情形，但是並不足以證明從許多經驗中所歸納出來的規律，還是具有漏洞。因為在這兩次情形中，勝方都是具有優越的兵力，而敗方的能力又實在太差，所以不必等到交手，便即足以判定彼此的勝負。

一八六六年，奧軍的主要弱點是兵器水準太差。當時，在戰場上可以找到充分的例證，證明普軍的後膛槍，實在是比奧軍的前膛槍要厲害得太多。可是後代的學院派軍事思想家卻故意不重視這一點。一八七〇年的法軍，其弱點可以分為兩方面：㈠數量居於劣勢，㈡他們的訓練也正如一八六六年的奧軍般惡劣。

這些事實即足以解釋奧軍和法軍連續為普軍所擊敗的眞正理由。不過在未來從事戰爭準備時，任何的戰略家似乎都不至於魯莽到假定他的敵人，在頭腦和體力方面，是和一八六六年的奧軍、一八七〇年的法軍般脆弱，並據此再來擬定他的計畫。

另外也還有一點値得注意：德軍的戰略固然在觀念上是直接的，但是執行時也還是具有相當的彈性。

一八六六年，為了想利用一切可用的鐵路線以節省時間起見，所以毛奇把普軍分布在長達二百五十哩以外的廣泛正面上。他的意圖是想用迅速的前進，通過邊界上的山岳地帶對敵境作向心式的運動，以和他在波希米亞北部的軍隊會合。但是因為普王不肯以侵略者自居，一再的拖延時間，而使他的意圖受到影響——也同時使毛奇的戰略，獲得了意想不到的間接性，這卻是他原先所不曾計畫的。因為在這段期間中，奧軍已經集中向前推進，使毛奇喪失了他理想中的集中地區。於是普國的皇太子，相信突出的西利西亞會受到威脅，他力迫毛奇准許他的部隊向東南移動，以來保護西利西亞。這樣一來，他這支軍隊就和其餘的部隊相隔甚遠，但同時也達到了一個可以威脅奧軍側翼和後方的位置。腐儒之流曾經爲了這個問題做過不少文章，大都譴責毛奇不該把兵力散得這樣遠。事實上，勝利的種子正因此而撒播，雖然他並不曾有意播種。

這樣的兵力部署使奧軍的指揮官在心理上喪失了平衡，因此儘管普軍一再犯下重大的錯誤，可是他們卻還能分兩路越過山地，而終於在柯尼格雷茲收穫了勝果——因爲多數的錯誤都適巧對於間接性有貢獻，因此也使他們的路線更具決定性。事實上，尚未開戰之前，奧軍的指揮官即已戰敗——他們那時早已致電奧皇，要求立即向普國求和。

值得注意的，是毛奇把他的部隊分別集中在一個比較廣泛的地區，而奧軍卻完全集中在一起，其正面不過四十哩長。從表面上看來，奧軍是佔有所謂「內線」的便利，但事實上，普軍卻因此而具有較大的彈性。此外還值得一提的是，毛奇的意圖固然是想在與敵人遭遇前，即先集中他自己的兵力，不過他的目的卻並非立即作直接的攻擊。他原定的計畫是具有兩個分支。假使試探出奧軍在易北河上約瑟夫斯塔德(Josefstadt)的「假想」陣地，已經有了不穩的現象，那麼普國皇太子所率領的軍團應立刻東進，以攻擊它的側翼，而另外兩個軍團則釘住它的正面。假使這個攻擊無實現的可能性，那麼三個軍團就應一律向西旋繞，在巴爾都比茲(Pardubitz)越過易北河，然後再轉向東面，以威脅敵人通向南方的交通線。可是到了實際作戰的時候，奧軍卻先渡過了易北河，其集中的位置遠比毛奇所預料的更向前，所以皇太子的前進，遂自動趨向奧軍的側翼上，於是立即形成了包圍的形勢。

一八七〇年，毛奇的原有意圖是想在薩爾河(Saar)上，作一次決定性的會戰。所以他準備把三個軍團都集中在那裏，以來擊碎法軍；這個計畫事實上也未實現，其原因不是由於敵人的行動，而是由於他們的癱瘓。當時普國的第三軍團，本位置於極左翼方面，已經在極東的地方越過了邊界，並且在維森堡(Weissenburg)擊敗了一個法軍支隊，獲得了小型的戰術性成功。僅僅由於這個消息的傳播，便使法軍全體發生了癱瘓現象。他們一直往前推進，在吳爾斯(Wöth)又發生了一場混戰，終於在其他法軍部隊到達戰地前，即已包圍了法軍右翼的側衞兵力，而使其潰敗。這次部分性的支隊作戰，其所產生的間接效力，要比他們所想像的大規模會戰，具有更多的決定性。因爲此後，第三軍團就沒有照原定計畫向內轉動，以和普軍的主力會合，他們被允許沿著一條暢通的路線推進，完全位置在敵軍主力所在地區的外面。結果他們僥倖的未參加在維昂維爾(Vionville)和格拉費羅特(Gravelotte)的錯誤會戰。照當時法軍的位置來判斷，假使他們參加了，也不會有什麼作用。由於他們不曾投入會戰，所以到了後來的決定性階段中，這個軍團反而變成一個重要的因素。

由於受了格拉費羅特會戰結果的刺激，法軍主力就開始向側翼退卻，退入了麥次城(Metz)。當時普軍第一和第二兩個軍團都已經打得筋疲力竭，因此敵軍是很容易脫逃的。但是由於害怕普國第三軍團的攔截，所以法軍主將巴則尼(Bazaine)才會以坐守麥次爲目的，因此普軍才有時間來恢復他們的力量。反過來說，法軍放棄了野戰的機會，而坐守孤城，也可以說是一誤再誤。最後，麥克馬洪(Mac Mahon)才企圖解麥次城之圍。他這次的動機並非受了政治上的壓迫，而是受了敵人的引誘。這一次的作戰，在理論和實踐上，都可以說是一無是處。

於是既非故意，又不曾在任何人的預料中，法軍爲普國第三軍團創造了一個新機會，他們現在繼續向巴黎挺進。對於麥克馬洪的軍隊，構成一種間接路線的威脅。他們把進行方向完全改變了，從西到北，繞著麥克馬洪的側翼而到達了他的後方。這個行動使麥克馬洪的全軍陷入了陷阱中，並且被迫

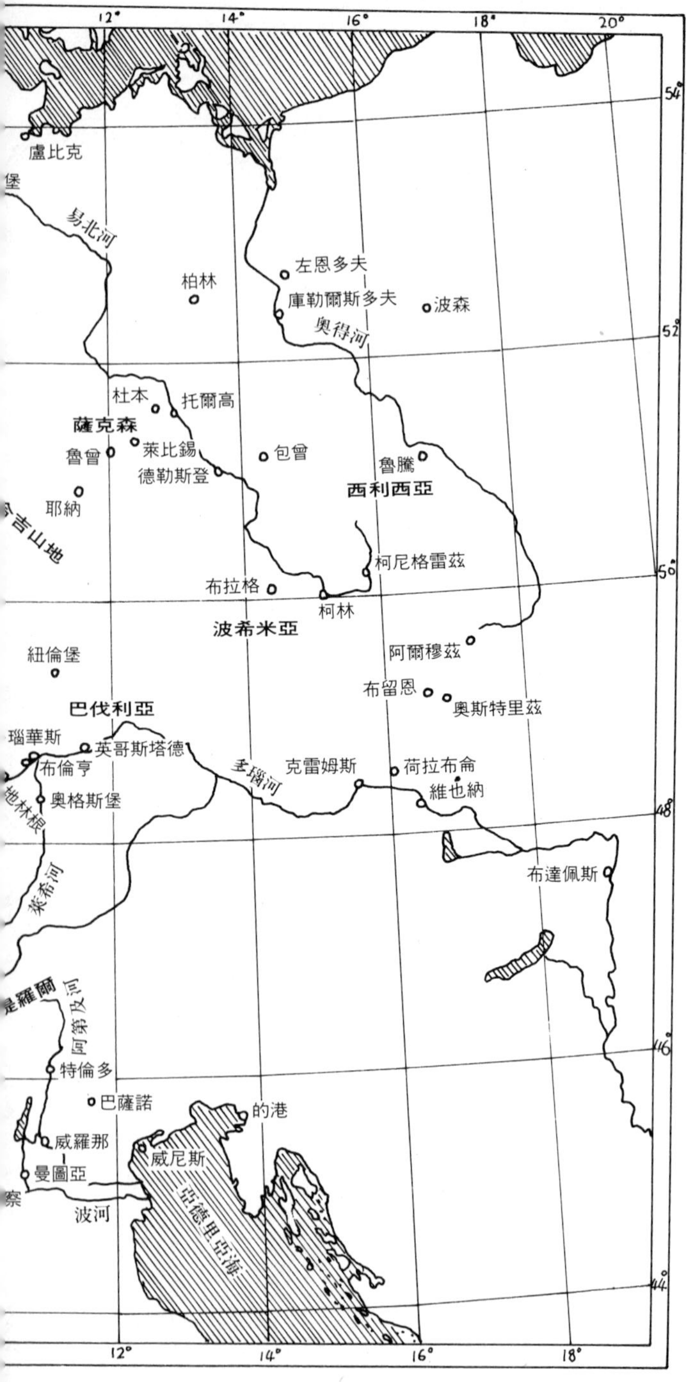

12°
14°
16°
18°
20°
54°
52°
50°
48°
46°
44°
盧比克
堡
易北河
柏林
左恩多夫
庫勒爾斯多夫
波森
奧得河
杜本
托爾高
薩克森
魯曾
萊比錫
包曾
德勒斯登
魯騰
西利西亞
耶納
吉山地
柯尼格雷茲
布拉格
柯林
波希米亞
阿爾穆茲
紐倫堡
布留恩
奧斯特里茲
巴伐利亞
瑙華斯
英哥斯塔德
布倫亨
多瑙河
克雷姆斯
荷拉布侖
維也納
奧格斯堡
地林根
萊希河
布達佩斯
是羅爾
阿第及河
特倫多
巴薩諾
的港
威羅那
威尼斯
曼圖亞
察
波河
亞德里亞海
12°
14°
16°
18°

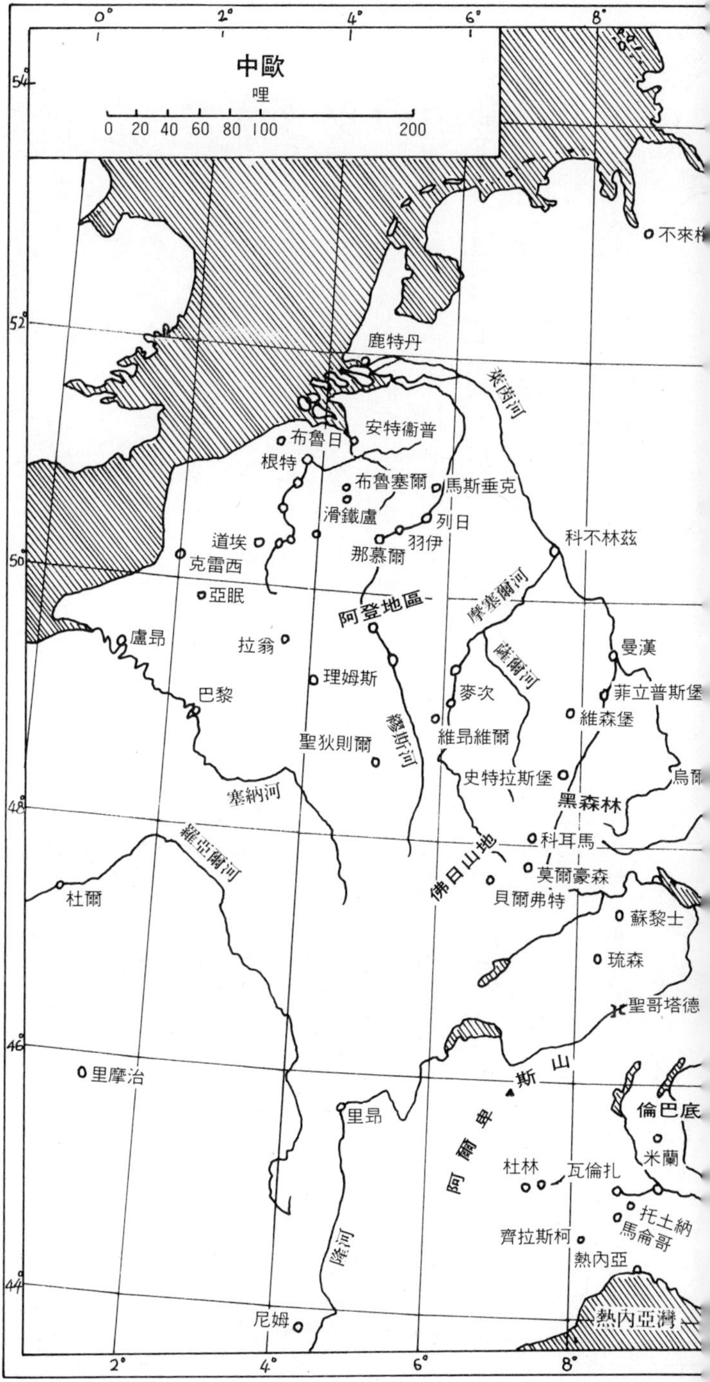

中歐
哩
0 20 40 60 80 100 200
0° 2° 4° 6° 8°
54°
52°
50°
48°
46°
44°
不來梅
鹿特丹
萊茵河
安特衛普
布魯日
根特
布魯塞爾
馬斯垂克
滑鐵盧
列日
道埃
羽伊
那慕爾
克雷西
科不林茲
亞眠
阿登地區
摩塞爾河
盧昂
拉翁
曼漢
薩爾河
理姆斯
菲立普斯堡
巴黎
麥次
維森堡
默斯河
聖狄則爾
維昂維爾
史特拉斯堡
烏爾
塞納河
黑森林
羅亞爾河
科耳馬
佛日山地
莫爾豪森
杜爾
貝爾弗特
蘇黎士
琉森
聖哥塔德
里摩治
阿爾卑斯山
倫巴底
里昂
米蘭
杜林
瓦倫扎
托士納
馬侖哥
齊拉斯柯
熱內亞
隆河
熱內亞灣
尼姆

在色當(Sedan)投降了。

在這個決定階段中所具有的間接性，實際上要比表面上所表現出來的還多。但是一八七〇年以後的軍事理論家，大部分都只受表面現象的影響，而並未能作更深入的研究。這種影響對於下一個大規模戰爭——一九〇四年至〇五年的日俄戰爭——就具有極重要的作用。

日俄戰爭

日本的戰略，完全學著他們德國師傅的榜樣，純粹是採取直接路線。儘管俄軍在作戰方面，所依賴的就只是一條單獨的鐵路線——西伯利亞鐵路——可是日軍對這樣有利的條件，卻完全不知道加以利用。在古今中外的歷史上，從來不曾有過一支軍隊，是利用這樣長和這樣窄的通氣管呼吸，而且因為這支軍隊的數量如此的龐大，所以更使他們感到呼吸困難。但是日本的戰略家所希望的，只是想正對著俄軍的牙齒，作直接的打擊而已。而他們對於部隊的集中，其密集的程度較之一八七〇年的毛奇，還尤有過之。誠然，他們在遼陽之前，曾經企圖作某種性質的向心前進，而與敵人接觸之後，又一再的企圖迂迴敵人；不過從地圖上來看，這種迂迴的路線似乎是很寬廣，可是若就其兵力大小的比例而言，則實在是非常的狹窄。儘管他們並不像毛奇般交了好運，手中並無一支「自由」進行的軍隊；同時也沒有那個巧遇的「香餌」，像麥次城那樣；而尤其是並無一個麥克馬洪來吞食它——反過來說，他們攻擊旅順卻正是吞食敵人的香餌——話雖如此，他們卻希望能夠獲得一個「色當」型的勝利。因此，他們是徒然流了許多的鮮血，而未能獲得一個決定性的勝利。最後在毫無決定性的奉天會戰後，日軍就已經拚得筋疲力竭。幸虧俄國對這次戰爭根本不感興趣，而且所用的兵力也還不到它全力的十分之一。於是俄國願意講和，這對日本而言，才眞是一個天外飛來的好運。

以上對於歷史的觀察和分析，都是以事實爲根據，而非以假想爲根據。那是眞正所已經發生的事情，以及它的結果，而不是假定雙方如何怎樣的說法。實際的經驗證明了直接性的路線，總是難於產生決定性的結果。以此項具體的事實爲基礎，才演化出間接路線的理論。當然，採取間接路線也自有其困難，所以無論贊成與否，都一定可以找到一套辯論的理由，不過實際上卻無太多意義。從基本原理的觀點上來看，那些都是多餘的廢話。即使某一位將軍，採用某種另外的路線，且能夠獲得某種較好結果，但它卻並不屬於我們的研究範圍。

不過從一般軍事學研究的立場上來說，這種假想不僅很有趣味，而且更有其價值。所以撇開我們現有的研究路線不談，那麼我們即可以指出旅順港和曼圖亞所具有的地位實在頗爲相似——一方面也應注意到日軍在朝鮮和滿洲，在地理和交通方面所遭受到的困難。假使當時日軍所遭遇的條件，要比拿破崙的法軍還困難，那麼他們卻也自有其優點——例如工具比較好。這樣的比較研究，即可以馬上引到下述的兩個問題：㈠在戰爭初期，日軍若能效法拿破崙以曼圖亞爲餌引誘奧軍來攻的手段，即把旅順港當作誘敵的香餌看待，似乎也是不無利益的；㈡在戰爭的末期，日軍至少應使用部分兵力，以企圖切斷俄軍在哈爾濱與瀋陽之間的狹長通氣管。

第十章 二十五個世紀的結論

以上的討論一共包括十二次戰爭，它們對於歐洲古代史的發展都具有決定性的影響；此外還有到一九一四年爲止近代史上的十八次主要戰爭——對於反抗拿破崙的鬥爭，被當作是一個整體的戰爭看待，因爲這些戰事是此起彼伏，所以無法把它們分開。這三十次戰爭又包括著二百八十次以上的個別會戰，其中只有六次會戰——那就是：㈠依沙斯；㈡高加米拉；㈢弗里德蘭；㈣華格南；㈤沙多瓦；㈥色當——是採取對於敵軍主力作直接戰略路線的計畫，而獲得了決定性戰果的。

上述六次戰役的頭兩次，當亞歷山大向前進攻的時候，其間接路線的大戰略卻已經爲他奠下了一個準備的基礎。此時波斯帝國已經感到動搖，而它的附庸國家也都喪失了信心。此外，他之所以能在每次會戰中，都攻無不勝的主要原因，是由於他不僅擁有一個素質特優的戰術工具，而且他在使用的時候，也總是採取戰術性的間接路線。

在中間兩個例證中，拿破崙在每次開始作戰時，也都是企圖採取間接路線，後來他之所以改用直接攻擊方式的理由，可以分爲兩點：一是他缺乏忍耐力，二是他對於他的作戰工具的優越性，具有信心。這種優越性的基礎，就是他使用大量集中的砲兵火力，用來對付某一個據點的方式。在弗里德蘭和華格南之所以能獲得決定性戰果的主因，也是由於這種新戰術方法的使用。但是這兩次的成功卻還是付出了高價，從它對於拿破崙本身的命運所具有的最後影響而論，即令享有這種戰術性的優越，也還是最好不要採用這種類似的直接路線。

至於說到一八六六年和一八七○年的兩次戰爭，我們在上章中即已說明過，儘管這兩個戰役被人認為是直接路線的代表作，可是事實上，它們卻都具有想意不到的間接性。而每次又都加上普軍在戰術方面的優越性，所以才會大獲全勝——一八六六年的優勢為後膛槍，一八七○年的優勢為比較優良的砲兵。

當我們把這上述的六次戰役，加以徹底的分析之後，我們發現採取直接性的戰略方法，實在是缺乏理論上的根據。儘管就整個歷史上來看，直接路線似乎是正常的，而故意的間接路線卻完全是例外。不過我們還可以注意到，許多將軍雖然不曾把它當作最初的戰略，卻又常常把它當作最後的手段。當直接路線失敗之後，間接路線卻反而常常會使他們獲得決定性的勝利——此時他們多半是居於劣勢，因此只好採取間接路線。在這種不利的情況之下，而尚能獲得決定性的成功，更使人覺得難能可貴。

前幾章的討論中也可以顯示出，在大多數的會戰中，其路線的間接性，幾乎和其戰果的決定性，具有同樣的價值。其中可以列舉出來的有：㈠西元前四○五年，賴桑德在愛琴海中的會戰；㈡西元前三六二年，艾帕米隆達斯在伯羅奔尼撒的戰役；㈢西元前三三八年，菲利普在波提亞的戰役；㈣亞歷山大在海達斯配河上的戰役；㈤西元前三○二年，卡桑德和賴西馬巧斯在近東的戰役；㈥漢尼拔在艾圖里亞(Etruria)的特拉齊木諾會戰；㈦西庇阿在非洲的烏提卡和查瑪會戰；㈧凱撒在西班牙的依勒爾達會戰；以及在近代史中的㈨克倫威爾的普雷斯頓、頓巴爾，和烏斯特等會戰；㈩屠雲尼在一六七四至七五年間的亞爾薩斯會戰；⑾尤金在一七○一年的義大利戰役；⑿馬堡公爵在一七○八年的法蘭德斯戰役，和維拉爾在一七一二年的法蘭德斯戰役；㈢吳爾夫的魁北克戰役；㈣約爾丹在一七九四年的摩塞爾河—繆斯河戰役；㈤查理士大公一七九六年的萊茵河、多瑙河戰役；㈥拿破崙一七九六年、一七九七，和一八〇〇年的三次義大利戰役；㈦拿破崙一八〇五年的烏爾門和奧斯特里茲會戰；㈧格蘭特的維克斯堡會戰，和薛曼的亞特蘭大會戰。此外，我們還曾經討論到許多位置在直接和間接之間的例證，在這些例證中，其間接性和決定性就比較不那麼顯著。

一方面，我們看到直接路線的例證是如此稀少；另一方面，我們在歷史上的決定性會戰中，又可以爲間接路線找到這樣多的例證。因此我們自然可以獲得以下的結論，認爲間接性在戰略上，實在是一種最有希望和最經濟的形式。

那麼我們從歷史中是否還可以找到更肯定的結論呢？這是絕對可以的。除了亞歷山大要算唯一的例外以外，一般負有常勝威名的名將，每當他們遭遇到在形勢上或數量上具有優勢的強敵，一般很少會採取直接攻擊方式。假使爲了環境所迫，而必須冒險作直接攻擊時，那麼其結果通常總是不免失敗，而在他們的紀錄上留下了汚點。

此外，歷史上又顯示出，一位眞正的名將總是寧願採取最危險困難的間接路線，而絕不願意走直接的路線。必要時，寧肯只使用一部分的兵力，越過山地、沙漠或沼澤等等的險阻，甚至於暫時切斷他自己的交通線。他寧肯面對一個不利的條件，而不願接受直接路線所帶來的潛在失敗危機。

天然的障礙，不管它們是如何的險阻，可是其所具有的危險性和不穩性，卻總還是比不上一次眞正的戰鬥。任何的條件都可以計算，任何的障礙都可以超越，只有人類的抵抗力卻是唯一的例外。經過了合理的計算和準備，一切的障礙物，都可以依照預定的「時間表」，而加以克服。拿破崙在一八〇〇年，可以「依照計畫」的越過阿爾卑斯山，可是一個小小的巴爾德（Bard）要塞，卻居然使他的大事，在行動上受到了嚴重的影響，因而危害及他的整個計畫。

現在我們再從反面來加以觀察，把歷史上所有的決定性會戰加以分析之後，我們就可以發現幾乎所有的勝利者，都是在衝突發生之前，先使對手在心理上處於不利的地位。關於這一點的例證可以列舉於下：㈠馬拉松；㈡沙拉米斯；㈢伊哥斯波塔米；㈣曼提尼亞；㈤恰羅尼亞；㈥高加米拉（由於大戰略的作用）；㈦海達斯配河；㈧依普蘇斯；㈨特拉齊木諾；㈩卡納；㈩㈠米陶拉斯；㈩㈡查瑪；㈩㈢提卡米侖；㈩㈣塔吉納；㈩㈤哈斯丁；㈩㈥普雷斯頓；㈩㈦頓巴爾；㈩㈧烏斯特；㈩㈨布侖亨；㈡㈩奧德納爾德；㈡㈠地南；㈡㈡魁北克；㈡㈢弗勒呂斯；㈡㈣利弗里；㈡㈤奧斯特里茲；㈡㈥耶納；㈡㈦維克斯堡；㈡㈧柯尼格雷茲；㈡㈨色當。

把戰略和戰術兩方面的觀察結合在一起，我們又發現了多數的例證，都可以併入下述兩種類型中之一種：㈠採取一種彈性防禦的戰略，先作有計畫的撤退，然後再用一個戰術性的攻擊來作爲頂點。㈡或者是採取一種攻勢的戰略，其目的是爲了要使他自己立於可以「顚覆」敵人「平衡」的位置，然後再用一種戰術性的守勢以竟全功——像蜜蜂尾上的刺。這兩種結合的方式都是間接的路線，其心理方面的基礎都可以用下述的字句來表達——「引誘」和「陷阱」。

事實上，也正和克勞塞維茨所曾經暗示的觀念相似，那就是說守勢是一種較強的戰略形勢，而且也比較經濟，不過此處的涵意卻又比克勞塞維茨更深入和更廣泛。因爲儘管從表面上和理論上看來，第二種結合方式應該算是一種攻勢行動，可是其內在的動機卻還是想要引誘敵人作一種「不平衡」的前進。最有效的間接路線就是要能設法引誘，或推送敵人進入一種「虛僞」的動作——這正和柔道的原理完全一樣，設法讓他自己用自己的力量，來擊倒他自己。

在攻勢戰略方面，所謂間接路線通常都包括一種後勤的軍事行動，以一個經濟性目標——對方國家或軍隊的補給來源——爲其攻擊對象。不過偶爾，這種行動也可以具有純粹性的心理目標，貝利沙流士的某些作戰即爲其例證。不管所採取的是那一種「形式」，主要的「效力」就是要使敵人在「心理」上和「形勢」上，產生「不平衡」的現象——一個間接路線的效力，即以此爲其眞正的度量標準。

另外還有一項結論，也許不那樣肯定，但是其所具有的暗示性卻不曾減少。從我們的觀察上看來，每當一個戰役中的敵人不止一個國家或一個軍隊的時候，那麼最好的方法就是先集中全力，來攻擊敵方較弱的一個夥伴，這要比先企圖擊敗強者，較爲有把握。通常弱者被擊敗之後，強者也就會隨之而自動崩潰。

在古代史中有兩次最出色的戰役，一是亞歷山大征服波斯，二是西庇阿擊滅迦太基。這兩次都是採取截斷敵人根本的辦法。這種間接路線的大戰略不僅創立了馬其頓和羅馬大帝國，而且他們最偉大的承繼者——不列顚帝國——也是這樣建立起來的。拿破崙的皇權和幸運也是以此爲基礎。再往後說，在這同一基礎上，也建立起美國那樣偉大堅固的國家。

要想學會間接路線的運用藝術，並對它的內容有全面的了解，那麼唯一的方法，就是對於整個戰史不斷地作博考深思的鑽研。不過我們可以把這些教訓具體化，化約成兩條簡單的格言，一是消極的，另一是積極的：㈠歷史上的例證簡直不勝枚舉，任何一位將軍對於已經據有堅強陣地的敵人，絕不可以向它發動直接的攻擊；㈡不要想用攻擊的方式，來使敵人喪失平衡，一定要在眞正攻擊發動之前，先使敵人喪失了平衡。

列寧對於這個基本的眞理，似乎頗有認識。他曾經說過：「在戰爭中最健全的戰略，就是一直等到敵人在精神上已經渙散之後，再開始作戰，如此只要一擊就可以輕鬆地使敵人喪命。」這當然不一定總是可能，而且他所主張的宣傳方法，也並不一定完全有效。不過他這句話若能略加修正，那麼似乎就更有實用價値：「任何戰役中的最健全戰略，就是一定要等到敵人在精神上已經發生動搖之後，才開始會戰；任何戰役中的最健全戰術，就是一定要等到敵人在精神上已經發生動搖之後，才開始攻擊。只有這樣才可能作具有決定性的打擊。」

第二篇

第一次世界大戰的戰略

第十一章　一九一四年的西戰場

研究第一次世界大戰西線戰役的起點，應該是雙方戰前的計畫。法德兩國的邊界相當狹窄，一共僅約一百五十哩長，自從實行了徵兵制之後，各國的兵員數量大增，所以實在是感到無迴旋的餘地。這一條國界的東南端，直抵瑞士，除了在貝爾弗特(Belfort)附近有一小段平坦地帶以外，接著七十哩的距離都是沿著佛日山地(Vosges)而走。此後這條國界上幾乎布滿了連續不斷的要塞，這條鎖鏈的重要基礎爲艾皮納(Epinal)、都爾(Toul)和凡爾登(Verdun)·，過了凡爾登之後，就是盧森堡和比利時兩國的國界。法國在一八七〇年普法戰爭中吃了大敗仗之後，在生聚教訓的階段中，他們的戰略計畫是主張最初採取守勢，以國境要塞爲其基礎，然後再接著來一個決定性的反擊。爲了達到這個目的，他們就沿著亞爾薩斯、洛林的邊界，建立了一個巨型的要塞體系，中間也故意留下一些缺口，例如在艾皮納和都爾之間的查爾姆(Trouée de Charmes)，他們希望把德國的侵入軍卡在這些狹窄地區之內，然後再來向其作有效的反擊。

這個計畫可以說是具有某種程度的間接性。尤其是因爲邊界的長度是那樣的狹窄，而且要考慮到不侵犯中立國的領土，所以事實上也只能作如此的計畫。

可是到了一九一四年前十年的時代中，突然又發生了一種新派的思想。首創新派的人爲格宏麥松上校(Colonel de Grandmaison)，他痛斥這種計畫是違背了法蘭西的傳統精神，完全缺乏攻擊的觀念。這些「全面攻勢」(offensive à outrance)主義者就擁護霞飛(Joffre)做他們的代表人，於是霞飛在一九一二年被任命爲參謀總長，遂使新派的理論有了付諸實行的機會。他們控制了法國的軍事機構之後，馬上就廢棄了舊計畫，而另外擬定了一個新的「第十七號」(Plan XVII)計畫。這是一種純粹的直接路線，主張集中一切的兵力，一舉攻入德國的心臟部分。可是在執行這種全面攻擊計畫的時候，法軍所可能計算的兵力，卻最多只能與敵人相等。但是當他們趨前進攻時，敵人卻獲有他本國邊界要塞的掩護，而法軍自己卻完全放棄了這種利益。這個計畫中唯一不違背歷史經驗和常識的部分，就是決定只監視著麥次要塞，而並不向它作直接的攻擊——法軍分別從麥次的南北面繞過，再向洛林境內進攻。假使德國人侵犯中立國的領土，則法軍左翼方面就準備將攻擊延展到比盧兩國境內。說起來似乎很矛盾，法國的計畫是以德國人克勞塞維茨的思想爲基礎；而德國的計畫卻很像拿破崙——當然更像漢尼拔。

由於在前十年當中，英國人的軍事組織和思想都已經開始「歐陸」化，所以他們並未經過多少考慮，即接受了法國人的計畫。這種大陸派的影響使得他們不知不覺的，願意接受充當法軍左翼附屬兵力的任務，而完全忘記了他們的歷史教訓，利用海權去發揮他們的機動力量。戰爭剛剛要開始時，準備出任英國遠征軍總司令的法蘭契爵士(Sir John French)，曾經在戰爭會議上對於「原定的計畫」提出懷疑的意見，他主張把英軍送往安特衛普——在那裏它可以增強比軍的抵抗力，而且當德軍若經過比利時向法國境內進攻時，就態勢而論，這一支兵力也足以威脅其後方的側翼。可是當時英國參謀本部的作戰處處長威爾遜少將(Henry Wilson)，卻力主應直接配合法軍的行動。從一九〇五年到一九一四年這十年當中，英法兩國的參謀本部曾經不斷的作非正式的協商，結果使得英國人自動放棄了幾百年來的傳統戰爭政策。

由於有這樣一個「既成的事實」，所以法蘭契的戰略觀念就也無人過問。此外海格(Haig)主張等候情況較明朗化之後再行動，以便軍隊可以更擴大，基欽納(Kitchener)主張將遠征軍集中在國界的附近，以使目標更有限制。凡此種種，都不曾爲人所重視。

因爲法國人採行這樣的一個計畫，結果遂使德國人的原始計畫——一九〇五年由希里芬伯爵(Graf von Cchlieffen)所手創的——變成一條眞正的間接路線。既然面對著法國邊界上的銅牆鐵壁，所以唯一合理的軍事路線，當然就是繞過這些障礙物——即取道比利時。希里芬決定採取這一條路線時，就應該盡可能的繞著大圈子走。說起來似乎很奇怪，甚至於一直等到德軍已經侵入比利時之後，法國人卻還是假定德軍一定會把進攻路線，限制在比較狹窄的正面上，而以繆斯河東岸爲其限度。

在這個巨型的車輪上面，照希里芬的原定計畫，德軍的大部分兵力應該集中在右翼方面。這個右翼準備橫掃過比利時和法國的北部，然後再繼續經由一道巨型弧線，漸轉向東面的左翼上。當它的右翼頂點經過巴黎南面以後，接著在盧昂(Rouen)渡過塞納河(Seine)，這樣就可以壓迫法軍向摩塞爾河上敗退，於是洛林的要塞和瑞士的邊境變成了鐵砧，而德軍的重鎚，遂敲在法軍的背上，把他們擊成碎片。

這個計畫眞正高明的地方，並不在於地理上的迂迴，而在於兵力的分布，以及它的基本觀念——這也就代表著它的眞正間接性。在攻擊之始就把預備兵和常備兵編在一起，此即可以構成最初的奇襲。在全部七十二個師的兵力當中，有五十三個師都分配在這個旋轉的右翼方面，十個師面對著凡爾登，構成這個輪形的樞軸，在沿著法國邊境要塞線上的左翼方面，卻一共只剩下九個師。這實在是很精明的盤算，把左翼減到了最弱的程度，以來使右翼達到空前的強度。因爲即令法軍攻入了洛林，壓迫著德軍的左翼向萊茵河上退卻，但是法軍這個行動卻並不能阻擾德軍經由比利時的進攻，而且他們若愈深入，則處境也會愈困難。這好像是一扇旋轉的大門一樣，若是法軍重重的壓迫這一面，那麼另外一面就會倒轉過來，打在他們的背上——他們壓得愈重，那麼反擊也就愈重。

從地理上來說，希里芬經過比利時進攻的計畫，在戰略上所具有的間接性，實在是非常的有限——因爲在那樣狹窄的空間中，集中那樣多的兵力，實在有施展不開的困難。但是從心理上來說，因爲他對於兵力的分配別具匠心，所以才成爲一個眞正的間接路線，而法軍的計畫又更增加了它的完美性。希里芬的靈魂若是有知的話，當他看到法國人並不需要引誘，即自動投入他所設的陷阱中，一定會捋鬚大笑了。不過也許不要好久的時間，他就會收斂起笑容，而變得怒容滿面。因爲他的承繼人「小」毛奇——在年齡上他固然是最「小」，可是若論其持重小心，則可以算是最「老」——對於他的計畫，在戰前準備和戰後實行時，曾經一再地加以修改，簡直變得面目全非。

在一九〇五年到一九一四年之間，因爲部隊的數量有所增加，於是小毛奇遂一再地加強左翼的兵力，使它與右翼之間已經不合於原定的比例。爲了使這一翼比較安全，結果遂使整個的計畫都喪失了安全，因爲他一再地損毀這個計畫的基礎，結果終於導致它自動崩潰。

當法軍在一九一四年八月發動攻勢的時候，毛奇突然衝動了起來，想用直接的態度來接受這一次挑戰，決定在洛林尋找一個決戰的機會，而放棄用右翼掃擊的計畫。雖然這種衝動只不過是暫時性的，可是在這一剎那之間，因爲他自己把握不住，就把六個新成立的加強預備師，全都送往洛林方面，實際上，這卻應該用來增厚右翼的實力。這些生力軍到達了之後，遂更使洛林地區的德軍指揮官，感到得意忘形。巴伐利亞的魯普里赫特親王(Prince Rupprecht)完全忘記了他原有的任務，不特不繼續向後撤退，以來引誘法軍深入，反而站定了腳跟準備接受會戰。因爲他看到法軍的攻勢發展得非常慢，所以他就與鄰近的友軍約好，發動一次反攻以阻止法軍的前進。德軍方面的兩個軍團，一共有二十五個師，而法軍卻只有十九個師，所以擊敗敵人當然不成問題。不過他們卻缺乏絕對的優勢和戰略形勢，以使這次攻擊具有決定性。結果只不過是把法軍趕回了他們的邊境要塞之內——在那裏他們不僅可以重新整頓他們的抵抗力量，並且還可以把部隊向西調動，以便參加馬恩河(Marne)會戰。

德軍在洛林的作戰，對於希里芬計畫所具有的破壞作用，要比他們逐漸減少右翼的重量，更爲嚴重。不過也許在表面上卻不那樣的明顯，因爲最後的崩潰是發生在右翼方面，不過假使右翼的兵力若非一再地被削弱，那麼當然就不會發生這種崩潰的現象。

除了把三個加強師派往洛林以外，右翼方面又分出了七個師的兵力，去圍困或保衛安特衛普、吉維特(Givet)和毛布基(Maubauge)等地，另外毛奇又抽出了四個師去增援東普魯士的防線。由於鄰近友軍的要求，但也經過毛奇的批准，於是位置在右翼頂點的克魯克(Kluck)軍團，在時機未成熟之先，就提早作旋翼的行動。這樣才會爲敵所乘，使巴黎的守軍有機會攻擊他的側面。在這個具有決定性的側翼方面，德軍只有十三個師，而英法聯軍卻一共有二十七個師之多。這個事實即表明了希里芬心目中的「決定性側翼」，已經直接和間接的被削弱了。德軍由於在右翼方面一再地抽調兵力，所以在數量上才會居於劣勢；而法軍由於德軍在左翼方面作了違背計畫的作戰，所以在數量上才會居於優勢。

假使當時德軍若能聽任法軍的左翼向洛林境內深入，那麼法軍將不可能那樣迅速地把左翼的兵力

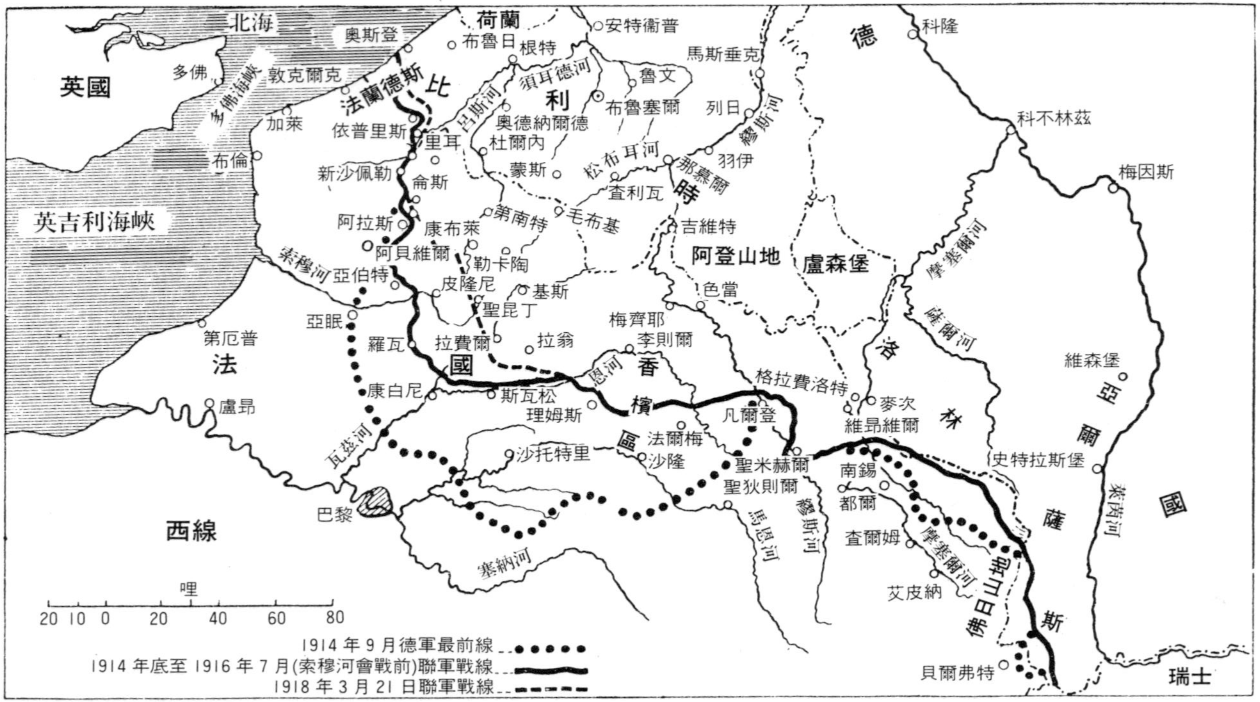
西線
英國
北海
多佛
多佛海峽
敦克爾克
奧斯登
加萊
布倫
英吉利海峽
荷蘭
布魯日
根特
安特衛普
馬斯垂克
法蘭德斯
比
利
時
須耳德河
呂斯河
魯文
布魯塞爾
列日
繆斯河
依普里斯
里耳
奧德納爾德
杜爾內
松布耳河
羽伊
那慕爾
新沙佩勒
侖斯
蒙斯
查利瓦
阿拉斯
康布萊
第南特
毛布基
吉維特
阿貝維爾
勒卡陶
索穆河
亞伯特
皮隆尼
基斯
阿登山地
盧森堡
色當
亞眠
聖昆丁
第厄普
法
羅瓦
拉費爾
拉翁
梅齊耶
李則爾
國
恩河
香
檳
區
康白尼
斯瓦松
理姆斯
盧昂
瓦茲河
沙托特里
法爾梅
沙隆
凡爾登
聖米赫爾
聖狄則爾
馬恩河
繆斯河
巴黎
塞納河
格拉費洛特
麥次
維昂維爾
南錫
都爾
查爾姆
艾皮納
摩塞爾河
佛日山地
貝爾弗特
德
科隆
科不林茲
梅因斯
摩塞爾河
薩爾河
洛
林
維森堡
亞
爾
薩
斯
史特拉斯堡
萊茵河
國
瑞士
哩
20 10 0 20 40 60 80
1914 年 9 月德軍最前線
1914 年底至 1916 年 7 月(索穆河會戰前)聯軍戰線
1918 年 3 月 21 日聯軍戰線

轉用到右翼方面來。不過就算把這些分散兵力和減少兵力的問題排除，德軍在右翼方面能否保持強大的優勢，似乎也還有疑問。由於比軍把繆斯河上的橋樑都破壞掉了，所以一直等到八月二十四日，德軍的火車才有辦法通過，而且尙不能暢通。這個障礙物使得他們無法照原定的計畫，以來增強他們的右翼。此處，他們右翼方面三個軍團的一切補給，也都非要經過這一條半斷的大動脈不可。英法兩軍在撤退時所作的爆破，也同樣使德軍的補給受到了阻撓。當德軍達到了馬恩河上的時候，他們就好像是一個已經打敗仗的軍隊——這是空著肚皮強行軍的結果。若是毛奇不曾減弱兵力，而在右翼的頂端集中更多的部隊，那麼其結果也許還可能更壞。美國內戰的教訓，一向不曾爲人所重視，所以才會重犯這種錯誤——由於鐵路的發展，以及軍隊對於這種交通線具有極大的依賴性，結果使部隊的數量越來越大，超過了長距離作戰所能夠維持的限度，因此遂極易於被擊碎。

雖然在馬恩河會戰中，我們必須跨越戰略和戰術的模糊界線，不過這次會戰卻是整個戰爭的轉捩點，而且對於「路線」的問題，也具有許多啓示，很值得加以詳細的研究。爲了明瞭起見，首先應說明其經過背景。

最先是霞飛的右翼在洛林爲德軍所擊退，接著他的中央兵力在一頭撞進阿登地區之後，也被迫撤退了。最後他的左翼也僥倖地在松布耳河(Sambre)和繆斯河之間，逃出了敵人的包圍圈。現在所謂「第十七號計畫」已經被擊成粉碎，所以霞飛正好把這些碎片收拾起來，重新再擬定一個計畫。他決定以凡爾登爲樞紐，把他的左翼和中央都向後旋轉，因爲現在他的右翼已經撐穩了，所以他就從這一方面抽出兵力，在他的左面重組成一個新的第六軍團。

德軍這一方面，由於在國界上的戰鬥中，各軍團的指揮官都紛紛發出誇張性的報告，所以使得德國的最高統帥獲得了一種虛僞的印象，認爲這就是一次決定性的勝利。以後由於俘虜的總數相當稀少，才引起毛奇內心中的懷疑，使他認爲對於情況有作更冷靜估計之必要。毛奇的這種新悲觀心理，加上他那些軍團司令的新樂觀心理，結果就使整個計畫產生了新的變化，因而播下了大禍的種子。

八月二十六日，當英軍的左翼在受到了重創之後，開始從勒卡陶（Le Cateau）向南撤退時，德國的第一軍團在克魯克指揮之下，也再度地轉向西南面。採取這個方向的原因有兩點：一方面是對於英軍的退卻線沒有認識淸楚，另一面是爲符合克魯克的原定任務，作大繞圈子的掃擊。於是他就進入了亞眠—皮隆尼（Amiens-Péronne）地區，當時從洛林地區調來的法國第六軍團先頭部隊，卻剛在那裏下火車，於是立即被迫向後撤退。這個行動打消了霞飛想要提早轉移攻勢的計畫。

但是克魯克還只剛剛轉向西南方，馬上即被牽引轉了回來，因爲爲了減輕英軍所受到的壓力，霞飛已經命令鄰近的朗里查克（Lanrezac）軍團，暫停撤退，而反向比羅（Bülow）所指揮的德國第二軍團攻擊。這個正在追擊中的比羅軍團，突然遭到這個威脅，於是馬上向克魯克求援。在尙不需要援助之前，朗里查克的攻擊於八月二十九日，即已自動停止；可是比羅仍然還是要求克魯克向內旋轉，以期切斷朗里查克的退路。在未表示同意之前，克魯克先向毛奇請示。當接到這個報告時，毛奇正在傷腦筋，其原因有二：㈠習慣性地，他害怕法軍又會從他的懷抱中溜脫，㈡碓行在第二和第三個軍團之間，正留著一個大空洞。所以毛奇遂批准了克魯克改變方向的請示，換言之，就是放棄了從巴黎遠道繞過的原定計畫。現在德軍旋轉戰線的側翼就要從巴黎的近邊經過，並且還要橫越巴黎守軍的前方。爲了安全的原因，毛奇不僅縮短了他的正面，而且也使他的路線變得更具直接性，可是他卻犧牲了希里芬計畫原訂的希望——掃得愈寬，則希望愈大。結果事實證明，他不僅不曾減少危險，反而還更招致了法軍的反擊，使他遭到了慘敗。

九月四日，毛奇決定完全放棄原有的計畫，取而代之的是一個較狹窄的包圍，以法軍的中央和右翼爲對象。他自己的中央(第四和第五兩個軍團)向南面壓迫，他的左翼(第六和第七兩個軍團)則向西南面進擊，希望能先突破在都爾和艾皮納之間的要塞線，然後兩面的「牙齒」從凡爾登的兩側向中間咬攏。此時他的右翼(第一和第二兩個軍團)則應向外轉，並且朝向西面，以擊退法軍從巴黎附近所發動的任何反擊。

但是在這個新計畫尚未實行以前，法軍卻早已開始進行反擊。

霞飛當時並未能迅速把握住這個機會，他還是命令部隊繼續後撤，但是巴黎的守將加耶尼(Galliéni)馬上看清楚了這一點。九月三日那一天，加耶尼認清了克魯克向內轉動的意義，立即命令毛勞里(Maunoury)的第六軍團，準備攻擊德軍的右翼。第二天(九月四日)一整天當中，霞飛總部的激烈辯論都不曾中斷。甘末林少校(Maj. Gamelin)，他是霞飛的軍事祕書，力主立即反攻，但是卻受到貝爾瑟洛將軍(Berthelot)的強烈反對，他在參謀本部中具有較強大的發言權。一直等到那天夜裏，加耶尼在電話中和霞飛長談之後，霞飛才表示同意，於是爭執終於獲得了解決。所幸一旦認識清楚之後，霞飛在採取行動時，卻頗具決心。整個左翼都受命回轉過頭來，九月六日開始發動全面反攻。

毛勞里首先發難，在九月五日，他就已經使德軍敏感的側翼感受到了威脅。克魯克只好一再抽調兵力去增援這個感受威脅的側翼。於是在德國第一和第二兩個軍團之間，產生了一個長達三十哩的空洞，只靠一個騎兵團所構成的屏障來掩護它。因爲面對著這個缺口地區的英軍，已經迅速的撤退，所以克魯克才敢冒這個危險。甚至於在九月五日這一天，儘管其他部隊都已回轉過頭來，可是英軍卻還繼續向南走了一天。可是英軍的這個暫時「失蹤」，對於勝利卻具有意想不到的間接貢獻。因爲以後當英國再回過頭來前進時，德軍所獲得的情報卻是，他們的縱隊正向著這個缺口挺進，於是比羅遂在九月九日下命令他的第二軍團向後撤退。當時第一軍團雖暫時擊敗毛勞里，可是由於他們自己的行動使得他們處於孤立的地位，所以這種優勢也馬上被抵銷了，結果在同一天當中，他們也向後撤退。

到了九月十一日，德軍所有的軍團都在撤退之中，有的奉有毛奇的命令，有的卻是獨立行動。想以凡爾登爲樞紐，作部分包圍的企圖是早已失敗——由第六和第七兩個軍團所構成的「牙床」，在法國東部邊境要塞上，很快就碰斷了門牙。這種發展實在令人費解：既然在戰前的冷靜計算中，認爲正面的攻擊是不可能的，所以他們才決定不惜侵犯比利時的中立權，因爲這是他們認爲唯一可以走得通的路線。可是到了實際作戰時，德軍的統帥部竟會反過來認爲臨時採取這種正面攻擊的方式，可以有成功的希望。天下不合情理之事，實莫甚於此。

總而言之，決定馬恩河會戰勝負的因素一共有兩個：㈠是震動；㈡是裂痕。毛勞里向德軍右翼上的攻擊，就產生了一個震動，而這個震動又在德軍戰線的弱點上，製造了一個裂痕。這個物質上的裂痕又使德軍統帥部在心理上產生了裂痕。

根據上述的事實，我們就可以看出來克魯克的間接行動——在勒卡陶以後向外旋轉——足以破壞霞飛的第二計畫，阻其提早轉移攻勢，並且也增加了英法聯軍的退卻速度。反過來說，他以後的向左旋轉，直接向敵人進攻，卻使德軍的計畫滿盤皆輸。此外，我們也可以看出來毛奇的戰略路線也是越來越直接化。德軍左翼的正面攻擊不僅是一個成本高昂的失敗，而且毫無戰略上的收穫，眞是得不償失。

若說霞飛的退卻是一種間接的路線，則未免是言過其實。馬恩河的機會是人家送給他的，既不是他創造出來的，也不是他尋找發現的。加耶尼的突襲在時機上可以說是「千鈞一髮」，剛好在德國第一和第二兩個軍團尚未把側翼防務布置完畢之前。不過它卻也未免太直接化，不足以產生決定性的結果，假使他若是聽從霞飛的第一個指示，在馬恩河的南岸實行突擊，那就會更直接化了。最後，我們可以看出眞正迫使德軍退卻，而決定勝負的因素，又是一個並非故意的間接路線——這好像是歷史喜劇中的一個插曲。那就是英國遠征軍的突然失蹤，以後又遲遲地才再度出現，但卻恰好針對著德軍右翼方面那個已經削弱了的接頭點上。法國方面的批評大多數都是譴責英軍遲緩誤事，殊不知其結果卻恰好相反。這正好像龜兔競走的寓言一樣。假使英軍回頭進攻的時間太早，那麼德軍這個接頭點上的兵力就不會變得那樣的脆弱。毛勞里的攻勢也許根本上就無法產生決定性的結果——因爲當德方從這個接頭地區抽調出來的兩個軍，還在行軍途中時，他的攻勢即早已受挫。換言之，這兩個軍實在是白忙了一場。

不過在分析德軍退卻的原因時，還有一個大家沒有注意的因素，卻值得在此一提。當時德軍統帥部獲得了一個情報，說英軍正在比利時海岸上實行登陸，所以他們很敏感的，害怕他們的後方和交通線會受到威脅。因此在馬恩河會戰尚未開始之前，他們即早已有了退卻的打算。九月三日，德軍最高統帥部的代表韓渥中校 (Lt-Col. Hentsch) 來到了第一軍團司令部中，帶來了最新的命令，上面寫著：「消息很不好：第六和第七兩個軍團在南錫 (Nancy)—艾皮納地區之前，已經被阻。第四和第五兩個軍團也遭到了強烈的抵抗。法軍已經從右翼方面，抽調兵力開往巴黎。英國的生力軍也繼續不斷地從比國海岸登陸。謠言中還傳說有俄國遠征軍參加此項登陸。因此是非撤退不可。」

當時英軍有三個營的海軍陸戰隊，在奧斯登(Ostend)登陸，由於德軍統帥部的敏感作用，在四十八小時之內，三個營竟謠傳成一個總數四萬人的「軍」了。爲什麼會有俄國遠征軍的謠言呢？其來源是一位英國鐵路上的搬伕幻想出來的故事——在英國的白廳(Whitehall)中，眞應該爲這個「無名的搬伕」鑄造一尊銅像。史學家也許可以獲得下述結論：認爲這個在奧斯特登暫登陸的部隊，再加上俄國遠征軍的神話，就是馬恩河會戰中決定勝負的主因。

這個幻想中的兵力卻能產生這樣大的精神作用，因此自從九月九日以後，德軍因爲害怕英軍會從安特衛普方面出擊，所以行動上也受到了很多的影響。由此看來，若當初即能採取法蘭契的戰略，其結果一定更有效。假使能夠如此，那麼英軍在這一次決鬥中，就不僅具有消極的，而且更具有積極性的決定作用。

現在法爾根漢(Falkenhayn)已經接替了毛奇的職務，他充分認清了比利時海岸對於德軍後方所具有的潛在威脅力量。於是他第一個步驟就是要奪取安特衛普，再由此開展一項極具間接路線意味的行動。可惜在執行的時候，卻並不如理想，只比直接路線好。雖然如此，但卻還是使聯軍又幾乎達於慘敗的邊緣。

九月十七日，霞飛看到毛勞里對於繞過德軍側翼的企圖未能生效之後，遂決定再組成一個新的軍團，由卡斯提爾勞(de Castelnau)率領，負責迂迴的行動。可是在此以前，聯軍的正面追擊早已在恩河(Aisne)上被阻止住了。此時，德軍已經恢復了他們的團結力，而德軍統帥部對於這種有限度的機動，是早有應付的準備——而法軍卻沿著德軍預料中的路線進行。

接下來的一個月，最明顯的現象就是雙方都在作迂迴對方西翼的企圖，但是都未能獲致成功。用一個並不準確的慣用名詞來說，就叫作「向海邊的賽跑」(the race to the sea)。早在霞飛之前，法爾根漢即開始嘗試作這樣的遊戲，十月十四日即設計好一個戰略性的陷阱，他預料到聯軍在下一個行動中，一定會自動上當。他使用最近組成的側翼兵力，以來對付敵人的迂迴企圖，而另外用一支兵力——包括安特衛普攻陷後所多出來的部隊，以及四個新組成的軍——一直往下掃過比利時海岸，突破來攻聯軍的側翼，然後打擊在它的背上。他甚至暫時控制著他的兵力，不去追擊從安特衛普退卻的比利時野戰軍，以避免過早使聯軍指揮部得到消息，而提高他們的警覺。

不過很僥倖的，比利時國王亞伯特(King Albert)，卻很謹愼也很實際地拒絕了福煦邀請他參加這個迂迴行動的要求，而堅決不肯離開沿海地區。所以比軍能夠據守陣地頑抗，最後，還放水淹沒了沿海的低地，以阻止德軍從北面而來的攻勢。如此才強迫法爾根漢只好對聯軍的側翼，採取一條比較直接的路線——這時，由於英將海格所率領的一軍，剛剛從恩河上開到，所以這個側翼也剛剛進展到依普里斯(Ypres)。

雖然早已到達的英軍右翼和中央各部，所作的前進企圖均已被阻止，可是英軍主將法蘭契還是命令海格所統率的左翼軍，去完成霞飛的迂迴夢想。也是很僥倖地，恰好德軍的攻勢也提前開始，所以產下來的是一個「死胎」——雖然在一兩天之內，法蘭契受了福煦的影響，堅信這次英軍的「攻擊」已正在進行之中，可是實際上，海格的部隊卻正在進行前所未有的艱苦奮鬥，以圖勉強守住他現有的位置。由於法英兩國的主將對於現實的情況如此缺乏認識，所以才會如茵克曼(Inkerman)所言，這個依普里斯戰鬥，事實上完全是士兵們的各自爲戰。而法爾根漢在掃過海岸地區的希望斷絕之後，也在一怒之下，堅持想用直接路線來尋求一個「決定」，而白白浪費了一個月的時間。儘管實力是那樣的不足，可是還和往常的慣例一樣，一個直接的守勢總還是可以擊敗一個直接的攻勢。最後塹壕從瑞士邊境一直挺到海邊——僵持之局遂已形成。

一九一五至一七年間的西戰場

在接下來的四年，聯軍的軍事發展便是不斷重複同樣的方法，以期打開這種死結——或是直接突破塹壕，或者是尋找一條困難的迂迴路線。

在西線方面，兩條平行的戰壕把戰略變成了戰術的僕人，而戰術本身也變成一個跛子。因此在一九一五到一七年間，關於戰略方面簡直沒有什麼值得一談的。就聯軍方面而言，其戰略純粹是採取直接路線，結果根本不足以打開這個死結。不管我們對於消耗戰的評價是怎樣，也不管把這整段時間當作一個連續性會戰的看法是否正確，總而言之，這種需要花四年的時間才能造成「決定」的方法，似乎是不值得模仿的。

一九一五年在新沙佩勒(Neuve Chapelle)發動的第一場攻勢企圖，雖然所採取的路線是直接的，但是至少曾具有戰術性的奇襲作用。從此之後，由於採取了預先「報信」的準備砲擊方式，以致所有一切的企圖都變成正面的硬攻。關於這一類的攻擊有一九一五年五月間法軍在阿拉斯(Arras)附近的攻勢；一九一五年九月間，英法聯軍在香檳(Champagne)和阿拉斯以北的攻勢；一九一六年七月間，在索穆河(Somme)上的攻勢；一九一七年四月間，在恩河和阿拉斯的攻勢；最後，從一九一七年七月到十月間，英軍在依普里斯的攻勢。一九一七年十一月二十日，在康布萊(Cambrai)的攻勢，由於使用突然放出大量集中戰車的方式，以來代替慣用的長時間砲兵準備射擊，所以又重新取得了戰術性的奇襲。不過這次小規模的攻勢在開始的時候，固然很愉快，而結局卻很不愉快，所以從戰略方面看來，它很難算是一個間接路線。

在德軍方面，戰略幾乎完全限於守勢，除了一九一六年對於凡爾登的攻勢，要算是唯一例外的插曲。那個攻勢還是一條純粹的直接路線——除了那個用一連串有限的「螞蝗吸血」方法，以來使敵人失血致死的觀念，或許勉強可以算是具有間接性。但是這種方法本身的消耗也很大，結果也造成自己的破產。

與間接路線的性質比較相似，但是在目標上卻是純粹守勢的，那就是魯登道夫(Ludendorff)在一九一七年春天所擬定的計畫，該計畫把一部分德軍撤到了興登堡(Hindenburg)防線。爲了防範法英聯軍在索穆河上重整攻勢，德軍就在侖斯—拿永—理姆斯(Lens-Noyon-Reims)弧線的弦線上，構築了一條非常堅強的新人工防線。在把弧線內的整個地區徹底破壞之後，德軍就按計畫分步撤退，退入這個縮短了的新防線上。忍痛放棄土地要算是一種精神上的勇敢，這個行動破壞了聯軍春季攻勢的整個計畫。它幫助德國人獲得一年的喘息時間，逃脫最危險的境況，使聯軍的任何聯合攻勢都無所施其技。這段時間也使俄國達到了完全崩潰的程度，並使魯登道夫可以使用優勢的兵力在一九一八年展開最後一搏。

第十二章　東北歐戰場

在東線方面，作戰計畫比較富有彈性，這些計畫事先並未作過詳細的規定。雖然如此，它們在變化上，卻並不比西戰場簡單，而仍有五花八門之感。可以計算的條件是地理形勢，而主要無法計算的條件卻是俄軍的集中速度。

俄屬波蘭好似一塊大舌頭，從俄國本土伸了出來，三面都爲德奧兩國的領土所包圍。北面是東普魯士，再外面就是波羅的海。南面是奧國所屬的加里西亞(Galicia)省，再過去就是喀爾巴阡(Carpathian)山地，保衞著進入匈牙利平原的通路。西面則爲西利西亞。

在德國邊界各省，遍布著具有戰略性的鐵路網，而波蘭卻和俄國本土一樣，交通情形非常的惡劣。所以德奧方面佔有非常強的優勢，便於集中兵力，以來迎擊俄軍的進攻。不過若是他們採取攻勢，則他們向波蘭或俄國境內深入得愈深，那麼這種優勢也就會相對的減低。所以根據歷史的經驗，對他們有利的戰略，即爲引誘俄軍離開原有的位置，向前深入，然後用反擊的手段來把他們擊敗；這要比他們自己先進攻，有利得多了。這種布匿克式(Punic)戰略的唯一弱點，就是讓俄軍可以有集中的時間，以發動他們那個笨重生銹的戰爭機器。

在這個問題上，德奧雙方開始在意見上發生了重要的裂痕。雙方固然都認爲最重要的問題就是要在六個星期之內，設法阻止俄軍的前進，以便德軍可以在這段期間內首先擊敗法軍，然後再把兵力移轉到東面，和奧軍會合在一起，對俄軍作決定性的打擊。所以所謂意見上的差別也只是在方法方面而已。由於德軍希望先徹底擊潰法國，所以只想在東方保留最少量的兵力。他們之所以沒有作放棄東普魯士的打算，而改在維斯杜拉河上站定腳跟，僅只是因爲他們不願讓國土遭敵人蹂躪的關係。但是對奧國人而言，由於受了參謀總長康拉德(Conrad von Hötzendorf)的影響，希望立即發動一次攻勢，以使俄國的機器拋錨。因爲這個辦法可以使法蘭西戰役在決定性階段時，不至於受到俄國的干擾，所以毛奇也贊成這種戰略。康拉德的計畫是首先用兩個軍團向東北方攻入波蘭，在他們右邊，更東的地方，還有兩個軍團供掩蔽之用。

在俄國方面也是同樣的情形，某一個鄰國的願望也使另外一個國家的戰略，受到了重大的影響。從軍事和種族兩種動機上來說，俄國的統帥部都希望先集中全力來對付奧國。因爲此時奧國正處於孤立無援的狀態之中，很容易被擊倒，之後便只剩下德國，可以等俄國總動員完成之後，再來慢慢地解決它。但是法國的看法又完全不同，他們希望先減輕德軍對於法國的壓力，因此力主俄軍同時夾攻德國。結果是俄國人同意在對奧國的攻擊以外，再另外加上一個向德國的攻擊，而對於這個額外的攻擊，俄國人在數量上和組織上卻都沒有準備。在西南正面上，兩組俄國軍團採取向心的方式，向加里西亞的奧軍進攻。在西北正面上，另有兩個俄國軍團也向東普魯士的德軍進攻。俄軍是秉性遲緩，而且組織粗糙，所以自然的會採取一種謹慎的戰略。這次卻不惜破壞了固有的傳統，匆匆忙忙地發動了一個兩面的直接攻勢。

在戰爭爆發之後，俄軍總司令尼古拉大公爵(Grand Duke Nicholas)，便加速侵入東普魯士，以求減輕西線法軍所受到的壓力。八月十七日，芮南坎普(Rennenkampf)軍團已經越過了東普魯士的東界。而在八月十九和二十兩日中，他們和普里特維茲(Prittwitz)的德國第八軍團，發生了遭遇戰，並在弓賓侖(Gumbinnen)擊敗了它的主力。八月二十一日，普里特維茲又聽到沙門索諾夫(Samsonov)所率的俄軍，也已經從他的後方，越過了東普魯士的南界。在那裏德軍只有三個師的守軍，而俄軍來攻者卻有十個師之多。在恐慌之中普里特維茲遂匆匆下令退到維斯杜拉河後面去，此時毛奇也立即把他免職，並派一位已經退休的興登堡將軍去接替他，而以魯登道夫爲其參謀長。

第八軍團的參謀軍官霍夫曼上校(Col. Hoffmann)，本已擬定了一個計畫，魯登道夫以其爲基礎再加以發展，並且採取必要的行動。他一共集中了大約六個師的兵力，在沙門索諾夫的左翼方面。這支兵力並不比俄軍強大，所以本不可能有決定性的作用。但是魯登道夫，因爲發現芮南坎普還在弓賓侖附近，所以決定作一次有計畫的冒險，除留下少數騎兵作掩蔽之外，把其餘的德軍全抽調出來，然後投擲在沙門索諾夫的右翼上面。因爲兩位俄國軍團司令之間，並無通信聯繫，同時德軍已經破解俄軍的無線電密碼，所以更使這個果敢的行動獲得了很大的便利。在集中攻擊之下，沙門索諾夫的側翼首先被擊碎，接著他的中心兵力受到了包圍，於是實際上等於全軍覆沒。除了這一次的機會與其說是自己創造的，不如說是敵人貢獻的之外，這個簡短的坦能堡(Tannenberg)會戰可算是「內線」方式間接路線的極佳例證。

接著，德軍從法國前線調來兩個軍的生力軍，然後就回轉頭來攻擊正在緩緩前進中的芮南坎普——芮南坎普之所以缺乏活力的原因有兩點：㈠是他在弓賓侖之戰已經受到很重的損失，㈡是他又非常缺乏情報。最後他終於被逐出了東普魯士。由於這些會戰的結果，俄軍一共損失了二十五萬人，而更嚴重的，卻是物質的損失尤其使他們感到吃不消。不過，因爲俄軍侵入東普魯士的緣故，卻至少使得法軍在馬恩河上，獲得了一個復甦的機會——因爲德軍已經有兩個軍由西線調往東線。

但是由於在加里西亞方面，奧軍正在節節敗退之中，所以使坦能堡的效力也爲之減低。最初奧國的第一和第二兩個軍團攻入波蘭之後，也獲得了相當的進展，可是接著俄國的第三和第八兩個軍團即向正在防守奧軍右翼的奧軍第二和第三兩個軍團（兵力較弱）進攻。八月二十六日到三十日之間，這兩個奧國軍團遭受了慘重失敗之後，經過倫堡（Lemberg）向後撤退。俄軍左翼的前進於是開始威脅到已經獲勝的奧軍左翼。康拉德想調轉他左翼兵力的一部分，以來攻擊俄軍的側翼，但是這個行動卻未能成功。於是當俄軍左翼再繼續進攻的時候，他的軍隊即開始潰敗，到了九月十一日，爲了自救起見，遂不得不下總退卻令。到了九月底，奧軍差不多退到克拉考（Cracow）。

奧軍的潰敗又迫使德軍不能不予以援助。在東普魯士的德軍，大部分改編成爲新的第九軍團，向南調往波蘭的西南角上。從那裏向華沙進攻，以來配合奧軍的新攻勢。但是此時的俄國動員力量卻已達到了最高潮，在部隊重編之後，又開始發動反攻。他們擊退了德軍的進攻，並且跟在後面用重兵侵入了西利西亞。

尼古拉大公爵用七個軍團組成了一個巨型的方陣——正前方三個軍團，每邊兩個軍團以來保護兩面的側翼。另外還有一個第十軍團，也已經侵入了東普魯士的東面一角，並在那裏與弱勢的德軍相峙。

爲了應付這個危險，東線的全部德軍遂完全由興登堡以及魯登道夫、霍夫曼三個人指揮。他們以德國邊界內的平行鐵路網爲基礎，擬定了一個新的反攻計畫。面對著進攻中的俄軍，德國第九軍團步步後撤，一面有系統地破壞波蘭境內僅有的交通工具，以來遲滯俄軍的行動。當他們到達西利西亞的邊界之後，即已擺脫俄軍的壓迫，於是首先向北移轉進入波森—索恩(Posen-Thorn)地區，接著在十一月十一日，又轉向東南面，對著維斯杜拉河的兩岸進攻，其目標就是保衛俄軍右翼兩個軍團之間的交接點。這一斧把那兩個軍團砍成兩片，其第一軍團被迫向華沙退卻，於是第二軍團在洛次(Lodz)幾被包圍，若非正前方的第五軍團趕來援救，則德軍便可以獲得另外一次的「坦能堡」了。因爲如此，有一部分的德軍反而幾乎受到了俄軍的包圍，不過他們卻還是能夠突圍而出，與主力會合在一起。固然這一次德軍並未能獲得決定性的戰術勝利，可是這個行動卻要算是一個典型例證，足以說明即令是一個相當小型的兵力，若能夠發揮它的機動性，採取一條間接路線以來攻擊一個重點，那麼也可以使兵力超過數倍的敵人，在前進中發生癱瘓現象。從此俄國人的「輾路機」就開始操縱不靈了，再也不曾威脅到德國的領土。

一個星期之內，德方又有四個軍的生力軍從西線調來，此時西線方面的依普里斯攻擊已宣告失敗。雖然他們來得太遲，並不足以使德軍獲得一次決定性勝利，可是魯登道夫卻可以利用這些兵力，以來壓迫俄軍退回到華沙前面的布祖拉—拉弗卡河(Bzura-Ravka)之線。之後東線也和西線一樣，形成了掘壕相對的僵局。不過陣線卻不如西線那樣固定，同時俄軍已經把他們的彈藥存量完全用光，而他們的工業水準是如此的落後，所以再也補充不起來。

一九一五年東線的故事，就是魯登道夫和法爾根漢兩人的意見爭執。魯登道夫主張用某種戰略來尋求一個決定，至少在地理上要算是一個間接路線。法爾根漢認爲他不僅可以限制所使用的兵力，而且更可用一種直接路線的戰略，以來擊毀俄軍的攻勢力量。因爲法爾根漢的位階較高，所以他的意見終於獲勝，可是結果他的戰略對於這兩個目的，卻一個也不曾達到。

魯登道夫認爲當俄軍向西利西亞和克拉考發動秋季攻勢的時候，他們全軍的主體就已經在波蘭突出地中，深深地陷入了網羅之中。在西南角上，他們更把頭從網眼中伸出，放在奧國境內。接著由於魯登道夫在洛次發動了反擊，才使俄國的主體暫時陷於癱瘓之中。此時，德軍已經把破網修補好了，而且又獲得了增援。自從次年一月到四月之間，俄軍在喀爾巴阡山地邊緣上，拚命的突破，但是卻毫無進展。這種掙扎只是使他們的主力，被網羅裹得更緊。

魯登道夫希望利用這個機會，採取一條寬廣的間接路線，繞過在波羅的海附近的北面側翼，通過維爾拿(Vilna)，以達到俄國的後方，而切斷那幾條通到波蘭突出地區僅有的交通線。可是法爾根漢卻認爲他這個計畫太魯莽，而且他所要求的預備兵力也太多——事實上，後來依照他自己的方法，所需要的數量反而更多。由於他正擬在西線方面進行一次新的攻勢，以來突破塹壕的障礙，所以不想放棄他的計畫。同時他又被迫必須分出一部分預備兵力，以來增援他的同盟國——奧國。結果他只好決定採取一種有限戰略，以來企圖擊破俄國人，然後，他就可以安心在西線重整攻勢，而不必擔心俄國人的阻撓——雖然戰略方面是有限的，但是戰術方面卻反而是無限的。

這個由康拉德提出，再經過法爾根漢批准的東線作戰的計畫，就是打算在喀爾巴阡山地和維斯杜拉河之間杜那傑克地(Dunajec)區中，向俄軍中央方面實行突破。五月二日開始打擊。這又是一次完全的奇襲，擴張戰果的行動也很迅速。到了五月十四日，沿著喀爾巴阡山地的俄軍全線，都已經向後捲退八十哩，達到了桑河(San)之上。

在這裏，我們又可以獲得一個明顯的例證，足以說明眞正的間接路線與一般所謂「奇襲」者，其間是具有很大的差別。這一次在時間、地理和兵力各方面，都完全發揮了奇襲的效力，可是俄軍卻只是向後捲退，好像滾雪球一樣。雖然他們損失很慘重，可是當他們向後捲退時，他們距離預備隊、補給和鐵路也就愈近。所以德軍的行動無異於是把這個雪球逐漸壓緊，使俄軍由碎片而變成了整體。此外，雖然這種直接路線的壓力，足以使俄軍的指揮體系陷於危險的緊張狀態，可是卻並不能使他們發生震動、喪失平衡。

法爾根漢現在也認清了他在加里西亞境內，實在是太深入了，以至於無法抽回。他這個局部性的攻勢已經找不到一個安全的收腳點，儘管他本來的願望是想把兵力趕緊調回西線，可是結果卻反而必須從法國境內，不斷地將兵力往東線抽調。接著他又再採取了一條新的直接路線。他把攻擊的方向，從東向調成了東北向，並且命令魯登道夫也同時向東南方發動配合的攻擊——此時，魯登道夫在東普魯士境內，早已等候得不耐煩。魯登道夫認爲這種攻擊計畫一定會一無所獲，所以他又重新提出他自己的那個計畫，但仍然爲法爾根漢所拒絕。

結果卻證明了魯登道夫的看法是正確的。法爾根漢這一刀剪下去，只不過是把俄軍又稍爲逼退了一步而已。到了九月底，俄軍從波羅的海岸上的里加(Riga)，到羅馬尼亞邊界上的柴爾羅維茲(Czernowitz)，把戰線拉成了一條長直線。雖然他們不再能直接威脅到德國人，可是卻已經牽制了大量的德軍兵力，使德軍感到吃不消；同時更使奧軍在精神和物質兩方面，從此一蹶不振。

當法爾根漢最後放棄這一次大規模的作戰時，他才勉強允許魯登道夫，憑他自己那個微弱力量，去試行向維爾拿的迂迴行動。這個像閃電一樣輕快的行動，馬上切斷了維爾拿—地文斯克(Dvinsk)之間的鐵路，並且幾乎達到了明斯克(Minsk)鐵路——這是俄軍交通上的中心路線。雖然俄軍此時已經可以自由調動預備隊兵力，來抵抗德軍的進擊，但魯登道夫還是能收到如此偉大的效果。由此即可以反證出，假使在俄軍主體還陷在波蘭網羅中的時候，能夠早一點動手，而且使用更強大的兵力，則結果一定更會大不相同。

德軍在東線的攻勢固然已告一結束，而他們在西線的守勢卻並未曾發生動搖，於是同盟國家就利用這個秋季，去進行在塞爾維亞境內的戰役。這一次戰役，若從整個戰爭的立場上來看，應該算是一個具有有限目標的間接路線，但是若專就其本身的範圍而言，則實具有決定性的目標。一方面固然是受了地理和政治情況的幫助，而另一方面，其所採取的路線對於這種方法的效力，也具有很大的影響。這個計畫的基礎是由於保加利亞已經參加了同盟國方面的作戰。當保加利亞從西面攻入塞爾維亞的時候，塞軍尚能擋住德奧兩軍的直接攻勢。以後由於有山地的幫助，直到保軍的左翼越過了塞軍的後方，繞進塞國南部，切斷了英法兩國從薩羅尼加(Salonika)通到塞國的增援路線之後，塞軍的抵抗才開始動搖。接著塞軍就開始總崩潰，在深冬的氣候中，另有一部分殘部向西撤退，經過阿爾巴尼亞(Albania)，以達亞德里亞海的海岸上。這個迅速集中全力以擊毀敵方較弱夥伴的辦法，使奧國解除了後顧之憂，同時也使德國在中歐獲得了一條自由的交通線，因而也控制住了中歐的整個局勢。

一九一六年和一九一七兩年當中，在俄國方面的前線上，沒有什麼作戰值得加以評論，因為德奧方面是完全採取守勢，而俄軍則幾乎只懂得採取直接路線。從俄軍的作戰上所獲得的教訓，就可以看出來這種憑藉蠻力的直接路線，不特沒有戰略價值，而且更使其本身在士氣方面受到很大的打擊。當一九一七年俄國發生革命，使其在軍事方面發生總崩潰的時候，實際上，俄軍的武器和裝備要比過去任何時候更好。但是這種巨型的消耗卻已經使全歐洲最富有耐性，和最具有自我犧牲精神的軍隊，也開始喪失鬥志了。在一九一七年的西線春季攻勢之後，法軍也同樣發生了多次的叛變現象。這些厭戰的軍人都已經不再想重上前線。

俄軍方面只有一次作戰勉強算是具有若干間接性的意味，那就是一九一六年六月間，布魯西羅夫(Brusilor)在魯克(Luck)附近所發動的攻勢。因爲這次攻勢並無強烈的意圖，所以才會具有這種性質。該攻勢的原意是企圖分散德奧方面的兵力，由於義大利的要求，所以才決定提早發動。事先既無準備，也不曾集中兵力，但因它來得是如此地意想不到，所以使奧軍堅強的防線立即發生了潰裂現象，在三天之內虜獲了二十萬名敵軍。

很少有奇襲可以產生這樣巨大的戰略效果。它使奧軍停止了向義大利的進攻；它壓迫法爾根漢又不得不從西線抽調兵力，因而只好放棄在凡爾登周圍地區的消耗戰；它更刺激了羅馬尼亞投入協約國方面；同時促使法爾根漢倒台，取而代之的就是興登堡和魯登道夫兩人——至於霍夫曼卻仍然留在東線。雖然羅馬尼亞的參戰是促使法爾根漢下台的近因，可是其眞正原因卻是由於他在一九一五年所採取的直接性戰略——在目標和方向上都太狹窄——已經使俄軍完全恢復了元氣，這樣才會使他在一九一六年大吃其虧。

不過布魯西羅夫的攻勢所具有的間接性和效力，卻只是曇花一現而已。它使俄軍統帥部把他們全部的力量，都放到這一個方向上，可是卻已經太遲了。而且依照戰爭的自然法則，俄軍沿著抵抗力逐漸增強的路線繼續推進，結果遂把他們的預備兵力完全吃光，而感到難以爲繼。布魯西羅夫的最後損失達一百萬人，但是這卻還可以設法補充；而心理上的破產卻使俄軍統帥部感到無法撐持，而終於不免總崩潰。

由於俄國人一心集中力量，在這一方面進攻，結果遂使興登堡和魯登道夫又有機會執行另外一次迅速多變的間接戰略——像一九一五年對塞爾維亞的戰役一樣。一部分是由於環境的逼迫，使它更像一個眞正的戰略性間接路線。其目標爲羅馬尼亞。在開戰之始，羅馬尼亞只有二十三個師的兵力，裝備很差，面對著它的敵人現在也只有七個師的兵力。他們所希望的是布羅西羅夫的俄軍，索穆河上的英軍，以及現在已經到達薩羅尼加的聯軍，可以阻止德軍獲得增援。但是這些壓力都完全是直接性的，所以它們並不能阻止德方抽調足夠的兵力，以來擊毀羅馬尼亞。

羅馬尼亞的領土夾在外西凡尼亞(Transylvania)和保加利亞之間，在喀爾巴阡山地和多瑙河的兩側，都具有堅強的天然防禦物——但正因如此，遂使它更適合於間接路線戰略的應用。此外，它在黑海附近的後園——多布魯甲(Dobruja)地帶——也更構成一個很好的香餌，若是遇到一個手段高明的敵人，很容易就會被引誘上鈎。

羅馬尼亞的願望和決心，是想向西攻入外西凡尼亞境內，如此一來，遂使對方的反應比預先所擬定的還更間接化、更巧妙了。

一九一六年八月二十七日，羅馬尼亞的軍隊開始進攻。一共分爲三個主要縱隊，每個縱隊四個師，向西北行動，經過喀爾巴阡山地的隘路，採取直接路線攻入了匈牙利平原。爲了防守多瑙河，他們留下了三個師，此外在多布魯甲又留下了三個師——俄國人曾經允諾派遣部隊向這裏實行增援。但是羅軍向外西凡尼亞的進攻，其行動是過分的遲緩和謹愼，敵人並未作抵抗，只不過是將橋樑破壞了，便已經阻止他們的前進。所以掩護邊界的五師奧軍，雖然兵單力弱，卻並未受到嚴重的損失，不久援兵即已開到，一共是五師德軍和兩師奧軍。此時另外有四師保軍，在德軍控制之下，加上一個奧軍的架橋縱列，由德將麥根森(Mackensen)指揮，準備侵入多布魯甲。

當羅軍向西爬進外西凡尼亞時，麥根森於九月五日，開始向托爾托卡亞(Turtucaia)橋頭陣地進攻，擊毀了保衛多瑙河邊界的三師羅軍。等到他在多瑙河上的側翼已經穩定之後，他就開始向東移動，深入多布魯甲境內——這裏遠離布加勒斯特(Bucharest)，換言之距離敵人預期的戰線頗遠。這是一次很具精神價值的突擊，因爲在戰略方面的自動反應，即足以吸引住羅馬尼亞的預備兵力，使其無法支援外西凡尼亞境內的攻勢。

現在這裏的作戰由法爾根漢統一指揮，他便開始發動反攻——也許太熱心也太直接了。儘管他十分技巧得只留下少許兵力來應付其餘敵軍——不過所留兵力並未小到最低限度，同時這些敵軍實際上也並無加以監視之必要——而集中全力攻擊羅軍的南面和中央兩個縱隊，但結果只不過是把羅軍逐向山地退卻，而並未能將其與山地之間的退路加以切斷。這一次的失手又使德軍整個計畫爲之擱淺。因爲羅軍現在既然還掌握著所有的山地隘路，於是他們也可以阻止住德軍的跟蹤追擊。法爾根漢想向西方作進一步突入的企圖失敗了，不過在冬雪來臨之前，德軍又作了第二次的攻擊，結果終於達到了透入的目的。他現在轉向西面，企圖從前門中打進羅馬尼亞，這種直接路線必須越過一連串河流。不過他總還算是僥倖，當他在阿爾特河(Alt)上被阻時，麥根森也趕到了，於是使他安然度過了難關。

麥根森已經把他的兵力從多布魯甲抽回，經托爾托卡亞，達到了西斯托弗(Sistovo)。十一月二十三日，又從那裏渡過了多瑙河。他放棄了羅馬尼亞後方的有利位置，而改與法爾根漢的主力相配合，一同對布加勒斯特作向心式的進攻。這種戰略是否可算最有利的，似乎很有疑問。它固然使法爾根漢可以渡過阿爾特河，但是它也使羅軍可以利用他們那個「緊密」的中央位置，對麥根森的側翼發動十分危險的反擊。麥根森幾乎被圍。不過等到這個危險過去之後，法爾根漢和麥根森兩軍的聯合壓力，就開始逼迫羅軍退出布加勒斯特，從那裏撤到塞雷斯(Sereth)到黑海之線。

德軍固然已經佔領了羅馬尼亞領土的大部分，連同它的小麥和石油都在內，但是他們卻既未能切斷復未能毀滅羅馬尼亞的軍隊。當德軍進攻已達末期的時候，羅軍的精神和心理上的力量反而更鞏固。第二年夏天，德軍企圖把他們趕到普魯特河(Prut)後面，並且完成對羅馬尼亞的全部佔領，可是由於他們的堅強抵抗，這個計畫並未能完成。一直到了一九一七年十二月間，布爾什維克的俄國和德軍簽定休戰協定之後，羅馬尼亞才因處於完全孤立的地位，不得不向德國投降。

第十三章　東南歐與地中海戰場

義大利方面

一九一七年，義大利變成了德軍統帥部秋季戰役中的主要目標。又是由於邊境形勢的關係，使得德軍在地理或物資方面，佔有可以採用間接路線的便利，這是他們對手所沒有的優勢。同時義大利人也從來不曾想到可以試用心理上的間接路線。

義大利的威尼西亞省(Venezia)，從邊界向奧國境內突伸，北面是奧屬提羅爾(Tyrol)和特倫提諾(Trentino)，南面就是亞德里亞海。沿著海岸邊，在伊松左河(Isonzo)的正面上，有一個相當低緩的平原地帶；此外奧義兩國的邊界，就完全沿著阿爾卑斯山走，像個大弧線般繞向西北方，而西南面更一直延續到加爾達湖(Lake Garda)爲止。因爲北面是如此寬廣的大山地，而且又缺乏任何重要目標，所以義大利人絕不會向這個方向發展。因此，他們的攻勢方向就受到極大的限制，只能向東直接攻入奧國境內。但如此一來奧軍便可輕易地從特倫提諾攻入他們的後方，對於這個威脅，義軍根本無法避開。但是因爲他們的選擇實在是太有限了，因此他們還是只能採取這一條路線。

一連兩年半的時間，義軍都一直堅持著這一條唯一的直接路線。打了十一次的「伊松左會戰」，結果還是徒勞無功。義軍所獲得的進展，距離他們的起點，簡直是少得可憐。他們的死傷總數已經高達一百一十萬人，而奧軍也已經損失了六十五萬人。在這個階段中，奧軍一共只採取過一次攻勢，那是在一九一六年，康拉德勉強獲得了法爾根漢的支持，準備從特倫提諾向南進攻，切斷正在伊松左河上作戰的義軍後方交通線，希望這一舉即足以擊潰義大利。但是法爾根漢卻不信任這個計畫，更不贊成「決定性打擊」的觀念，他堅持著他那個凡爾登消耗戰的理想，甚至於對於康拉德借兵九個師的最低要求，都加以拒絕了——這九師德軍的用途是爲了想替換出在東線上的奧軍。既然得不到德軍的協助，康拉德一氣之下，遂決定憑他自己的力量，去實行這個計畫。他從東線上抽出一些奧國精兵，其結果是東線防務因之空虛，讓布魯西羅夫後來的進攻，可以一路長驅直入，毫無阻擋；另一方面這一點兵力又不足以完成他那個擊潰義軍的大計畫。

雖然如此，可是這個攻擊卻幾乎獲致成功。雖然他們無法避開預期的路線，但至少完全出乎敵人意料之外——因爲義軍統帥部絕對不相信康拉德還會有力量，發動一次大規模的攻勢。這當然要算是一次大規模的攻勢，可是卻還不夠大。當攻勢剛剛發動的頭幾天當中，奧軍進展得十分迅速。雖然，義軍主將卡多納(Cadorna)還能夠立即從伊松左地區中，抽出預備兵力，並且也來得及撤運他的輜重和重砲，可是這時兩軍競賽的情形，還可以說是機會相等。奧軍的攻勢一直達到快要突破進入平原地區時，才開始喪失了它的動量，此時他們所需要的就是預備兵力的增援，可是由於布魯西羅夫在東線方面的進攻，遂使這種增援無法趕到。

十七個月以後，當魯登道夫決定再向義大利作一次聯合打擊時，由於奧國國內的情況已經每下愈況，其成功的機會就更不如以往。魯登道夫從他那個微弱的總預備隊中，只能夠抽出六個師的兵力，而他的同盟國，在精神上和物質上，卻都已經到了匱竭的階段。因為兵力不足，所以他的計畫只能限於比較狹窄和直接化的路線——在伊松左地區的東北角上進攻，在那裏義軍的防線向著阿爾卑斯山地彎曲。選擇這個地區的眞正理由，就是在這一條戰線上所從來不曾用過的一項原理——選擇一條在戰術上抵抗力最弱的路線。

原定的計畫只想在卡波雷多(Caporetto)進行突破，以席捲伊松左防線為目的。以後卻逐漸發展成一個更富有野心的大計畫——可是兵力卻並未增加。魯登道夫在卡波雷托所犯的戰略錯誤和英軍同年秋天在康布萊所犯的錯誤一樣，那就是不「依照布的長短來裁剪衣服」。把他和法爾根漢作一對比，似乎恰好是兩個極端——法爾根漢的毛病是每次所買的布都太少，把衣服所需要的材料估計過低，等到做了一半才去添布，結果總是把衣服變成東拚西湊的百衲衣。

十月二十四日，在精密準備和偽裝之下，這個攻擊開始了，馬上就在義軍陣線上，砍開了一個深深的缺口。一星期後，便進到塔格里亞門托河(Tagliamento)。儘管義軍的損失很大，可是一旦當他們把殘部撤出後，德軍的繼續向西進攻，就變成純粹的直接路線，壓迫著義軍向皮亞費河(Piave)退卻而已。這是一道堅強的障礙物，義軍可以躲在它的後面。此時，魯登道夫才想把預備隊調往特倫提諾方面，可是卻已經太遲。由於鐵路交通線的缺乏，無法達到目的。於是在特倫提諾地區的軍隊，僅憑著他們自己的微弱兵力，向前進攻，這個行動不僅太遲而且也毫無作用，已經算不得是一次對敵人後方的進攻，因為此時整個義軍防線都已經盡可能的退後，與預備隊結合在一起，前線後方之間實已毫無區別之可言。

當最初的奇襲階段過去之後，德奧方面的進攻即變成了一種純粹直接性的行動，只是壓迫著義軍逐步後退，當他們愈向後退，距離他們的預備兵力、物資、家鄉，和聯軍的增援也就愈近。於是自然便會發生反作用。但是魯登道夫使用如此微弱的兵力，尚且能獲得如此巨大的成就，由此就可以想像到在一九一六年的時候，法爾根漢拒絕採納康拉德的意見，委實是一個很大的錯誤。

巴爾幹方面

在我們尚未回過頭來討論一九一八年的魯登道夫作戰計畫之前，應該首先觀察在這前三年當中，他的對手在法俄兩國陣線以外的地區中，曾經採取過哪些行動，和作了哪些企圖。

當時英法兩國在法國境內的軍事領袖們，都一致堅持著直接路線，對於此種路線的威力深信不疑，不僅希望由此突破敵人的塹壕障礙物，而且更想獲得一個決定性的勝利。可是自從一九一四年十月以後，另外也有許多人對於這種僵持的局面，很不表樂觀。持這種看法的人不完全是政治家，其中也包括法國的加耶尼和英國的基欽納在內。一九一五年一月七日，基欽納曾經寫了一封信給英軍總司令法蘭契爵士，上面說：「在法國境內的德軍戰線，應該當作要塞看待，它既不能加以突擊，又無法完全圍攻。所以似乎只能留下一部分兵力進行圍攻，然後到其他的地區繼續作戰。」

另外邱吉爾也曾經有過下列的議論：敵人的同盟國應當作一個整體看待，近代化的發展已經使距離和機動力的觀念，都產生了很大的變化，所以在其他任何戰場上所作的打擊，都可以相當於在敵人戰略性側翼上所作的傳統性攻擊一樣。當時有許多人引證拿破崙的例子，以來說明應在西線方面堅持死拚下去，可是實際上，這種例證的意義似乎恰好相反。進一步說，這種性質的作戰，又與英國的傳統兩棲戰略不謀而合，它使英國人可以發揮他們的海權威力，這項重大的軍事優勢，卻一向不曾為人所注意到。一九一五年一月間，基欽納勛爵提出了一個計畫，準備在亞歷山卓塔灣(Alexandretta)登陸，以切斷土耳其的主要交通線。根據與登堡和恩維爾巴夏(Enver Pasha)在戰後所發表的意見，這個計畫可以使土耳其完全癱瘓，但是卻並不能產生更廣泛的影響，因此對於整個中歐同盟國而言，這並不算是一個有效的間接路線。

勞合喬治(Lloyd George)主張把英軍的主力移轉到巴爾幹地區，因為那裏是一條通到敵人「後門」的路線。但是西線上的英法指揮官們，卻堅信在法國境內可以提早獲得決定性的勝利，所以強硬的反對其他戰略。他們特別強調運輸上和補給上的困難，並且照他們的看法，德國人一定可以很方便地調動他們的兵力，以來應付其他地區的威脅。這當然也並非全無事實根據，不過他們在辯論的時候，卻不免有過度緊張之嫌。尤其是把這些反對的理由，應用在加耶尼的巴爾幹計畫上面，則似乎更不適當。他主張在薩羅尼加登陸，以此為起點向君士坦丁堡進攻，其兵力的強度應以能誘致希臘和保加利亞兩國也願意傾全力參戰為原則。佔領了君士坦丁堡之後，就應該沿著多瑙河溯江而上，一直攻入奧匈帝國境內，以與羅馬尼亞的軍隊相會合。這個計畫與戰爭結束前幾個月所實際進行的作戰，具有基本的相似之點。在一九一八年九月，德國軍方認為這樣一個攻擊是具有「決定」性的意味。並且在十一月初，雖然這個威脅還並未緊急化，但卻已經構成了一個重要的因素，足以促使德軍提早投降。

可是在一九一五年的正月間，英法兩國的大多數軍人，卻始終不肯放棄「西線第一」的見解，不願意接受任何新的觀念。不過反對派的意見卻也不甘沉默，在這個時候突然又有一個新的情況產生，於是所謂近東的計畫又用另外一種形式，借屍還魂了，雖然這個形式也許更脆弱一點。

一九一五年一月二日，基欽納收到了俄國尼古拉大公爵的要求，要他設法解除土耳其對於高加索地區的壓迫。基欽納因感無法抽調部隊，於是遂主張使用海軍向達達尼爾海峽作一種示威的姿態。有幻想力的邱吉爾馬上認爲這個觀念，可以具有更廣泛的戰略可能性，儘管並無陸軍的援助，他卻主張把這個示威運動，改變成一個強迫通過海峽的企圖。他的海軍顧問們，雖然並不一定十分熱心，可是卻並不表示反對，於是當地的英國海軍指揮官卡爾登(Carden)，遂奉命擬定計畫。這一支海軍兵力，主要是由舊式軍艦所組成，另外加上一些法國人的協助，在準備射擊結束之後，即於三月十八日，進入海峽。但是在一個料想不到的地點上，突然發現了一處新近布置的雷區，於是炸沉了幾艘船隻，結果這個企圖就這樣中途被放棄了。

在此我們要問：假使英軍立即繼續前進，那麼這個行動是否可能成功？因爲當時土耳其的彈藥已經用完，若無巨砲的掩護，那種雷區實不難予以克服。但是新任的海軍指揮官羅貝克(Adm. de Robeck)，卻決定除非能夠獲得陸軍的援助，否則絕不再進攻。早在一個月以前，作戰會議已經決定發動一次聯合攻勢，並且開始派遣一支陸軍兵力，由哈米爾頓爵士(Sir Ian Hamilton)負責指揮。但是英法兩國當局，不僅遲遲不肯接受新的計畫，還遲遲不曾認清在執行時，需要多強大的兵力。等到兵力派遣好了之後，數量卻是不足的，而且在亞歷山大港又拖延了好幾個星期的時間，原因是爲了重新分配運輸船隻，以期更適合於戰術上的要求。可是最糟的，卻是這種遲疑不決的政策，使一切的奇襲機會都完全斷送掉了。當二月間實行準備性砲擊的時候，土軍在海峽地區中只不過兩個師而已；到了海軍攻擊的時候，已經增到了四個師；等到哈米爾頓最後準備作登陸企圖時，卻已經增加到六個師。

而他所有的兵力一共只有四師英軍和一師法軍，因此在兵力上實在處於劣勢地位。同時土軍還佔有地利，這裏的地形，足以使攻勢比守勢困難數倍。由於數量上的弱點，再加上任務上的限制——專以幫助艦隊通過海峽爲目的——逼著他只好選擇加里波里(Gallipoli)半島爲登陸地點，而不能在大陸上或亞洲海岸上登陸。

四月二十五日，他開始登陸，地點有二：㈠在半島南端，希里斯角(Cape Helles)附近，㈡在格巴土丘(Gaba Tepe)附近，在愛琴海海岸上面，距離約爲十五哩。法軍也同時在亞洲海岸方面的庫門卡爾(Kum Kale)地方，作臨時性的登陸，以來分散土軍的兵力。但是等到最後階段的戰術性奇襲效力過了之後，土耳其人即能夠召集他們的預備隊，以來實行阻擊，於是侵入軍對於他們這兩個微小的立足點，再也無法擴大。

最後到了七月間，英國政府決定加派五師兵力，去增援現在已經在半島上面的七個師。可是到了這個時候，土耳其的兵力也增到了十五個師。哈米爾頓決定採取一個雙面打擊的計畫——一方面從格巴土丘增兵進擊，另一方面在北面幾哩以外的蘇弗拉灣(Suvla Bay)，作新的登陸企圖，以求切斷半島的中部，並佔穩控制窄海的高地。也許這個計畫要比在布來爾(Bulair)或亞洲海岸方面實行登陸更直接化，可是它的唯一優點，就是不在敵人的料想範圍之內——因爲土軍的預備隊都已經分別集中。在其他地區中，於三十六小時之內，一共只有一個半營的土軍，擋住了英軍的進路，此後土耳其的援軍才開始趕到。由於登陸部隊的經驗太差，而在場指揮官的惰性又太重，所以才會使這樣大好的機會白白糟蹋掉了。戰局變成了僵持之後，許多人都感到失望，於是那些本來反對這個計畫的人也都紛紛發言，不久聯軍就撤出了這個半島。

可是法爾根漢對於這個達達尼爾計畫，卻有下述的批評：「假使地中海和黑海之間的海峽，若不能永遠的封鎖住，則一切勝利的希望都會減低許多。俄國人可以因此解除被孤立的威脅……這比軍事上的勝利，具有更安全的保證。否則這個巨怪總有一天會自動跌倒的。」

這個錯誤不在觀念方面，而在執行方面。假使開戰之始，英國人就把他們以後所零碎消耗掉的兵力，都集中起來以圖一逞的話，那麼根據對方指揮官的證詞，可以看出這個計畫是大有成功的可能性。雖然達達尼爾的攻擊對於土耳其而言，是一條直接路線，但對於正在高加索作戰的土軍主力而言，卻算是一條間接路線；而在較高的層次中，對於整個中歐同盟國而言，更是一條間接路線。從當時西線的黯淡情形可以得知，即使厚積兵力於有限的空間中，其結果還是無法獲得決定的透入，因此，達達尼爾的觀念似乎是很符合「調整目標以配合手段」的原理。不過在執行時，他們卻完全違背了這條原則。

巴勒斯坦和美索不達米亞

對於中東的遠征實不應列入研究範圍之內。從戰略方面來說，他們的距離太遠，不可能獲致任何決定性的效力。若當作戰略上分散敵人兵力的手段而言，則在每一次作戰中，所吸引住的英軍，卻要比敵人的兵力更多。

不過從政策方面來看，它卻有似乎值得一談的價值。英國人在過去，常常用奪取敵人的海外領土為手段，以來抵補盟國在歐陸上的失敗。當歐陸上的爭鬥主力不利或難於獲得決定時，這種海外的行動也是一個很重要的收穫，足以幫助在和平談判中，獲得有利的條件。同時在鬥爭中，它們也是一種很好的「補品」。（註：一次大戰結束後，許多人都反對把那些已經充分沒收的殖民地，歸還德國人，他們認為德國人若保有這些殖民地，將來可能會構成禍根。這些人卻不曾認清，這些殖民地對於英國具有的間接價值。一旦到了戰時，它們可使英國人有用武之地，使他們有提早獲得勝利的機會，並且在敵人於歐洲戰場上每戰皆捷的時候，可以設法抵銷一部分心理上的打擊，使國家的威望不至於一落千丈。這種反擊打動的心理價值是絕對不可忽視的，尤其是一個海權國家，更不可忽視這一點。反而言之，一個大陸國家若在海外佔有領土，這時那些領地就會成為一種包袱，使它因為害怕與殖民地的聯繫被切斷，而不得不約束它的侵略野心。所以當二次大戰在一九三九年爆發的時候，義大利考慮了很久都不敢採取行動，一直等到德國似乎已經勝券在握，它才決定參加。這種基地性的威脅雖不一定能預防戰爭，但卻至少可以約束侵略者的野心。）

關於巴勒斯坦遠征作戰的局部戰略，似乎也值得加以研究。開始的時候，它兼顧了直接和間接路線的雙重原則。它所採取的不僅是一條眾所預期的路線，而且也是最長的和最困難的，對於土耳其的任何重要目標而言，都莫不皆然。在一九一七年三月和四月間，英軍在加薩(Gaza)曾經兩度遭遇失敗——這裏正扼守著從埃及通到巴勒斯坦的直接沿海路線。到了秋天，英軍又使用較多的兵力進攻，不過所採取的路線卻比較沒那樣直接。

該計畫是由闕特伍德(Chetwode)所擬定，當艾倫比(Allenby)代替了穆瑞(Murray)出任總司令時，他就決定採行這個計畫。在水源供給和海岸與沙漠之間的窄路雙重限制之下，這個計畫在地理方面是盡可能的採取間接路線。土軍的防線從加薩起，向內陸大約延伸到二十哩遠，而畢夏巴(Beersheba)，則在內陸十哩遠的地方，構成一個最遠的守望哨，保護著可能前進地區的東西界線。英軍利用保密和欺詐的手段，使土軍的注意力集中在加薩方面，於是在沒有設防的那一邊上，英軍用寬廣而迅速的突擊，奪獲了畢夏巴和它的水源地。這個計畫的第二步，就是一方面向加薩佯攻，以分散土軍的兵力，而另一方面卻又向土軍主陣地的側翼，發動打擊，同時騎兵也從畢夏巴繞道向土軍的後方進攻。但是由於水源上的困難，以及土軍在畢夏巴以北作了一次逆襲的緣故，這個計畫還是失敗了。雖然他們曾經透入了土軍的防線，但是卻未能獲得決定性的結果。土軍只是向後捲退，甚至退過耶路撒冷(Jerusalem)，但是他們卻並未能像原定計畫那樣被捲起切斷。

又拖過了一年，直到一九一八年九月間，才算是獲得了最後的決定。此時，在東面和南面的沙漠中又正進行著一種奇怪的戰役，它不僅足以減弱土軍的作戰力量，而且在戰略方面也出現了一些新曙光。這個戰役就是所謂的「阿拉伯革命」(Arab Revolt)，由勞倫斯(Lawrence)所指揮發動。該戰役應當歸併在游擊戰爭的範疇之內，所以它的本質當然是具有間接性的。可是它的戰略卻具有如此科學化的計算基礎，所以我們不要忽視了它對於一般正規戰爭的參考價值。這是一種極端形式的間接路線，在它的工具限制之內，也是一種最經濟有效的方式。阿拉伯人比之正規軍隊，一方面擁有較高的機動性，另一方面卻比較禁不起死傷的損失。至於土軍卻是不害怕人員的損失，而只是吃不消物資上的損失，那是他們所最感缺乏的。他們所最拿手的是坐守在戰壕裏面，用火力來擊退直接進犯的目標，可是他們對於流動性的作戰，卻不僅是窮於應付，而且也禁不起這樣的長期消耗。他們很想守住一塊廣大的領土，可是他們的兵力在數量上卻不夠充足，一分散到遍布各地的據點網上，馬上就感到手不應心了。而且他們所倚賴的又是一條綿長而易於被毀的交通線。

基於這些假定，所以結果當然會產生一種與正統理論完全相反的戰略。當正規軍隊尋求與敵人保持接觸時，這些阿拉伯人卻盡量避免與敵人接觸。當正規軍隊以擊毀敵人兵力為目的時，阿拉伯人卻純粹以毀滅敵方物資為目的——而且專門挑敵人沒有兵力的地點攻擊。不過勞倫斯的戰略卻還不僅於此，它似乎發展得還更遠。他並不想切斷敵人的補給線，以來趕走敵人，他的目的卻是要把敵人羈留在原有的地方，讓數量不夠的糧食可以運到他們手裏，這樣他們停留的時間愈長，則力量愈弱，士氣也愈低。一個打擊可以誘使敵人集中他們的兵力，反而會使他們的補給和安全問題，因而化簡。這種針刺的方法卻足以使他們的兵力日益分散。儘管這種戰略是具有濃厚的非正統性，可是實際上，這也就是依照抵抗力最少的路線行走時，所必然能夠獲致的合於邏輯的結論。誠如勞倫斯本人所言：「阿拉伯人的軍隊從來不曾嘗試保持或改進某一個有利之點，他們只是移開了，然後到其他地方再行打擊。在極迅速的時間當中，使用最少量的兵力，打擊在最遙遠的地方上。他們一直繼續行動，直到敵人被迫調動兵力來抵抗的時候，才馬上又轉換新的目標。」

這種戰略與一九一八年的西戰場又有什麼關係呢？基本上是一樣的，但是在運用時卻達到了更進一步的程度。

當它應用在正規戰爭上的時候，它就受到時間、空間和兵力等項因素的限制。就封鎖而論，它要算是一個迅速而積極的形式，但是就破壞敵人平衡的戰略而論，則它的效力卻很遲緩。所以假使情況許可的話，應盡量採取比較積極的戰略，以求能達到速決的要求。不過除非在尋求速決的時候，知道如何使用間接路線，否則這種表面上的「捷徑」，卻反而會比勞倫斯的戰略更遲緩，成本更高，且具更大的危險性。缺乏運動的空間，和兵力密度太大，也是一種障礙，不過卻並非不可克服。所以合理的判斷應該是這樣的：在一般正規的戰爭中，只要預料成功的希望頗大的時候，那麼應該首先採取一種間接的路線，殲敵於陷阱之內，以求達到速決的目的。若是預料頗難成功，或者是嘗試已經失敗了，那麼就應該改採消耗戰略，這當然也是一種間接路線，以逐漸消磨敵人的力量和意志爲手段，來達到最後的決定，總而言之，一切間接手段都要比直接手段更好，除非萬不得已，絕不可以採取直接的路線。

在阿拉伯革命中，並沒有機會使這個間接戰略完成它的使命，因爲到了一九一八年九月間，當在漢志(Hejaz)鐵路線上的土軍，已經消耗得筋疲力竭的時候，於是巴勒斯坦的土軍主力，在英軍的一次具有決定性的打擊之下，馬上崩潰了。不過在艾倫比的這一次攻擊中，阿拉伯人也具有相當大的貢獻。

這些在巴勒斯坦的最後作戰，在分類上應該算是一個戰役呢？還是應該算是一個會戰再加上一個追擊呢？似乎還是很難決定。因爲在開始的時候，固然有兵力的接觸，但是當接觸尙未分開時，勝利即已經完全注定，所以似乎應該是屬於會戰的範圍。但是勝利的獲得，主要的卻是倚靠戰略的手段，戰鬥的成分實在是非常微不足道。

有許多人對於這種結果都不免估價過低，尤其是那些深信克勞塞維茨教條的人，往往認爲血液就是勝利的代價，所以更是如此。雖然艾倫比在數量方面的優勢，可能還不止二比一，甚至於有三比之一之多，但是當初英軍進攻巴勒斯坦時，其所佔的優勢實在比這個更大，而結果卻還是不免於失敗。同時在過去以及這次世界大戰中，有許多其他的部隊，也具有類似的優勢，但是其結果卻還是不免於失敗。

一個最嚴重的「低估」要屬其對土耳其士氣的影響。姑且不論一九一八年九月間的條件是如何的有利，這些作戰就它們的眼光和處理方式而論，都應該算是歷史上的傑作。雖然這個目標並不困難，但是其景象卻似乎很特殊，至少就其大致而言，可以算是一個完整的觀念，並且也要算是完整的執行。

這個計畫充分符合了威里森(Willisen)所擬定的戰略定義，那就是戰略即爲「交通線的研究」。而拿破崙也曾經說過：「整個戰爭藝術的祕密，就是使你自己成爲交通線的主人。」而該戰役的目的，就是使英國人成爲土耳其一切交通線的主人。切斷一個軍隊的交通線，便能夠使它的物質組織發生癱瘓現象。切斷敵人退卻線，即能夠使它的精神組織發生癱瘓現象。毀滅了敵人間的交通線，使命令和報告都爲之斷絕，這樣頭顱和身軀之間的聯繫也都完全中斷。第三方面的效力可以用空軍來維持。把敵人飛機驅逐出空間之外，也就等於使敵人的指揮官成爲瞎子；而炸毀艾弗里(Afule)的主要電報和電話樞紐，更足以使敵人耳聾口啞。這個行動的第二階段，緊接在阿拉伯人切斷德拉(Deraa)主要鐵路線之後，它所具有的物質效力，爲暫時切斷土耳其物資的流通，在這裏「暫時」即具有一切的價值。其心理上的效力是誘致土軍指揮官，把他們微弱的預備兵力，不斷往這裏分送。

這三個所謂土耳其「軍團」，所依靠的只是一條鐵路線所構成的大動脈。這條鐵路的起點是大馬士革(Damascus)，到了德拉就分爲兩支：一支繼續向南通到漢志，另一支轉向西面經過約旦(Jordan)，以達艾弗里。到了艾弗里又分爲兩個分支：一支在海法(Haifa)通到海邊，另外一支向南與土耳其第七和第八兩個軍團的補給中心相銜接。在約旦東面的土軍第四軍團，就完全依靠著漢志這一條支線。假使若能掌握著艾弗里和貝桑(Beisan)附近的約旦支線交叉點，則第七和第八兩個軍團的交通線就會被切斷。同時除了在約旦東面地區中，還有一條孤立困難的小路以外，他們的退路也可以說是完全切斷了。若是佔領了德拉，那麼不僅可以切斷這三個軍團的所有交通線，而且第四軍團的最好退路也在內。

德拉距離英軍前線實在太遠了，短時間之內不足以使其對於戰局發生功效。所幸，阿拉伯人好像鬼怪一樣從沙漠中跑了出來，把這三條鐵路的要點都切斷了。不過由於阿拉伯人的行動是戰術性質，加上當地自然情況的限制，使得這種行動未能在土耳其後方，構成一個戰略性的障礙物。因爲艾倫比想要尋求一個迅速而完全的決戰，所以他必須尋找一個比較接近的地點，以來建立這種障礙物。艾弗里的鐵路交點，和貝桑附近的約旦大橋，都在他那十哩活動半徑之內，假使能無困難的到達這幾個要地，則使用裝甲和騎兵，即能發動這種戰略性的突擊。這個問題的核心就是要尋找一條路線，一方面使土耳其人難於適時加以阻害，另一方面又要使他們無法在事後加以切斷。

那麼這個問題應該如何解決呢？沙侖(Sharon)平坦的沿海平原，構成了一條走廊，通往艾斯德拉侖(Esdraelon)平原和傑茲里(Jezreel)谷地——艾弗里和貝桑都位在這裏。這個走廊只有唯一一扇門戶通到外面，因爲位置在大後方，所以並未加以設防。門戶是由一道狹窄的山地所構成，把沙侖沿海平原與艾斯德拉侖內陸平原隔成兩段。但是走廊的入口處卻爲土軍的防線所阻塞著。

利用長期作戰的心理準備，用詭計來代替砲彈，艾倫比把敵人的注意力，從海岸方面移到了約旦的側翼上。因爲春天時，英軍曾在約旦的東面作過兩次進攻的企圖，但都遭到了失敗，所以這次分散兵力的行動就更能獲致成功。

九月間，當土耳其人的注意力還依然放在東面的時候，艾倫比的兵力卻祕密地向西移動。結果在沿海地區，他們在數量上的優勢由二比一升到了五比一。九月十九日，經過了一刻鐘的猛烈砲擊之後，步兵開始前進，掃過了兩道淺弱的土軍防線，然後再向內陸轉進，好像一扇大門，繞著它的樞紐轉動一般。騎兵通過了這個大開的門戶，以裝甲車爲前導，經過走廊地帶到達了艾斯德拉侖平原的入口。

這一次行動之所以能夠獲致成功的主因，是由於英國空軍已經使敵人的指揮官變得又聾又啞又瞎。第二天，英軍已經在土軍的後方，建立了一道戰略性的阻礙物，他們唯一的漏洞就是土軍還可以向東經過約旦退卻。因為面對著頑強的土軍後衛，英軍步兵的直接前進十分遲緩，若非英國空軍的攔截，則土軍可能從漏洞中溜走。九月二十一日清晨，英國飛機就發現了一支巨型的縱隊——由土耳其兩個軍團的殘部所組成——從納布拉斯(Nablus)，沿著曲折的狹路向約旦退卻。一連四個鐘點的空中攻擊，把這個縱隊炸成了碎片。從這個時候起，可以說土耳其第七和第八兩個軍團都已經完全毀滅。

在約旦以東，因為不可能建立這樣一個戰略性的阻礙物，所以第四軍團並未被一網打盡，而只是很快地消耗完畢。接著佔領了大馬士革。在擴張戰果的時候，更一直進到了阿勒坡(Aleppo)——距離大馬士革二百哩，距離三十八天前的英軍起點為三百五十哩。在這次前進之中，他們一共收容了七萬五千名俘虜，但所花的成本僅只不到五千人的死傷。

當時，保加利亞已經崩潰，米爾尼(Milne)從薩羅尼加進攻，也達到了君士坦丁堡土軍的後方，所以當艾倫比才剛進入阿勒坡，土國就在十月三十一日向聯軍投降了。

在分析巴勒斯坦這次決定性勝利的時候，所應該注意的，是一直等到英軍在土軍後方建立一道戰略性障礙物，使他們在心理上感受到無可避免的威脅之後，土軍的抵抗才開始崩潰。在此以前，他們還是堅守得很好。此外，由於最初存在著一個塹壕戰爭的條件，所以必須要使用步兵去打開這個封鎖。一旦等到正規戰爭的條件恢復之後，爭取勝利的工具還是機動單位，他們在全部兵力中只佔一個極小部分而已。這個關於間接路線的特殊例證，其巧妙處就在於準備階段。它的執行純粹依賴機動性所發生的效力，使敵人士氣沮喪並喪失平衡，而這實際上也就是奇襲的極致。

另外在東南戰場上，薩羅尼加的作戰也略值一談。聯軍派兵到那裏去的最初動機，本是在一九一五年秋季拯救塞爾維亞的危亡，可是因爲時機已遲，未能生效。三年之後，它變成了一塊攻擊的跳板，足以發生重要的影響。也許從政策方面來說，在巴爾幹地區獲得一個立足點，是很有必要的。但是從戰略方面來說，把那樣多的兵力——最後達到五十萬人之多——都封鎖在這一狹小的地區中，是否有此必要，和是否是一種聰明的辦法則似乎頗有疑問。德國方面曾經很諷刺的說，這實在是他們最早、最大的「集中營」。

第十四章 一九一八年的戰略

對於最後這一年的軍事行動，要作任何性質的研究時，都必須要先明瞭前此的海軍情況。因爲，當雙方都未能提前獲得速決的機會之後，海軍封鎖對於整個軍事情況，就逐漸取得了支配的地位。

假使歷史學家要追問那一天，才是第一次大戰最具決定性的日子，那麼他很可能會選定一九一四年八月二日。當天戰爭還沒有開始，英國海軍大臣邱吉爾，卻在上午一點二十五分的時候，下命令動員英國的海軍。這個海軍並不想再贏得一次特拉法加(Trafalgar)之戰，但是它對於聯軍的勝利，卻能作更大的貢獻。因爲海軍是一種封鎖的工具，等到戰後是非功過自有定論之時，大家才知道封鎖對於最後勝負的決定，實在是一個最重要的因素。它正像是美國監獄用來制服囚犯的緊身衣一樣，越來越緊，這樣一來，囚犯的抵抗能力也就越來越小，而使他在精神上逐漸感到吃不消。

無助導致無望，而歷史卻告訴我們決定戰爭勝負的因素，並不是生命的喪失，而是希望的喪失。沒有一個史學家會把下列的事實估計得太低：由於德國人民已經達到了半飢餓的程度，這對於「國內戰線」的總崩潰，遂發生了直接的影響。現在姑且不談革命對於軍事失敗，具有怎樣的影響，而改從反面立論，由於封鎖所引起的種種纏繞不清的因素，對於軍事情況的每一種考慮，也都發生了密切的關係。

也許不能說是由於封鎖的效力，才迫使德國人在一九一五年二月間，進行他們首次的潛艇戰役，但是至少卻是受了此種事實和潛在威脅的影響，他們才會出此下策。然而此舉卻使英國人獲得一個有利的藉口，解除了倫敦宣言的束縛，從而加強了封鎖的工作——他們聲稱對於任何有裝載貨物運往德國嫌疑的船隻，都具有攔截和檢查的權利。進一步說，因爲德國人用魚雷把露西坦尼亞號(Lusitania)炸沉了之後，才構成了一個重要的推動力，逐漸把美國推進了戰爭。同時本來由於英國加強封鎖之故，已經使英美兩國之間發生之很大的摩擦，現在因爲這個事件，遂使得摩擦瓦解冰消了。

兩年之後，因爲封鎖使德國在經濟上發生非常嚴重的危機，所以才逼得德國的軍事領袖們，決定不顧一切，重行採取「無限制」潛艇戰役。因爲英國需要依賴海運的物資，以供養他們的軍民，所以在他們的甲殼上遂形成一個先天的弱點。封鎖的本身先天上就足以使潛艇戰的效力，迅速的增加，因此就有很多人激烈的爭論著說：這種大戰略形式的間接路線，將會使英國本身遭到致命的打擊。雖然這個估計後來證明是錯誤的，但是若就英國人此次的情形而論，其死生存亡的關鍵，眞可以說是間不容髮。船隻的損失在二月分爲五十萬噸，到四月分增到了八十七萬五千噸。以後由於反潛技術的效率逐漸增加，同時德國的潛艇資源也逐漸感到缺乏，於是這個數字才開始逐漸減少，可是到那個時候，英國的糧食只夠供全國人民六個月的食用。

德國的領袖們因爲害怕有經濟崩潰的危險，所以才希望在經濟方面求得一個決定性的解決。這樣才促使他們發動潛艇戰役。他們明知美國人必然因此參戰，但是他們卻決心不惜冒險一試。一九一七年四月六日，這個危險終於變成了事實。雖然誠如德國人所判斷的，美國的軍事力量需要相當長的時間始能發展完成，但是由於美國參戰的緣故，海軍封鎖的壓迫又馬上比過去更緊了一步。自從美國變成交戰國之後，它馬上具有決心地運用這個經濟性質的武器，它完全不考慮到其他中立國的權利，其態度的果敢堅定，遠非英國人可比。從此再沒有中立國來反對封鎖的行爲。反之，由於有了美國人的合作，這種封鎖遂逐漸的把德國活活絞死，因爲軍事力量的基礎就是經濟上的耐力——這個眞理卻常常爲人所忽視。

封鎖在分類上，可以算是一種間接路線的大戰略，對於它幾乎是找不到有效的抵抗方法，除了它的效力比較遲緩以外，它可以說是不具任何冒險性。封鎖的效力，完全受著動量定律的支配，愈發展下去其速度就愈高。到了一九一七年底，中歐國家開始感到這個影響的嚴重性。經濟上的壓迫迫使德國在一九一八年，發動大規模的軍事攻勢，同時也限制了此種攻勢的發展。因爲德國人既然不願意自動求和，所以也就毫無選擇之餘地，不是實行這場攻勢的賭博，就是慢慢的削弱，終至最後崩潰爲止。

假使在一九一四年馬恩河會戰之後，甚至於再遲一點，德國人能在西線採取守勢而改在東線發動攻勢，則戰爭的結局也許就會完全不同。因爲若是這樣：一方面，他們可以毫無疑問的達成征服中歐的夢想；而另一方面，美國不會參戰，於是封鎖也就不會加緊。這樣德國便可以控制整個的中歐地帶，迫使俄國退出戰爭，甚至於使俄國成爲他們的經濟性附庸。面積增大後的德國，其潛力和資源也一定會隨之而增加，於是在軍事上戰勝西方同盟軍的機會也就愈多。所以從目標的選擇上，就可以看得出來大戰略與「大糊塗」的區別。

但是到了一九一八年，這種機會是早已消逝。德國的經濟持久力已經大爲減弱，封鎖的縮緊更使它的力量迅速減弱，雖然從羅馬尼亞和烏克蘭的征服地區中，可以獲得一些資源，但是爲時已晚，不再可能有起死回生的效力。

在上述的條件之下，德國人開始發動他們的最後一次攻勢，希望孤注一擲，以求獲得決定性的機會。由於原先在俄國方面的軍隊都可以抽調過來，遂使他們在數量上略居優勢，雖然比起聯軍在採取攻勢時所享有的優勢略微遜色。一九一七年三月間，英法比軍一共集中了一百七十八個師，以來攻擊德軍的一百二十九個師；可是在一九一八年三月間，德軍發動攻勢時，其總兵力爲一百九十二個師，而聯軍的總兵力卻也有一百七十三個師之多——美軍已有四個半師到達法國，因爲他們的編制要比歐洲大一倍，所以照比例折合爲九個師。之後當德軍還可以從東方擠出幾個師來的時候，美軍在緊急情況的壓迫之下，其流入法國的情形，也由溪流變成了巨川。在德軍總兵力當中，有八十五個師，號稱爲「衝鋒師」(Storm division)，是集中起來作爲總預備隊使用。聯軍方面的預備兵力總數爲六十二師，但卻沒有集中控制。聯軍方面本來計畫把三十個師的兵力集中起來，當作總預備隊，由凡爾賽軍事執行委員會加以控制。可是英軍主將海格卻聲明無法交出他配額的七個師，因此這個計畫遂遭擱置。當面臨這個考驗的時候，英法兩軍指揮官間所作的互相支援協定也隨即破裂。慘敗的結果迫使聯軍方面必須採取新的措施。由於海格的主動，福煦才奉命負責協調聯軍作戰的工作，以後才又改爲聯軍統帥。

德軍此次計畫的最大特點，就是他們對於戰術性奇襲的研究，比過去任何作戰都要來得徹底。德國的指揮參謀人員，深知雖有優勢的兵力，也極難抵銷攻勢所具有的先天不利條件。此外，他們也知道只有巧妙的運用各種不同的欺詐手段，才可以獲致有效的奇襲。而也只有使用這樣複雜的一把鑰匙，才能夠在這樣長久封鎖住的戰線上，打開一扇大門。

德軍主要的手段就是使用毒氣彈，企圖作一次簡短而激烈的轟擊——魯登道夫並未認清戰車的重要性，而未能適時的在這一方面求發展。不過在另一方面，其步兵卻接受了一種新型滲透戰術的訓練。其基本原則就是領先的部隊，應該試探和透入敵人防線上的弱點，而預備隊所負的責任，是支援成功而非補救失敗。擔負突擊任務的各師，利用夜行軍向前趕；利用掩蔽的方法，大量的砲兵也都集中在接近前線的地區之內，不先作「準備」即馬上開始發射。此外在其他點上，為了繼續攻擊所作的準備射擊，也可以迷惑敵人，並為將來的行動作準備。

由於聯軍累次攻勢的徒然失敗，根據這個經驗，魯登道夫得到了一個新的結論：「應該先考慮戰術，再考慮純粹戰略性的目標。除非戰術方面已經有成功的可能性，否則就絕無達到這種目標的希望。」因為既然無法採取戰略性的間接路線，那麼這種想法毫無疑問是正確的，所以在德軍的計畫中，為了配合這種新戰術，一定要有一種新戰略。兩者之間是互為因果，都是以一個原理為基礎。這個原理可以說是新的，也可以說是推陳出新的，那就是沿著抵抗力最弱的路線前進。一九一八年在西線方面的情形限制了德國人不能採取預期性最小的路線，而魯登道夫也並未作如此的打算。但是因為敵軍是沿著一條長壕，一線展開，所以假使能夠在某一點上作迅速的突破，然後再沿著抵抗力最弱的路線，迅速的擴張戰果，那麼也就可能達到通常只有採取預期性最小的路線所能達到的同一目標。

德軍的突破和擴張都可算是相當迅速。可是這個計畫還是失敗了，那麼原因何在呢？事後一般的批評都認為是由於戰術上的偏差，使得魯登道夫改變了方向且分散了兵力——集中全力去追求戰術上的成功，而犧牲了戰略性的目標。換言之，他們認為魯登道夫所主張的原則根本不正確。但是假使仔細的研究德方文件，以及魯登道夫本人的命令和訓示，那麼對於這個問題將會有另一種看法。魯登道夫失敗的眞正原因，似乎是他在理論上雖然接受這種新原則，可是在實踐上卻並未能完全做到。因為

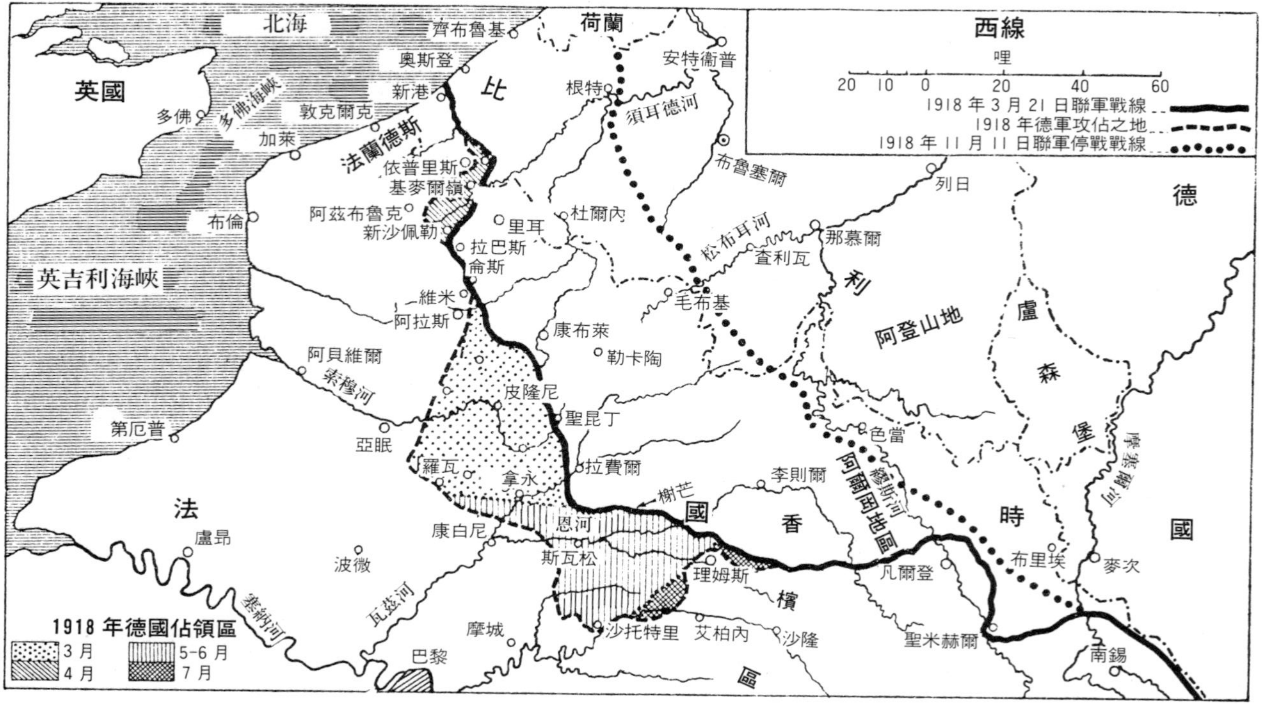
西線
哩
20 10 0 20 40 60
1918 年 3 月 21 日聯軍戰線
1918 年德軍攻佔之地
1918 年 11 月 11 日聯軍停戰戰線
1918 年德國佔領區
3 月
4 月
5-6 月
7 月
北海
英國
多佛
多佛海峽
英吉利海峽
齊布魯基
奧斯登
新港
敦克爾克
加萊
法蘭德斯
依普里斯
基麥爾嶺
阿茲布魯克
新沙佩勒
布倫
比
荷蘭
安特衛普
根特
須耳德河
布魯塞爾
里耳
杜爾內
拉巴斯
倫斯
維米
阿拉斯
阿貝維爾
索穆河
第厄普
亞眠
康布萊
勒卡陶
毛布基
松布耳河
查利瓦
那慕爾
列日
利
阿登山地
盧
森
堡
德
國
皮隆尼
聖昆丁
拉費爾
羅瓦
拿永
康白尼
恩河
斯瓦松
樹芒
國
香
檳
區
李則爾
色當
繆斯河
阿爾岡地區
時
布里埃
麥次
摩塞爾河
凡爾登
聖米赫爾
南錫
理姆斯
沙托特里
艾柏內
沙隆
法
盧昂
波微
瓦茲河
塞納河
摩城
巴黎

事實上，他爲了補救戰術上的失敗，曾經分散了大部分的預備兵力，同時在決心擴張戰術成功之前，他又猶豫了太長的時間。

甚至於當他選擇攻擊點時，這種困難即已經存在。預定的攻擊點是在阿拉斯和拉費爾 (La Fère) 之間，正面長度約爲六十哩，由德軍第十七、第二和第十八等個軍團負責主攻。當時也考慮到另外兩種不同的計畫：㈠是向凡爾登突出地的側翼進攻。但是這個計畫最後被打消了，因爲地形不利，在這裏突破得不到決定性的結果，而這個地區差不多一年以來都未發生過戰事，法軍必已養精蓄銳多時，所以更不易攻入；㈡從依普里斯到倫斯 (Lens) 之間進攻，雖然魯登道夫的戰略顧問魏茲爾 (Wetzell)，和從聖昆丁 (St. Quentin) 到海岸間地區的指揮官魯普里赫特親王，都贊成這個計畫，結果還是未被採用。其理由是一定會遭遇到英軍的集中兵力，而且這些低地不易乾燥。

最後選中了阿拉斯—拉費爾地區的主因是該地不僅地形比較有利，而且在這個地區中，敵人的防禦工事、防禦兵力和預備隊也都比較薄弱。此外，它也極接近法英兩軍的接頭處。魯登道夫希望先把英法兩軍切斷，然後再擊毀英軍。照他估計，由於英軍不斷在依普里斯苦戰的緣故，其兵力必已減弱到相當嚴重的程度。不過雖然就一般的情形而論，這個地區的確是比較脆弱，但是就細節來看，則他這種判斷實大錯而特錯。佔全線的北段三分之一，不僅築有堅強的工事，而且擁有強大的守軍。這個單位是英國的第三軍團，一共有十四個師，其中四個爲預備隊。此外，英軍預備隊的大部分也都集中在這個側翼方面，而且他們還可以迅速獲得更北面其他英軍部隊的支援。在全線上所餘三分之二的地段中，則由英國第五軍團負責防守，德軍的打擊也就落在這裏。面對著德國第二軍團的中央地區中，英軍一共有五個師的守軍。南面較長的一段，正面對著德國的第十八軍團，由七師英軍加以防守，其中一個師爲預備隊。

魯登道夫命令在阿拉斯附近的第十七軍團，用十九個師的兵力，開始作最初的攻擊，攻擊僅限於它的左翼方面，其正面不過十四哩長。因爲他們不擬直接進攻英軍向康布萊突出的舌形地區，而只想把它切斷，所以這五哩長的一線由德國第二軍團的兩個師，加以適當的佔領。這個軍團集中了十八個師的兵力，攻擊英軍第五軍團的左翼（一共五個師的兵力），其正面長約十四哩。在極南端，德國第十八軍團就從聖昆丁的兩側進攻。魯登道夫決定僅用二十四個師的兵力，來攻擊一條長達二十七哩的正面。儘管他主張一種新原理，但是他分配兵力的標準，卻還是依照敵人的兵力比例，而未能集中全力直搗敵人的最弱點。

他下令的方向，更加凸顯出這種趨勢。主力的方向指向索穆河以北，在突破之後，第十七和第二兩個軍團就像車輪一樣，轉向西北方，壓迫英軍向海岸退卻，而河流和第十八軍團就保護著他們的側翼。換言之，第十八軍團的任務只是在攻勢中擔任側衛而已。可是實際上的發展，卻使這個計畫遭到了根本性的變化，而且在外表上，卻很像是隨著抵抗力最弱的路線發展，因爲魯登道夫在他所存希望最小的地方，居然獲得了迅速的成功，而在他存有最大希望的地區中，卻反而沒能獲致成功。

德軍在三月二十一日發動攻擊，由於晨霧的緣故，使奇襲獲得更大的效力。在索穆河南面，英軍的防務最爲單薄，同時德軍攻擊兵力也最微弱，可是在這裏卻還是獲得了成功的突破。不過在阿拉斯附近，德軍的攻勢卻發生了頓挫，這個頓挫對於在河流以北地區的一切攻擊行動，都造成了影響。這個結果本應該是在意料之中，但是魯登道夫，卻還是違背了他自己的新原則，在接連幾天之內都拚命地攻擊阿拉斯地區中的堅強要塞工事，以企圖使他的攻擊有復活的希望——始終堅持著以這個方面爲他的主攻方向。當此之時，他卻盡可能的約束住第十八軍團，他們正在向南長驅直入，一路上都沒有碰到阻攔。一直到三月二十六日，他還下令禁止第十八軍團渡過艾弗爾河(Avre)，而一定要他們在進度上和鄰近的第二軍團看齊，而第二軍團本身卻因爲受到在阿拉斯附近第十七軍團的牽制，而備感約束。由此看來，實際上魯登道夫是想使用直接攻擊的方式，以來擊破英軍防區中最堅強的那一個地段。由於這種固執的錯誤，他不曾把預備隊的全部重量，都投擲在索穆河南岸，沿著抵抗力最弱的方向前進。等到後來他想糾正這個錯誤的時候，時機卻已溜逝，再也來不及了。

當時若能繞過英軍的側翼，而直趨阿拉斯要塞地區的後方，那麼這個向西北面的轉動也未嘗沒有成功的希望。三月二十六日德軍在索穆河以北的攻勢已經明顯的減弱了(由第十七軍團的左翼和第二軍團的右翼所構成)。在索穆河的南岸，第二軍團的左翼進到了索穆河會戰的舊戰場，那裏已經成爲人工沙漠，使德軍在運動和補給兩方面，都受到很大的阻礙。只有第十八軍團還可以繼續前進，而沒喪失它原有的衝力。

這種情況迫使魯登道夫採取一個新計畫，但是他卻還是捨不得放棄舊計畫。三月二十八日，他命令再向阿拉斯附近的高地，發動一次新的直接攻擊——在第十七軍團的右面，維米(Vimy)和拉巴西(La Bassée)之間——接著第六軍團又開始向北進攻。但是由於索穆河南岸方面的有利情況，使他又把亞眠指定爲第二軍團的主要目標。即令如此，他還是制止第十八軍團繼續前進，在未有新命令之前，也不准他們向亞眠的側翼方面實行迂迴。亞眠雖被承認是一個額外的主要目標，但是他卻準備採取穿越惡劣地形的直接路線去奪取它。

三月二十八日，當阿拉斯新攻勢發動的時候，既無晨霧又無奇襲作爲掩護物，所以面對著英將拜恩(Byng)的第三軍團蓄勢以待的堅強抵抗，德軍遂不免慘敗。此後，魯登道夫才放棄他那個原有的舊觀念，而改將他的主力，加上所剩餘的一些預備隊，向亞眠進攻。此時，他又命令第十八軍團再等兩天才進攻。當攻勢在三月三十日再度開始的時候，第十八軍團已經沒有多少兵力，同時聯軍方面已有充分的時間，來加強他們的防務——法軍預備隊就好像水泥一樣，把這個已經發生了裂縫的圍牆都補好了——於是德軍的進展遂不免大受限制。在這一天當中，法軍的砲兵也跟在步兵的後面，正式參加大規模的作戰。四月四日，德軍以十五個師的兵力，其中只有四個師是生力軍，又作了一次進攻的企圖，其結果比以前更差。

因為不願被動的捲入消耗戰，魯登道夫決定暫停對亞眠的攻擊。他始終不曾沿著英法兩軍的分界線進攻。可是在三月二十四日那一天，貝當(Pétain)曾經向海格提出警告說：假使德軍仍繼續沿著他們現有的路線進攻，那麼他就要把法軍的預備兵力，向西南方撤退以掩護巴黎。只要德軍稍為再加一點壓力，這個小裂縫就馬上會變成一個大缺口。

這個事實證明了兩個歷史性教訓的價值：㈠只要接頭的地方是最敏感的，也是最有利的攻擊點；㈡當兩軍並肩作戰的時候，要比隔得很遠且組織上完全獨立的時候，更害怕被切斷的威脅，此時若能透入兩軍之間，則可使敵人感受到極大的壓力。

由於他大部分的預備兵力，正在阿拉斯的南面，守著一個巨型的突出地，於是在很勉強的心理之下，魯登道夫轉向更北的地方，再次發動新攻勢——他自己也不具太大的信心。三月二十五日，他命令在拉巴西與阿蒙提耶爾(Armentières)之間的地區中，作一次小規模的攻勢準備，其目的是想利用此一步驟，以來擴張突破的寬度。當三月二十八日向阿拉斯的進攻失敗之後，他決定再擴大這個計畫。

在阿蒙提耶爾南面攻擊發動之後二十四小時內，接著發動在它北面的攻擊，然後便像一把鉗子般把這個城市夾了下來。

因爲準備遲誤，一直到四月九日，這個攻勢才開始發動，而到發動前，其最初目的只不過是用來分散敵人的注意力而已。這一次又是獲得曉霧的幫助，加上這個地區中敵人的抵抗力早已減弱，所以這次攻擊獲得了迅速驚人的成功。因此才使魯登道夫逐漸的把它改成一個主力的攻擊。在阿蒙提耶爾以南，沿著一條十一哩寬的正面，九個師的德軍，再加上第二波的五個師，向著一師葡(萄牙)軍和兩師英軍進攻——在英軍後面，還有兩個師的預備隊，位置在緊接的地區中。第二天，德軍四師，再加上第二波的兩個師，沿著一條七哩寬的正面，也在阿蒙提耶爾以北開始進攻——這次又獲得了濃霧的助力。當聯軍的抵抗力開始轉強的時候，新的生力軍就分成碎片地投入這場戰火，到了五月初，已經消耗了四十多個師，而魯登道夫也已經無法擺脫這個消耗性的戰役。

英軍已經快退到他們的基地和海岸邊，在絕望中他們還是拚死苦鬥，終於阻止住德軍的狂瀾，雖然德軍已經侵入了十哩之深，但卻未能達到位於阿茲布魯克(Hazebrouck)的重要鐵路交點。於是，到了四月十七日，魯登道夫企圖在依普里斯兩側，作一次向心式的攻擊，但是由於海格採取了一個間接性的行動，在四十八小時之前，即已自動將防線撤出了該地區，結果使這個計畫完全落空。此後，魯登道夫遂決定再在依普里斯的南面，發動一次純粹直接性的攻擊，法軍的預備隊已經到達那裏，並接管了一部分的防線。四月二十五日的攻擊，就正落在接頭的地點上，在基麥爾嶺(Kimmel Hill)把敵人擊碎了之後，魯登道夫卻突然因爲害怕敵人逆襲的緣故，而停止了擴張戰果的行動。他雖然曾經一再的使用預備兵力，但是卻都不免有太遲太少之感，所以當然不會有完全成功的可能。當他第一次攻擊失敗之後，他似乎對於第二次攻勢缺乏信心，而在四月二十九日作了最後一次的努力之後，他又停止不前。不過他的原意只是暫時叫停，因爲他想設法把法軍的預備隊，先引回到他們原有的戰線，然後計畫在法蘭德斯平原上，對英軍進行一次最後且具有決定性的打擊。

此外，魯登道夫早已在斯瓦松(Soissons)和理姆斯(Reims)之間，做好在榭芒(Chemin-des-Dames)地區發動攻擊的準備。原定在四月十七日發動攻勢，但是一直拖到五月二十七日才準備完成——主要是因爲魯登道夫延長了法蘭德斯的攻勢，使他的預備兵力消耗殆盡。美軍總部的情報對於這次攻勢的地點和大致時間，都有相當準確的預測，但是一直等到五月二十六日，從一個戰俘口中獲得證實之後，這個警告才被聯軍所注意，可惜已經太遲了。雖然來不及增強防禦力量，但是卻可以提高前線部隊的警覺，並且命預備隊開始採取行動。第二天上午，德軍用十五個師開始發動打擊，後面還緊跟著七個師——沿著一條長達二十四哩的正面，英法兩軍一共只用五個師加以防守，後面還有四個師的預備隊。在大霧和煙幕的掩護之下，德軍開始發動攻擊，迅速的把守軍逐出了榭芒，接著渡過了恩河。五月三十日，他們到達了馬恩河。可是這一次，魯登道夫卻獲得了一個意想不到的勝利，他既無準備也未存有希望。用奇襲攻擊敵人的人，本身卻反而遭到了奇襲。這個最初的成功不僅吸引大量的預備兵力，超過了應有的比例，而且也抵銷了他們的效力——因爲他們在調動預備隊的競賽中，也比不過聯軍。

這一次初期的成功很值得加以分析。其主要的原因可以分爲下述三點：(一)聯軍的注意力和預備隊過分分散；(二)德軍努力的追求抵抗力最弱的路線；(三)當地法軍指揮官實在是太愚笨，他堅持把步兵都集中在最前線的位置上，這樣好像是故意把他們壓縮起來，以便充當德軍大砲的砲灰。砲兵、局部預備隊和指揮所也同樣的緊靠著第一線，結果當德軍一突破之後，整個防區就迅速而全面的崩潰。本來在攻勢尚未發動之前，其奇襲性已喪失了一部分，可是此時也算是完全恢復了。因爲所有一切奇襲手段的目的，都是一樣的，那就是使敵人喪失平衡。不管是用欺騙的手段，使敵人睡著了之後再下手；還是設法讓他們在張開眼睛的情況下，自動的走進陷阱。

現在魯登道夫已經在聯軍的防線上面，創出了兩個巨型的突出地，另外加上一個比較小型的。他下一個企圖就是要肅清夾在索穆和馬恩兩個突出地區之間的康白尼拱柱地區(Compiègne buttress)。不過這一次卻已無奇襲的餘地，而六月九日在西面的攻擊又發動得太遲，未能和東面的壓力產生配合的作用。

於是中間又暫停了一個月的時間。魯登道夫很想完成他那個一廂情願的夢想——對比利時境內的英軍，作一次決定性的打擊。但是他卻認爲英軍的預備兵力還是太強，所以決定再採取一個分散敵人兵力的計畫——希望在南面發動一次強大攻勢，以吸引英軍的預備隊。在馬恩突出地的西面，他固然未能將康白尼拱柱地區加以肅清，但是他現在又想在東面達成這同樣的任務，在理姆斯的兩側實行進攻。不過此時他需要一些預備和休息的時間，而這一延遲即足以致德軍的死命——因爲時間也可以使英法兩軍恢復元氣，更可使美軍厚積他們的實力。

魯登道夫的戰術成功，反而成爲他自己的一個拖累——因爲受了這些成功的影響，結果向前推進得太遠，把他自己的預備隊都用完了，以至於兩次打擊之間，都需要很長的重整時間。至此，他所追求的已經不再是抵抗力最弱的路線，反而卻是抵抗力逐漸加強的路線。在每次最初的突破之後，每一個攻擊從戰略方面來說，即都變成一種純粹直接性的路線。他已經在聯軍的防線上，衝開了三個大缺口，但是卻沒有一個透入得夠深，足以切斷敵人的重要動脈。而這個戰略性的失敗又使德軍的戰線變成鋸齒狀，使其側翼極易受到敵人的逆襲。

七月十五日，魯登道夫又發動了他的新攻勢，但是這次攻勢對於聯軍卻已毫無任何機密性。理姆斯以東的攻擊，爲聯軍用彈性防禦的方式所擊退。在理姆斯以西，德軍雖然越過了馬恩河，但卻只是使他們愈陷愈深，失敗得更慘而已——因爲七月十八日，福煦在馬恩突出地的另一側翼，也開始發動一次準備良久的打擊。這次作戰由貝當負責指揮，他使用了魯登道夫所沒有的鎖鑰，以康布萊會戰爲模型，集中使用輕型戰車，來領導一個奇襲式的攻擊。德軍本希望盡可能的使突出的大門敞開著，以便有足夠的時間，使他們的兵力退回安全地帶，並拉直他們的戰線。但是他們的預備隊卻早已用光。於是魯登道夫先是被迫暫時延緩在法蘭德斯平原上的攻勢，最後也以放棄終結。從此主動之權正式移交到聯軍的手裏。

聯軍在馬恩河上所發動的反攻，其性質也值得加以仔細研究。貝當已經要求福煦在波微(Beauvais)和艾柏內(Epernay)兩地，分別集中兩個集團的預備兵力，其目的是想等到德軍發動新攻勢之後，再來向它的側翼實行逆襲。第一個集團由曼金(Mangin)率領，用來擊毀德軍在六月九日的攻勢，然後再移轉到馬恩突出地的西面位置。福煦計畫用它來攻擊在斯瓦松的鐵路中心。當正在進行準備時，情報當局卻獲得一個確實的消息，知道德軍下一次的攻勢一定是在理姆斯附近。福煦決定先發制人，提前在七月十二日發動他自己的攻勢。可是貝當卻有另一種觀念，他主張讓德軍先攻進來，然後再向他們後方的側翼發動打擊。可是說也奇怪，事實上，法軍在七月十二日卻未能準備完成，因此實際作戰的方式，依照貝當觀念的地方較多，依照福煦觀念的地方較少。不過只是較多，卻並非全部。

因爲貝當的計畫，本來可以分爲下述的三個步驟：㈠只用極少數兵力守住最前線，故意放棄它以來引誘敵人，然後在後方地區中阻止他們繼續前進；㈡發動局部性的逆襲，以吸引敵人的預備隊，使他們陷入新的袋形地區之中；㈢最後放出曼金的預備隊，使他沿著馬恩突出地區的主要基線，向東發動眞正的反攻。這時德軍都已經在恩河南岸，被裝入巨型的口袋中，曼金這一擊即可紮緊袋口。

事實的發展和福煦的意見交互影響，使這個觀念發生了改變。理姆斯的東面，德軍的攻勢爲彈性防禦的方式所抵銷——這也是一種戰術性的間接路線。但是在理姆斯的西面，指揮官卻堅持著那種舊式硬性的防禦方法，所以防線遂終被德軍突破。德軍一直透入，渡過了馬恩河，爲了應付這個緊急的危機，貝當被迫只好把他本擬在第二階段使用的預備隊，先動用了一大部分。爲了抵補他們，他決定抽調曼金的兵力去加以補充，而暫時延緩了他的反攻——福煦本已下令在七月十八日進攻。當福煦得知貝當的命令後，他馬上又把它撤消掉，於是貝當計畫的第二個階段遂完全被破壞，因此德軍的預備隊現在就可以用來阻止曼金的兵力，以使袋口不至被束緊。不久法軍的反攻就變成了一種單純的直接壓迫，正如同一九一五年，法爾根漢在波蘭的情形一樣，整個口袋都壓扁了，而把德軍全部擠了出去。

此後福煦的主要觀念就是盡量保持主動，使敵人永遠得不到休息的機會，因爲此時，他自己手裏的預備兵力一天天的增加，所以有恃無恐。他的第一個步驟就是發動一連串的局部攻擊，以使他自己的橫貫鐵路可以獲得自由。八月八日在亞眠前線上，海格首先發動第一個攻擊，利用巧妙的預防和欺詐手段，勞林森(Rawlinson)的第四軍團兵力暗中增加了一倍，並且利用了四百五十輛戰車，來領導這個攻擊。當攻擊開始發動時，可以說是獲得了完全奇襲的機會，這是整個戰爭中未曾有過的經驗。雖然它不久即發生了頓挫——其壓力所具有的直接性，當然要算是重要的理由——但是這個由奇襲所產生的最初震動力，即足以使德軍最高統帥在心理上喪失平衡。當魯登道夫認清了他的部隊，在精神方面已經瀕臨破產的程度，於是他遂公開的宣稱：應用談判的方式來獲致和平。這時，他又說：「我們戰略的目的就是使用一種戰略防禦的手段，以來逐漸消磨敵人的作戰意志。」

不過此時，聯軍也在逐漸演化之中，發現了一種新型的戰略方法。福煦首開其端，他命令聯軍在不同的地點，開始發動一連串的攻擊。當海格拒絕接受福煦的訓示，不肯繼續命其第四軍團再作正面的壓迫時，這個演化的程序遂告完成。一直等到英軍第三和第一兩個軍團，都輪流發動了攻擊之後，第四軍團才又繼續進攻。所以專就海格和貝當的控制範圍而言，聯軍的攻勢已經變成了一連串的快速打擊，打在不同的地點上面，一旦當最初的衝力開始減弱的時候，馬上停止，而又改在其他的地方再發動新的攻擊。這樣一來，每次攻擊就好像是爲下一個攻擊鋪路，因爲在時間和空間上都非常的接近，所以彼此之間具有很密切的關係。這樣的車輪戰法使魯登道夫無法調動他的預備部隊，來應付預料中的下一個打擊，同時聯軍只要用最經濟的成本，即足以使德軍的預備兵力，很快的消耗殆盡。這種方式雖不能算是一種眞正的間接路線，但卻十分近似。它雖然不一定能採取期待性最少的路線，但至少卻已經避免自然預期的路線。雖然不一定是採取抵抗力最弱的路線，但至少卻永遠不去追求抵抗力逐漸增強的路線。所以事實上，它可以算是一種消極形式的間接路線。

因爲德軍在精神上和數量上，都已經在走下坡，所以此時使用這種方法，即足以使德軍的抵抗力不斷減弱。由於這種頹勢已經有了明顯的證據，所以海格才敢擔保說，他有力量突破興登堡防線，而在那裏的德軍預備隊要算是最強的。這樣才使福煦決定放棄他的主見，而改在九月底同時發動全面攻勢。

該計畫是打算直接集中壓迫德軍防線在法國境內構成的突出地。他們希望由英美兩軍所分別構成的側翼，可以從兩面抄入，而把在突出地區中的德軍，切斷一大部分。這個希望的基礎是認爲阿登山地可以構成一個無法通過的後牆，只有在側翼方面才有一條狹窄的出路。實際上，這完全是一種錯誤觀念，因爲阿登山地具有相當良好的道路，所謂山地崎嶇的說法，只是徒見其表而已。（註：這種類似的錯誤判斷也同樣在一九四〇年五月間，使聯軍統帥部認爲德軍的機械化兵力無法通過這個地區，侵入法國。）

本來，依照潘興(Pershing)的建議，這個計畫是含有某種程度的間接意味。他認爲美軍應首先擴展局部的戰果，向布里埃(Briey)前進，破壞聖米赫爾(Saint Mihiel)突出地，然後經過麥茨，以切斷德軍在洛林的交通線爲目的，這樣就可以阻止德軍向萊茵河退卻。但是海格卻表示反對，他認爲這個進攻方向，與聯軍向心的進攻是不同的，是離心的。於是福煦遂拒絕了潘興的建議，而照海格的意見，修改了他的計畫。結果，美軍奉命移轉到西面，匆匆地奉命在繆斯—阿爾岡(Argonne)地區中，發動攻勢，僅僅只有一個星期的準備時間。在這次進攻中，又是沿著抵抗力漸增的路線，施加長久的壓迫，結果是付出了高價，而毫無收穫，對於海格向興登堡防線的進攻，也毫無幫助。

這一次作戰可以證明，即令有優越的火力，面對著士氣已經崩潰的敵人，若是採取直接路線的話，雖然是可以突破敵人的陣地，但卻並不能擊破敵人的力量。一直到十一月十一日(休戰的日子)，德軍除了犧牲他們的後衛以外，其餘的兵力都已經全部安全的退出了突出地以外，在他們的後面是一條縮短而拉直了的戰線。聯軍的前進事實上已經完全停頓，並不是由於德軍的抵抗，而是因爲他們自己經過這個廢墟地帶時，在補給和維持方面，發生了極大的困難。在這種條件之下，直接路線只不過是使德軍溜走得更快，而使他們自己無法追上去。

僥倖的是，這個軍事攻勢的最後階段，根本就沒什麼意義。致命的一擊還是八月八日的最初奇襲，再加上在其他遠距離戰場上的間接路線，才使德軍最高統帥部感到絕望。那就是聯軍在薩羅尼加戰場上的攻勢。其目標地區的地形非常惡劣，而守兵人數也極少，所以不久就被突破了。一旦突破之後，惡劣的山地又使守軍難於調動他們的預備隊，以來阻止聯軍沿著抵抗力最弱的路線前進。當他們的軍隊被分裂爲兩段之後，已經厭戰的保加利亞開始投降。這次勝利使得同盟國出現潰裂的現象，同時更打開了一條通向奧國後方的道路。

當義軍再度發動攻勢並獲得突破之後，這個危機就越來越嚴重。此時奧國人在精神和物質上早已到了山窮水盡的階段，終於不支投降。聯軍便經由奧國的領土和鐵路，攻入德國的後門。九月間，格爾維茲(von Gallwitz)將軍即曾向德國的首相提出警告，說這攻勢實已「決定」一切。

這個威脅，再加上封鎖所產生的高度精神效力——這也是一個大戰略性的間接路線——使整個德意志民族都感到大禍即將臨頭。現在飢餓和失望遂構成一對尖刀，威逼著德國政府投降。

德軍最高統帥部此時已經感到神經錯亂，一時無法恢復。九月二十九日，興登堡和魯登道夫決定德國應該要求休戰，因爲他們認爲保加利亞的崩潰，已使他們的一切部署完全混亂——本來要派往西線的部隊現在勢必要改調往那一方面。若是聯軍再向西線發動攻勢，則一切情況都會發生「徹底」的變化，縱或這一次能夠把他們擋住，若是對方繼續進攻，終究總還是會崩潰的。

福煦的攻勢正好被這句話言中。美軍在繆斯—阿爾岡地區的進攻已在九月二十六日開始，但是到了九月二十八日，實際上即已完全停頓。九月二十八日，法英比三國的部隊又在法蘭德斯進攻，但卻未能構成眞正的威脅。但是到了九月二十九日上午，海格的主力打擊落在興登堡防線上時，德軍便開始感到動搖。

在這個緊急狀態下，馬克斯親王(Prince Max of Baden)奉命出任首相，想利用他在國際社會中的地位，來達到談判和平的目的。爲了使這個買賣可以發生效力，並且表示不是自己認輸起見，他向軍方要求說：「應該使我有十天或八天，至少也得有四天的喘息期間，以便我好乘機向敵人提出和平的呼籲。」但是興登堡卻回答他說：「眼前軍事情況已經到達生死存亡關頭，勢不可以再延緩。」堅決主張立即向敵人求和。

於是，十月三日，德國正式向美國威爾遜總統，提出了立即停戰的要求。這無異於是向全世界公開承認失敗。甚至於在此之前，早在十月一日，德國最高統帥部就已經開始破壞他們自己的國內陣線。他們在一次國內各政黨領袖的集會席上，也公開提出同樣的意見。

當人們在黑暗中關久了，突然看見光線，反而會瞎眼睛。因此在德國內部，所有不和的力量和弱點都馬上顯露了出來。

在幾天之內，德軍最高統帥部的心理又逐漸轉向樂觀，因爲他們看到英軍透入了興登堡防線之後，並未能立即對戰鬥正面作眞正的突破。德軍獲得的報告，認爲聯軍在攻擊時的兵力不夠充足，尤其是無力擴張戰果——所以使他們感到興奮。魯登道夫卻仍認爲休戰還是必要的，但是他的目的是爲了使他的部隊可以獲得一個小休的機會，以便再作繼續的抵抗，並使他們得以安全的撤到國界上的縮短防線中。到了十月十七日。他甚至認爲即使沒有休息，他也照樣可以做到這一點。可是儘管他個人的看法已經改變，但是其所造成的印象卻已經無法收回。當他在九月二十九日發表意見的時候，情況可以說是已經惡劣到了極點。於今情況雖已轉好，但是他那個最初的印象卻已經在德國的政治圈中和民間，慢慢的傳播，就好像是把一顆石子投進水池裏一樣。國內防線雖然要比戰鬥防線較後發生裂痕，可是它的崩潰速度卻快得多。

十一月二十三日，威爾遜總統用一個通牒答覆了德國人的要求，實際上即無異於要他們作無條件投降。魯登道夫這時就主張繼續作戰，希望在德國國界防線上，作一次成功的防禦戰，以來打擊聯軍的氣焰。但是情況的演變卻已經超出了他的控制範圍之外，德國民族的意志力已經崩潰，再沒有人願意接受他的忠告。十月二十六日，他被迫辭職。

在接著的三十六小時內，德國首相由於服用安眠藥過度，一直處於昏睡不醒的狀況中。等到他在十一月三日下午，前去上班的時候，不僅土耳其投降了，而且奧國也步上它的後塵。後門已經被打開。第二天，德國國內的革命也開始爆發，並蔓延至全國。當和平談判發生延遲，加上德皇不想退位，這種情勢就更成燎原之勢。唯一的機會就是向革命勢力讓步，於是到了十一月九日，馬克斯親王把政權移交給社會黨領袖艾貝爾特(Ebert)。此時，德國休戰協定簽字的全權代表，早已和福煦會面。十一月十一日上午五時，他們簽定了條件，到了十一點，戰爭遂已成過去。

最後決定戰爭勝負的日子就是九月二十九日——在德國最高統帥部的內心中決定的。魯登道夫和他的同僚們心理上發生了潰裂的現象，這個影響傳到了後方，然後在德國到處都引起了回音。再沒有什麼力量可以阻止它和收回它。指揮官的神經可以恢復，實際軍事情況可以改善，但是這個心理上的印象，對於戰爭即足以發生決定性的作用。

關於促使德國投降的原因，封鎖似乎要算是最基本的一個。即令德國國內不發生革命，德軍對於他們的國境防線，也還是不可能久守。因爲即令德國人民能夠死拚到底，結果也不過只是暫時使敵軍的攻勢，受到一點頓挫，最多也不過是戰爭結束之期，略爲展緩而已。因爲聯軍方面握有制海權，這是英國人的傳統武器。但是促使戰爭提前結束，使其不至於再拖到一九一九年，其首功應歸軍事行動。這個結論並不是說當休戰的時候，德國軍事力量已經崩潰，或者是他們的軍隊已經受到了決定性的挫敗，更不是說這個休戰是一種錯誤的認輸。從這後「一百天」的歷史記錄上看來，更足以使我們認清那個不朽敎訓的價值——戰爭中的眞正目的是敵方統治者的心靈，而並非其軍隊的軀殼，勝負雙方的平衡是隨著心理上的印象而轉移，至於物質上的打擊，只具有間接的影響。使魯登道夫的神經感到震驚的是奇襲的威力，這種威力使他自己感到無能爲力。這種威力比之人員、土地和武器的損失，更爲嚴重。

第三篇

第二次世界大戰的戰略

第十五章 希特勒的戰略

第二次世界大戰實際上是從一九三九年開始，但是無論在此以前還是以後，若對於希特勒的戰役經過，加以詳細的研究，將可作爲極顯著的例證，以來說明本書前段所已經追溯過的方法。在他的第一個階段中，他使間接路線的戰略，在物質上和心理上，在戰場上和會場上，都達到了一個新的境界。然而之後，他卻使對手獲得了充分的機會，對他發揮間接路線的功效。

在戰爭中，最好不要把敵人估計得過低。同樣重要的，是要了解敵人的方法，和他的心靈運作。要想預知和預防敵人的行動，這種了解即爲必要的基礎。那些愛好和平的國家，對於希特勒的下一個行動，總是判斷得太慢，結果才老是「趕不上車子」(missing the bus)。假使政府的顧問機構中，能夠設立一個「敵人部」(enemy department)，對於有關戰爭的一切問題，都一律從敵人的觀點來加以研究，那麼對於一個國家的前途而言，將非常的有利。因爲在這樣的假想情況下，也許可以預測出來敵人的下一個行動指向何方。

對於未來的史學家而言，這似乎是一件再奇怪沒有的現象：當時民主國家的政府居然不曾事先估計到希特勒所將要追求的路線。因爲像他這樣一個具有偉大野心的人，居然會把他的心事，都事先向大家說明，這也是曠古所未有的怪事——他甚至是故意採取這種做法。《我的奮鬥》(*Mein Kampf*)，再加上他所發表的其他各種言論，都可以供給充分的線索，以來說明他的行動方向和後果。假使說這種特別清楚的「自白」可以當作是一種最好的證據，以來說明他的成就既非偶然，亦非機會；那麼這它也同時足以構成一個更明顯的證據，來說明下列的格言是如何的正確：「人們眞是如何的愚笨呀！」即令是拿破崙也不曾像他那樣的藐視敵人，也不敢那樣冒險的把他的意圖完全明說出來。希特勒爲什麼敢採取這麼隨便的態度，其原因在於他認清了人們常常都是「明足以察秋毫之末，而不見輿薪」。放在最明顯位置的東西，反而最不易爲人發現；有時最直接的路線反而是敵人所最料想不到的。正好像保密的巧妙就是盡量的把大多數的事情，都公開發表，於是便令人想像不到還有少許祕密存在。

勞倫斯（此即指阿拉伯的勞倫斯）曾經說過：列寧是唯一一個曾經構思革命，實行革命，並且鞏固革命的人。這個評語對於希特勒而言，也同樣適用，而且還可以再加一句：他還「寫出」革命。很明顯的，希特勒曾經研究過布爾什維克革命的方法，從中獲益不少，他不僅學會了如何奪取權力，而且更學會了如何擴張權力。列寧曾經創造了下述的格言：「在戰爭中最健全的戰略，就是一直要等到敵人在精神上已經渙散之後，才開始作戰，這樣，一個致命的打擊才有容易完成的可能。」希特勒也曾說過一句話，與這句話的意義非常的相似：「我們眞正的戰爭都是在軍事行動開始之前，就早已打過了。」根據勞希林（Rauschning）的《希特勒自供》（*Hitler Speaks*）書中的記載，當討論到這個問題的時候，希特勒曾經宣稱著說：「在戰爭尚未發生之前，如何設法使敵人的精神先崩潰，是我最感興趣的問題。任何一個曾在前線有過戰爭經驗的人，都會希望盡量避免不需要的流血。」

因爲把注意力集中在這個問題上面，所以希特勒的思想就開始與德國軍事思想的傳統趨勢，分道揚鑣了。一個世紀以來，他們的注意力都是集中在「會戰」上面，同時也領導著多數的其他國家，在軍事理論方面沿著同一狹窄的路線發展。因爲他們奉普魯士戰爭哲學家克勞塞維茨爲教主，於是對於他那些並未成熟的箴言，都一律盲目的生吞下去。其中有如：「對於危機的流血解決方式，毀滅敵人兵力的努力，就是戰爭的長子。」「只有偉大和全面的會戰才能產生偉大的結果。」「血液就是勝利的代價。」「我不相信將軍們可以不流血而征服敵人。」克勞塞維茨拒絕承認下述觀念：「有一種巧妙的方法，可以不必大量流血，即足以解除敵人的武裝並制服敵人，而這也就是戰爭藝術的正當趨勢。」他痛斥這個觀念是「慈善家」幻想出來的。他並不曾注意到事實上，這種觀念是爲了國家的利益，是基於純粹自利主義的立場，而並非僅是代表古代俠士之風。那些沒有思想的信徒，應用他這些教訓的結果，即足以促使將軍們一有機會即去尋求會戰，而再也不想創造有利的機會。所以到第一次大戰時，戰爭藝術就退化成爲一種大規模互相砍殺的程序。

不管他的天才到底有多大的限度，希特勒至少是已經超過了這些傳統的界線。勞希林引證他的話說：「唯有當無法使用其他的方式，以來達到目標的時候，人們才會開始互相砍殺。……有一種廣義的戰略，使用著智慧性的兵器。……假使我可以利用更好和更廉價的方法，來達到瓦解敵人士氣的目的，那麼我又何必一定要用軍事手段呢？」「我們的戰略是從內部毀滅敵人，通過他們自己征服他們。」

希特勒對於德國的軍事思想，帶來了一個新的方向，和較廣泛的意義。只要把他的理論拿來和魯登道夫的理論作一對比，就可以看出希特勒思想的寬廣限度。在上一次大戰中，魯登道夫是德國戰爭方面的總指揮，他在一九二三年也曾和希特勒合作，企圖用「向柏林進軍」的方式，來奪取政權，但不幸失敗了。

在極權國家建立之後，已經過了差不多二十年的光陰，使他有充分的時間來反省上次大戰的教訓，於是魯登道夫開始作出他的結論，以作爲未來「總體戰」的藍圖。在書中（中譯本名爲《全民戰爭論》）他一開口就對克勞塞維茨的理論大肆攻擊，這本是一九一四年德國軍事思想的基礎。照魯登道夫的看法，克勞塞維茨理論的最大錯誤不是因爲它們不考慮成本，或過分的偏重「無限制暴力」的觀念，而是他這種「偏重」還不夠徹底。他批評克勞塞維茨對於政策，是未免太過分重視，而並非太不重視。爲了舉例說明，他更引述克勞塞維茨的話：「政治目標就是『目的』，而戰爭卻是達到這個目的的『手段』，若先無一定的目的，則當然也無法考慮到手段問題。」照魯登道夫的觀點看來，這是已經落伍過時了。總體戰爭的原理，是要求一個民族應該把它的一切都貢獻給戰爭；而在和平時期，也應把它的一切都用來準備下一次戰爭。戰爭是民族「生命意志」的最高表現，所以政策應受戰爭行爲的支配。

讀完魯登道夫的書，我們就可以明瞭他的理論和克勞塞維茨的主要差別，就是他認爲戰爭是一種無目的的手段——除非你說它的最後目的是要把國家整個變成軍營。實際上，這種理論也並不像魯登道夫本人所想像的那樣新奇。斯巴達人在過去就嘗試過，而最後只不過是使他們自己陷入癱瘓滅亡的境界而已。因爲他的目的是發展一個好戰的民族，是要創立一個超級的斯巴達，所以魯登道夫的首要目的就是要使「整個民族團結一致」。爲了達到這個目的，他就想創立了一種「民族主義」的新宗教。根據它的教條，女人最光榮的任務就是生孩子，以來承受「總體戰的負擔」，而所有的男人都必須發展他們的力量以達到那個目標——簡言之，人生的過程即爲生育、教養和屠殺。此外，爲了達到「團結」的目的，魯登道夫也主張採取古老的迫害手段，不准任何人有反對最高統帥部的思想。

魯登道夫又主張一個國家應有一種自給自足的經濟制度，以來適合總體戰的要求。從這一點看來，他似乎認清了軍事力量是要以經濟爲基礎的。可是令人想不通的，就是一方面，他認清了封鎖在第一次大戰中，曾經使德國感受到極大的困難，但是另一方面，他卻還是始終堅信決定戰爭的因素，是兩軍在戰場上的會戰。關於這一點，他卻認爲德國的老教主，是應該加以讚揚的——「克勞塞維茨一心只想在會戰中殲滅敵軍。」魯登道夫認爲，這是一條「永遠不變的眞理」——可是希特勒卻認爲一個戰爭領袖的眞正目的，是要「不戰而屈人之兵」。

在魯登道夫的心目中，未來戰爭的打法似乎只是他一九一八年攻勢的放大而已——這個攻勢，在開始的時候也是聲勢駭人，可是到了終結的時候，卻不免「秀而不實」。對於他而言，這個攻勢仍然還是一個「戰鬥的程序」，在火砲、機槍、迫擊砲和戰車的支援之下，步兵逐漸前進，一直到最後使用「肉搏戰把敵人克服爲止」。一切的運動都是爲了達到戰鬥的目的，機械化的作用，只不過是爲使兵力能夠迅速的送上戰場。

魯登道夫對於戰爭的推廣形式，從來不曾加以反對，無論是在道義上和軍人武德上，都是如此。他指明出由於總體戰的需要，對於「取消無限制潛艇戰爭」的觀念，連理論上也不必加以考慮。對於凡是想要開入敵方港口的一切船隻，在將來戰爭中，飛機應與潛艇相配合，一律將其擊沉——「即令懸有中立國旗幟者亦不例外。」至於說到直接攻擊平民人口的問題，他強調的說：在將來「會使用轟炸機羣來向平民作毫無憐惜的攻擊」。不過他所更重現的卻是在純粹軍事方面，所以空軍應首先用來幫助攻擊對方的軍隊。等到這個目的達到之後，行有餘力，才可以用它來向敵國內部發動攻擊。

他固然對於每一種新兵器和新工具，都表示歡迎，但是他只是盲目的把它們添加在他的兵器表上，而並未有意的拿它們和任何大戰略做配合。他對於戰爭中各種不同因素間的關係，也殊少明確的認識。

用最簡單的語氣來說明：他的見解是你應該盡可能的使用各種不同種類的力量，於是你就可以達到某一種境界，至於這個境界到底是什麼，他是既不想追問，也不想考慮，他所肯定說明的只有下述這點：「軍事上的總司令，應該訓示政治領袖如何工作，而後者必須遵守他的訓示，完成他們的任務，以求對於戰爭具有貢獻。」換言之，那些負責決定國家政策的人們，應該把一張空白支票給與他，好讓他可以無限制的支取這個民族的現有資源，和未來的生命。

魯登道夫和希特勒之間，有許多思想都是相同的，例如種族、國家，和德國民族應有支配世界的權利等項觀念。可是他們之間的差異還是很大，尤其是在「方法」方面。

魯登道夫曾提出一個無理的要求，認爲戰略應該控制政策——那就是說工具本身可以決定它自己的任務。希特勒對於這個問題卻採取了另外一種解決方式——把這兩種工作都集中在一個人身上。所以他和古代的亞歷山大、凱撒，後代的腓特烈和拿破崙一樣，享有同樣的優勢。這使他獲有無限的機會，來準備和發展他的工具，以達到他心裏所想到的目的，這是任何純粹戰略家所未敢夢想的權利。同時，他也早已把握住其他軍人，由於職業性的偏見，故不易於認淸的眞理——軍事性的武器只不過是達到戰爭目的的許多手段中之一種而已，也不過是大戰略的一方面而已。

一個國家參加戰爭的原因固然可以很多，但是其最基本的目的，是爲了要使它的政策能夠繼續發展下去——而對方的國家卻正決心追求一種相反的政策。衝突的來源和主因埋藏在人類意志之中。一個國家若要想在戰爭中達到它的目的，那麼它一定要設法改變對方的意志，使其能符合它自己的政策。若能認淸這一點，那麼克勞塞維茨的信徒們所認爲最重要的軍事原理——「在戰場上毀滅敵軍的主力」，就會和大戰略中的其他手段，列於平等的地位，並作適當的配合。這些所謂其他手段者，包括著各種非直接性的軍事行動，以及經濟上的壓力和外交手段。絕不可以過分重視某一種手段，因爲環境可能有時會使它喪失效力。最聰明的方法是選擇和並用各種的手段，以來達到最適合、最深入和最經濟的目的。換言之，當屈服敵人意志的時候，應該設法使戰爭成本減到最低限度，而且更應使其對於戰後的前途，只造成最小量的傷害作用。因爲假使一個國家自己已經受到慘重的犧牲，那麼雖然能夠獲得最具有決定性的勝利，實際上也還是毫無價值。

大戰略的目的就是要在敵方政府的作戰能力上面，找出阿奇里斯的腳後跟，並且一針扎到那個要害上。至於戰略，就是要在對方戰線上面，找到一個接頭的地方，而從那裏穿透進去。把自己的兵力用來攻擊對方兵力強大的地方，其結果只是使自己蒙受不必要的損失，而終至「得不償失」。要使攻擊能夠具有強大的效力，則必須打擊在敵人的弱點上面。

若能設法解除敵人的武裝，那麼要比用硬打的方法來毀滅敵人，不僅較經濟而且也更有效。因爲「硬打」的方式，不僅成本太高，有兩敗俱傷的危險，而且兵凶戰危，更會使「機會」成爲戰局的最後決定者。一個戰略家的思想，應以「癱瘓」爲著眼點，而「豈在多殺傷」？即令從戰爭的較低層次來說，一個人被殺死了只不過是損失了一個人而已，但是一個神經受到震動的人，卻可以成爲恐怖病菌的傳染媒介，足以造成一種恐怖現象。在戰爭的較高層次中，若能在對方指揮官的心裏造成一種印象，那麼其結果即可以抵銷其整個部隊的作戰力量。而在戰爭的更高層次中，對於一個國家的政府，若能加以心理上的壓迫，即足以取消他的所有作戰力量——假使手掌本身癱瘓了，那麼刀劍當然會從手掌中掉落下來。

現在再把本書第一章的要旨重述一遍：從對於戰爭的分析中顯示出，儘管一個國家的表面實力，是用它的數量和資源來代表，但是這種肌肉的發達卻要依賴它的內臟和神經系統的強度——亦即控制力、士氣和補給等項因素。直接的壓力常常只會把對方的抵抗力壓緊和變硬——正好像把雪塊壓成雪球一樣，壓迫得越緊，那麼就融得越慢。在政策和戰略兩方面都是一樣的——或者可以說它是外交戰略和軍事戰略——是要使敵人在心理和物質上都喪失平衡，而間接路線則是使敵人自動崩潰的最有效辦法。

戰略的眞正目的就是要盡量減少對方抵抗的可能性。由此又引到了另一條公理——要贏獲某一目標，便應該同時具有幾個可以掉換的目標。攻擊這個目標時，又可以同時威脅到另一個。唯有在目標方向具有這樣的彈性，戰略才可以配合得上戰爭的不定性。

不管是由於先天的還是後天的原因，希特勒對於這些戰略的眞理，都具有深刻的認識，很少有軍人能夠達到他的水準。他把這種心理戰略用在政治戰役之中，因此才奪得了德國的政權——大肆攻擊威瑪共和的弱點，利用人性上的弱點，挑撥資本主義者和社會主義者互相鬥爭，而坐收漁人之利。這樣的逐步使用間接性的手段，他終於達到了他的目標。

等到一九三三年，他獲得了德國的統治權之後，這種同樣的複合程序就有了更廣泛的擴展。第二步，他首先和波蘭簽訂了一個十年期限的和平協定，以保護他在東面的側翼；接著在一九三五年，他又自動毀棄了凡爾賽條約所規定的限制軍備條款。一九三六年，他又冒險在軍事上重佔萊茵地區。同一年之內他與義大利合作，開始用「僞裝戰爭」的手段，以來支援佛朗哥，去推翻西班牙的共和政府。這是一條間接路線，以攻入法英兩國的戰略性後方爲目的，在大戰略方面構成一種牽制作用。使英法兩國在西面的地位削弱之後，他又在萊茵地區重新建立要塞，以來增強他自己在西面的地位，此後他便可以反轉身來向東發展了——這是一個富有間接性的行動，以打擊西方國家的戰略基礎爲目的。

一九三八年三月間，他進佔奧國，因而使捷克斯洛伐克的側翼，完全處於暴露的地位。同時在一次大戰之後，法國在德國周圍所布置的防禦網，也就從此衝開了一個大洞。一九三八年九月間，利用慕尼黑協定，他又不僅收回了蘇台德區(Sudetenland)，且更使捷克斯洛伐克在戰略方面陷入癱瘓的境地。一九三九年三月間，他佔領了這個早已癱瘓了的國家，於是又包圍住了波蘭的側翼。

利用這種一連串幾乎完全不流血的行動，並且在巧妙的宣傳煙幕掩護之下，他不僅毀滅了法國人原先在中歐的控制地位，和對於德國的戰略包圍圈，而且更進一步使他自己居於控制的地位，而使法國反陷於包圍之中。這種程序和先達到有利地位再行挑戰的古訓是不謀而合，只不過範圍愈廣、計畫愈高，而形式更近代化罷了。在這個過程之中，德國的力量日益成長，直接方面，它本身的軍備已經作了大量的發展，間接方面，利用翦除同盟國，和砍斷他們戰略根本的手段，他使其主要假想敵國的力量，日益減低。

於是到了一九三九年春天，對於公開的決戰，希特勒已經不再感到害怕了。正當這個緊急關頭，英國人又做了一個假動作，更使他獲益不少——英國人突然向波蘭和羅馬尼亞提出保證，此時這兩個國家在戰略上都已經處於孤立的地位，只有俄國還可以對它們作有效的支援，可是英國事先卻未向俄國尋求任何的保證。英國人一向都是採用安撫和退卻的政策，這一個盲目的行動實不啻作了個一百八十度的大轉身。而在當時看來，這種保證的行爲實無異於向德國挑戰。就地點而論，因爲那是西方國家力量所達不到的，更足以構成難以抵抗的誘惑。因爲當時西方國家在力量方面，既然處於劣勢，這一個行動遂使他們所能夠採取的唯一戰略形式，也自毀其基礎。因爲既不能夠在西面構成一道堅強的防線，以來阻止侵略，反而使希特勒獲得了一個容易的機會，首先突破一道脆弱的防線，以來獲得一個「下馬威」。

誠如勞希林所記載的，希特勒的計畫總是以孤立脆弱的國家為奇襲的對象，而準備讓他的對手去背起攻擊的重擔——因為德國人要比同盟國方面的任何軍人或政治家，都更能夠認清近代化防禦力量的價值。現在他可以有一個很輕鬆的機會，來達到這個目的。在這種環境之下，他的戰略原理十分明白，必須先和俄國攜手，始能確保俄國人不至於出面干涉。一旦這個保證到手之後，希特勒便處於「左右逢源」的地位。假使英法為了履行他們的諾言，而向德國宣戰，那麼他們就等於自動放棄了守勢的利益，而被迫採取攻勢——既無必要的資源，而又處於極不利的條件之下。假使他們碰到了齊格菲防線(Siegfried Line)便不再前進，那也正足以證明他們的無用，徒然喪失了威望。假使他們再繼續硬攻，結果必然會受到極大的損失，等到日後希特勒再回師西指時，他們的抵抗力反而會相對的減弱。

英法兩國為了不使自己陷入這樣進退維谷的窘境，為了不讓希特勒可以完全如願以償起見，那麼唯一可以採用的方法，就是經濟上的制裁，和外交上的絕交，並且同時把軍火供給侵略中的受害者。這對於波蘭而言，其功效並不會減低，但比起在這種不利條件之下實行宣戰，對他們的威望和前途的傷害自然小得多。

結果，法國所企圖發動的審慎攻勢，並未能使齊格菲防線發生任何動搖，因為事先「誇大」得太厲害，因此一旦失敗之後，遂更使同盟國的威望受到了很大的影響。和德軍在波蘭的迅速勝利相比較，更使中立國對德國深感恐懼，而這對同盟國本身信心的打擊，甚至要比另一次妥協還更嚴重。

現在希特勒就可以開始鞏固他在軍事上的收穫，在他西線長城的後面，盡量的發揮他在政治方面的優勢，而那些自命爲援救波蘭的國家們，卻根本無力突破這一道防線。於是他遂可以一直保持著安穩的守勢，以來坐候英法兩國的人民，對於戰爭慢慢產生厭倦心理。但是聯軍方面的政治家，早在他們手裏還並無工具以使理想變成事實之前，即已高談「反攻」的理論。結果他們只是徒然的挑撥敵人，使其先下手爲強，而他們自己卻並沒有招架的能力。因爲他們這種說而不做的態度，才又使希特勒獲得了一個新機會，和一個新刺激，以來先發制人。當在英法兩國，有許多人正在想利用鄰近德國的一些中立小國，作爲通到德國側翼的道路時，而希特勒卻一口氣侵入了五個中立國，以來達到聯軍的側翼——這也正代表侵略者的本質，可以不顧一切。

在戰爭的初期中，希特勒本主張保留著挪威的中立地位，以來掩護他自己的側翼，並且使德國運輸瑞典鐵苗的船隻，可以經過挪威在大西洋海岸上的港口那維克(Narvik)，而獲得相當的安全保護。然而由於聯軍方面正在計畫如何控制挪威的水面和港口，而使他立於不利的地位，於是才促使希特勒不得不先下手爲強，將這個國家迅速地加以佔領。

不過就這一部分而言，並沒有什麼新奇的觀念。早在一九三四年，希特勒即曾經向勞希林和其他人公開表示過，他準備運用怎樣的奇襲手段，來佔領斯堪地那維亞半島上面的主要港口，那就是使用小型的海運遠征兵力，再加上空軍的掩護，同時發動連串的突擊。潛伏在當地的第五縱隊會先爲他們開路，實際採取行動時的藉口，即爲保護這些國家不至於受到其他強國的侵略。這位戰爭「藝術」家還曾經這樣的說：「這是一個冒險而有趣味的企圖，在世界歷史上是找不到前例的。」在一九四〇年四月九日所執行的計畫中，這種驚人的觀念遂完全如願以償，其成功甚至於超出了原先料想之外。他原本的評估是認爲在某幾點上，這種突擊會失敗，但預計可以穩佔大部分的戰略要點。事實上，他卻毫無阻礙的獲得了所有的目標，且他的手指還貪心的伸展到了那維克的北面。

因爲他的成功是如此的輕鬆，而聯軍的救援企圖又是那樣的容易擊敗，所以自然使他敢於大膽的作更進一步的嘗試——他的下一次大攻勢，是早已計畫好了。過去，當討論到在什麼樣的情況下他才會冒險挑起大戰的問題時，他曾經明白表示，他的意圖是在西面採取守勢，而讓敵人先發動攻勢，之後他就會席捲斯堪地那維亞和低地國家，以來改進他的戰略地位，然後再向西方國家提出和平的建議。他說：「假使他們不想要和平，那麼他們就可以嘗試把我趕出去。無論在哪一種條件之下，他們都一定要負起攻勢的重擔。」不過現在的環境卻又已經不同了。在波蘭被征服之後，他曾經作過一次和平的建議，但是已被西方國家拒絕。自此以後，他就決定要用實力來壓迫法國人求和，並且把兵力調往西線，準備在那年秋天發動攻勢。因爲他的將軍們，都不相信他們能有足夠的實力，以來擊敗英法聯軍，所以都紛紛提出異議，再加上天氣的阻礙，才使他暫時放棄了他的企圖。但是這個猶豫使他日益感到不耐煩，而挪威的勝利——這一次他又是不聽將軍們的謹愼忠告而獲勝的——更使這些將軍們再也無法控制他不動。

很久以前，當討論這種攻勢可能性的時候，他曾經這樣說：「我要不損失一兵一卒，而從馬奇諾防線的右面，進入法蘭西。」雖然這種說法是不免過分誇張，但是以一九四〇年五月間他的成就而論，他的損失與他的收穫相較，眞可以說是輕微得不足道。

在原定計畫中，主力是放在右翼方面，由波克(Bock)集團軍負責。但是到了一九四〇年年初，這個計畫卻又作了一次徹底的修改，重點轉移了位置——依照曼斯坦將軍(Gen. von Manstein)的意見(他是倫德斯特〔Rundstedt〕集團軍的參謀長)，若能從阿登地區進攻，則成功的機會會大得多，因爲那是最不被預期的路線。

西線戰役中最有意義的一個景象，即爲德軍統帥部是十分謹愼的避免任何直接攻擊，總是繼續使用間接路線——儘管在近代化的攻擊工具方面,他們居於優勢的地位。他們並不企圖透入馬奇諾防線。反之，他們先向兩個中立小國作「誘敵式的攻擊」，以來引誘聯軍躍出在比利時邊界上的防線。等到聯軍已經深入比國境內之後——他們一路都不斷受到德國空軍的襲擊——德軍才向他們的後面進攻——一刀刺在當法軍前進後，已經無掩蔽的「絞鏈」上。

這個致命的一擊是由一個小型打擊兵力來負責，它在整個德軍裏面，只佔極小的比例，但卻是由裝甲師所組成的。德國統帥部對於這一點的認識可以算是很夠高明，他們深知要想獲得一個迅速成功的機會，所靠的是機器而非大量的人力。即令如此，但是因爲這個矛頭實在是太小了，所以許多德國將軍們，還是不敢相信這次攻擊會有成功的希望。爲什麼德軍能夠大獲全勝的主因，是由於法軍統帥部實在太冥頑不靈，他們把重兵都集中在左翼方面，企圖在比國境內作一次決戰，而只留下幾個次等的師，來防守這個面對著阿登的樞紐地區——因爲阿登是一個多山的森林地，照法國人的估計，機械化部隊是很難於通過的。反過來說，德軍爲了奇襲的緣故，卻決定盡可能的利用這一條險惡的路線，這也正足以證明他們認清了那一條古老的教訓：「地利不如人和」——天然的障礙物並沒有人爲的抵抗力那樣堅強可怕。

此外，當德軍越過了色當向前迅速挺進時，事實上，他們又總是連續威脅到兩個不同的目標，這也使他們獲益不少。因爲它可以使法國人永遠猜不透他們的眞正方向——第一步是趨向巴黎呢？還是趨向在比國兵力的後背呢？接著當德軍裝甲師轉向西面的時候，又摸不清楚他們是會指向亞眠，還是里耳(Lille)。這樣一路「聲東擊西」，他們終於達到了海峽海岸。

德軍的戰術也完全配合他們的戰略——避免一頭撞上去的硬攻，總是尋求「弱點」以便沿著抵抗力最弱的路線，滲透前進。那些聯軍方面的政治家們，完全不了解近代戰爭的眞象，號召他們的軍隊用「拚命進攻」的方式，以來擊退敵人的侵入，可是德國的戰車狂潮卻從笨重的步兵單位旁邊，橫掃了過去。聯軍的行動可能使德軍更爲有利，假使沒有人告訴他們應該放棄堅守防線的觀念，那麼也許還要好一點，天下最糟的事情就莫過於他們的逆襲企圖。聯軍指揮官的思想是以會戰爲中心，而這些新派的德軍指揮官卻是想以戰略性的癱瘓，來消滅敵人的抵抗力；使用戰車、俯衝轟炸機和傘兵，以來製造混亂和擾亂交通。說起來似乎很夠諷刺，當初艾侖賽元師(Marshal Ironside)曾經批評過，對方的將領在第一次大戰中，沒有一個曾經做過比上尉更高的官職，這是德軍的一大弱點。哪知道那個弱點卻正是極大的優點。八年前，希特勒也曾批評德國的將軍們，是被囚禁在他們技術智識的牢籠之內，不肯接受一切新奇的觀念。事實上，其中有一部分後起之秀，對於新的觀念，卻是具有非常高度的欣賞力。

不過專就新兵器、新戰術，和新戰略來立論，似乎還不足以包括德國成功的一切因素在內。因爲在希特勒的戰役中，關於間接路線的使用，其範圍實在更廣泛，其層次還要更深入。在這一方面，他從對於布爾什維克革命技術的研究上，曾經獲益不少；正好像德國軍隊，是應用英國所首創的機械化戰爭的技術，而輕取勝利是一樣的——不曉得希特勒本人知道與否，在這兩方面的基本方法，若是追溯其起源，則成吉思汗的蒙古戰爭技術似乎又是他們的始祖。在爲他的攻勢準備進路時，他首先在其他國家中，尋找有影響的附和者，一方面破壞那個國家的抵抗力，一方面爲他的利益製造混亂，並且準備建立一個新政府，以來符合他的目的。賄賂是不需要的，他認爲想出頭的野心，對於權勢的慾望，和黨派的仇恨，都足以使他在統治階級當中，獲得自告奮勇的走狗。於是在選定的時機中，他才開始發動攻勢，首先使用「敢死隊」在和平狀態尚存在的時候，化裝成旅客和商人，越過邊界滲入敵國之內。一聲令下之後，就換上敵軍的制服，四出活動。他們的任務是破壞敵人的通信和交通，散布假消息，若可能的話，還可以綁架敵國的重要人物。這種化裝的先鋒隊又可以用空降部隊來支援他們。

在眞正的戰役中，正面的前進始終只是具有欺騙和牽制的作用。主要的任務都是使用向敵後攻擊的方式來達成它。他對於突擊和上刺刀衝鋒這一套，都表示很輕視——這卻是一般傳統軍人的基本知識。他的戰法可以用兩「D」字來代表：㈠是使敵人士氣渙散（demoralization）；㈡是使敵人組織崩潰（disorganization）。更進一步說，戰爭是要用思想來當作工具，用語文來代替兵器，用宣傳來代替砲彈。正好像在一次大戰中，當步兵前進之際，要先使用砲兵的轟擊，以來擊潰敵人的防線；在將來戰爭中，一定要先使用精神上的轟擊，各種型式的彈藥都可以用，尤其是革命的宣傳。他說：「儘管戰爭的教訓已經很明顯，將軍們卻都希望他們的行爲，能夠像中世紀的騎士們一樣的光明磊落。他們認爲戰爭應該和中世紀騎士比武一樣單純。可是騎士對於我卻毫無用處，我需要革命。」

戰爭的目的就是要使敵人投降。假使他的抵抗意志已經痲木不仁，那麼殺戮就實在是多此一舉，而且用這種方法來達到目的，實在是太痲煩和太浪費。把細菌注射到敵人身上，讓他們在意志方面產生內在的疾病，這種間接方法似乎是更有效力。

以上所述即爲希特勒的新型戰爭理論——使用心理上的武器。那些企圖阻止他的人，實在應該首先明瞭他的思想。這種思想在軍事方面的應用，已經很明白的顯出了它的價值。使敵人在軍事方面的神經系統發生痲痹現象，實在是一種最經濟的作戰，要比「硬打」上算得多了。在政治方面，它的應用固然也發生了效力，但是卻並不能令人滿足。假使當時若非使用新型的兵力，並應用新式的攻擊方法，以先使敵人發生癱瘓現象的話，那麼這種打擊敵人士氣的方法是否能夠成功，似乎還是頗有疑問。即令專以法國的情形而論，除了在民族意志方面的任何崩潰和混亂以外，德國人在軍事技術方面的優勢，實已足以使法國覆亡。

只要在強度和技巧兩方面，能夠具有足夠的優勢，則一個力量總可以擊毀另外一個力量。但是力量卻並不能擊毀思想。因為它是空虛的，所以除了心理上的透入以外，可以說是再無其他的東西足以損其毫末，而它所具有的彈力，更足以使崇拜力量的人嚇一跳。他們這些人當中，沒有一個人會比希特勒，對於思想的威力更有認識。可是當他的權力日漸擴張之後，他對於力量的支持也就日益倚重，這足以證明他對他自己的政治技術，實在估計過高，以為他自己可以控制別人的思想，以來供他驅使。但是任何思想若非由經驗眞理中產生，那麼它只具有曇花一現的價值，而它的反作用卻會十分的尖銳。

希特勒曾經使攻擊戰略的藝術，獲得了新的發展。同時他也比他對手中的任何人，對於大戰略的第一個階段，具有更深刻的認識——那就是發展和調節所有各種形式的戰爭活動，並使用一切可能的工具，以來打擊敵人的意志。但是他也和拿破崙一樣，對於大戰略的較高層次，卻缺乏適當的了解——那就是說在作戰時應有遠大的的眼光，應該隨時都考慮到戰後的和平問題，要想有效的做到這一點，那麼這個人不僅應該是一個戰略家，而且更應該同時是一個領袖和哲學家的綜合體。戰略是和道德處於完全對立的地位，其內容的大部分都是研究如何欺騙敵人的藝術——兵者詭道也——但是大戰略卻具有與道德律暗合的趨勢，在任何變化之中，都始終不忘記其最後目標。

爲要明證他們是「攻無不克」的，結果德國人用多種不同的方式，來削弱了他們自己的防禦力量——戰略方面、經濟方面，而尤其是心理方面。當他們的力量遍布在歐洲的時候，所帶來的是愁苦，卻未能確保和平，於是他們到處散播不滿意的種子，使各地對於他們的思想，開始發生反感了。因爲他們自己的部隊，也和佔領國家的人民發生了接觸，所以也很容易受到這種思想細菌的傳染。於是由希特勒所鼓動的尙武精神，開始一落千丈，再加上思想家的心理，使這種病態更爲加深。僵持的局面，使他們感到孤立無援，於是厭戰的心理就開始滲入，同時思想方面也就開始產生反動了。

因爲他的攻勢膨脹過度，希特勒遂使他現存的對手，有機會從他手裏把優勢搶了回來。假使敵方對於大戰略若能有更充分的認識，則這個機會一定可以發展得更快。不過即令情況不然，但是只要英國沒有被征服，那麼機會就會逐漸長成。要想獲得他理想中的和平，他需要完全的勝利，要達到這個目的，又勢必非征服英國不可。不管他再向哪一方發展，只要前進得愈遠，則如何控制被征服人民的問題也就愈擴大。每前進一步，其危險性也隨之增加一分。英國人的問題很簡單，但是卻也很艱苦。他們就是要一直堅守下去，以等待希特勒「一失足成千古恨」的時機到來——正好像過去拿破崙的故事一樣。很僥倖的，希特勒很快就失足了，因此英國人並不曾吃太大的苦頭。爲什麼這次失足即可成千古恨的主因，是因爲他已經過分迷信攻勢戰略，而忽略了守勢戰略。也正和拿破崙一樣，由於初期的輕快勝利，使他也開始相信攻勢即足以解決一切問題。

第十六章　希特勒的全盛時期

一九三九年，德軍征服了波蘭，一九四〇年，又接著蹂躪了整個西歐，這在軍事史上構成了一個里程碑，對於高速度機械化戰爭的理論，具有決定性的示範。這種理論是發源於英國，但在德國才爲人所採用，主要應歸功於古德林將軍(Gen. Guderian)，他是德國裝甲兵的創造者。雖然那些高級的德國將軍們，對於這種新技術是抱著審愼懷疑的態度，並且對於它的發展，所給與的力量也夠不上所要求的限度，儘管如此，它卻還是足夠產生一個驚人迅速的勝利。這種新技術不僅使戰爭革命化，而且更改變了世界歷史的發展路線。因爲希特勒的勝利，對於西歐的形勢和前途所產生的震動效力，是連他的最後失敗也無法取消的。此外，由於美國的大力投入，才使希特勒終歸於失敗，其結果也使世界權力的重心開始移到了西半球上。而俄國勢力侵入歐陸東部，又是另外一個重大的結果。

這些戰役產生了雙重的革命——在戰爭方面和世界權力平衡方面。同時，它對於間接路線的戰略也構成最有價值的例證。尤其是對於西線戰役作過了一番分析之後，更可以看出來若非戰略方面同時有如此的配合，則這種新型的機械化兵力也不一定就能夠獲致成功。但是這種效力卻是互爲因果的。機械化兵力的機動和彈性也正足以使此種間接路線，具有較大的威力。

很不幸的，對於這種結合而言，波蘭恰好構成了一個最理想化的示範地點。它和德國接壤的界線長達二百五十哩，由於最近德國佔領了捷克斯洛伐克的緣故，其長度又再增加了一百哩。其結果使波蘭的南面側翼，也和面對東普魯士的北面側翼一樣，同時處於暴露的地位。於是波蘭西部遂構成了一個巨型的突出地，夾在德國的兩把巨鉗之間。

波軍的部署方式更增加了它的危險，因爲他們把大部分兵力都擺在太前線的地區中。之所以如此，一方面是他們希望掩護波蘭的主要工業地區——在維斯杜拉河以西；另一方面，則是由於民族的驕傲和軍事上的過分自信。

波蘭陸軍平時的兵力，差不多和法軍一樣大，比德軍小不了多少。包括三十個步兵師，和十二個騎兵旅。但是波蘭的工業資源並不足以供給其現役兵力以適當標準的裝備。到了動員的時候，它的師數只能增加三分之一；可是在德國方面，除了裝甲師和摩托化師外，其他的師數卻可以增加到一倍以上。雖然在裝甲兵力方面，德國具有這樣的限制，可是由於波蘭幾乎完全缺乏這種近代化的兵力，所以影響不大。

由於波蘭平原提供機動化侵入者一個長驅直入的絕佳地形，所以情勢遂更爲嚴重。不過比起法國，它的便利性還是稍差，因爲在波蘭缺乏良好的道路，而且在某些地區中，有許多的湖沼和森林。但是德軍所選定的侵入時間，卻恰好足以使這些弱點減到最低限度。

波蘭在這種陷入包圍的情況中，使得德國人很容易使用一種物理性的間接路線戰略。而當他們追求這個路線時，其效力更增加了好幾倍。

在北面，侵入軍的主力爲波克集團軍，包括庫希勒(Küchler)的第三軍團，和克魯格(Kluge)的第四軍團。前者從東普魯士的側翼位置向南進攻，而後者則越過波蘭走廊向東推進，以與前者會合在一起，再向波軍的右翼上實行迂迴行動。

比較重要的任務是在南面，由倫德斯特集團軍負責。他的步兵實力要比波克差不多強了兩倍，而裝甲兵實力則更在兩倍以上。它包括著第八軍團，司令爲布納斯可維茲(Blaskowitz)；第十軍團，司令爲賴赫勞(Reichenau)，第十四軍團，司令爲李斯特(List)。在左翼方面，布納斯可維茲應向洛次的大工業中心挺進，一方面掩護賴赫勞的側翼，並協助「孤立」在波茲蘭(Poznan)突出地區中的波軍。在右翼方面，李斯特應向克拉考推進，並同時轉向波軍在喀爾巴阡山的側翼上，用一個裝甲軍通過那些山地上的隘路。而在中央位置的賴赫勞軍團，則負責執行決定性的打擊，因爲如此，所以裝甲兵的主力也都配屬給他。

一九三九年九月一日，德軍開始發動侵略，受了他們對於波蘭保證的牽制，法英兩國也都相繼參戰。到了九月三日，克魯格軍團已經切斷了波蘭走廊，並且達到了維斯杜拉河的下游。而從東普士迫進的庫希勒軍團，也逼近了納雷夫河(Narev)。而更重要的，卻是賴赫勞的裝甲兵力已經透入到了華爾塔河(Warta)上，並且在那裏實行強渡。此時，李斯特軍團也從兩翼方面，採向心式地對克拉考進攻。到了九月四日，賴赫勞的矛頭已經越過了皮里卡河(Pilica)，在邊界以內約五十哩遠，兩天以後，他的左翼已經越過托馬斯卓(Tomaszow)，而他的右翼則已進入基爾斯(Kielce)。

德國陸軍總司令布勞齊區(Brauchitsch)，遂命令繼續向東直進，直撲維斯杜拉河上。但是倫德斯特和他的參謀長曼斯坦，卻主動的修改這個計畫，因爲他們估計波軍的主力，仍留在維斯杜拉河以西，所以準備在那裏捉捕他們。結果他們的估計完全正確。賴赫勞的左翼，由一個裝甲軍前導，奉命轉向北方，以達到洛次附近大量集中的波軍後方，並且在洛次到華沙之間，沿著布楚拉河(Bzura)建立一個阻塞陣地。這個北進的部隊，出乎意料之外，只遇到了極少量的抵抗，結果這些集中在一起的波軍都被切斷了，無法退過維斯杜拉河。

德軍沿著期待性最少的路線，和抵抗力最弱的路線，作戰略性的深入穿透，其所獲得的利益，現在又由於戰術性的防禦，使其更形增加。如今他們只需堅守已經獲得的位置，即可獲得。波軍與基地間的聯繫已經被切斷，補給日益短少，布納斯可維茲和克魯格兩個軍團繼續向東作向心式的進迫，使他們在側翼和後方的壓迫日益加重。在這種情形之下，他們回轉過頭來，匆忙的向德軍陣地衝去，結果實無異於自尋死路。儘管波軍打得非常凶猛，其英勇的程度足以使雙方感到敬佩，但是卻只有極少數的波軍曾突圍而出，與華沙的守軍會合在一起。

九月十日，波蘭的總司令史米格里•黎茲(Smigly-Rydz)元師命令他的殘部向波蘭東南部進行總退卻，希望在一個比較狹窄的正面上，組成一道防線，以作長期抵抗，但是這個希望並未實現。因爲當德軍在維斯杜拉河以西縮緊圈套的時候，同時也已經向維斯杜拉河以東地區深入，並且實行一個較寬廣的鉗形攻擊，而迂迴到了桑河(San)和布格河(Bug)理想防線的後方。

德軍使用一種很明顯的間接路線，迂迴布格河的最後防線。當侵入戰開始的時候，古德林的裝甲軍，擔任克魯格第四軍團的矛頭，從西北面直衝過波蘭走廊，以達到德國的孤立省分——東普魯士。通過這個德國的領土，向前狂奔，達到了極左翼方面，即朝南向庫希勒第三軍團的東面側翼上。九月九日，渡過了納雷夫河，古德林更一直向南挺進，到了十四日，就到達了布格河上的布勒斯特—里多夫斯克(Brest-Litovsk)——沿著波蘭巨型突出地的基線，深入達一百哩的距離。他的矛頭再向前挺進四十哩，到達弗羅達瓦(Vlodava)，並與克萊斯特(Kleist)裝甲軍所組成的鉗形南端相接觸。九月十七日，俄軍又跨入了波蘭東界，於是波蘭遂全部覆亡。

九個月以後，德軍在西線的大捷，從物質的形式上看，似乎不能算是太明顯的間接路線，但是就心理方面而言，其間接性實比波蘭戰役更強。它的原則就是將各種不同的方法配合起來，以顛覆對方的平衡——最先盡可能用一切的手段，牽制分散敵人的兵力，然後再沿著抵抗力最弱的路線，作最迅速的擴張，以達到最深入的距離。這樣在方向、時間和方法三方面，都可以徹底的達到「出奇」的效力。而更重要的，是使用誘敵的手段，和柔道的功夫，以來獲取勝利。

早在一九三九年十月間，征服了波蘭之後，希特勒發出了準備西戰場攻勢的第一號命令，在這個命令裏面，他說假定已經認清了英法兩國並不同意結束戰爭，那麼即應該提前採取行動——因爲若是等待太久，將使敵人的軍事力量增長到相當的程度，而更可能會使中立國倒向聯軍方面。照他的看法，從任何方面看來，時間對於德國人都是不利的。他更表示出他的恐懼心理，假使照那些軍事顧問的意見，再等下去，則聯軍的軍事力量即將追過德國；於是結果必然是一個長期的拉鋸戰，會使德國現有的有限資源，爲之消耗殆盡，此時蘇俄若再從背面攻來，那麼他就不會再有招架的力量了——因爲他也深知史達林的中立保證是不會太久的，一旦史達林自認時機已經成熟，他馬上就會動手。希特勒的恐懼心理促使他想要提早發動攻勢，用武力來壓迫法國人求和，他認爲只要法國退出了戰爭，則英國也必會隨之而就範。

希特勒認爲就目前而論，他所有的兵力和裝備，絕對有擊敗法國的把握——因爲德軍在最重要的新兵種方面，具有極大的優勢。他說：「裝甲部隊和空軍現在已經達到了技術上的頂點。不僅在攻勢方面而且在守勢方面，也莫不如此，這是其他任何國家都不能望其項背者。」他當然也認清了法軍在較舊的兵器方面，是具有優勢的，尤其是在重砲方面，但是他卻又說：「這些兵器在一個機動性的戰爭中，是不具有決定性的價值。」因爲他在這些新兵器方面，擁有技術上的優勢，所以即令法軍在兵員動員數字方面佔了優勢，他也認爲可以不必考慮。

德國陸軍的領袖人物們同意希特勒的長期恐懼看法，但卻不同意他的短期希望看法。他們認爲德軍的力量不足以擊敗法軍，所以主張寧可堅守下去，以等候英法兩國自動「求和」，而不必去冒險進攻，以免引起一個吃不消的反擊。

但是希特勒卻壓制住他們的反對。於是最後決定在十一月的第二個星期中，發動攻勢，接著由於氣象預報認爲天氣不利，而且鐵路運輸情況也發生了故障，所以又順延了三天。再接著又因爲種種類似的理由——一共有十一次之多——一拖就拖到了一月中旬。此後就又一直擱置，到了五月間，才下第二次的準備命令——這一次才算是眞正確定了。在這段期間之內，作戰計畫卻已經發生了根本上的改變。

在哈爾德(Halder)領導下的德軍參謀本部所擬定的原有計畫，是要通過比利時中部，作主力的攻擊——這正和一九一四年完全一樣。這個主力由波克所率領的「B」集團軍負責，而在左面的「A」集團軍，由倫德斯特指揮，則準備經過阿登山地，作一次輔助性的進攻。由於預估這面攻擊的勝算不大，於是所有的裝甲師都分配給「B」集團軍，因爲德國參謀本部認爲阿登的地形太險惡，完全不適宜戰車的行駛。

但是倫德斯特的參謀長曼斯坦，卻認爲這個計畫太過明顯了，幾乎完全是一九一四年計畫的翻版，所以也就是聯軍所能料想到的攻擊路線，若沿著這條路線前進，勢必會受到聯軍的阻攔。曼斯坦又指出另外一個弱點，即這個攻擊的對象將會是英軍，而英軍卻要比法軍頑強。第三個弱點，照他看來，即令能夠成功，也只不過是把聯軍趕了回去，獲得了法蘭德斯沿海平原而已。然而這樣並不能導致決定性的結果，只有使用間接路線，才可以切斷交通線，阻止在比國境內的聯軍退回法國。

曼斯坦建議應該把重點從右面移到中央，攻擊的主力應該通過阿登地區前進，這正是期待性最低的路線。他認爲儘管表面上，這個地區的地形是十分的險惡，但是裝甲兵力還是可以在這裏作有效的使用，古德林以專家身分所作的判斷，更加強了他的信念。

因爲這個新觀念具有果敢冒險的精神，所以很合希特勒的口味。不過眞正決定改變原定計畫的主因，卻是由於一個意外事件。一月十日，有一位德軍的參謀軍官，攜帶著有關這個計畫的文件，從孟斯特(Munster)飛往波昂(Bonn)，在大雪中迷失了方向，誤行降落在比國境內。德軍統帥部當然害怕他可能來不及燒毀這些文件(事實上，他只燒毀了一部分)。即令情況演變至此，德國的陸軍總司令和參謀總長還是不肯完全接受曼斯坦的計畫。曼斯坦只好直接向希特勒請示，最後由於希特勒個人的決定，這個新計畫才算是定了案。

在這個階段中，由於虛驚的緣故，聯軍方面已經自動暴顯出他們的意圖，是要想把重兵開入比利時境內的深處。這個趨勢更使德國人非採取曼斯坦的計畫不可。

從以後事態的發展上看來，這個舊有的計畫是絕不可能產生任何決定性的結果。因爲德軍的直接進攻一定會碰上英法聯軍的主力，這是他們最精銳的部隊，擁有最良好的裝備，而且在這個地區中也布滿了各種形式的障礙物——河川、運河，和大型城鎮。當然，從表面上看來，阿登地區的地形似乎還更惡劣，但是假使德軍能在法軍統帥部注意到這個危險之前，就先迅速地通過比利時南部的山林地帶，那麼他們以後所將面對的就只是略有起伏的法蘭西平原——那是大量戰車行駛的理想地區。

曼斯坦也已經估算到聯軍有深入比利時境內的可能，而且認爲這個行動對於德軍更爲有利。他的計算是很高明的。照聯軍統帥甘末林(Gamelin)的計畫，一旦德軍發動攻勢之後，聯軍的強力左翼就應該立即衝入比國境內，盡可能向東推進到戴爾河(Dyle)之線，甚至於還可以更遠。這個「D」計畫正和一九一四年的「第十七號計畫」一樣的使聯軍吃了大虧。他們無異於是自動投入德軍的羅網。聯軍向比國境內愈深入，則德軍通過阿登山地的進攻就更容易達到聯軍的後方，和切斷他們的左翼。

最糟的是甘末林把他機動兵力的大部分，全都送入比國境內，只留下少數次等的師，構成一條薄弱的屏障，以來保衛他這個前進後的接頭處——正面對著他們認爲不可能通過的阿登山地出口。當這個接頭點被透穿之後，法軍不僅喪失了平衡，而且也再無恢復的希望，因爲最適宜於用來填塞缺口的兵力，是早已深入到比利時的境內。把們放在太前進的位置，結果遂使聯軍喪失了戰略彈性。

但德軍對於低地國家發動攻擊時，因爲來勢頗洶，所以對於聯軍構成一個很有效的「引誘」，使他們忽略了接頭地點的危險。當空降部隊落在他們的後方，再加上前面的猛烈攻擊，荷軍不戰自潰，到了第五天就投降了。比軍的第一道防線在第二天即被突破，於是他們照計畫退到安特衛普—那慕爾之線，與英法聯軍會合在一起。

在荷蘭境內，早在五月十日，德國的空降部隊同時向首都海牙(The Hague)和交通中心鹿特丹(Rotterdam)實行襲擊，同時陸軍也向東面一百哩以外的防線上進攻。這樣前後兩面的攻擊，再加上德國空軍到處騷擾，結果遂造成了極大的混亂和恐慌。在混亂之中，一個陸軍裝甲師從南翼上的缺口中衝入，第三天就和在鹿特丹的空降部隊會合在一起。荷蘭人雖然在戰略上本是採取守勢的，但是在戰術上卻不免被迫改取攻勢，然而他們的裝備卻絕對不足以語此。到了第五天，荷蘭投降了，雖然他們的主防線還尙未潰裂。

對於比利時，德軍雖然是作一種物質性的直接侵入，但是卻也有一種心理性的間接路線來與它配合，以爲侵入軍作開路之用。地面上的攻擊由賴赫勞所指揮的第六軍團負責，兵力相當的強大。他們必須先克服一個困難的障礙物，然後方可以作有效的展開，爲了達到這個目的，德軍只使用了五百名空降部隊，以來協助地面部隊。他們接著奪佔亞伯特運河(Albert Canal)上的兩座橋樑，以及艾本艾美爾(Eben Emael)，這是比利時最現代化的要塞，保護這一道水線的側翼。可是這個渺小的支隊就足以決定整個戰役的勝負。因爲通過比利時邊界的進路，是要經過荷蘭領土在南面突出來的那一段——通常稱作馬斯垂克盲腸(Maastricht Appendix)——可是只要德軍一越過荷蘭邊界，在亞伯特運河防線上的比國守兵，即可以有充分的時間，在敵軍通過那個十五哩長的地帶之前，先炸斷那些橋樑。

乘著黑夜從天而降，這是奪獲這些重要橋樑的唯一可能方法。一共還不到八十個人，德軍用滑翔機載運著，降落在艾本艾美爾要塞的頂上，把這個要塞中的一千二百名守軍，封鎖了達二十四小時之久。一直等到德軍的地面部隊趕到，佔領了這個要塞，並且越過橋樑向前長驅直入之時爲止。於是比軍倉皇撤到戴爾河防線，那時法英兩軍卻才剛剛到達。

在荷比兩國使用空降突襲的計畫，是希特勒本人所擬定的，不過由於有了勇敢無畏的司徒登(Student)將軍，所以在執行時才會有那樣卓越的成功。

此時，倫德斯特集團軍的裝甲兵力，已經衝過了盧森堡和比屬盧森堡地區，達到了法國的邊界。

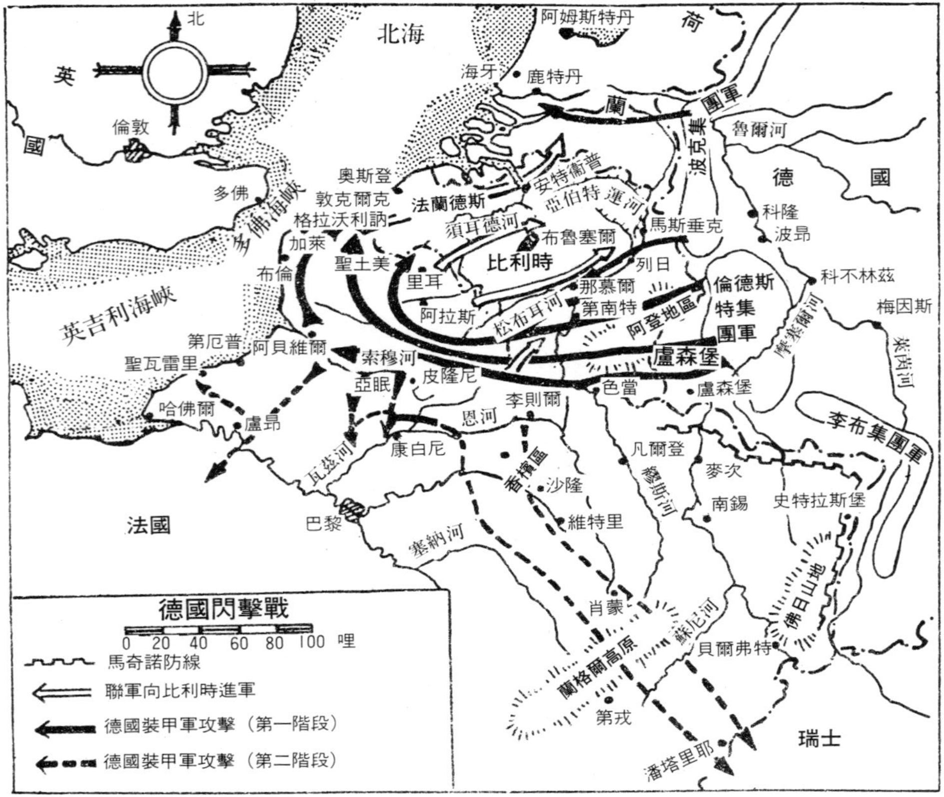
德國閃擊戰
0 20 40 60 80 100 哩
馬奇諾防線
聯軍向比利時進軍
德國裝甲軍攻擊（第一階段）
德國裝甲軍攻擊（第二階段）
北
英國
倫敦
多佛
多佛海峽
英吉利海峽
北海
海牙
鹿特丹
阿姆斯特丹
荷蘭集團軍
波克集團軍
魯爾河
德國
科隆
波昂
科不林茲
梅因斯
萊茵河
摩塞爾河
奧斯登
敦克爾克
格拉沃利訥
加萊
布倫
聖土美
法蘭德斯
安特衛普
亞伯特運河
須耳德河
布魯塞爾
比利時
馬斯垂克
列日
里耳
阿拉斯
那慕爾
第南特
松布耳河
倫德斯特集團軍
阿登地區
盧森堡
盧森堡
色當
第厄普
阿貝維爾
聖瓦雷里
索穆河
亞眠
皮隆尼
哈佛爾
盧昂
李則爾
恩河
康白尼
瓦茲河
香檳區
沙隆
凡爾登
麥次
南錫
史特拉斯堡
李布集團軍
法國
巴黎
塞納河
維特里
肖蒙
蘇尼河
蘭格爾高原
第戎
貝爾弗特
佛日山地
潘塔里耶
瑞士

全部一共是五個裝甲師和四個摩托化步兵師，組成了一個兵團，由克萊斯特指揮，而其主要的矛頭就是古德林的裝甲軍，下轄三個裝甲師。在通過了七十哩長的阿登地帶之後，掃開了一些微弱的抵抗，他們進了法國國界，到達繆斯河河岸上——這正是攻勢發動後的第四天。

把這樣多的戰車和摩托化車輛，送入這樣一個險惡的地區中，可算是極勇敢的冒險，因為照一般戰略家的看法，這個地區連作大規模的步兵攻擊，都是不可能的，當然別說是戰車的行動了。但是它卻足以增加奇襲的機會，因為厚密的森林可以掩蔽德軍的行動和兵力。

但是，儘管這次裝甲兵的狂衝已經獲得了奇襲的效果，但是他們卻還須越過這道繆斯河障礙物，渡河的時間即足以決定一切。事後，法國的參謀總長杜門克將軍(Gen. Doumenc)曾經追悔著說：「我們以為敵軍的想法也一定和我們自己差不多，他們一定會等大量的砲兵運到之後，才敢作渡河的企圖，這個行動約需五、六天的時間，因此我們可以從容不迫的增援。」

最值得注意的，就是法國人對於時間的計算，與德軍較高級指揮官的看法，竟不謀而合。法國人認為至少要到第九天，德軍才能在繆斯河上開始進攻。這也正好就是德軍原定的時間。當二月間作紙上模擬的時候，古德林主張裝甲部隊應該用最快的速度渡過繆斯河，而不必等候大量步兵和砲兵趕到。當時就受到哈爾德的激烈批評，他認為最早的攻擊時間也要在第九天或第十天。當三月間舉行會議的時候，希特勒問古德林，假使佔領了一個橋頭陣地之後，他應該採取何種行動。古德林回答說，應該盡量的擴張戰果，立即向西挺進，以亞眠和海峽各港口為目標。許多人對於他這種「魯莽」的態度，都紛紛搖頭表示反對。但是希特勒卻向他點頭，並且用眼色表示同意。

當古德林於五月十三日，在色當附近到達繆斯河岸之後，當天下午他就立刻進攻，到了黃昏便已渡河了。另外一個比較小型的矛頭——隆美爾(Rommel)的第七裝甲師——也在西面四十哩遠的第南特附近，同時渡過了繆斯河，這個行動可以分散法軍統帥部的注意力，同時也使法軍更易喪失平衡。

到了十四日下午，古德林的三個裝甲師都已經渡過了繆斯河，在擊退了姍姍來遲的法軍逆襲之後，他突然向西一轉。到了黃昏時，他已經突破了繆斯河之後的最後一道防線，於是向西進發的路線——距離海峽海岸一百六十哩——已經完全打通，裝甲部隊只需長驅而入。

五月十五日夜間，那個比較小心的克萊斯特命令古德林暫停前進，先確保橋頭陣地，以等候步兵來接防。經過了一番激烈辯論之後，這個命令終於修改了，古德林可以有權擴展橋頭陣地。古德林馬上抓住這個機會不放手，第二天一口氣向西衝進了五十哩，達到了瓦茲河(Oise)。其餘的裝甲兵力也都一致向西擁進，把缺口擴大到了六十哩的寬度，戰車所構成的狂潮沿著大路向缺口中灌入，一直衝到了比國境內聯軍的背後。

因爲法軍統帥部還猜不透德軍會採取哪一個方向，所以德軍的前進就更爲容易。在色當實行突破有個特別有利之點，即由於它是位置在中央軸線上，所以可以向任何方向轉動，同時威脅到幾個不同的目標。德軍的目的到底是海峽海岸呢？還是巴黎呢？一方面他們似乎是向西伸展，但是另一方面，最初又好像是準備南轉而以巴黎爲目標——法國人來說，他們很容易作如此想。由於工具的機動性，更使德軍的計畫在戰略方面增加了相當的彈性，這兩者的結合遂更使敵人陷於進退兩難的窘境。

在每一個階段之中，時間因素都足以決定雙方的勝負。法軍的每次反擊都沒能發生效力。因爲他們的行動總是太遲緩，在時機方面趕不上瞬息萬變的情況，而同時德軍前鋒的行動又太快，不僅超出了法國人的想像之外，而且連德軍統帥部也都感到始料不及。法軍的訓練，還是根據一次大戰中的舊法子，遇事都是慢呑呑的，在心理上根本配合不上這種新型的快速步調，所以癱瘓病象即開始在他們中間傳播著。法軍的主要弱點，不在他們的數量方面，也不在裝備的素質方面，而是在他們的「理論」方面。他們的思想遠不如對方那樣進步，根本上不曾跳出第一次世界大戰的模式。在歷史上這樣的例證實在是不勝枚舉，勝利者每每產生保守的思想，結果遂成爲下一次戰爭中的失敗者。

在德軍方面，當這一批少數的裝甲師，在敵人後方作了這樣深入的戰略性透入之後，他們的高級指揮官對於這種「危險」是感到很不放心。希特勒本人尤其是表現出神經不安的現象。他因爲擔心南翼方面的安全，竟命令向西的前進停止兩天，以便第十二軍團可以趕上來，好沿著恩河構成一道側衛防線。

這個延誤足以影響到德軍的前途，若非法軍現在早已陷入了癱瘓境界，那麼更可能會招致失敗。希特勒這一次的猶豫，是下一個星期成本更高的猶豫的前兆。但是由於在最初階段，德軍已經爭取到夠多的時間，同時對方也早已混亂不堪，所以這個在瓦茲河上的停頓，還不至於使德軍受到太大的影響。不過由此也可證明，德軍方面對於時間的認知，具有很大的距離。新舊兩派之間的差異，甚至於要比德法兩國之間的差異，還要更大。

爲了抗議這個暫停的命令，五月十七日，古德林不惜以去職力爭。後來，上級慰留他，並准許他可以繼續作「威力搜索」。他對於這個名詞的解釋就是率領著他的全軍，盡可能的向前推進。等到禁令解除之後，他的速度比以前還要更快，五月二十日他掃過了亞眠，在阿貝維爾(Abbeville)附近達到了海岸線——在比國境內的聯軍交通線遂完全被切斷。

五月二十二日，由於上級的命令，他又暫停了一天，接著他再向北進攻，以奪取沿海港口並到達英軍後方為目的。此時英軍尚留在比利時境內，正面上正在抵抗著波克步兵的進攻。在古德林的右面，雷因哈特(Reinhardt)的裝甲軍(也屬克萊斯特兵團)同時也在向北轉進。二十二日，布倫(Boulogne)已經為古德林所孤立，第二天加萊(Calais)也被如法炮製。古德林的闊步已經跨到了格拉沃利訥(Gravelines)，距離敦克爾克僅不過十哩而已。雷因哈特也達到艾爾—聖士美—格拉沃利訥(Aire-St. Omer-Gravelines)的運河岸上，並且在對岸佔領了橋頭陣地。現在英軍所剩下來的唯一退路就是敦克爾克，可是到了第二天，希特勒卻突然命令他們不要再向敦克爾克進攻。因為這個命令，才救了英軍一命，使他們沒有跟在左翼方面的比軍，和三個法國軍團的大部分，一起同歸於盡。過了兩天之後，這個命令才取消，德軍繼續前進，可是到那時，英軍已經增強了後衛的力量，使德軍一時無法突破，於是二十二萬四千人的英軍，加上十一萬四千人的聯軍(主要都是法國人)，都從海路撤走。即令如此，德軍仍然收容了一百萬人的俘虜——而他們自己的死傷數字卻只有六萬人——這就是間接路線的偉大結果。

為什麼希特勒要中途叫停呢？其理由始終不曾有過完全明白的解釋。第一個動機，他自己所承認的，是由於害怕他的裝甲兵力會坑陷在這個法蘭德斯沼澤平原上面，當一次大戰他還只是個小班長時，曾在這個地區有過親身的經驗，因此使他的印象頗深。第二個動機是他希望維持他的裝甲兵力完整無缺，以便在第二個階段中擊毀法國人。第三個動機是受了戈林(Goering)的誘惑，認為德軍的空軍可以阻止大批英軍從海上撤出。不過若進一步觀察，卻有一個更為確切的心理原因。五月二十一日，英軍在阿拉斯曾以兩個戰車營的兵力，面對著德軍側翼，發動了一個小規模的逆襲。這個行動使希特勒和某些德軍高級指揮官，在心理上產生不安，認為這樣的孤軍深入實在是太冒險。克萊斯特曾經一再的制止古德林前進，軍團司令克魯格是克萊斯特的頂頭上司，更主張立即停止一切的前進，以等候阿拉斯情況的澄清。倫德斯特當然也受到他們的影響。當二十四日上午，希特勒到倫德斯特總部視察時，這些意見更增強了他的疑懼心理，於是會報完畢之後，他就馬上下令制止前進。這一次，布勞齊區和哈爾德卻是主張裝甲部隊應繼續前進，可是在古德林和他們二人之間，希特勒卻可以找得到更多的擁護者，支持他的謹愼想法。

六月五日，也就是德軍進入敦克爾克的次日，最後一個階段的戰役又開始了。在攻勢發動前，德國裝甲兵力都正在向西北進攻，可是一聲號令之下，他們馬上掉過頭來面向南，準備發動新的攻擊。這種迅速的行動使德國人本身也爲之又驚又喜。這樣迅速的向另一方向作再度的集中，正足以證明出機械化的機動性，已經使戰略發生了革命性的變化。

新攻勢的對象爲法軍所臨時構成的新防線——沿著索穆河和恩河——由法軍的殘部負責防守。它比原有的防線更長，但是防守的兵力卻較爲單薄。因爲法軍已經喪失了三十個師，所有同盟國的援助也一掃而空，只剩下兩師英軍。此時魏剛（Weygand）已經代替了甘末林，出任聯軍統帥，他一共集結了六十個師的殘兵，其中有十七個師擺在馬奇諾防線內，與這個粗糙的索穆—恩河防線連接在一起。

在第二幕的戰鬥中，又是倫德斯特集團軍擔任具有決定性的角色，雖然在原有的計畫中並非如此。最初，在十個德國裝甲師當中，一共有六個都是分配給波克的。但是這個計畫卻是具有彈性的。當戰鬥在發展中途逐漸變形的時候，於是波克的打擊就變成一種誘敵的行動，而幫助了倫德斯特的打擊產生決定性的作用。這種形式上的變化也正足以證明裝甲兵力，是具有一種隨機應變的能力。

波克所部各軍團在六月五日開始發動打擊，但是倫德斯特遲了四天才動手，因爲他那一個側翼方面的兵力，有重新加以布置的必要。在波克的攻擊中，其主力部分的進展反不如極右翼方面那樣地迅速成功和深入。在第三天上午，隆美爾的裝甲師已經從右側方突破了法軍的防線。

這個迅速的突破，主要應歸功於隆美爾的英勇過人，這是任何守舊的對手所夢想不到的——當他嘗試之後，居然獲致了成功，而任何參謀學校的教習，都不會認爲它有成功的希望。在他進擊的地區中，法軍已經把索穆河上的一切道路橋樑，全都炸斷，但卻留下了一對鐵路橋，其理由是因爲他們尚在夢想可供反攻時之用。他們覺得保留這些橋樑並無太多的危險，因爲這個單線的軌道是沿著兩個狹窄的堤岸上敷設的，經過河邊沼澤地，約有一哩長的距離。即令是步兵要想沿著這個窄線前進，也好像是「走鋼絲」般危險。可是隆美爾，卻在拂曉之前即已佔領了這兩座橋樑，並且在對岸的高原上佔據了一個立足點，於是他立即下令拆去鐵軌和枕木，並且在敵方砲火威脅下，把他的戰車和運輸車輛，沿著這根「綱絲」送過河去。中途只停頓一下，延擱了半個鐘點，因爲有一輛戰車在接近橋樑時，發生了故障，把路塞死了。

到了第一天黃昏時分，他已經透入了八哩的深度，第二天增到了二十哩，第三天又增加了三十哩，因爲他採取越野的路線，盡量繞過已經設防的十字路口，所以更增加了前進的速度。這個深入的突擊把法國第十軍團切成了兩段。其他的德軍各師此刻都從這個逐漸展寬的缺口中，向前擁入。到了第四天，六月八日的夜間，隆美爾已經在盧昂以南，達到了塞納河上，他一口氣衝了四十哩遠，在法軍那個已經混亂不堪的防線中，如入無人之境。當法軍尚未能集中兵力，沿著寬廣河面設防之前，他就早已渡過了。隆美爾在六月十日那一天，又轉過身來再衝了五十哩的距離，以海岸線爲目標。當天晚間就到達了目的地，切斷了法軍第十軍團左翼部分的退路——一共五個師，包括英軍第五十一高地師在內，這些部隊於六月十二日，都被迫在聖瓦雷里(St. Valery)向隆美爾投降。

此時，從索穆河上進攻的主力右翼，其進展比較過去更爲膠著。這是一個鉗形的攻擊，由克萊斯特所指揮的兩個裝甲軍負責，此時德軍在索穆河上，已經分別在亞眠和皮隆尼兩地，獲得了橋頭陣地，於是即分別以此爲進攻基地。在亞眠方面爲鉗形的右股，於六月八日終於突破了法軍的防線，接著轉向南面，直趨瓦茲河的下游，但是鉗形的左股在康白尼以北受到了頑強的抵抗，懸在半空中關不攏。

六月九日，當倫德斯特集團軍攻擊恩河之線時，他們很快就突破了法軍防線，於是德軍最高統帥部決定把克萊斯特的兩個裝甲軍抽調回來，轉用來東面，使他們沿著恩河上的寬廣缺口中前進，以促使在香檳地區的法軍提早崩潰。這種迅速的調動又是一個更新的例證，足以說明機動裝甲兵力是如何的具有彈性。

這一次具有決定性的突擊又是由古德林負責——這又是一個極好的例證，可以用來說明當深入戰略性的透入和間接路線合在一起的時候，其效力是如何的強大。古德林此時已經升任裝甲兵團司令，受倫德斯特節制，他的兩個軍從加萊海峽地帶出發，繞行了二百哩的距離，現在已在李則爾(Rethel)的附近，集中在恩河上。當第十二軍團的步兵已經波西昂堡(Château-Porcien)附近對岸上獲得三個小型的立足點之後，古德林乘著黑夜，把他的領先裝甲師送入了橋頭陣地。第二天六月十日上午，他們衝出橋頭陣地，用加速的步調前進，沿途繞過了法軍所據守的村落和森林。接著法國的裝甲部隊也參加作戰了，一路上都出現斷續的戰車戰鬥，可是在頭兩天，他們還是透入約二十哩的距離。第三天，古德林的右翼達到了馬恩河上的沙隆(Chalôns-sur-Marne)，第四天又達到了維特里(Vitry-le-

François)，距離起點約在六十哩之外。他的左翼在擊退了側翼上的敵軍逆擊之後，也趕了上來，達到了齊頭的位置。於是古德林就用更快的速度，衝向並越過蘭格爾高原（Plateau de Langres）——已經深入到馬奇諾防線的後方——再繼續向東南面前進，以瑞士邊境爲目標。第五天前進了五十哩，到達了肖蒙（Chaumont），此時是六月十四日。六月十五日，又躍進了同樣長的距離，達到蘇尼河（Saône）。六月十七日的清晨，領先的一師越過了蘇尼河，再進六十哩，到達了瑞士邊界上的潘塔里耶（Pontarlier）。這一擊之下，把現在還滯留在馬奇諾防線中的大量法軍，都切斷了退路。古德林所屬的其他各師早已奉命轉向北面，朝摩塞爾河進發，以阻止他們的撤退。在之前幾個鐘頭，法國政府看到他的陸軍已經總崩潰，就已決定投降，開始發出了休戰的要求。

然而日後希特勒並未能征服英倫三島，由於這個較高層次的戰略計畫失敗了，所以大陸上的決定性戰略性勝利，也變得不具決定性。這是由於敦克爾克叫停的緣故，而弄到自討苦吃。假使當時他若是能夠阻止英軍，從這個唯一的漏洞中溜去，那麼英國本身就會處於完全無防禦的狀況之下，這樣他即使用臨時拼湊起來的侵入軍，也能夠達到征服的效果。因爲喪失了這個千載難逢的好機會，沒有能夠在敦克爾克把英軍一網打盡，所以現在他除非能夠組成一支正式的侵入軍，否則就無法使英人屈服，可是對於這個行動，他卻既無準備也無計畫。他的延遲步驟太慢了，而他的和平攻勢又未免太弱。等到「不列顛之戰」失敗之後，他對於在海路上空奪取制空權的企圖也就完全付之東流，於是整個侵入計畫都被束之高閣。

這個島國的障礙始終擺在他前面——英吉利海峽的作用就相當於一道巨型的戰防壕——對於他的

歐陸控制計畫，更構成與日俱增的威脅。這個「失算」對於他實在是一個致命的打擊。

第二年當中，他的勝利前途是繼續向前發展，首先是征服了巴爾幹諸國，繼之以侵俄之役，終於在俄國的深處被阻止住了。因爲他缺乏足夠的資源以達到他的目的。儘管在一九四二年一整年中，他仍然有很光輝的成功，可是他的失敗在「不列顚之戰」時即早已注定，若溯其本源，則敦克爾克的叫停，實在是希特勒的最大錯誤。

第十七章　希特勒的衰頹

在一九四〇年六月底以前，德國好像巨人一般，他的闊步在歐洲大陸上到處蹂躪。支配著整個西歐、中歐和東南歐——只有西部邊緣上的不列顛小島是唯一的例外。除了這海岸線的障礙物以外，唯一足以對於它的霸權產生嚴重限制的因素，就是蘇俄的存在，在它的東北側翼上面投下一道暗影。希特勒已經是一帆風順。他似乎不僅可以完成征服歐洲的志願，甚至連征服世界也未嘗沒有希望。沒想到五年之後，這個仲夏夜之夢竟成了一場噩夢。

他的衰頹是從大戰略的層次開始，這是他最嚴重錯誤的發源地。假使他知道如何減輕他的進展所帶來的恐懼，並且設法向鄰國的人民，保證他這種「新秩序」是一種仁政，那麼他也許可以達到拿破崙所不曾獲得的成就，把歐洲聯合成為一個整體，使其置於德國的領導之下——這種聯合若能足夠堅強，則一切外力都難於將它擊碎。但是他的目的卻被他的手段弄糟了。他的政治路線太直接化。它只足以使人畏威，而不能令人懷德。結果只是增強反感，而不能化敵為友。在他的「國家社會主義」的號召之下，是太偏重國家主義，而忽略了社會主義，否則後者也未嘗不能吸引其他國家中的勞苦大衆。鐵拳未免太顯露，外面的法蘭絨手套卻已經百孔千瘡，遮掩不住它裏面的內容。同樣的，當他征服了他國之後，安撫的工作也都做得不夠。等到他後來的冒險失敗之後，這些錯誤就都累積在一起開始發生作用。

第一個障礙，也是一個持續存在的障礙，就是當西歐其他諸國都覆亡之後，他既未能使英國屈服，又無法和它講和。只要英國屹立無恙，則希特勒對於西歐的控制就永遠不能算是穩固，因爲他的位置是經常會受到不斷的擾亂。然而，專靠英國的力量，最多也只不過阻止他收穫成功之果而已。憑著它的抵抗和干涉，或許可以使希特勒的意志屈服，而肯作更多的讓步，以來獲取和平。但是英國卻絕對無力擊碎希特勒的權力，或是把他趕出征服地區。唯有當希特勒在煩惱和苦悶之餘，於一九四一年六月，被迫轉向東面對蘇俄發動攻勢時，這種可能性才開始浮現。

這個決定敲響了他的喪鐘，顯示出他已經在大戰略方面放棄了間接路線。不久之後，由於他急於想獲得勝利，甚至在戰略方面，也都放棄了間接路線。這個改變具有非常重要的意義，因爲在此之前，即令是對於比較小型的障礙物，像在希臘境內的情形，他也都表現得十分謹慎小心。

巴爾幹的征服

當少量英國援軍在薩羅尼加登陸之後，德軍接著在一九四一年四月間，侵入了希臘。此時德軍已經集中在保加利亞境內。所以希軍的主力即以扼守希保間的山地隘路爲目的。但是預期中沿著斯徒馬谷地(Struma Valley)的前進，卻掩蔽著另一個比較間接性的行動。德軍的機械化縱隊從斯徒馬河上向西轉動，直抵與邊界平行的斯徒米查(Strumitza)谷地，然後通過山地中的隘路，以進入南斯拉夫境內的發達(Vardar)谷地。從那裏，他們就刺入南希兩軍的接頭地區，接著又從發達谷地迅速的向薩羅尼加狂衝，以來擴張這次透入的戰果。這一舉遂在色雷斯(Thrace)附近，切斷了大部分的希軍。

在這個打擊之後，德軍並不從薩羅尼加，取道奧林帕斯(Olympus)山地，直接向南進攻，因爲英軍已經在這裏設防。他們往西一轉，從蒙納斯替岬(Monastir Gap)衝了過去。這個前進一直衝到希臘的南部海岸上，切斷了在阿爾巴尼亞境內的希軍，迂迴了英軍的側翼，由於這一個行動已經威脅到殘餘聯軍的退路，所以遂使希臘境內的一切抵抗，都迅速的全面崩潰。

侵俄之役

當德軍開始發動侵俄之役時，在作戰方面還是盡可能的採用間接路線，加上地理條件的協助，於是獲得了顯著的成功。那一條疆界長達一千八百哩，中間極少天然的障礙物，使攻擊者在滲透和運動兩方面，都具有充分的自由。儘管紅軍的數量相當龐大，可是兵力對空間的比例卻還是很小，因此德國的機械化部隊很容易找到漏洞，作間接性的前進，以求進至俄軍後方。同時，在這個廣大的空間中，各大城市都相隔得很遠，所有的公路和鐵路線都是以它們爲集中點，於是又足以使攻擊者可以同時威脅到幾個目標，而使敵人摸不清楚他們的眞正方向，因此就可以迫使敵人處於「進退維谷」的情況，只能坐候他們的攻擊。

雖然使用這種方法，德軍在開戰之始曾經獲得很大的勝利，可是以後由於他們未能及時決定應該朝著那個方向追擊，於是這個大好的成功遂終於完全喪失了它的作用。從擬定計畫之始，希特勒和陸軍總部之間，就抱著不同的見解，而兩者之間又始終不曾作適當的調和。

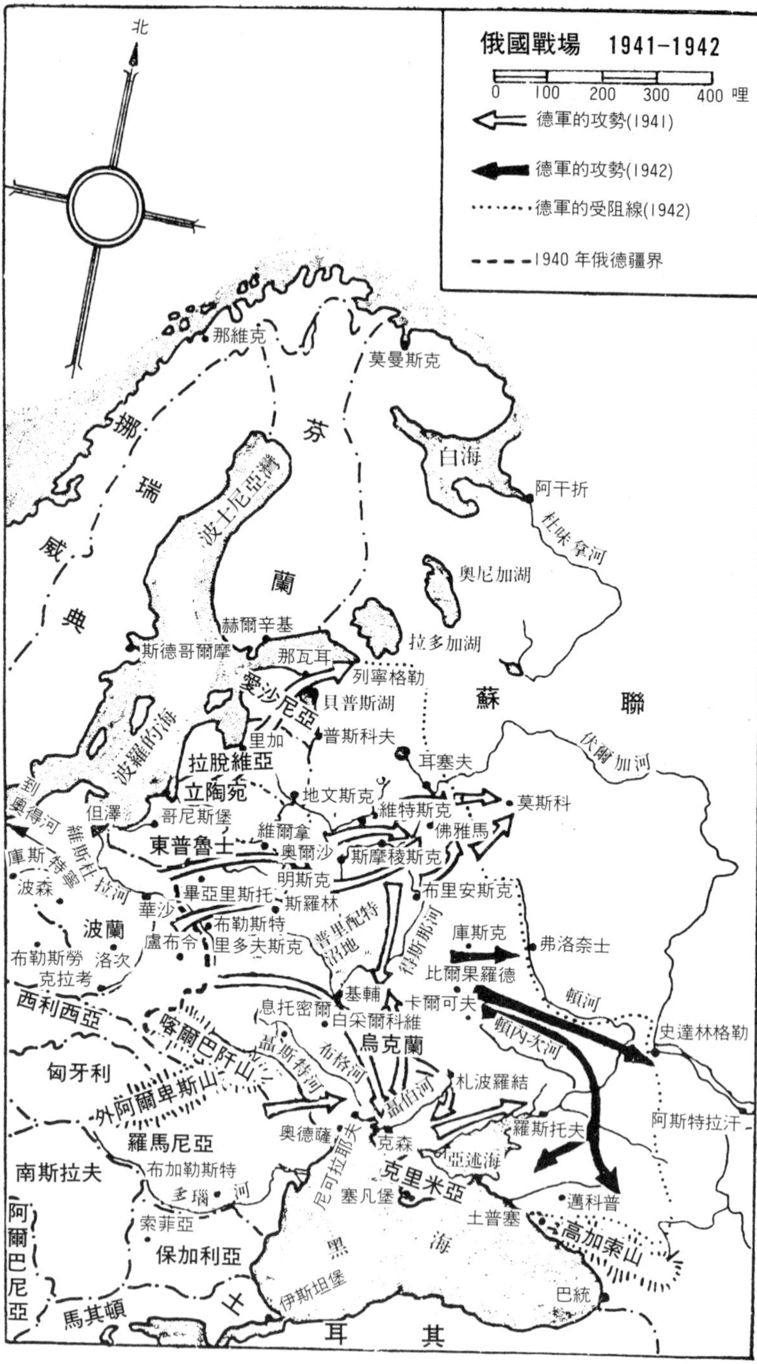
俄國戰場 1941-1942
0 100 200 300 400 哩
德軍的攻勢(1941)
德軍的攻勢(1942)
德軍的受阻線(1942)
1940 年俄德疆界
北
那維克
莫曼斯克
挪
瑞
威
典
芬
蘭
白海
阿干折
杜味拿河
波士尼亞灣
奧尼加湖
赫爾辛基
拉多加湖
斯德哥爾摩
那瓦耳
列寧格勒
愛沙尼亞
貝普斯湖
蘇
聯
波羅的海
里加
普斯科夫
伏爾加河
拉脫維亞
耳塞夫
立陶宛
地文斯克
莫斯科
到
但澤
哥尼斯堡
維特斯克
奧得河
維斯杜拉河
維爾拿
佛雅馬
東普魯士
奧爾沙
斯摩稜斯克
庫斯特寧
明斯克
布里安斯克
波森
畢亞里斯托
斯羅林
華沙
布勒斯特
普里配特沼地
得斯那河
庫斯克
波蘭
盧布令
里多夫斯克
弗洛奈士
布勒斯勞
洛次
克拉考
比爾果羅德
基輔
卡爾可夫
頓河
西利西亞
息托密爾
白采爾科維
史達林格勒
喀爾巴阡山
烏克蘭
頓內次河
匈牙利
晶斯特河
布格河
札波羅結
外阿爾卑斯山
嘉伯河
阿斯特拉汗
奧德薩
羅斯托夫
羅馬尼亞
克森
尼可拉耶夫
亞述海
南斯拉夫
布加勒斯特
克里米亞
多瑙河
塞凡堡
邁科普
阿
爾
巴
尼
亞
索菲亞
土普塞
高加索山
保加利亞
黑海
伊斯坦堡
巴統
土
馬其頓
耳其

希特勒希望以佔領列寧格勒爲主要目標，這樣即可以肅清他在波羅的海方面的側面威脅，並與芬蘭人取得聯絡，因此他對於莫斯科的重要性，有故意加以低估的趨勢。但是，由於他對於經濟因素的敏感，所以他同時也想佔有烏克蘭的農業資源，和聶伯河(Dnieper)下游的工業地區。由於這兩個目標相隔得很遠，所以必須採取完全分離的作戰線。而這與採取一條單純的中心作戰線，而同威脅到幾個目標時所具有的彈性，不免大有差別。

布勞齊區和哈爾德都主張集中全力向莫斯科進攻——不僅是爲了佔領敵人的首都，而且因爲他們覺得若採取這一條路線，在沿途一定可以找到俄軍的主力，於是便能獲得一個「聚殲」的好機會。但照希特勒的看法，卻認爲這一條路線只會迫使俄軍一直向東作總退卻，而逃出德軍所能達到的距離之外。當布哈二氏同意他的見解，認爲避免這種危險是非常重要的時候，他也就同意於他們的見解，主張應早作「包圍性的會戰」(Kesselschlacht)，以來毀滅敵人的主力。至於進一步的目標，他們決定暫時擱置不論，等到第一個階段的侵入戰完成之後再說。

布勞齊區因爲害怕在和希特勒打交道的時候，會有「節外生枝」的危險，所以他決定採取拖延政策，結果是愈弄愈糟，到戰役進行了一半的時候，他終於無法避免不和希特勒大起衝突。

在第一個階段中，大家都同意應該把重心放在波克集團軍方面，它恰好位置在普里配特沼地(Pripet Marshes)之北，沿著從明斯克(Minsk)到莫斯科的大路前進。德軍裝甲兵的主力也都用在這一方面。在開戰之始，李布(Leeb)集團軍從東普魯士那個比較突出的左方側翼上，首先向波羅的海諸小國進攻，以來吸引俄國人的注意，藉以掩蔽波克集團軍進行最富危險性的突擊。此外，右翼方面的倫德斯特集團軍，也從普里配特沼地的南面進攻，以使俄軍統帥部摸不清楚德軍的主力作戰線，到底是在哪裏。

在波克的中央地區中，德軍的計畫是想使用雙重包圍的行動，以來捉捕俄軍的主力。古德林和霍斯(Hoth)的兩個裝甲兵團，從兩個側翼上向明斯克作向心的會合，而第四和第九兩個軍團的各個步兵軍，則在畢亞里斯托(Bialystok)的周圍和後面，構成一個內圈的鉗形攻擊。

德軍發動攻擊的日子是六月二十二日——比拿破崙早一天。古德林和霍斯的兩個裝甲兵團，迅速的深入敵境，到了第六天就已經在明斯克會師了，此時已經透入俄國境內，達二百哩的距離。在他們的後面，步兵的巨鉗也在斯羅林(Slonim)兩面合上，不過時機卻並未完全趕上，所以未能阻止大量的俄軍逃出畢亞里斯托袋形地區。接著德軍又作第二次企圖，以在明斯克附近包圍他們爲目的，這一次比較成功，差不多俘獲了三十萬人，但是大部分的俄軍卻還是在包圍圈尚未封口之前，先行溜走了。這一網所捕獲的數量，馬上就引起了一個樂觀的熱浪，即令那些在過去反對希特勒征俄的將領，現在也改變了他們的初衷。哈爾德在七月三日的日記中，這樣的寫著說：「假使我要說對俄的戰役在十四天之內即已決定勝負，這似乎也不算是過分的誇張。」

但是這個作戰卻早已受到了不利的阻礙。因爲裝甲兵力已經奉令在包圍尚未完成之前，暫停前進；而照原定的計畫，他們應該立即越過明斯克，毫不延遲的向前深入，只留下少數的支隊，來幫助步兵軍團完成合圍的工作。

不過由於古德林的果敢行動，遂終於又使德軍重新獲得已經喪失了的時機。他不等待第四軍團的步兵趕到，同時也不讓俄軍有時間去召集援兵，即冒險的渡過了寬闊的聶伯河。從結果上看來，他這種估計是正確的。利用黑夜的掩蔽，他把兵力集中起來，在寬廣的屛障後面，於七月十日找到了三個敵人尙未設防的地點，迅速的渡到彼岸。接著他就直向斯摩稜斯克進攻，於十六日達到了那裏。現在侵入軍在俄國境內已經深入達四百哩以上，到莫斯科的距離只不過剩兩百哩而已。對於這樣一個深入的前進，其速度可以說是夠迅速。

等到霍斯也到達斯摩稜斯克的北面時，於是德軍又決定再作一次新的包圍行動，以切斷位置在聶伯河和得斯那河(Desna)之間的大量俄軍爲目的——當裝甲兵前進時,他們已經被繞過。這個陷阱幾乎是封鎖住了，但是由於地形惡劣和泥濘載道的緣故，使德軍在運動中發生了極大的困難，結果俄軍的大部分還是逃出了陷阱。即令如此，在斯摩稜斯克的俘獲總數，也有十八萬人之多。

古德林力主應使俄軍處於不斷的敗逃之中，不讓他們有時間來恢復元氣。他認爲只要不再浪費時間，他一定可以直搗莫斯科，對著史達林權力的神經中樞，狠狠地刺上一刀，這樣即可能使俄國的整個抵抗都發生癱瘓現象。霍斯也同意他的見解，而波克也支持他們。

可是希特勒卻認爲現在是時候了，應該可以開始實現他原有的理想，以奪取列寧格勒和烏克蘭爲主要目標。他始終認爲這兩個目標要比莫斯科具有更大的重要性，實際上，他並非完全像是批評他的那些將軍們所說的，把注意力都放在政治和經濟兩方面去了。似乎在他的想像中，有一個超級大空間的卡納型作戰的幢影。他首先做出威脅莫斯科的姿態，以迫使俄軍把大量的預備兵力都集中到那個地區之內，於是德軍的兩翼方面，就可以輕易奪取列寧格勒和烏克蘭這兩個目標。接著再從側翼的位置上，對莫斯科作向心的進攻，這樣莫斯科就會像爛熟了的蘋果般，落入他的掌中。這是一個高明而偉大的算盤。他之所以失敗完全是受了時間因素的影響——因爲俄軍抵抗力的頑強和天氣的惡劣，都完全超出了他的意料之外。當時德軍將領之間，意見更是分歧，結果徒使局勢變得更壞。這幾乎是自然而普遍的現象，即每一位將領都只注意到他自己的那個防地，而不斷的要求它應該受到最優先的重視。在希特勒的觀念中，第二個階段的戰略已具有極寬廣的分散性，因此這個趨勢就益增加其危險。

七月十九日，希特勒頒發了有關這個第二階段的作戰命令——規定在聶伯河和得斯那河之間的掃蕩戰完畢之後，即馬上開始執行。波克所屬的機動兵力，抽出一部分向南旋轉，以協助倫德斯特毀滅在南面地區中的俄軍。另外又抽出一部分向北旋轉，以切斷列寧格勒和莫斯科之間的交通線為手段，來幫助李布攻克列寧格勒。波克手裏所剩下的就只有步兵，奉命憑著他自己的最大努力，繼續向莫斯科作正面的進攻。

這一次，布勞齊區還是不敢立即提出一個不同的計畫，以與希特勒力爭，而仍然採取那個拖延政策。他託詞說在任何進一步的作戰之前，裝甲兵力必須要先休息一下，以便修理機件和補充兵員。希特勒也表示同意，下命暫停行動。當此之時，在高階方面，遂繼續討論下一個行動，應採取哪一個方向的問題。一直到裝甲部隊已經準備就緒，可以繼續前進的時候，他們的討論還是沒有結果。八月二十一日，布勞齊區和哈爾德主張向莫斯科進攻的意見，終被否決，於是希特勒又下達了一個新的命令。還是採取他一個月以前所已經決定的舊有路線。唯一的區別就是對於列寧格勒方面，已經不再那樣注重，而一心只想在基輔(Kiev)地區，對於俄軍進行包圍殲滅戰。此後，波克就可以繼續再向莫斯科進攻，而倫德斯特則應該繼續向南挺進，以切斷高加索石油供應為目的。

在這個長期的討論過程中，戰況的發展，更使希特勒堅持他的主張。倫德斯特左翼方面的第六軍團(由賴赫勞指揮)，已經在基輔前方被阻，強大的俄軍掩蔽在普里配特沼地的東端後面，繼續不斷的威脅他的左翼，同時也威脅波克的右翼。在另一方面，克萊斯特的裝甲兵團在一個斜行的運動中，已經獲得了卓越的成就。七月底，在基輔以南的白采爾科維（Belaya-Tserkov）獲得一個局部性的突破之後，克萊斯特沿著夾在布格和聶伯兩條河流之間的走廊地帶，一直向南挺進。這個間接性的突擊不僅打開了進入烏克蘭的門戶，並且也威脅著靠近黑海，面對羅馬尼亞的俄軍後方。到了八月中旬，德軍達到了尼可拉那夫（Nikolaiev）和克森（Kherson），兩地都是重要的河口商埠。雖然有一部分俄軍逃出陷阱，可是克萊斯特的這種深入穿透，卻早已使俄軍在南方的抵抗體系，產生了極大的紊亂。

這些事實的結合即足以強調說明了下述的可能性：假使克萊斯特轉向北面，而只從波克集團軍中，抽出一支強大兵力向北行動，於是這樣一個雙面迂迴的打擊，就不僅可以擊潰俄軍在基輔附近的頑強抵抗，而且更可以把他們裝入口袋之中，一網打盡。此後若再向莫斯科進攻，即不會再有後顧之憂，否則俄軍很可能從聶伯河的南岸，發動反攻，以來牽制德軍的進展。這許多有利的理由，遂使希特勒下定決心，決定先進行基輔作戰，以當作向莫斯科進攻的前奏曲。

不僅是他一個人作此主張。倫德斯特當然也很歡迎北面有援兵開到，以幫助他解決他所面臨的難題，同時當然的，他又何嘗不想獲得一個偉大的包圍勝利——這是任何軍人夢想中的目標。

從戰略方面來說，似乎也有很充分的理由，先使南翼方面不受到敵人反攻的威脅，然後再來進攻莫斯科。此外，由於俄軍數量雖然龐大，但卻比較缺乏機動性，所以這種戰略遂更顯得有利。德軍可以分別把兵力先後集中在不同的地區之內，而輪流的產生幾個具有決定性的戰果。但是唯一的弱點就是「時不我予」，尤其是德軍對於冬季作戰並無充分的準備。

就基輔包圍戰本身而論，實在可以算是一次極大的成功——對於德軍而言，也可算是一個空前的傑作。賴赫勞和魏克斯(Weichs)的步兵軍團，在正面上牽制住俄軍，古德林從此向南直下，橫越他們的後方，而克萊斯特則從聶伯河河灣向上進攻，以與古德林會合。兩個裝甲兵團在基輔以東一百五十哩以外的地方會合在一起，於是在俄軍的背後，封鎖住了這個陷阱。這一次俄軍逃走者頗少，一網一共撈起了六十萬人以上的俘虜。不過一直到九月底，這個會戰才告結束——惡劣的天氣和不良的道路，雖未能阻止包圍的完成，但卻使它的速度大爲減緩。

當希特勒決定把烏克蘭的勝利當作「主要目標」時，同時列寧格勒仍然還是列爲次要目標——並且也同時加以追求。在這一方面，德軍也使用了相當的兵力，其結果是足以對於列寧格勒構成包圍的形勢，但卻並不足以使這個地區中的俄軍，受到決定性的失敗。這方面的德軍以後又被抽調，因爲希特勒一方面否決了布勞齊區和波克等人的提前直擣莫斯科的意見，但另一方面卻又同意一旦基輔包圍戰完成之後，重點仍然還是應該移回莫斯科軸線上面。

這個會戰的勝利結束，對於希特勒和他的高級將領，產生了極大的興奮作用，使他們抱著樂觀的心理，使他們更敢於分散他們的兵力而不感到害怕。希特勒一方面決定要在秋季內，攻下莫斯科，同時又要繼續進行其他方面的作戰，所以遂使問題更爲複雜，而喪失了「集中」的意義。因爲他實在抵抗不住勝利的誘惑，一方面想佔領莫斯科，另一方面又想在南面擴張戰果。他指派倫德斯特擔負一個野心極大的新任務：肅清黑海沿岸，佔領頓內次工業地區，並且直到高加索爲止。

這個姍姍來遲的莫斯科攻勢，是由三個步兵軍團和三個裝甲兵團來擔負——其中古德林那一個兵團已經升格爲裝甲軍團。十月二日，攻勢最後又終於依照一個鉗形的計畫，而開始發動了。這一次又完成了包圍行動，又是六十萬人的俄軍，在佛雅馬(Vyasma)附近被裝入了口袋。不過等到他們被肅清的時候，寒冬卻已經來臨，對於勝利戰果的擴張已經來不及，在通往莫斯科的道路上，德軍已經陷入了泥濘之中。

多數的將領現在都主張暫停進攻，選擇一條適當的防線，以便過冬。他們都記得拿破崙所遭遇到的慘敗，其中有許多人就開始重讀考蘭柯特(Caulaincourt)對於一八一二年戰役的悲慘記載。但是在較高的階層中，因爲他們距離戰區較遠，沒有嘗到泥濘的滋味，所以觀念又自不同。莫斯科好像是一顆強力的磁石，對於他們具有極大的吸引力，使他們產生過分樂觀的心理，認爲達到這個目標是有實際上的可能性。正和一般人所想像的相反，希特勒本人並不堅持要繼續進攻。從一開始，他始終認爲莫斯科並不那樣的重要，雖然他現在已經批准了這個十月間的攻勢，但是他內心裏卻還是表示疑惑。不過波克的眼光卻早已釘死在莫斯科上面，他內心裏已經塞滿了攻克這個名城的野心。他極力主張繼續進攻，並且強辯著說：當雙方都已接近衰竭的階段時，較優越的意志力即足以決定最後的勝負。布勞齊區和哈爾德兩人也都比較贊同波克的意見，因爲他們原本便主張集中全力進攻莫斯科。因爲他們花了很大的氣力，才說服希特勒回心轉意，決定試作攻佔莫斯科的企圖，所以他們現在當然不好意思再承認，或是告訴他說，這個企圖已經沒有成功的希望了。儘管倫德斯特和李布都主張停止這次進攻，而倫德斯特甚至還主張退回到波蘭境內的原有界線上。不過他們的意見對於眼前的問題，卻並無太多作用，因爲他們與莫斯科的攻勢並無直接關係。

所以德軍在十一月間又開始大舉進攻。但是因爲他們這一次的目標太明顯，而進路又太集中，因此反而使俄國人的防禦問題簡單化，只要集中預備隊，來阻止每一個危機的發展即可。到了十二月初，德軍的攻勢即開始發生頓挫，接著在俄軍反擊的威脅之下，被迫向後撤退。希特勒於是把陸軍總司令布勞齊區撤職，而親自控制德軍的陸軍。這個動作，使他在人事問題方面，獲得了雙重的作用——一方面使布勞齊區代他作了贖罪的羔羊，而另一方面卻乘機把陸軍的軍權收併在自己的掌中。

在南俄方面，十一月二十三日，德軍的侵略狂潮達到了最高水位。此時，他們在下頓河(Don)方面，透入了羅斯托夫城(Rostov)——該地正是高加索的大門。但是他們的燃料卻已經在泥濘中消耗完畢，在一個星期之內，由於俄軍對著他們的交通線，作深入的側面逆襲，遂迫使已經進入羅斯托夫的先頭部隊，不得不匆匆的撤回。

假使要追問在一九四一年戰役中，德軍失敗的主因究竟是什麼，其最適當的判詞就是「為自然因素所擊敗的」。他們的兵力向各個不同的方面上分散，一方面是由於最高階層的意見分歧之所致，但另一方面，說起來也似乎很夠諷刺，由於在最初階段，各個方向上面都能獲得光榮的勝利，所以也使他們會有「欲罷不能」的苦悶。本來應該採取一條單獨的作戰線，而同時威脅幾個目標，結果他們卻分別採取了幾條作戰線，而每一條都有一個極明顯的目標，這樣遂使守軍反而容易布置防務。不僅如此，每當攻擊者的方向變得十分明顯的時候，他們的補給線也就更為危險。

一九四二年的俄國之役

到了一九四二年，德國人所有的資源，已經不再能夠發動一次像前一年同樣大小的大規模攻勢。但是希特勒卻不肯聽信某一部分將領的忠告，改取守勢以來鞏固他所已經獲得的地位，當然更不肯依照倫德斯特和李布的主張，一直撤退到波蘭境內去。不管這些辦法在戰略上是如何的有道理，但是對於希特勒而言，卻無異於是要他自認失敗：「吃得太多使他無法消化」。為了收回已經喪失的面子，和滿足他個人的野心，並且依照他本能上的感覺，也是認為只有攻擊才能解決問題。於是希特勒就在尋求一個攻勢的解決方案，想用有限的工具，以來達到比應有限度更多的結果。

由於缺乏足夠的力量，在整個戰線上重整攻勢，希特勒才決定集中全力在南部地區中，其目的是要想奪取高加索的石油，而更主要的，卻是切斷俄國人的物資供應路線。假使說由於不得已的理由，希特勒已經放棄了直接擊毀俄軍主力的企圖，那麼他的目的即為希望用間接的方式，以來擊毀俄軍的抵抗力——因為俄軍是必須要仰賴著高加索的石油來源。雖然最後是遭到了慘敗，可是這個計算卻並非不高明，而且也幾乎完全成功，這是一般人所不知道的事實。

計畫的開始相當順利，因為這次所採取的作戰線又是可以同時威脅到幾個目標，所以迫使俄軍分散兵力，而使德軍獲得了很大的利益。但是以後德軍卻自討苦吃，因為他們自己分散兵力，要想在同時追求兩個分開的目標。這個兩路進攻的趨勢，即為失敗的主因，而其導源則是德軍統帥部中的意念並不統一。參謀總長哈爾德，在擬定作戰計畫時，其主要的著眼是想在史達林格勒附近的伏爾加河岸上，獲得一個據點，在那裏建立一道戰略性的阻塞物，以來隔斷俄軍主力與他們石油產地之間的交通線。希特勒的主張卻是想用最大的速度，直接攻入高加索，但是他卻沒把他的心事告訴哈爾德，而只是鼓勵部將把這個進攻當作是主力的方向。於是佔領史達林格勒這個戰略位置的努力，就因此而吃了大虧。到了戰役的下一個階段，因為一心想攻下這個掛有「史達林」招牌的城市，希特勒的心靈也發生了歪曲作用，於是為了這個目的，一切都不惜犧牲。德軍對著這個太直接的目標，作太直接的集中，和太直接的拚命攻擊。

當德軍開始發動其一九四二年的攻勢時，恰好俄軍也正向著卡爾可夫(Kharkov)發動了他們的春季攻勢，這個行動遂更使德軍坐收其利。俄軍這次的攻擊是如此的直接，不久即自動發生了頓挫，而他們又拚命的繼續苦戰，結果把預備隊消耗殆盡，其所產生的深入突出地帶，更使德軍指揮官有機會使他們陷於不利的境地。所以到了六月底，當德軍發動攻勢時，在作用上很有反攻的意味，而對方所處的形勢可以說是十分的危險和惡劣。

德軍原有的進攻軸線是與俄軍平行，但是方向卻恰好相反。從卡爾可夫北面的庫斯克(Kursk)地區開始進攻，切過俄軍突出地帶的側翼，迅速穿過這個一百二十哩長的地帶，而於弗洛奈士(Voronezh)附近，達到上頓河岸——從莫斯科到高加索的主要路線上，這是一個重要的關鍵。俄軍集中兵力在弗洛奈士附近，以來阻塞德軍的進路，結果使德軍把重點向東南面轉移時，反而感得很輕鬆，一口氣就衝進了頓河和頓內次河之間的走廊地帶中。由於德軍早已在俄軍的卡爾可夫突出地南面側翼上，作了一個楔形的突入，所以對於這個行動也具有間接的幫助。

在這個聯合的鉗形壓迫之下，俄軍的抵抗開始潰裂，於是德軍的機械化部隊，利用兩條河流掩護他們的側翼，通過這個頓河—頓內次走廊之間，向前迅速衝進。在不到一個月之內，他們已經達到了走廊地帶的盡頭，並在羅斯托夫的北面，渡過下頓河。這樣遂打開了通到高加索油田的道路，而使戰役達到了最緊要的關頭。俄軍似乎是有癱瘓的可能，因爲德軍所具有的機動性，幾乎足以切斷他們石油的供應路線。德軍在前進中，一貫的採取「聲東擊西」的手段，結果使他們獲得了卓越的成功。

可是等到德軍渡過頓河，再繼續前進的時候，他們即不再享有他們過去所有的戰略利益。在此之前，他們在戰略上是集中在一起，分成若干個具有彈性的集團，沿著一條軸線前進，而同時卻可以威脅到幾個目標攻擊重點。可是在渡過頓河之後，德軍勢必就要分散他們自己的兵力，沿著兩條離心方向的路線進攻——一股朝南向高加索進攻，另外一股朝東向史達林格勒推進。

俄軍在頓河—頓內次走廊地帶中，可以算是已經全面崩潰，所以假使朝著這個方向進攻的第四裝甲軍團，不分兵南向，以協助第一裝甲軍團在攻向高加索的路程上，作渡過下頓河企圖，那麼在七月間，德軍也許早已輕鬆的攻佔了史達林格勒，並控制住伏爾加河。可是這個協助實在無此必要，而等到第四裝甲軍團再回轉過頭向北進攻的時候，俄國在史達林格勒地區中卻已經集中兵力，嚴陣以待了。俄軍增援這個地區，要遠比高加索地區容易，因爲它比較接近中央地區，同時預備隊也比較容易利用鐵路和公路的運輸。因爲德軍在那裏連續被阻，於是才開始使史達林格勒在精神方面，逐漸增高了其重要性，終於超過了其戰略價值之上。德軍於是對它，抱著必得之而後甘心的態度，結果遂使他們又錯過了奪取高加索油田的機會。從第一裝甲軍團方面，不斷的抽調兵力以來增援史達林格勒的攻擊戰，可是結果卻完全是白白的浪費。

當第一次向史達林格勒的進攻，功敗垂成之後，以後就完全變成了直接路線，雙方都盡量的增援，結果仍然是一個僵持的局面。於是德軍的攻勢集中，在比例上是越來越乏力。因爲他們放棄了分散敵人注意力的手段，這也是他們在戰略方面所應該付出的代價。他們的攻擊愈是以這個城市爲中心，則其戰術上的運用範圍也就愈爲狹窄，所以就更難於擊潰敵人的抵抗。

反過來說，正面愈狹窄，則守方愈易於調動他的局部性預備隊，以來在防禦的弧線上，應付任何具有威脅性的突破。所以儘管在史達林格勒周圍的防線上面，德軍曾經幾度的突入，但是每次卻都被俄軍塞住了缺口。這些經驗的總和，證明出防線愈縮短，則對於守方愈爲有利。

當攻勢者的活動範圍愈是狹窄時，則其損失也就當然的升高。每前進一步都要付出更多的成本，而收穫卻反而遞減。因爲德國人在物力方面所享有的優勢，是要比一九四一年遠爲狹窄，所以就更吃不消這種消耗的程序。首先顯出弱點的是他們的裝甲兵力，在每一個打擊中所能夠供給的戰車數量越來越少，接著他們在空中方面的優勢也開始消失了。由於這兩個主要的兵器日益向下坡路走，於是他們步兵的負擔便一天比一天更加重。集中大量步兵實行突擊，縱然能獲得任何局部性的成功，其所付出的代價亦將是得不償失。

這種戰術性的過度消耗，其結果是非常的危險，因爲侵入軍本身，在戰略方面總是伸延過度的。可是當哈爾德力勸希特勒應該即刻停止，選擇一個良好的過冬防線，以來減少損失的時候，希特勒卻完全拒絕了他的忠告。結果柴茲勒(Zeitzler)代替他出任參謀總長，柴氏不僅年事較輕而且也比較具有熱情，不像哈爾德那樣的冷靜。史達林格勒對於希特勒的誘惑實在是太強烈，正好像前一年秋天的莫斯科一樣。同時他在軍人中間也照樣可以找得到擁護他這種主張的人。這次後果卻非常的惡劣。進攻史達林格勒的德軍，由於向前推進太遠，而且所採取的正面又太狹窄，所以結果不免遭受到包圍的威脅。

當十一月間，俄軍開始發動反攻的時候，這個危機完全成熟。無論從精神和戰略哪一方面來說，攻擊軍的失敗都可算是已成定局。俄軍這個反擊本身，不僅在物質路線方面，具有巧妙的間接性，而且所有的反攻都先天的具有一種「壓縮」的彈性作用，使它更具有致死的能力。希特勒使用羅馬尼亞和義大利的部隊，以來掩護他前進中的綿長側翼，而俄軍的攻擊即以此爲目的，而獲得了很大的利益。結果是俄軍切斷了一大部分的德軍，而確保住他第一個口袋的俘虜。

等到他們的進路部分被掃清之後，俄軍就向南作一連串的進擊，以來擴張他們的戰果，並威脅到在高加索地區的德軍後方和交通線。要說明這種情況的危險，可以用下述的簡單事實來表現：這個時候德軍在羅斯托夫以東，已經前進了四百哩以上的距離，可是當一九四三年一月間，俄軍由頓河進犯時，其到羅斯托夫的距離卻僅僅只有四十哩而已。羅斯托夫對於在高加索境內的德軍而言，是交通線上的一個咽喉要害。雖然德軍能夠把俄軍的牙床撐開，使這個捕鼠機的門不至於關上達相當長的時間，足夠讓德軍慢慢的撤退，而不被切斷。可是他們卻終於不僅被迫放棄了高加索，而且在包圍的壓迫之下，也被擠出了工業化的頓內次盆地。

二月間，德軍的撤退速度突然地加快，而俄軍就跟在他們的後面直追，達到並越過了德軍夏季攻勢的原發起線。他們收復了卡爾可夫並且迫近聶伯河。但是到了二月底，德軍又發動了一個逆襲，重新奪回了卡爾可夫，並暫時使俄軍喪失了平衡。也正和夏季中的德軍一樣，他們在追擊中已經伸展過度，他們的補給接濟不上來，而德軍則向他們的基地和補給方面退去，由於滾雪球的作用，遂使其力量日益增加。

卡爾可夫的反擊是一個最明顯的例證，足以說明間接路線戰略中的一種防禦攻勢形式，利用一個香餌以來引誘敵人進入陷阱——這一次是一個超級規模的陷阱。它的設計和執行都是由曼斯坦元帥負責，他在第一個冬季作戰中是倫德斯特集團軍的參謀長，一九四〇年五月間促成法國崩潰的阿登計畫，就是他的傑作。他的儕輩都一致推崇他是他們中間最傑出的戰略家，但是希特勒對他卻並不一定欣賞。當包拉斯(Paulus)的第六軍團於一九四二年十一月間，在史達林格勒被圍之後，希特勒才派曼斯坦接掌「頓河」集團軍的總司令，以求解救這一場大難。雖然時機已經太遲，不足以扭轉史達林格勒的危局，但是曼斯坦卻設法牽制住俄軍達相當的時間，使他們無法切斷羅斯托夫的咽喉，而救出了高加索境內的德軍，並且沿著米亞斯河(Mius)，在亞逃海(Sea of Azov)和頓內次河之間，重建了一道防線。

但是現在俄軍卻從頓內次河的北面，突破了義匈兩國部隊所防守的戰線，於是在頓內次與弗洛奈士之間，衝開一個寬達二百哩的缺口，並且向西掃擊曼斯坦的側翼。在遙遠的後方，越過了頓內次河，他們不僅佔領了卡爾可夫，而且向西南推進，達到了聶伯河的大河灣，這個地區是曼斯坦的補給來源地。二月二十一日，俄軍的先頭部隊在河灣上，已經達到了可以望見札波羅結(Zaporozhe)的位置，曼斯坦的司令部剛剛遷離那個地方。在這個緊張的情況之下，曼斯坦顯出了特別冷靜的頭腦和穩定的神經。他早已拒接希特勒的要求，把他那點少得可憐的預備隊，用來作直接的進攻，以企圖收復卡爾可夫；現在他又拒接了用他們來對於聶伯河之線，作直接的防禦。因爲他已經看出來當俄軍向西南面前進時，他就可以獲得一個偉大的機會，可以用間接的攻擊使敵人的平衡發生動搖。所以他決定讓俄軍盡量的深入，儘管他的基地受到威脅，亦在所不惜。

在這個時候，他忙於改組他的兵力，把那三個已經殘破了的裝甲軍，從米亞斯河上調了回來，面對西北方構成一個反正面。到了二十六日，他已經準備就緒，可以開始打擊了，於是才一直向俄軍的側翼和後方衝了過去。這正和一九四〇年在色當的情形是一樣的，這一刀恰好刺在敵人前進後的接頭樞紐上。一個星期之內，原有向西南前進的俄軍，都紛紛越過頓內次河，向後潰逃，一共損失了六百輛戰車和一千門火砲。於是曼斯坦再繼續前進，轉向北面攻入由卡爾可夫和比爾果羅德(Bielgorod)向西推進的俄軍後方側翼之內。這裏的俄軍也同樣的喪失了平衡，被迫放棄了這兩個城市，倉皇撤走。當時俄德雙方的兵力，以師數來比較，其比例爲八對一，所以這一串的間接路線，其所產生的戰果實在可以說是很光榮。若非兵力差得太遠，則很可能獲得一個色當式的決定性結果。而這次的兵力懸殊也就成爲一個不祥的預兆。

德國的預備兵力比之俄軍是未免太有限，兩年不斷的採取攻勢已經使他們受到了很嚴重的損失，而俄軍新編成的師數卻是有增無減。雖然卡爾可夫的反擊能夠暫時凍結住俄軍的禍害，但是在力量的平衡方面，現在德軍卻早已居於十分不利的情勢。

太平洋戰爭

自從一九三一年起，日本人即不斷的侵略中國，並在亞洲大陸上擴張他們的立足點。在那一年當中，他們侵佔了中國的東北地區，並把它變成了日本的附庸國。一九三二年，他們侵入了中國本部，但是當他們想在這個巨型地區之中，建立控制的時候，卻馬上感到深陷泥沼之苦。於是爲了求解決起見，遂決定南進，以圖切斷中國人的外援路線。當希特勒擊敗了法國之後，日本人利用這個機會，連騙帶嚇，獲得了對於法屬越南的「保護佔領權」。

一九四一年七月二十四日，美國羅斯福總統要求日軍撤出越南，爲了加強他的要求起見，他同時也下令凍結日本人在美國的一切存款，並且禁止石油運日，英國的邱吉爾爲了附和起見，也採取了同樣的行動，兩天以後，在倫敦的荷蘭流亡政府也被勸誘加入這項行動。誠如邱吉爾所說的，這樣日本人的石油來源可說是完全斷絕了。

在過去的討論中，大家早已承認在這種癱瘓性的打擊之下，一定會逼迫著日本人挺身而鬥，否則他們就只好放棄他們的政策，或是坐候覆亡。應該注意的，是日本已經花了四個月的時間來避免戰爭，想用談判的方式來解除石油禁運的障礙。美國政府表示除非日軍撤出越南，並且更撤出中國大陸，那麼美國才肯解禁。不要說是日本，世界上任何國家，都不會願意接受如此丟臉屈辱的條件。所以自從七月底以後，太平洋戰禍即已經是迫在眉睫。在這種環境之下，日本人能夠延遲四個月的時間再進攻，對於英美而言實在是一件幸事。可是他們在這段時間之內，對於防禦的部署，卻很少有所成就。

一九四一年十二月七日上午，由六艘航空母艦所組成的一支日本海軍兵力，對於美國在夏威夷島上的海軍基地珍珠港，作了一次閃電式的空中打擊。這個打擊是發生在正式宣戰之前，像過去旅順港的情形一樣，日本人對於俄國人也是先下手爲強的。

一直到一九四一年年初爲止，日本人所擬定的對美戰爭計畫都是想把他們的主力艦隊，用在南太平洋方面，一方面配合對於菲律賓羣島的攻擊，另一方面當美軍爲了援救菲律賓守軍，渡洋東來的時候，即加以迎頭痛擊。美國人心目中也認爲日本人一定會採取這種路線，尤其是因爲日軍最近已向越南方面發展，所以更增強了他們的信念。但是當此之際，日本的海軍上將山本五十六卻已經創造出了一個新計畫——向珍珠港作一次奇襲。這支打擊兵力採取一條非常迂迴的路線，經過千島羣島，從北南下，在美國人不知不覺之中，偷到了珍珠港的附近。在日出之前，使用了三百六十架飛機，從三百哩左右的距離向珍珠港進襲。八艘美國戰鬥艦中，四艘立即沉沒，四艘受到了重傷。只花了一個多鐘點的時間，日本人已經獲得了太平洋的控制權。

在這樣一擊之下，日軍經由海上侵入馬來亞和馬來羣島的路線都毫無阻攔了。當日軍的打擊主力已經從東北方向夏威夷羣島前進的時候，其他的海軍兵力也同時護送著運輸船團，開入了西南太平洋。

差不多正當珍珠港遭受空襲的時候，日軍也分別在馬來半島和菲律賓實行登陸。前者以英國人在新加坡的巨型海軍基地爲目標，但是他們卻不企圖從海上進攻，因爲這個要塞的設防著眼點，主要是準備應付海上的攻擊。日軍所採取的路線是非常的間接。首先在馬來亞東部海岸上，選擇了兩個地點登陸，以奪取飛機場爲手段，來吸引敵人的注意力。於是日軍的主力在半島的頭部登陸，其地屬於泰國，在新加坡北面五百哩以外。從這個位置在東北端的登陸地點起，日軍如狂潮一樣的向半島的西岸湧進，連續的迂迴了英軍企圖阻止他們的防線。不僅由於選擇這一條困難的進路，完全出乎英國人意料之外，而且在這個厚密的叢林中，又獲得了許多意想不到的滲透機會，更使日軍得到了很大的便利。經過六個星期的連續退卻，到了一月底，英軍終於被迫撤出了亞洲大陸，退入新加坡島。二月八日夜間，日軍開始越那一哩寬的海峽，向該島進攻，在許多點上都登陸成功，並沿著一個寬廣的正面發展了新的滲透行動。

守軍的兵力，實際上要比攻方多了一倍以上，但是攻方卻是特選的精兵，對於叢林和密閉地區的行動，受有良好的訓練。至於守軍卻是雜牌部隊，其中多數都是不熟練的新兵，所以他們完全缺乏作適當反應的能力，在戰役的過程中，他們總是害怕來自側翼方面的威脅。上述情形已經十分嚴重，再加上他們又缺乏空軍的掩護，以來對付日本空軍不斷的威脅，所以情況遂更爲不利。不久守軍即喪失了平衡，他們雖然想恢復這種平衡，可是由於後方已經發生混亂，所以結果也一無所成。他們不特沒有一個穩定的基地，而且背後所靠的是一個人口混雜而衆多的城市，糧食和水源都具有被切斷的威脅，而在城市的後面又是一個敵人所控制住的海洋。當地政府又下令實行「焦土」政策，縱火焚燒油庫，黑煙沖天更造成一種恐怖的景象，使多數人的神經都受到打擊——這在心理戰略方面實在是大錯而特

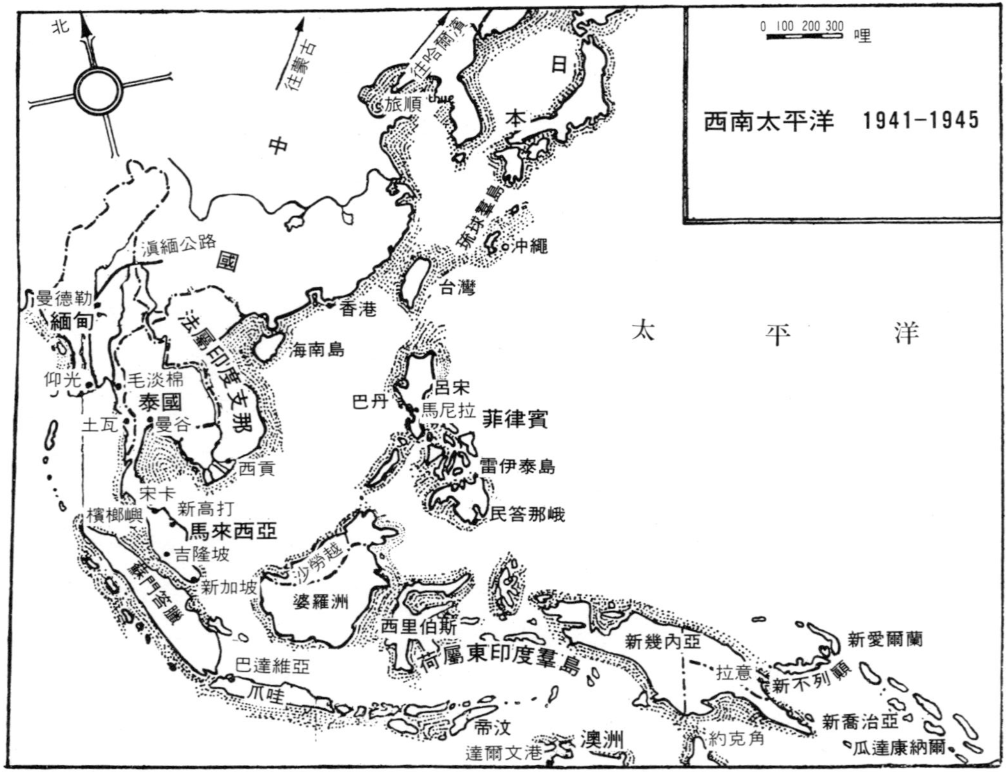
西南太平洋　1941–1945
0 100 200 300 哩
北
往蒙古
往哈爾濱
旅順
中
國
日
本
滇緬公路
曼德勒
緬甸
仰光
毛淡棉
泰國
曼谷
土瓦
法屬印度支那
西貢
海南島
香港
台灣
琉球羣島
中繩
太
平
洋
呂宋
巴丹
馬尼拉
菲律賓
雷伊泰島
民答那峨
宋卡
新高打
檳榔嶼
馬來西亞
吉隆坡
新加坡
蘇門答臘
沙勞越
婆羅洲
西里伯斯
荷屬東印度羣島
巴達維亞
爪哇
帝汶
達爾文港
澳洲
新幾內亞
拉意
約克角
新不列顛
新愛爾蘭
新喬治亞
瓜達康納爾

錯。二月十五日，守軍遂自動投降。

在菲律賓的主島呂宋(Luzon)，日軍最初在馬尼拉的北面登陸，接著又在首都的後方登陸。在這個雙管齊下的威脅之下，美軍放棄了該島的大部分土地，在十二月底以前退入那個小型的巴丹半島。在那裏，日軍只能夠在一條狹窄縮短的正面上，對他們作正面的攻擊，所以他們一直守到四月間，才爲日軍所克服。

遠在巴丹陷落之前，甚至於新加坡淪陷之前，日軍的征服狂潮早已掃遍了馬來亞羣島。一月二十四日，日軍分別在婆羅洲，西里伯斯(Celebes)，和新幾內亞等地實行登陸。三個星期之後，他們開始向荷屬東印度的核心——爪哇島——進攻，此時由於側翼的行動，該島早已處於孤立的地位。在三個星期之內，整個的爪哇像一顆熟爛了的蘋果般，落入了日軍手裏。

但是澳洲卻倖免於立即和直接的威脅。現在日軍的主攻方向已經轉向西南，以征服緬甸爲目標。從曼谷到仰光之間，他們作直接而寬廣的前進，對於他們在亞洲大陸上的整個目標——癱瘓中國的抵抗力——而言，卻要算是一條間接路線。因爲仰光即爲滇緬公路的出口，對於中國的一切援助都是由此輸入的。同時，這個企圖還有一個更高的理想，它可以完全確保太平洋的西方門戶，於是就可以在主要的路線上建立一道堅強的壁壘，以阻止聯軍在將來作任何反攻的企圖。三月八日，仰光陷落，再過兩個月，英軍被完全逐出了緬甸境外，越過山地，退入印度。於是日軍已經獲得了一個非常堅強的天然掩護位置，假使聯軍若想反攻，勢必會遇到極大的障礙，必須經過極遲緩的程序。

經過了很長久的時間，聯軍才建立起足夠的兵力，以企圖收復日軍所征服的失地——從東端開始。由於保全了澳洲，使聯軍獲益不少，因爲澳洲可以作爲他們的大規模基地之用，並且比較接近日本的前哨防線。

一九四二年八月間，麥克阿瑟將軍的第一個行動是以瓜達康納爾(Guadalcanal)島爲目標——這在所羅門(Solomon)羣島中，是最南端也是最近的一個大島。光復瓜達康納爾島的工作一共費時六個月。一直到一九四三年六月底，美軍才進到這個島羣中的第二個大島，新喬治亞(New Georgia)，又花了三個月才把它收復。

此時，澳軍已經在新幾內亞大島的東南角上，重獲一個立足點，並且從那裏發動攻勢。在驚人困難的條件之下，面對著最頑強的抵抗，作戰的進展是遲緩而痛苦。差不多花了一年的時間，於一九四三年九月間才佔領了拉意(Lae)，於是新幾內亞東南端的光復工作才算是完成了。

從這裏看來，到菲律賓的路似乎還是非常的遙遠，而到日本之路則更是無窮無盡。但是到了一九四三年秋天，由於採取一種繞過的方法，遂使步伐大爲加速，這也可以說是另外一種間接路線戰略的變形。美軍利用海運前進，不僅把日軍外圍圈的島嶼丟在他們後面，並使島上守軍孤立，無法獲得補給。換言之，從戰略上來說，無異於把他們圈禁在那裏。

一九四四年十月間，一個長距離的躍進，使美軍回到了菲律賓。最初的前奏曲是強烈的空中攻擊，以菲律賓羣島中的南北大主島——民答那峨(Mindanao)和呂宋——的港口和機場爲目標，這些空襲當然使日本人預料美軍必定會在這些地區中的某一點上登陸，但是他們卻猜不透眞正的目標在哪裏。接著麥克阿瑟的海運船團突然在雷伊泰島(Leyte)的邊緣上出現，正在兩大主島之間，並且在那裏登陸。在這一擊之下，不僅一斧頭就砍在菲律賓的腰部上，而且在戰略上也構成了一個寬廣的楔形，把日本與其在荷屬東印度羣島所征服的大部分地區隔成兩段。

無可避免的，美軍還需相當長的時間才能夠建立起來足夠的兵力，以來擴大他們的攻勢，和完成菲律賓的全部征服工作。但是最後成功的保證卻是美國人善於合用兩種戰法。首先使用海空軍組成一個包圍網，使這些島嶼孤立，然後再用「砍劈木材」(log-splitting)的方式把這些島嶼加以征服。此外，美國人現在又已經獲得了一個夠接近日本本土的基地，以來發展一個強大而持續的空中攻勢。下一個巨型的躍進，就繞過台灣，而直接以琉球羣島中的沖繩爲目標，它位置在台灣與日本的中間。

在這個後期的作戰中，有一個最顯著的要點，極値得加以注意。每當美軍採取越島躍進的方式時，他們必盡量利用不同目標的選擇，以來迷惑敵人使其猜不透他們的眞正目標，並且盡可能的尋找敵方部署上的弱點。所以每一個行動的戰略間接性都夠備增其效力。

日本的征服狂潮因傳播得太遠，所以無法持久。日本人的力量因爲分布得太廣，所以也就拉得太薄，結果他們的處境遂不免異常的危險。一旦當空權和海權的平衡局面發生了變化之後，美國人恢復了海運上的機動性，於是日軍很容易陷於孤立的狀態，而受到各個擊破。其進銳者其退速，侵略者每常爲反作用力所擊敗。這種反作用力打倒了軍事上的教條：「攻擊就是最好的防禦。」反過來說，因爲最初的攻勢太成功，結果使日軍以後的防禦力量過分伸展，超出了其安全限度之外。德軍的情形也正復與此相似。

地中海戰爭

地中海方面的初期戰役，是以德義兩國企圖控制埃及和蘇伊士運河的行動爲重心。這些戰役的經過可以構成一個極顯明的例證，足以說明戰略性過分伸展——直的或是橫的——的效力。它們在間接路線的價值方面，也帶來了許多教訓。

一九四〇年九月間，義大利的格拉齊亞尼元帥(Marshal Graziani)從利比亞(Libya)開始向埃及進攻。無論從數量上作任何計算，這一次的成功應該是毫無疑問的。義國的侵入軍比起英國守軍，在數量上實在是大得太多。但是他們的機動性卻極低，一方面由於機械化的程度太有限，另一方面又加上行政上的缺乏效率，所以使他們在機動和奇襲兩方面，都受到了極大的障礙。通過西部沙漠前進了七十哩以後，義軍在細第巴拉尼(Sidi Barrani)碰到了障礙，於是在那裏膠著達兩個月之久。

英方中東軍司令魏菲爾將軍(Gen. Wavell)，決定使用西沙漠兵團——第八軍團的前身——由阿康納將軍(Gen. O'Connor)指揮，對義軍作一個顛覆性的攻擊。從表面上看來，這似乎更像一個強力的突襲——本是準備打了就跑的——而不是一個正規的攻擊，一共只有兩個師的兵力：第七裝甲師和印軍第四師。在這次攻擊之後，後者馬上得撤回尼羅河上，然後再送往蘇丹(Sudan)，協助對付在厄立特里亞(Eritrea)和衣索比亞境內義軍的威脅。

可是這次「突襲」居然變成了決定性的勝利，因爲阿康納經過沙漠地區，向敵人後方所作的奇襲，產生了癱瘓和顛覆的作用——這就物理和心理上來說，都要算是一個間接路線。這個突然的打擊是發生在十二月九日。格拉齊亞尼的軍隊有一大部分，立即被切斷，被俘的人數達三萬五千人之多，其餘的殘部逃回了他們自己的邊界之內，在恐怖的潰退中，已經變成了毫無秩序的烏合之衆。英軍第七裝甲師在追擊中，很快的突破了這條邊界的防線，於是殘餘的義軍又倉皇的退入巴地亞(Bardia)，英軍又作了一個迂迴的行動，把他們暫時切斷在那裏。

假使英軍高級統帥部不那樣堅持，一定要依照原定計畫把印軍第四師撤回，那麼整個戰役即可能會在這裏告一結束。因爲缺乏步兵的支援，第七裝甲師當然無法立即透入巴地亞的防線。一拖就是幾個星期，然後才有一個新的步兵師，澳軍第六師，由巴勒斯坦調來以供「罐頭開刀」之用。於是到了一月三日，才攻下了巴地亞，俘獲了四萬人。二十二日多布魯克（Tobruk）才又被攻陷。再俘虜了二萬五千人。

格拉齊亞尼的殘部經過班加西（Benghazi）向的黎波里（Tripoli）退卻，但卻又爲間接路線的追擊所攔截住了，在整個戰爭中，這都要算是一次最卓越和最果敢的攻擊。第七裝甲師通過內陸方面的沙漠地區，於二月五日在班加西的南面，達到了海岸線。它的領先單位在三十六小時之內，經過困難和生疏的地形，一口氣衝過了一百七十哩的距離。英軍立即分爲兩部分：一部分由康貝上校（Col. Combe）率領，在貝打弗門（Beda Fomm）橫越過敵人的退路，建立了一道阻塞物。另外一部分爲考恩特旅長（Brig. Caunter）所率領的第四裝甲旅，一直壓迫著敵人，直到他們投降爲止。這兩股兵力總加起來也不過三千人，但是由於他們的機智和勇敢，結果這一網捕獲了二萬一千名俘虜。

憑著這一點微弱的兵力，英軍居然征服了昔蘭尼加（Cyrenacia），完全出乎自己的意料之外。這個時候，他們簡直可以向的黎波里長驅直入，前面根本沒有太多障礙物。所剩餘的義軍，不僅是裝備太差，不足以抵抗戰車的衝擊，而且由於他們的主力已經全軍覆沒，所以在心理上更是發生了極大的動搖。阿康納是極力主張乘勝追擊，並且認爲只要能夠獲得新的補給。他們馬上就可以毫無延遲的，向前作新的躍進。但是英國政府卻突然叫停，因爲它要想抽調兵力，去向希臘作那個不幸的遠征。魏菲爾奉命只准留下最少的兵力，以來守住昔蘭尼加。阿康納也回到埃及，守兵改由能力較差的人員指揮。

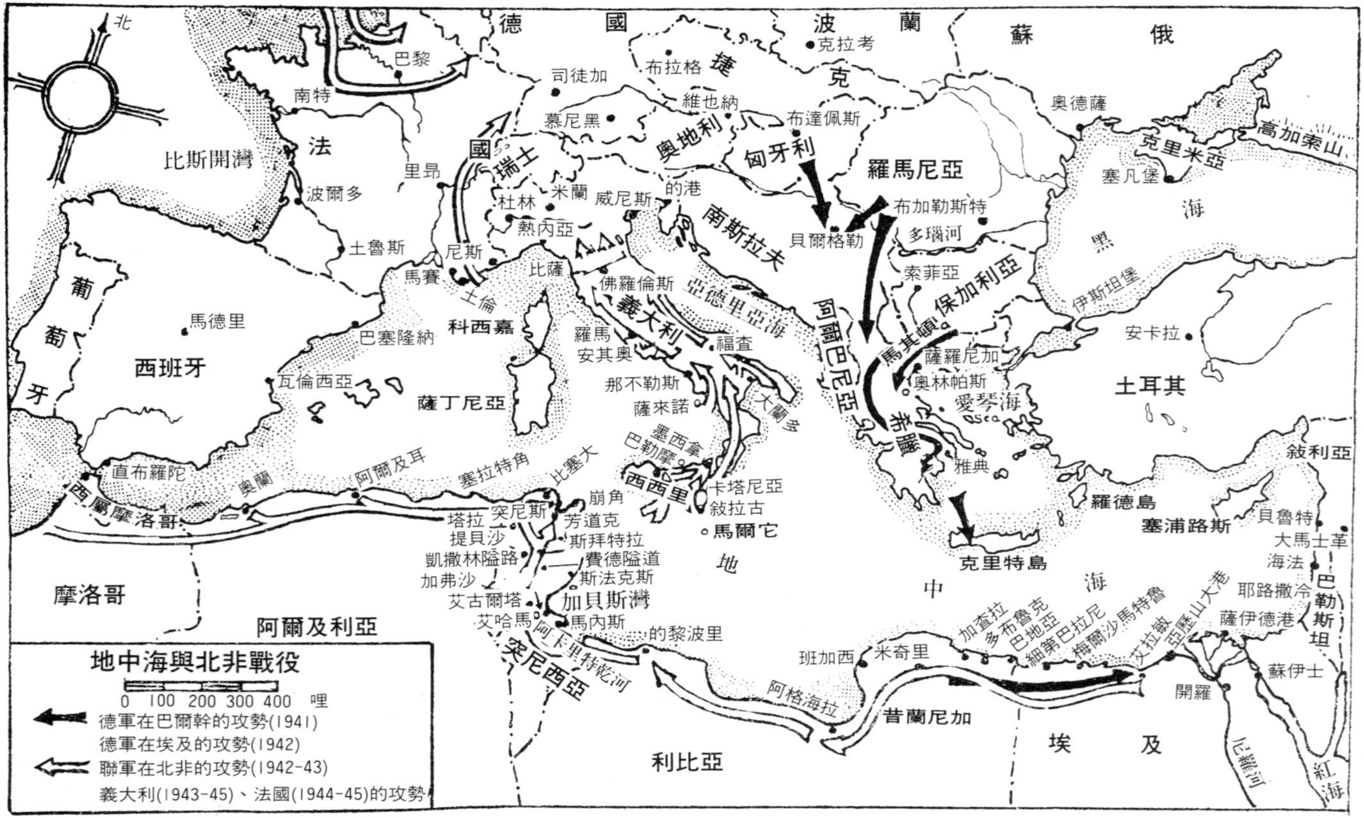
地中海與北非戰役
0 100 200 300 400 哩
德軍在巴爾幹的攻勢(1941)
德軍在埃及的攻勢(1942)
聯軍在北非的攻勢(1942-43)
義大利(1943-45)、法國(1944-45)的攻勢
北
德國
波蘭
蘇俄
巴黎
克拉考
南特
司徒加
布拉格
捷克
奧德薩
慕尼黑
維也納
布達佩斯
高加索山
比斯開灣
法
國
瑞士
奧地利
匈牙利
羅馬尼亞
克里米亞
塞凡堡
里昂
波爾多
杜林
米蘭
威尼斯
的港
布加勒斯特
黑
海
土魯斯
熱內亞
南斯拉夫
貝爾格勒
多瑙河
尼斯
馬賽
比薩
索菲亞
土倫
佛羅倫斯
亞德里亞海
阿爾巴尼亞
保加利亞
伊斯坦堡
葡萄牙
馬德里
科西嘉
義大利
羅馬
安其奧
福查
馬其頓
薩羅尼加
安卡拉
巴塞隆納
西班牙
瓦倫西亞
那不勒斯
薩來諾
奧林帕斯
愛琴海
土耳其
薩丁尼亞
大蘭多
墨西拿
巴勒摩
希臘
雅典
敘利亞
直布羅陀
奧蘭
阿爾及耳
塞拉特角
比塞大
崩角
西西里
卡塔尼亞
敘拉古
羅德島
貝魯特
西屬摩洛哥
塔拉
突尼斯
芳道克
馬爾它
塞浦路斯
大馬士革
提貝沙
斯拜特拉
克里特島
海法
凱撒林隘路
費德隘道
地
中
海
耶路撒冷
加弗沙
斯法克斯
巴勒斯坦
摩洛哥
艾古爾塔
加貝斯灣
艾哈馬
馬內斯
加查拉
多布魯克
巴地亞
細第巴拉尼
梅爾沙馬特魯
艾拉敏
亞歷山大港
薩伊德港
阿爾及利亞
阿卡里特乾河
的黎波里
班加西
米奇里
蘇伊士
突尼西亞
開羅
阿格海拉
昔蘭尼加
埃及
利比亞
尼羅河
紅海

正當這個時候，隆美爾所率領的德國非洲軍(Afrika Korps)，已經有一部分先遣單位達到了的黎波里。他們來得太遲了，所以無法使義軍逃出這一場大難，可是這支德軍卻足以使北非戰役再拖過兩年以上的時間，在這個階段中，英國人在埃及的地位曾經一再的發生危險。

憑著僅僅相當於一個師的兵力，隆美爾在三月底就開始發動反攻。利用迅速的夜間運動，繞過對方的側翼，而達到了他們的後方，他撕裂了敵人的前進部署，並且用包圍的威脅，逼著他們的主力在米奇里(Mechili)投降。他這種突如其來的前進，使他以後每個階段中的行動都具有間接性，而使敵人感到不知所措。兩個星期之內，他已經把英軍掃出了整個昔蘭尼加之外，只有一部分孤軍退入了多布魯克——這遂變成他背上的一根芒刺。不過當他達到邊界的時候，他的補給線卻已經伸展過度，於是只好被迫停頓了下來。

六月間，英軍已經獲得了新的增援，於是企圖向利比亞的邊界上，作一次新的攻擊，其作戰的代字定為「戰斧」(Battleaxe)，表示他們大有「滅此朝食」的雄心。可是他們這次攻勢卻大部分只是一種正面的推進；隆美爾很容易把它卡住，於是接著反轉身來，使用適當的裝甲反擊，繞過沙漠方面的側翼，攻入了敵人的後方。

十一月間，英軍又發動了一次更大的攻勢。此時奧欽列克將軍(Gen. Auchinleck)代替了魏菲爾，出任總司令的職務，在利比亞邊界上的英軍已經改組為第八軍團，由康寧漢將軍(Gen. Cunningham)充任軍團司令。十一月十八日英軍開始進攻，從沙漠側翼方面前進，逼近隆美爾的後方。由於這個間接路線，他們已經獲得了戰略上的利益，可是他們卻採用了一個太直接的戰術，希望在正面的遭遇戰鬥中，擊碎德軍的裝甲兵力，結果遂使這種戰略利益完全落空。於是他們自己投入了隆美爾的網中。

爲了應付英軍裝甲兵力的優越數量和機動性，德軍在戰術方面使用了一個間接的路線，巧妙的引誘英軍的戰車進入他們的網羅——這是由掩蔽好了的戰車和強大的八八公釐砲，所交織而成的。在這裏又和過去的「戰斧」作戰一樣，隆美爾充分的表現出在現代化的機械戰爭中，應該使用防禦攻勢的方法，並且要不惜犧牲以來誘敵深入。一方面用自己的「盾」以來磨鈍敵人的「劍」鋒，而另一方面卻準備自己的突擊。結果英軍不僅喪失了戰略上的優勢，而且更喪失戰車方面的數量優勢。無論在心理方面還是在物質方面，第八軍團都已經喪失了平衡，到了十一月二十三日，康寧漢遂想停止這次攻勢，撤回邊界內，重新整頓他的兵力。

第二天，隆美爾認爲採取較果敢行動的機會已經成熟，馬上使用他兵力中的機動部分，冒險的繞過第八軍團的沙漠側翼方面，越過了邊界而達到英軍的後方交通線。因爲他一下就衝進英軍的後方地區，所以立即造成了廣泛的紊亂和恐怖。假使當時英軍進退之權是操在康寧漢手中，那麼這一個行動也許就會決定這一場會戰的勝負。可是正當這個緊急關頭，奧欽列克親乘飛機趕到了最前線，他堅決命令英軍繼續打下去，兩天之後他飛回開羅，並立即指派李奇(Ritchie)接替康寧漢的職務。由於奧欽列克的干涉，英軍才終於轉敗爲勝——但是他這個決定，要比之隆美爾的戰略性突襲，似乎還更具有「賭博」的意味，當第八軍團停留在這個過分前進的位置上，實大有全軍覆沒的危險。尤其對於英軍而言，實在可以算是一個極大的幸事：當隆美爾領兵前進時，居然不曾發現路邊的兩個巨形補給倉庫，這是整個英軍在前進時所仰賴的補給來源。他們爲什麼沒有發現的理由，是因爲英軍擁有制空權的緣故。

當隆美爾的深入突擊功敗垂成之後，他在失敗時所受到的損失遂不免相當嚴重。因爲此時，他和他的三個裝甲師(兩德一義)都已經越過邊界作戰，和其餘的部隊距離得很遠，所以留在他們後面的一部分英軍，已經乘機恢復了他們的平衡，重行採取攻勢，隆美爾再回過頭來援救他的非機動兵力之前，即已經和多布魯克的守兵發生了戰鬥。這也可以當作一個例證，以來說明此種戰略突襲性的作戰形式，是具有極高的危險性。當一部分兵力進擊之後，其後方的樞紐不夠堅強，無法作長時間的抵抗。經過了幾天的苦鬥之後，隆美爾又終於獲得了暫時的優勢，但是他的成功已經十分勉強。他的損失比起初期的作戰，已經重得太多，他的戰車實力本來就有限，現在又大量的減少，已經超過他所能支持的限度，尤其是英軍方面的增援卻正在不斷的增加著。十二月三日，隆美爾被迫只好暫停多布魯克周圍地區的戰鬥，而開始向後撤退，第一步退到加查拉(Gazala)，然後又退到的黎波里坦尼亞(Tripolitania)的邊界上。

在這裏他又使用攻勢防禦的方法，獲得了驚人的成功。當英軍於十二月二十七日發動攻擊的時候，他首先阻止住他們的裝甲兵力，然後從側翼上繞過了他們的後方，迫使他們以反正面作戰，而最後將他們包圍住了，這一戰之中，英軍的裝甲兵力受到了相當的損失，接著在第二個星期當中，有一個運輸船團到達，使他獲得了相當的增援，自從十一月中旬以來，這是第一次獲得補給。所以他馬上計畫反攻，因爲此時英軍的伸展也早已過度，他很想針對這個弱點進攻。當英國人還以爲他的元氣尚未恢復時，隆美爾卻突然發動反擊，首先突破他們的正面，然後乘著混亂，從沙漠側翼方面作間接性的突襲，一直衝到英軍在班加西的基地，接著又把他們逐回到加查拉——把英軍已經征服的地區，收回了一半以上。

以後三個月當中，戰線大致穩定在加查拉陣地上面，但是英國第八軍團所採取的直線部署，比較適宜作發動新攻勢的跳板，而並不足以供給良好平衡的防禦。五月間，隆美爾又先動手，二十六日夜間，利用他的裝甲兵力作寬廣的側面迂迴，使英軍喪失了平衡。但是在他尚未能達到海岸線，以切斷防守加查拉防線的英軍之前，卻已經被英軍攔截住了。於是他馬上改取防守的態勢，把他的背面靠在英軍的布雷地帶上——這種姿態使英軍以爲他已經被卡住了，遂想立刻前往包圍。可是英軍的反行動又太直接，於是一頭鑽進了隆美爾的防禦網，當他一被阻止之後，他馬上迅速的布置這種羅網。由於被纏在網中，當英軍的預備隊消耗完畢之後，隆美爾便作第二次側翼行動，此時英軍即感到無法招架，遂逐漸爲德軍各個擊破。英軍分爲兩部分，一部分向邊界退卻，一部分向多布魯克撤退。隆美爾的裝甲兵力首先掃過多布魯克，好像是準備向邊界方向追擊一樣，可是突然又來一個大轉彎，不等到英軍喘息已定，就從反面攻入了多布魯克。無論從物質和心理哪一方面來說，這都是一次間接路線的傑作。從弱點上透入了英軍的防線，隆美爾擊敗了援兵，並且差不多把他們一網打盡——此外，還加上許多的物資和運輸車輛，使他在繼續前進時，可以獲得了不少的方便。

於是隆美爾就乘著戰勝的餘威，經過西部沙漠，向英軍實行窮追，差不多到達尼羅河流域——那是埃及的主要大動脈。假使隆美爾眞的做到這一步，接著就會切斷蘇伊士運河，那麼英國人在中東的整個地位都會發生動搖。在危急的關頭，奧欽列克馬上親自指揮這個正在潰敗中的第八軍團，把他們收容起來，命令他們死守著艾拉敏(El Alamein)防線，這是沙漠中的咽喉要道，一直通到尼羅河流域。隆美爾的兵力不僅在數量上比較單薄，而在長期追擊之後，也不免疲倦不堪。這時他們突然受到意料不到的頑強抵抗，於是立即發生了頓挫。每當隆美爾在尋找弱點，企圖突破的時候，奧欽列克馬上也用間接的手段，實行還擊，同樣的在其他方面，向德軍防線上作類似的企圖。他這種手段固然還不足以使隆美爾喪失平衡，但是卻可以使他無法達到原定的目標。

不久，援軍已從英國開到。邱吉爾希望英軍不要再延遲，立即轉取攻勢，可是奧欽列克卻似乎更聰明，他堅決主張應該再等候一下，以便新到的部隊在戰術方面能夠熟悉沙漠作戰的條件。結果，亞歷山大(Gen. Alexanden)代替了奧欽列克，出任中東軍總司令，而蒙哥馬利繼任第八軍團司令。

八月底，隆美爾還是先動手，但卻仍然爲英軍的新型防禦戰術所擊退。此時英軍防線的南半段，除了地雷的保護以外，並無其他設防，而英軍步兵的主力卻都集中在北半段中，所以隆美爾決定讓他的裝甲兵力，通過雷區進攻。這樣他才可以把英軍的裝甲主力，引到後方所選擇的地區中，然後再加以攻擊。在這個失敗的突擊中，他損失了很多戰車。當他被夾在這個後方側翼位置和雷陣之間時，不免喪失了機動性，而英軍的另外一個裝甲師，第七裝甲師卻又遮斷了他的南翼。英軍的網口並未能適時的縮緊，結果使隆美爾還是有時間撤出了險地，不過從此主動之權卻由他的手中移到了英軍的手裏。

當蒙哥馬利的兵力和資源不斷增加時，這個變化就更是確定了。爲了作徹底的準備，首先經過一段長時間的休息——這個長度遠超過奧欽列克所敢想像的限度——然後第八軍團在十月底才開始發動攻勢。現在他們獲有絕對優勢的空軍、火砲，和戰車的支持。即令如此，這個戰鬥還是非常的慘烈，整整打了一個星期，因爲正面太有限，所以無法作任何寬廣的運動。隆美爾方面，不僅由於力量已伸展過度，且因聯軍的潛艇，在地中海內把他的運油船擊沉了多艘，使他實際上已經變成一個跛子。機動性的喪失，即足以構成決定勝負的主因。當他在那個極端前進的位置上，開始崩潰之後，中途就很難於再站住腳跟，一直非縮回原有的基地不可。

當戰鬥開始時，隆美爾正告病在維也納治療，但是他卻馬上飛回非洲。把情況估計了一番之後，他就計畫把兵力撤到弗卡(Fuka)防線，在艾拉敏以西約六十哩。若是眞能採取這個步驟，則可以使蒙哥馬利的計畫一時感到脫節。可是希特勒卻堅持不准喪失寸土的主張，打消了隆美爾的意圖。結果一直等到戰敗之後，才倉皇逃走。隆美爾在這次撤退中，又表現出他的機變和毒辣——放棄比較缺乏機動性和水準較差的部隊，其中包括大部分的義軍，而使用一切摩托化運輸工具，把他的精兵撤了出來。

英軍喪失了切斷退路的機會，因爲他們的追擊不夠間接化，其所繞的圈子也不夠大。首先，英軍爲了想捕捉沿著海岸公路撤退的德軍，所以把網索拉得太早了。接著他們又以艾拉敏西面一百二十哩，梅爾沙馬特魯(Mersa Matruh)附近的「查令十字架」(Charing Cross)爲第二個合圍目標。但因先是受到大雨的阻礙，繼之以燃料缺乏，所以未能將德軍切斷。若能在沙漠中把圈子繞大一點，向內陸深入得更遠，那麼也許可以避免這個「雨帶」。不過使英軍錯過大好機會的主要原因，卻還是由於這三個裝甲師都把他們的大部分運輸車輛，用去裝載彈藥以供戰鬥之用，所以一等到要追擊的時候，燃料的供應就不免發生問題了。

當隆美爾一溜出了虎口之後，他馬上迅速的撤退，中途毫不休息，一直達到昔蘭尼加的盡頭，阿格海拉(El Agheila)的附近，這是他理想中的一個立足點，從艾拉敏算起，已經後退了七百哩之多。在兩個星期的迅速撤退之中，他一路實行破壞，使追兵一無所獲，並沒有留下多少俘虜和物資。當他繞著班加西灣退走時，若是使用空中攻擊，也許可以使他的部隊發生混亂現象。但是假使英軍方面採取這個步驟，勢必利用前進飛機基地，目前這些基地上的空軍都是用來保護英國陸軍的前進，所以儘管空軍指揮官願意冒險一試，而陸軍指揮官卻不肯表示同意。隆美爾在過去所作的閃電反擊，已經在英軍心理上留下了極深刻印象。可是這一次他實在是損失太大了，這一類的反擊完全沒有可能性，甚至於在阿格海拉都無法支撐太久。

英軍也休息了三個星期，才把兵力調齊，開始向阿格海拉發動攻勢。正當這個攻勢要發展的時候，隆美爾又開始溜走，雖然英軍的側翼行動，曾經切斷了他的後衛兵力，可是他們還卻是在英軍合圍之前，衝了出去。隆美爾退後了兩百哩，又在布拉特(Buerat)防線暫時停住。在那裏停留了三個星期，等到英軍逼近，於一月中旬開始再取攻勢的時候，他又撤走了。這一次他幾乎一口氣退了三百五十哩，經過了的黎波里，達到了突尼西亞(Tunisia)邊界內的馬內斯防線(Mareth Line)。他之所以作如此決定的理由，不僅是由於他自己的兵力單薄，和大多數的補給船隻都已被擊沉，而且因爲十一月間，聯軍侵入摩洛哥(Morocco)和阿爾及利亞(Algeria)之後，局面已經有了新的改變。

這個行動在時間上是緊接在艾拉敏攻勢之後，地點是北非的另外一端，距離在二千五百哩以外。這對於隆美爾的守住利比亞，和在尼羅河三角洲附近造成威脅局勢而言，可以算是非常遠程的間接路線。在它自己的戰略領域之內，它的成功也正和它的間接性成比例。照原定的計畫，聯軍本只準備在摩洛哥的大西洋海岸上登陸。這可以說是一個純粹的正面進攻，可以使法軍有充分的機會，作有效的抵抗。這個進攻的起點距離比塞大(Bizerta)在一千二百哩以外，這是整個北非戰場的總樞紐，所以德國人可以有充分的時間和機會，以來增強法軍對於聯軍的抵抗。這對於聯軍的前途可以算是一件大幸的事，後來計畫中又有增補，決定在地中海方面，也準備在奧蘭(Oran)和阿爾及耳(Algiers)附近實行登陸。英國人的外交手段，爲這些登陸掃開了一條平坦的大路，使許多法國人都反正過來。一旦在這一方面的登陸成功之後，馬上就在西部海岸上的法軍後面，構成了一個決定性的威脅，使他們無法再繼續作頑強的抵抗。

在阿爾及耳附近的登陸，使聯軍到比塞大的距離，縮短到只有四百哩遠。在那個時候，只要有一隊摩托化的兵力，就可以經過比塞大一直衝到突尼斯（Tunis），沿途除了山區道路以外，沒有任何其他的障礙物。此外，若用海運或空降的方式，在它們附近著陸，也一樣不會遭到任何嚴重的抵抗。但是海軍當局因爲看到超出空中的掩護範圍未免太遠，所以連小規模的登陸也不願意嘗試，而在陸上的行動又未免太謹愼持重。儘管登陸的行動是出乎德國人的意料之外，可是他們的反應卻是非常的迅速。從第三天起，他們就開始利用一切可以動用的運輸機，和沿海的小型船舶，把兵力向突尼斯輸送。雖然總數還是很小，但是當聯軍第一軍團在登陸之後，整整花了兩個半星期的時間，才達到突尼斯的通路時，這支兵力卻恰好把他們阻止住了。

由於這個頓挫的結果，雙方就在掩護著比塞大和突尼斯的山地弧線上，進行了長達五個月的僵持。話雖如此，若就長期的形勢而論，則這一次的失敗卻反而對聯軍有利。因爲這個僵持局勢，遂促使敵人不斷的從海上把援兵向突尼斯輸入，而聯軍憑著優勢的海軍可以切斷他們的補給線和退路，使他們陷入絕境。說起來很夠諷刺，希特勒寧願用較大的兵來守住突尼西亞，但是在過去卻不肯用這樣多的兵力來征服及。抽出這麼多德義兩國的預備兵力，把他們送過地中海，然後放在這個「口袋」裏面，結果使聯軍在將來侵入歐洲時，省了不少的氣力。北非之於希特勒，就正好像西班牙之於拿破崙一樣，這個戰略性的香餌就使他感到欲罷不能。希特勒在非洲和俄國之間，被拉扯得兩頭不討好，不特不能達到原有的兩個目的，而且陷入左右爲難的窘境，這種窘境就促成他和拿破崙一樣，終至於一敗不可收拾。

當一九四三年突尼西亞戰役開始的時候，又是德國人首先發動反擊，使聯軍方面受到了很大的震動。這個時候，正當第一軍團從西面，第八軍團從東面，兩道牙齒分別從上下兩面咬緊，似乎殘餘的軸心軍就要被他們咬爛了。軸心方面的統帥部也看出了這個局勢的危險性，於是決定先發制人，向西面的牙床進攻。實際上，當他們作此項行動時，其所具有的條件又比表面情況上所顯示出來的，遠爲有利。到了這個時候，送往突尼斯的援軍已經編成了一個新的軍團，由阿爾寧將軍(Gen. von Arnim)指揮，至於隆美爾軍團的殘部，當他們向西撤退，日漸接近補給基地時，也獲得了一些新的兵員和裝備。因爲有了這個暫時局部性的有利條件，隆美爾就準備使用一次拿破崙式的「內線作戰」——利用他夾在聯軍之間的中央位置，先後分別向每一端的聯軍進攻，以圖將他們連續的各個擊破。假使他若能夠先解決威脅他背面的聯軍第一軍團，那麼反過身來，他就又可以空出兩隻手來對付第八軍團，由於補給線愈拉愈長，英軍的實力也已經日漸剝削。

照計畫看來，這個作戰是很有希望的，但是在實際執行的時候，卻遭受到了很大的障礙，其原因是隆美爾所要倚賴的兵力，是他所無權控制的。當發動這個作戰的時候，阿爾寧的軍團是一個獨立的單位，甚至於連那個被指定擔負主攻的老第二十一裝甲師，也已經撥交給阿爾寧指揮了。

這個反擊的第一個目標就是美軍第二軍(其中包括法軍一師)。它的正面長達九十哩，但是兵力集中的焦點，卻是三條山地通到海邊的道路，其矛頭則位置在加弗沙(Gafsa)、費德(Faid)和芳道克(Fondouk)等地附近。由於進路都是那樣的狹窄，所以聯軍在佔領了之後，遂感到十分安穩。

但是在一月底的時候，德軍第二十一裝甲師突然向費德隘路躍進，在美軍援兵趕到之前，即先擊敗了法軍的守兵，而獲得了一個突出的立足點。這個突襲使聯軍指揮官預料到馬上就會有更大的攻擊要來了，但是他們卻認爲一定是打在其他的地點上面。他們把費德的突擊當作是一個佯攻，而相信下一個打擊一定會打在芳道克頭上。誠如布萊德雷(Gen. Bradley)在他的回憶錄上所說的：「這種想法簡直是一個錯到底的假定。」

二月十四日，眞正的打擊來到了，德軍還是從費德隘路中向前進攻。阿爾寧的副司令，齊格勒(Ziegler)負責前線上的指揮。美軍裝甲兵力首先向他們迎擊，但是德軍第二十一裝甲師一方面在正面上，把美軍牽制住，另一方面卻從側翼方面，繞到了他們的後方。在這個陷阱之中，美軍損失了一百輛以上的戰車。隆美爾催促齊格勒乘黑夜向前挺進，以來充分的擴張戰果，可是齊格勒卻擅自等候了四十八小時之久。等到他接獲阿爾寧的命令之後，才繼續前進，走了二十四哩到了斯拜特拉(Sbeitla)，美軍已經在那裏集中兵力，作防禦的部署了。即令如此，他還是把美軍擊敗了，不過這戰鬥卻已經很夠慘烈，同時美軍又集中力量退守凱撒林隘路(Kasserine Pass)。當此之時，隆美爾又已經從馬內斯防線中，抽出了一個裝甲支隊，命令他們經過加弗沙，從更南面進擊；到了二月十七日已經前進了五十哩，在凱撒林的西面，佔領了美軍在提里普特(Thelepte)的飛機場。

亞歷山大此時剛剛奉命同時指揮聯軍的這兩個軍團，遂趕到前線上去視察，他所發出的報告上面說：「我發現這個局勢要比我所預料中的還更爲危急，在凱撒林地區只看見一片混亂景象，美軍、英軍、法軍都攪和在一起，旣無有聯繫的防禦計畫，更無明確的指揮系統。」亞歷山大又接著說：「假使隆美爾能夠突破我方在西多沙爾(Western Dorsale，次一個山脊)上面的薄弱防線的話，那麼他再向北進展的道路上，就很少有其他的天然障礙物。………這即足以使我方在突尼西亞的防線潰裂，我軍縱不全軍覆沒，也勢必非退卻不可。」

在另一方面，隆美爾想乘著敵人在混亂和恐怖之中，集中所有的機械化兵力，通過提貝沙（Tebessa，在西多沙爾以外四十哩處）一直衝到聯軍與阿爾及利亞基地之間的主要交通線上。空中偵察的報告說聯軍在提貝沙的補給倉庫，已經正在自動焚燒之中。但是他卻發現了阿爾寧並不願意參加這一次的冒險，於是在失望之中，他只好向墨索里尼提出申訴。一拖又是好幾個鐘點，最後到了二月十九日，羅馬的電報才來了：准許繼續進攻，並授權隆美爾指揮，可是命令上卻規定向正北面對著塔拉（Thala）進攻，而不是依照隆美爾的原定計畫，向西北方以提貝沙爲目標。隆美爾認爲這種改變實在是一種「莫名其妙的短視」，因爲這樣的攻擊，距離敵方的正面實在太接近，必然使德軍會一頭碰上敵人的強大預備隊。

事實上的結果完全印證了隆美爾的看法。因爲這一條進攻的路線也正是亞歷山大預料到的，在那裏他早已有了萬全的準備。他已經命令第一軍團司令，集中他的裝甲兵力，以來防守塔拉，同時英軍的預備隊也從北面向這個地區調動。假使隆美爾當時若能夠照著他自己的計畫作戰，那麼可以有充分的證據，足以證明聯軍一定會喪失平衡的。

同時，美軍沿著通過塔拉的路線，也開始重整他們的力量，對於凱撒林隘路的防禦戰，打得非常地頑強，使德軍一直到二十日晚間，才獲得了突破的機會。第二天德軍衝入塔拉的時候，已經是筋疲力竭，於是馬上爲剛剛趕到的英軍預備隊所逐出。這樣到了二十二日，隆美爾認清了他的機會已經過去。他結束了這次攻勢，開始慢慢的向後撤退。一天之後，羅馬方面又有一個新命令來——但已經太遲了——升任隆美爾爲集團軍總司令，有指揮非洲全部軸心軍的全權。

對於這次反攻的分析，在間接路線的研究上，可以作爲一次極有意義的教訓。因爲第一點，它極明顯的表示出來，若是喪失了時機，則一切的有利形勢都會變爲無效。其次，必須運動的範圍夠寬廣，足以出乎敵人意料之外，才可以具有物質上的間接性。

由於隆美爾獲得統一指揮權的時候已經太遲了，結果使軸心軍也多吃了一次大虧，因爲他已經來不及撤消阿爾寧北面的攻擊計畫，該計畫是以面對著突尼斯的聯軍陣地爲對象。這個行動是一個太直接的路線，不僅阿爾寧本身遭到了慘重的失敗，而且使兵力的抽調又多所延遲，導致隆美爾無法提前進行第二次對蒙哥馬利的打擊意圖。

這個遲誤對於戰局的前途實具有極大的影響。一直到二月二十六日，蒙哥馬利才只調足了一師兵力，開進馬內斯防線的正面。這時他感到相當煩惱，而他的僚屬則在拚命的工作，企圖在德軍打擊來臨前，恢復他們自己的平衡形勢。可是到了三月六日隆美爾發動攻勢的時候，蒙哥馬利的實力卻已經增加了四倍——除了他手裏已經有的四百輛戰車以外，另外五百門以上的戰防砲，也已經進入陣地。所以這個階段一過，隆美爾那個想憑著優勢兵力實行打擊的機會是已經落空了。這個攻擊到了下午即發生停頓，德軍已經損失了五十輛戰車，而這對他們的下一階段戰役，無疑是個嚴重的打擊。到了此時，他們又損失了一個隆美爾，在疾病和失望之中，他飛回了歐洲，再不回來了！

三月十七日，聯軍也開始發動攻勢，首先進攻的是美軍第二軍，由巴頓將軍(Gen. Patton)負責指揮。攻勢的目標是非洲軍向突尼斯的退路。但是美軍的行動，最初由於謹慎的原因，進展的特別遲緩，接著在那個掩護沿海地帶的山地隘路中，又爲德軍所阻。這個防禦性的勝利促使德軍作再一次攻勢的企圖，但也未能透入美軍的防線。德軍又損失了四十多輛戰車，這不僅使其攻擊的鋒刃變得更鈍，並且也更減弱了德軍的裝甲力量，使其更難於抵抗蒙哥馬利的進攻。

對於聯軍的最後勝利而言，德軍的亂事攻擊對於它的貢獻，也許比聯軍本身的進攻還要更大。僅正是因爲德軍在攻擊中把他們自己的力量伸展過度，聯軍才獲得了一個翻本的機會。德國人固然使戰局拖長了許多時間，但是他們卻也把所有剩餘的力量都完全浪費乾淨。

第八軍團對於馬內斯防線的攻擊，是在三月二十日的夜間發動的。主要的打擊是正面性的，希望突破靠近海邊的防線，造成一個缺口，以便裝甲師可以從此擁入。同時，紐西蘭軍向著敵人後方的艾哈馬(El Hamma)，作一個寬廣的迂迴行動，其目的是牽制駐在那裏的德軍預備隊。這個正面的攻擊並未能衝開一個適當的缺口。所以，經過了三天的努力之後，蒙哥馬利決定改變他的計畫，改向內陸方面溜進，把第一裝甲師派隨在紐西蘭部隊後面，以威脅敵人的後方。這個突然的把他的「騎兵」從右翼調往左翼的行動，很像馬堡公爵在拉米萊斯(Ramillies)的行動，只是規模更大而已，實足以與這個表現戰術彈性的歷史傑作比美。但是當裝甲兵通過一處谷地進攻時，兩面側翼上都布滿了戰防砲，若非恰好起了一陣沙暴，否則一定會構成一個死亡陷阱。即令如此，英軍的攻勢在艾哈馬還是爲德軍所阻。因此，雖然英軍這個切斷的威脅，足以壓迫敵人放棄馬內斯防線，但是他們卻有力量使英軍無法合圍，並且安然的撤退，而沒有受到太多的損失。

德軍退到艾哈馬後面僅十哩的地方，就站住不走了，沿著阿卡里特乾河(Wadi Akarit)設防，這條河道橫在加貝斯隘路(Gabes Gap)之間，一面是山另一面是海，中間留出一個非常狹窄的正面。美軍從南面繞過艾古塔爾(El Guettar)，當德軍在前面應付第八軍團攻擊時，他們很想從背後突襲這個陣地，但是沒等到他們從山地中躍出時，即已爲德軍所阻止。於是在四月六日的淸晨，在黑暗掩護之下，第八軍團開始向阿卡里特乾河進攻。這個戰術性的奇襲造成了一次「透入」，可是日出之後，德軍即阻止了他們再作進一步的擴張。但是由於他們那三個殘破的裝甲師，已經有兩個都用去對付美軍的壓迫，所以在這一方面實在沒有足夠的力量，以來維持他們的抵抗。到了第二天夜裏，他們就撤出了防線，迅速的向突尼斯附近的海岸退走。

爲了要想切斷敵人的退路，聯軍第九軍奉命於四月八日突破芳道克隘路，一直衝到敵人後方的海岸線上爲止。由於步兵未能爲戰車掃開一條乾淨的路線，所以聯軍的裝甲兵第二天衝過一個雷區時，受到了重大的損失，等到他們趕到時，德軍卻早已溜走。在幾天之內，德軍的兩個軍團就已經會合在一起，沿著保護突尼斯的山地弧線上設防，似乎他們還可以在那裏作相當長久的抵抗。或者，他們可以利用這個喘息的空間，作迅速的撤退，將他們的主力撤往西西里島。

隆美爾的非洲軍團從艾拉敏到突尼斯，一共撤退了二千哩的距離，這在軍事史上要算是最傑出表演中的一個，尤其是在最初和最末的兩個階段中。從馬內斯防線到突尼斯之間，要經過一道狹長的走廊地帶，沿途都擺滿了敵軍，所以隨時都有受到敵人攔截送命的危險。這種色羅奉（Xenophon，古希臘傭兵）式的偉大成就，在近代似乎是頗難找到第二個。不過在這同一個冬天裏，卻也還有另外一次大撤退，足以與它比美：危險性差不多相等，長度要差一點，但是其執行時的條件也許還更爲惡劣。此即克萊斯特的集團軍從高加索的深處，經過羅斯托夫的瓶頸地區所作的撤退，當時俄軍已經由頓河往下壓迫，使他們的側翼受到不斷的威脅。

這兩個例證都足以證明近代化的防禦，若能作巧妙的運用，其所具的抵抗潛力可以大到極點。此外，這種後方攻擊的限制，也足以強調說明過去老經驗所供給的新教訓，那就是專靠地理上的間接路線，還是不足以保證攻擊的成功。在這些例證中，每一次攻方最初都是有一部分很重要的實力，懸在退卻軍的後方地區中，可是到了最後，卻還是無法封鎖住這個陷阱，而讓敵人溜走了。這個威脅的路線常常是太明顯，使守方可以有效的利用他的防禦工具，以來維護他的安全。所以必須要有一個心理上的間接路線，以來先使對方喪失平衡，而建立一個足以決定勝敗的條件。

德軍不僅迅速的撤出了阿卡里特乾河上的陣地，並且也巧妙的避過了聯軍的截擊企圖，這樣遂使德軍最高統帥部，獲得了一個空前的好機會，只要他們願意的話，就可以把大部分的兵力都撤到西西里島上。至少要經過十四天的喘息，聯軍才有力量對德軍的新防線，發動一次重大的攻擊。這一條新防線從突尼斯南面的恩費達維里(Enfidaville)起，一直延展到比塞大西面的塞拉特角(Cape Serrat)爲止。在這段時間中恰好遭逢著多霧的天氣，遂使德軍的運輸和搭載多了一層掩護，因此在突尼西亞的兵力，可以用海運和空運的方式，撤出一大部分。

不過，德國的最高統帥部卻決定設法盡量的延長非洲的戰役，而不願意撤回歐洲基地，用這個力量去防守歐洲南部的海岸線。甚至專以突尼西亞而論，他們所據守的防線也還是太長，超出了他們能力所能負擔的限度之外，周界一共長達一百哩，企圖同時保護著突尼斯和比塞大兩個據點。因爲他們自己陷於這個「左右爲難」的窘境中，結果才使聯軍獲得了一個理想的好機會，足以同時威脅到兩個目標。

在還沒動手之前，亞歷山大先洗動他的紙牌。他把美軍第二軍從南面調到北岸上，面對著比塞大而言，是右翼方面調到了左翼方面。他同時又把第九軍北調，把它插在第五軍和法軍第十九軍之間，而第九軍則與聯軍右翼的第八軍團相銜接著。

四月二十日聯軍發動攻勢，首先由第八軍團向敵人的左翼進攻。但是在恩費達維里以外的海岸走廊地帶實在是太狹窄，這個前進不久便減慢了速度，終於在二十三日發生了頓挫。四月二十一日，第五軍經過通到突尼斯的山地，從中央的左方向前進攻。第二天，第九軍也在高貝拉特(Goubellat)附近，從中央的右方進攻，以獲得一個裝甲突破爲目的。但是這個攻擊卻還是未能刺穿敵人的防線，不過德軍卻已經受到了很大的損失，尤其是在他們所剩餘的裝甲兵力方面。接著大部分前線上的戰事都暫時停頓了下來，一拖又是兩個星期，只有在北方的美軍和一個軍的法屬非洲部隊，仍然繼續作逐漸的透入，達到了距離比塞大只在二十哩以內的地點。

此時，亞歷山大又洗動他手裏的紙牌。在高貝拉特附近的中點右方，只留了一些屏障的兵力，他把第九軍的大部分，移到中點的左方，集中在第五軍的後面，並且又從第八軍團之內，抽出了兩師精兵——第七裝甲師和印軍第四師——以來加強他們的實力。同時，他又使用一個非常巧妙的欺敵計畫，以來掩蔽這些部隊的調動，並且設法欺騙敵人使他們相信下一個攻擊，是來自南方的。由於第八軍團和蒙哥馬利的蓋世英名，遂使這個欺敵計畫更增加了它的效果，所以阿爾寧將軍把他的兵力留置了一大部分在南面，超過了應有的比例。但是，阿爾寧卻很難於發現聯軍的詭計，更難於在聯軍打擊降臨以後，再來重新調配他的兵力，因爲聯軍控有制空權的緣故。他們使用這個絕對強大的空中優勢，把敵人的飛機完全逐出了天邊以外，使敵人部隊和補給在路上的一切運動，都發生了癱瘓的現象。

在何洛克斯將軍(Gen. Horrocks)指揮之下，於五月六日清晨，在有星無月的黑夜中，第九軍集中了強大的兵力，開始進攻。攻擊的前奏曲是強烈的砲兵轟擊，在通到突尼斯的梅德傑達谷地(Medjerda Valley)中，面對著不到兩哩寬度的一個地區，一共使用了六百門火砲。天亮之後，空軍更繼續轟炸，眞是彈如雨下。守軍不久即爲英軍的步兵所擊退。這個伸展過長的防線不僅太薄而且更缺乏縱深，於是第六和第七兩個裝甲師的戰車，就從缺口中向敵陣之內擁入。但是他們爲了對付許多小型的德軍抵抗據點，而浪費了不少時間，到了夜幕低垂時，他們距離缺口才不過幾哩遠，而突尼斯卻還在十五哩之外。

可是到了第二天上午，即可以看出整個德軍都還沒有解除他們的癱瘓現象，空襲的震驚再加上戰略上的震驚，使他們已經無法作任何戰術性的反動作。到那天下午，英軍裝甲師的領先單位已經進入突尼斯。於是第六師轉向南面，第七師轉向北面，使敵人更加速崩潰。差不多在同一時間之內，美法軍也衝入了比塞大。德軍在防線北半段的抵抗，馬上全部崩潰。

在南面，德軍還有撤向崩角(Cape Bon)半島的可能性，在那裏他們還可以作長期的抵抗。但是英軍第六裝甲師卻迅速的衝到了敵人的後方，並切斷了半島的頸部。這時軸心軍才算是總崩潰了，聯軍一共俘獲了二十五萬人以上。

德軍的指揮體系在這一場戰役中，完全喪失了平衡，當空軍在他們的頭上施加壓力，而戰車又在他們的背上衝擊的時候，他們的一切機構都失靈了。控制的喪失是造成崩潰的主因，通信的斷絕加在預備隊的缺乏和物資的匱竭之上，就更增加了它們對於士氣的影響。

另外一個因素是敵人基地距離破碎的前線實在太接近。聯軍的迅速透入這些基地，使軸心軍在士氣方面和行政體系方面，都同樣的發生了摧毀作用。它不僅是使基地中的人員，立即產生了恐怖現象——在後方的人員比起前線上的戰鬥部隊，往往更容易喪失士氣——而且更使這種恐怖現象，像波浪一樣的向外擴展。當德軍喪失了基地之後，更增加了他們在這種背海作戰時，所具有的失望情緒——因爲這個海現在也早已在聯軍海空權的控制之下。

雖然也許並非故意，亞歷山大的作戰計畫，卻和一九一四年的馬恩河之戰一樣，與拿破崙的典型戰例，頗多暗合之處。這個典型的特點就是當在正面上把敵人釘住了之後，就應該立即從某一個側翼方面，實行迂迴的運動。這個運動的本身並不具有決定性，但是卻爲一個決定性的打擊創造了機會。因爲包圍的危險，使敵人不得不延展其一翼以來迎敵，於是就會產生出一個脆弱的接頭點，而具有決定性的打擊就可以落在它的上面。

雖然亞歷山大由於缺乏一個開闊的側翼，而受到不少障礙，但是他卻使這個典型具有更大的內在發展，再加上彈性和機智的結合，終於獲得了一次大勝。他首先把敵方的注意力和資源都完全吸引到左翼方面；然後再在右翼和中央的右方加強壓迫，接著在這些攻擊之後，又把他的主力打擊投擲在左邊的中點上面。當敵人差不多在那裏可以阻止他的突破企圖時，他表面上裝作把兵力重點更向左方移動，而實際上卻移到了中點的右方，這樣使敵人完全猜不到他的眞正意圖。因爲採取了許多層次的手段，以來分散敵人的注意力，所以遂使他的最後集中，更顯出了眞正集中的價值。

關於非洲戰役的較後階段，似乎要比其他的戰役，更有值得詳細加以討論的價值。因爲在戰略的物質和心理方面，它都提供了很多可以研究的資料，尤其是它可以當作一個客觀性的教訓，以來說明間接路線的機變性。

第十八章 希特勒的敗亡

在史達林格勒慘敗並退出了高加索之後，德國人在俄國即已無獲得決定性勝利的眞正希望。一九四一和一九四二年的經驗，都可以充分的說明當以有限的力量，在無限的空間之中，採取攻勢戰略時，其成功的機會是如何的有限。到了一九四三年，德軍的力量已經更爲減低，而俄軍的力量卻又相對的增高。但是一方面，這種兵力優劣的對比固然已經使德國人，對於攻勢戰略感到絕望，而在另一方面，就兵力和空間的比例來計算，實行靜態的防禦也都十分的困難。所以在這種環境之中，德軍若是想要改取守勢的戰略，則勢必要盡量犧牲他們所已經獲得的領土，以來採取彈性防禦的方式——用一連串的退卻運動，以來吸引敵人的攻勢力量。同時在應用防禦攻勢的戰略時，爲了要創造反擊的機會，也同樣有放棄土地之必要。

即令是在一九四三年，也仍有很充分的理由，認爲德軍在此時若改取機動形式的防禦戰略，則前途對於他們還是很有利。經驗證明出來，若能採取守勢，則德軍可以使來攻的俄軍遭到嚴重的損失，而他們自己的死傷數字卻可以小到不成比例的程度。儘管俄軍的指揮官對於運動的技巧，已經學得很在行，同時廣泛的空間也使他們有活動的餘地，可是卻另有其他因素，足以驅使他們寧可採取蠻攻硬打的方式。因爲一方面，俄國人的本能都希望把侵略者迅速的趕出國土之外，同時俄軍的指揮官也都希望在史達林面前，表示他們是英勇無比，因此他們自然會一再不斷的採取直接攻擊的方式。這是德國戰略家的一致意見，他們認爲若是能夠採取一個良好計畫的彈性防禦戰略，則他們可以把俄國的力量和繼續作戰的意志，都消磨殆盡。甚至於還可以獲得一次反攻的機會，而使局面發生徹底的變化。

但是希特勒卻已經中了攻勢思想的毒素，所以不肯聽信他們的忠言。他瘋狂的相信攻擊就是最好的防禦形式，其次就是死守到底的硬性抵抗。在這種變態心理之下，他甚至於拒絕了任何要求增加戰鬥機生產，以來應付聯軍轟炸攻勢的呼籲，一直到一九四四年六月間，他都不肯改變他的決心。同樣的，當他的部下們向他訴說德軍預備兵力是已經如何的缺乏，並且指出扼守這個現有的防線是如何的困難。希特勒卻不僅反對撤到聶伯河之線，而且堅信在一九四三年夏季再重整攻勢之後，即可以解決一切問題。

這裏最値得一提的是曼斯坦的計畫。在三月間，當他運用非常具有間接性的卡爾可夫反擊，擊退了俄軍在史達林格勒的追擊之後，他就向希特勒提出了一個新計畫。米亞斯河地區，夾在頓內次河與亞述海之間，現在成爲從德軍防線上伸出來的一個非常深入的突出地區。所以這很可能就是俄軍春季攻勢的主要目標。曼斯坦就主張對於這個地區的防禦兵力應盡量的拉薄，當俄軍進攻時即應該盡量向後退，以來引誘敵人進入陷阱。於是接著德軍就要集中一切可能調動的兵力，從基輔地區向俄軍的北翼發動反擊，其目的是想要席捲俄軍在南部的整個正面，而將他們包圍在網羅之中。

但是這個計畫卻未免太勇敢，令希特勒感到吃不消。同時他更不想放棄擁有大量工業和礦產資源的頓內次盆地。結果德軍採取了另一種計畫，他們想在俄軍發動春季攻勢之前，先設法使俄軍分散和發生紊亂。然後再以夾在比爾果羅德和奧勒爾之間，向對德軍防線突入的庫斯克巨型突出地作鉗形攻擊爲手段。曼斯坦南面集團軍(原頓河集團軍的第四裝甲軍團),構成鉗形的右端;而克魯格中央集團軍的第九軍團,構成它的左端。曼斯坦堅持說,假使一定要採取這項計畫,那麼在五月初,春季的泥濘剛剛乾燥之後,就應該馬上動手,以使俄國人無暇來重組他們的力量。但是第九軍團的司令摩德爾(Model),卻主張暫緩行動,以等候較大的戰車增援到達,希特勒接受了他的意見,把攻勢展緩到六月間,而最後一直遲到七月五日才開始。這是一個非常有意義的例證,足以說明時間和力量實在是兩個互相對立的因素。結果我們所獲得的教訓是雖然力量增加了,可是重量卻反而相對的減少,遠不如提早的把握時機,利用較大的奇襲還比較上算。

當時間長久之後,希特勒本人對於這次攻勢的前途也很感疑懼,但是他卻又不肯死心塌地的接受戰略性撤退的計畫,於是還是爲柴茲勒的攻勢意見所牽制,而感到欲罷不能。柴茲勒是哈爾德的後任,他是力主採取攻擊的手段,以來阻止俄國人的攻勢。

然而這一次,俄軍的統帥部卻表現出較高明的判斷力,在德軍尚未動手之前,一直是保留著他們自己的攻勢——這也就是在戰術方面所慣用的誘敵之計,只不過是範圍更較廣泛而已。他們發現了德軍的準備情形,並且也測知了他們的意圖,俄軍即在這個受威脅的突出地區之內,布下了厚密的雷陣,而把他們兵力的大部分都撤到它的後面去了。所以德軍的攻勢不特未能把俄軍裝入袋內,反使本身陷入泥沼,鉗形的右端曾經有相當的進展,透入了敵人的頭兩道防線,在那個地區中衝散了一大部分的俄軍裝甲部隊,可是左端卻一開始就受到了阻礙,毫無進展之可言。這一個半途而廢的攻擊,使德軍躍出了他們原有的防線,而陷入了一個形勢很惡劣的陷阱中,只要俄軍發動強力的反擊,即會遭到重大的潰敗。俄軍首先在奧勒爾以北,搖動了德軍的防線,暫時造成一個危機。曼斯坦奉命停止他這一方面的進攻，抽出幾個裝甲師，用來援助克魯格。結果俄軍又在曼斯坦地區中，找到了一個弱點突破了進來。這個作戰的整個程序，非常像貝當在第二次馬恩河會戰時，所使用的彈性防禦和反擊的手段，在第一次大戰中那是一個具有決定性的轉捩點。

雖然也正和一九一八年馬恩河之戰一樣，德軍適時的集中了兵力，阻止了俄軍的繼續突入，可是俄軍卻更擴大了他們的突破範圍，使德軍感到應接不暇。俄軍作戰的典型和韻律，遂變得像一九一八年，聯軍在西線上的大反攻。在許多的地點上面，作一連串的打擊，若是面對著敵人逐漸轉硬的抵抗而喪失了衝力的時候，即馬上讓它逐一暫時停頓下來，每一個打擊的目的都好像是爲第二個打擊鋪路一樣，在時間和空間兩方面都是非常的接近，所以其間具有互相協助的作用。所以也正和一九一八年一樣，一方面迫使德軍指揮部，不能不把他們那個少得可憐的預備隊，迅速的送往那些已在被攻的各點上，而同時另一方面，卻又限制了他們，把預備隊開往那些將要受到威脅，和敵人快要進攻的點上。這個作用即可凍結他們的行動自由，而使他們的預備隊逐漸喪失平衡。這是一種「逐步麻痹」的戰略形式。

當一個軍隊擁有普遍的兵力優勢時，自然可以採取這種方法——一九一八年西線的聯軍，和一九四三年的紅軍，都是屬於這種典型。尤其是當橫的交通線不夠發達，使攻擊者難於迅速的把其他地區中的預備隊，調集到某一個地區中，以在某次勝利後來擴張戰果時，則此種方式就更屬合用。因爲每一次都等於要突入一個新的正面，所以採取這種「寬廣」方法，其所花的成本會比「縱深」方法要更大，而其效力卻也不那樣具有迅速的決定性。不過這個效力卻是可以累積起來的，只要使用這種方法的那一方，具有足夠的力量，能夠持久不斷即可。

一九四三年秋季的俄軍攻勢，很像一波洶湧的狂潮，沿著一個長達一千哩的堤岸衝擊。九月間他們達到了聶伯河，在大河灣與基輔之間，沿著這條寬廣的河流，獲得了好幾個據點。德軍撤出了他們留在庫班(Kuban)的橋頭陣地(在高加索的西端)，把這一部分兵力經由克里米亞撤了回來。德方想用他們來增強夾在地聶伯灣到海岸之間的主防線南段，可是都已經太遲了。俄軍在德軍援兵尚未趕到之前，即已先突破了這段防線，在混亂之中他們進到了聶伯河的下游，並使克里米亞陷入孤立的地位。十月間，俄軍在河灣的正北面，又渡過了聶伯河，並在這個突出地區中揷入了一個巨型的「尖劈」。聯軍方面的戰報都已經哄傳德軍已經總崩潰，可是事實上，他們卻並未崩潰，不過就整個形勢而論，卻已經受到了嚴重的打擊。

希特勒爲什麼要死守著聶伯河突出地區的南端不肯放棄的理由，是因爲他想要保有尼科波耳(Nikopol)地區，它是一個重要的錳礦產地，對於德國的軍需工業具有重大的價值。經濟上的需要在這裏與戰略上的要求發生了衝突，於是發展成一種危險的拉鋸形勢。由於希特勒想要保持住這些錳礦，所以德軍遂不得不付出重大的代價。像他們現在的處境，是全線上都已經繃得緊緊的，若是在某一點上作局部性的苦戰，那麼就更可能發生廣泛的潰裂現象。

每一次，當德軍由於遵守希特勒的命令，被限制著非死守某一個定點不可的時候，結果必然造成全面的崩潰，使其付出更高的代價。守方的力量愈弱，則愈需要採取機動防禦的方法。因爲否則較強大的攻方，即可以把空間當作它的盟友，使用側翼迂迴的行動，而獲得決定性的利益。

十月初，俄軍在聶伯河上又獲得了兩個其他的橋頭陣地，一在基輔以北，一在基輔以南。前者又慢慢的擴大，等到一個月以後俄軍發動攻擊時，就用它當作一個寬廣的躍出基地。結果俄軍收復了基輔，並且迅速的向西擴展。僅僅一個星期，俄將范屠亭(Vatutin)的進攻達到了息托密爾和科羅斯登(Korosten)兩個會合點上，距離聶伯河已在八十哩以外。

雖然曼斯坦手裏已經沒有預備隊，可是他卻還能夠設法使這個危險的情況，平安的度過。他首先迅速的撤退，引誘俄軍深入，於是創造成出一個側翼反擊的機會。執行這個反擊的人爲曼陶菲爾(Manteuffel)，爲德方名將中的後起之秀，他所使用的兵力是從各方面所搜集得來的一點裝甲殘部。這個打擊的力量固然很輕，但是由於它本身所具有的間接性，和俄軍已經伸展過度的緣故，結果它所顯示出來的重量卻很大。俄軍被迫放棄了他們所已經獲得了的這兩個樞紐點。

於是曼斯坦遂希望等到西面調來的援軍趕到之後，再發動一次規模較大的反攻。可是時間的因素卻打消了他這個希望，因爲到了那個時候，范屠亭的兵力也恢復了他們的平衡。雖然曼斯坦側面壓力迫使他們向後退，並吐出了他們在聶伯河岸所已經獲得的大部分土地，可是這個反攻卻並不像表面上那樣具有高度危險性，到了十二月初就逐漸消蝕在泥濘之中。而且又把曼斯坦所已經接受的增援，都全部消耗殆盡，使他再無餘力來對付俄國人的下一次行動，因爲希特勒又再度拒絕接受他那麼長距離退卻的計畫。

此時基輔突出地區雖然已經縮小，但卻還是相當龐大。聖誕節前夕，范屠亭又從那裏突出進攻。在晨霧的掩護之下，他發動了新的攻擊，一個星期之內，又重佔息托密爾和科羅斯頓，一月四日更越過了戰前的波蘭邊界。他再向左進攻，在維尼沙(Vinnitsa)附近達到了布格河之線，於是就威脅到從奧德薩(Odessa)到華沙之間的主要鐵路橫貫線。在這裏曼斯坦又發動了另外一次反擊，但是范屠亭卻擁有足夠的力量，足以擊敗他的企圖。而且由於希特勒固執的要堅守基輔以下的那一段聶伯防線，結果也使俄軍大受其利。范屠亭現在與另外一翼上的柯涅夫(Koniev)配合起來，用一個鉗形的打擊，切斷了這個科爾森(Korsun)突出地區，包圍著十師敵軍——儘管希特勒一再嚴令死守不退，其中還是有一部分突圍逃出。

這樣的一擊在德軍戰線上，造成了一個缺口，而使俄軍爾後的進展會更爲容易。在烏克蘭境內的其他俄軍，現在就開始採取車輪戰法，逐一躍進了。在北面側翼上，德軍現在被迫放棄魯克(Luck)和羅夫諾(Rovno)，在南面側翼上，也放棄了尼科波耳突出地區，連同它的錳礦資源都在內。

三月四日，俄軍又開始一個新的聯合攻勢，由朱可夫元帥(Zhukov)首先發動——當范屠亭患病之後，他的部隊改由朱可夫繼續指揮。從瑟柏托夫卡(Shepetovka)進攻，朱可夫在最初二十四小時之內，透入三十哩深。兩天之後，他就切斷了奧德薩—華沙之間的鐵路幹線。這個行動使德軍在布格河上的防線，受到了迂迴作用。在黑海附近，馬林諾夫斯基(Malinovsky)也向前進攻，達到了尼可拉耶夫(Nikolayev)。在這兩端之間，柯涅夫又從烏曼(Uman)出擊，三月十二日達到了布格河，十八日又達到了聶斯特河(Dniester)——並且在第二天渡過了它。像這樣寬廣的河流，而能夠如此迅速的渡過，在戰史上也要算是一次創舉。於是朱可夫也從塔諾普(Tarnopol)地區，繼續前進，攻入喀爾巴阡山地的山麓地區。

對於這個威脅的立即反應，就是德軍佔領了匈牙利。很明顯的，爲什麼要採取這個步驟的理由，就是要想確保著這喀爾巴阡山地防線。德國人必須要守住這一道天險，一方面阻止俄軍衝入中歐平原，另一方面把它當作防守巴爾幹的總樞紐。

喀爾巴阡山脈，由外西凡尼亞阿爾卑斯山脈(Transylvanian Alps)向南延展而成，構成一道非常堅強的天然防線。由於山地中有一些隘路，所以從戰略上看來，其實際上的長度似乎已經縮短，而足以使守軍可以經濟其兵力之使用。夾在黑海與福克沙尼(Focsani)的羣山之間，有一個長達一百二十哩的平坦地帶，不過東半段卻爲多瑙河三角洲和一連串的湖沼所塞滿，所以「危險地區」就只剩下一個長達六十哩的加拉茲缺口(Galatz Gap)。

早在四月初，德軍以乎不久就會要退回到這一道最後的防線上。柯涅夫的兵力已經渡過了普魯特河(Pruth)，進入了羅馬尼亞境內，在更南邊，德軍也被擠出了奧德薩。俄軍兩路作向心的攻擊，也重佔了克里米亞，留在那裏的德軍全被擊潰，但是當俄軍越過普魯特河前進時，卻終於受到了德軍的阻止，使他們無法繼續向羅馬尼亞境內深入，於是也暫時守住了那裏的油田，使其不陷入敵手。不過這個成功在五個月之後，卻使德軍大受其害。因爲它又引誘著希特勒，把他的兵力留置在喀爾巴阡山地和加拉茲缺口的東面，而使其處於暴露的地位。

更往北深入，在塔諾普的西南，德軍也擊退了朱可夫想衝入喀爾巴阡山地中隘路的企圖，不過這個反擊不久即爲俄軍所控制住了。

再向北面看，在波羅的海附近，俄軍於一月中旬也發動了攻勢，使列寧格勒解除了被圍的威脅，並且繼續向西擴張戰果。但是德軍卻終能作有秩序的撤退，縮短和拉直了他們的戰線，從那耳瓦(Narva)經普斯科夫(Pskov)。這一條戰線只有二百二十哩的長度，其中九十哩爲兩個大湖所佔滿。從普斯科夫到普里配特大沼地之間，德軍的防線還是以維特斯克(Vitebsk)和奧爾沙(Orsha)兩個要塞城市爲其樞紐。自從九月底起，俄軍即已向它們進攻，但是那裏的德軍卻一再擊退了俄軍的直接攻擊和側翼迂迴。在以後九個月當中，它一直還是一個有效的阻塞物——到一九四四年七月間爲止。

一總的說來，到了四月底，俄軍的正面已經暫時穩定了下來。俄軍已經收回了大量的土地，尤其以南面爲最多，不過當俄軍實行鉗形運動的時候，德軍幾乎總是安然的溜出了陷阱，使極危險的局面都平安的度過。德軍被俘的總數，與俄軍的攻勢規模，似乎完全不成比例。不過在這一連串的困難行動中，德軍當然也受到了累積的消耗，在將來終於產生了很嚴重的後果。可是希特勒的現實感卻已經越來越少，他居然把這位曠世奇才的曼斯坦元帥免職，並且發表聲明說：寸土必爭的抵抗，是要比這種巧妙的運動，還更重要。

在過去九個月當中，由於美英聯軍已經從南面侵入歐洲，所以局勢遂更顯得嚴重。在那一方面，聯軍首先征服了西西里島，接著在一九四二年九月間，義大利也投降了。德國的同盟國崩潰了之後，在他的「歐洲堡壘」南面牆壁上，就發生了一個大洞。雖然義大利的半島形勢限制了聯軍的進展，可是這個漏洞的大小已經足夠牽制住德國人，使其不能不調動相當數量的兵力，來塡塞它。此外他們對於巴爾幹地區的防禦力量也須加以增強。

義大利的崩潰對於德國還有更進一步的壞影響，那就是使聯軍的轟炸機，可以有更廣的作戰範圍。由於美國力量的成長，聯軍的空軍威力日益強大。

從大戰略的立場上來看，對於德國工業資源的空中攻勢，也可以算是一個間接路線，因爲它可以使德國的整個作戰力量，逐漸地喪失平衡。假使聯軍的轟炸戰略，能有較好的設計——改以毀滅物資爲目的，而不攻擊人口衆多的都市——那麼也許可以使德國的抵抗力，更早發生癱瘓現象。不過即令白費了許多氣力，但它卻還是能夠產生一種「逐漸痳痹」的現象。此外，專就軍事方面而論，則對於交通方面的破壞，實爲使德國人無法動員全力，以來迎擊聯軍的主要因素。

七月間，聯軍之所以能在西西里順利完成登陸的主因，是因爲他們在突尼西亞，已經把敵軍「一網打盡」的緣故。否則這些兵力中的大部分，就可以用來增強西西里的防禦。這一次大捷所產生的精神作用，不僅打擊了在西西里島上的義軍守軍，而且還進一步，使墨索里尼在義大利的統治權，也發生了根本性的動搖。德國人害怕義大利馬上就會崩潰或是投降，所以不敢派遣相當的兵力，去增強西西里島的防務，因爲他們擔心兵力南調之後，就會卡在那裏再也抽不回來。除了這些因素之外，聯軍也許應該感到後悔，那就是沒有乘著對方注意力還集中在突尼西亞的時候，搶先把西西里島攻佔下來。因爲，即令條件是那樣的有利，西西里島的克服仍不算容易。在那裏的德軍，固然實力已經減弱，但是其所處的位置卻已經不是海權所能隔斷的了。

不過聯軍方面，由於強大的兩棲力量和廣泛的戰略情況，還是具有一種分散敵人兵力的潛力——德軍在南歐所要防守的地區，從庇里牛斯山脈直到馬其頓爲止。聯軍在戰略上的主要優點，就是他們能夠自由的選擇好幾個目標。當他們在法屬北非集中兵力的時候，對於西西里和薩丁尼亞而言，構成了相等的威脅。假使他們的主要行動是沿著義大利西岸發展，它也可以構成一個互相交換的雙重威脅：義大利北部的工業地區，或是德國人所控制的法國南部。假使他們改在亞德里亞海方面登陸，則其目標也可以在義大利北部或西部巴爾幹二者之間選擇一個，因爲兩者都也同時受到威脅。假使他們再向愛琴海方面發展，則由此可同時威脅到希臘和南斯拉夫，或者是保加利亞和羅馬尼亞。

事後的發展證明，由於聯軍擁有這種戰略彈性的便利，再加上他們在欺敵計畫方面的運用，遂使軸心國家的統帥部，分散了他們的注意力。有人認為聯軍不會在西西里登陸，而會以薩丁尼亞或希臘為目標，甚至更有人認為他們會以義國本部，或法國南部為對象。由於空中偵察的報告，表示聯軍沿著地中海，在許多點上都有船隻集中，於是更增強了他們的印象。

七月十日，當聯軍在西西里島實行登陸時，沿著七十哩長的海岸線，把兵力分布非常的廣泛，這也是一種有利的計畫。正如一九一五年，在加里波里的登陸相似——不過還沒有那樣的廣泛——他們的目的是要想使對方摸不清楚眞正的重點是在哪裏，這樣在最緊急的關頭上，可以使敵人的反應遲緩。這種狐疑不決的心理，使英軍第八軍團在島東端的迅速前進，減少了很多的阻礙，而終於使敵軍喪失了平衡。又因為敵人在部署防務時，假定聯軍的主力一定會在西西里島的西部登陸，因為那裏距離北非基地最近，而且又有很多港口。可是這個錯誤的假定卻使他們自己大吃其虧。事實上，聯軍的主攻卻是指向西西里的東北角上，是在戰略方面形成了一條間接路線。在四天之內，蒙哥馬利的部隊在東岸方面前進了四十哩，距離極重要的墨西拿海峽(Straits of Messina)，差不多只差一半的路程，最後他們在卡塔尼亞(Catania)的郊外被阻住了。

當巴頓所率領的美軍第七軍團，在蒙哥馬利的左方站住了腳跟之後，其發展的速度也差不多一樣的快。他突然的把重點向西移動，然後向北越過全島，直向巴勒摩(Palermo)進攻。這正好像是足球戲中的「聲東擊西」詭計。因為聯軍同時威脅到巴勒摩和墨西拿兩個目標，所以更加速了敵軍的全面混亂。

在戰役的初期中，義軍的抵抗就告崩潰。這個打擊又促成墨索里尼政權的崩潰。

義軍崩潰之後，西西里島的防守重責即完全落在德軍肩上——他們一共只有兩個師，都是由新兵編成的，到了以後才又增加了一個師。侵入的聯軍，一共是七個師，作齊頭共進，不久又增到了一打以上。可是這樣一個微弱的抵抗核心，雖然並無空中支援，結果還是使聯軍對西西里島的征服，延緩了一個月以上的時間。最後在高射砲的保護之下，他們溜過墨西拿海峽，退入義大利本土。一方面固然是由於德國具有極頑強的戰鬥力，但是另一方面，聯軍的進攻方式越來越直接化，而地形又極爲險惡，似乎也是一個明顯的原因。

在佔領巴勒摩，和肅清西西里西部之後，巴頓的部隊即向東轉動，與蒙哥馬利會合在一起，對墨西拿作向心式的攻擊。這個島的東北端構成一個三角形，其間山地遍布。敵人不僅在防禦方面，可以獲得良好的地形，而且愈向山頂上退卻，則其戰線也就愈縮短。所以他們每退後一步，則防禦力量即增厚了一分，反之聯軍愈前進，則兵力也就拉得愈薄了。而這對於戰略路線來說，也是一個具有反面意義的重要教訓。在下一個階段中，還可以獲得更進一步的教訓。

義大利侵入戰

佔領了西西里島之後，聯軍便算是在歐洲邊緣上，獲得了一個立足點，而且可以很容易地把它變成一塊跳板。佔領了西西里島之後，使他們的威脅更迫近歐洲大陸，一方面使他們便於集中，但是另一方面還是可以使敵人分散注意力。他們有好幾條路線可供選擇。除了向義大利腳趾部分進攻那一條最明顯和最直接的路線以外，他們還可以作一個短程的跳躍，打擊在義大利的腳脛上面、腳跟方面，或者是薩丁尼亞島上。不過腳跟方面卻已經在聯軍戰鬥機的掩護航程之外，所以當時有人憑著這個理由，認爲這實在是一個期待性最小的路線。因爲過去聯軍的一切行動，都是小心謹慎的，以戰鬥機的掩護航程爲其限度，所以假使能夠突然不遵守這個規律，則可以對於敵人發生奇襲作用。一旦登陸完成之後，那裏的地形又特別便於機械化部隊的長驅直入。同時該地又可以同時威脅到巴爾幹和中部義大利，於是便會迫使德軍統帥部面臨新的矛盾難題。從戰略方面來說，義大利的腳後跟，對於德國人而言，很可能變成一個「阿奇里斯的腳後跟」。

可是聯軍統帥部卻還是決定不把他們的主攻點，擺在戰鬥機掩護航程之外，不過到了最後一分鐘，他們卻又在腳後跟方面，臨時湊成了一個助攻的行動。主攻方面是由英軍第八軍團，首先在腳趾方面登陸，接著在那不勒斯正南方薩來諾(Salerno)，再作一個規模較大的登陸。這支兵力爲英美兩國部隊所混合編成的第五軍團，由美將克拉克(Gen. Clark)指揮。

不僅是由於戰略路線的直接性，而且更因爲聯軍方面的政治家們，事前已經堅決要求義國必須「無條件投降」，所以才會把局面弄糟。多數的義國領袖人物，都很想求和，但是卻不願意如此的屈辱低頭，同時也不願毫無一點自衛的保障。只因爲西西里慘敗，同時義國本土已經處於暴露地位，他們才不得已而推翻墨索里尼，開始尋求和平的談判——但是卻還需要很長久的時間來加以安排。這個遲誤使德國人獲得了一個月以上的時間，來作緊急應變的措施。

九月三日，聯軍渡過了墨西拿海峽，在腳趾部分登陸之前，先加以表面上非常壯觀的強烈轟炸——可是其附近的一師德軍，卻在幾天之前即早已撤回北方。甚至於當侵入軍繼續深入的時候，他們也很少遇到什麼障礙物，但是他們的速度卻還是很慢，一方面是地形惡劣，另一方面是他們實在過分謹慎。所以這個行動對於在薩來諾的大規模登陸，並未能產生開路的作用。登陸於九月九日舉行，義國的投降公告也事先配合好了，趕在前一天下午發表。但是在那裏防守的德軍卻一點都沒受到震動，在他們發動逆襲之後，聯軍的處境變得非常的危急，直到第六天才算有所改善。

這一個事實的根源，事後克拉克將軍曾經有過很詳細的解釋：

> 德國人照事理來推斷，認爲可能有第二個登陸正在醞釀之中。他們也可以計算出，那一定是在空中掩護的範圍之內。此時，用西西里來當作基地，其最大的限度大約可達到那不勒斯。所以他們把兵力集中在薩來諾—那不勒斯地區中，而我們正好一頭撞在他們的主力上。

這段引文特別具有深意。因爲藉此可以說明出，由於聯軍的計畫是受了某種條件的限制，所以才會使德軍坐享其利。結果表示出聯軍所選擇的，恰好即爲期待性最高的路線。聯軍不僅在人力上和時間上，大受損失，而且距離整個的慘敗，也是間不容髮。薩來諾又爲歷史上的教訓再供給一次例證：對於一個軍隊而言，若是集中全力去攻擊敵人早已料想到對方必然來攻的一點，則結果一定會遭到慘敗，因爲敵人此時一定可以集中他的力量來加以防守。當此之時，德軍的總司令凱賽林元帥(Kesselring)手裏，一共只有七個師的兵力，一方面要保衛整個義大利半島的中部和南部，另一方面還要鎭壓和解除義軍的武裝。

與薩來諾的主攻作一對比，則在腳跟方面的助攻，可以說是並未遭到重大的抵抗，很快的佔領了兩個良好的港口，大蘭多(Taranto)和布林狄西(Brindisi)。從海岸邊起，一直到福査(Foggia)的鐵路重要交點爲止，道路都已經暢通無阻——那裏附近還有重要的飛機場。那個時候，夾在大蘭多和福査之間的整個地區中，德軍一共只有一個傘兵師，其兵力還是不足額的。

但是登陸部隊也只有一個英軍第一傘兵師，他們是「下馬」來作戰的。匆匆的由突尼西亞的休息營地中調來，事先他們一點消息都不知道。當他們登陸時，沒有戰車，除了一門榴彈砲以外，便沒有其他的火砲，此外也完全沒有摩托化的運輸工具。一言以蔽之，他們缺乏必要的工具，以來擴張所獲得的戰果。

差不多又過了十四天之後，另外一支小型的兵力，包括一個裝甲兵旅在內，在東部海岸方面的下一個港口巴里(Bari)，實行登陸。他們向北推進，一路上不曾受到抵抗，就佔領了福查。德軍本在橫跨著向那不勒斯直接通路的山地中設防，以來對付第五軍團的正面攻擊，現在當這個從腳跟方面所發動的間接進攻，達到夠深入的程度，足以威脅到他們後方側翼時，他們才開始往後撤退。十月一日，聯軍進入了那不勒斯，距離登陸之日已經三個星期了。但是在這段時間中，德軍的反應強度卻遠超過聯軍估計之外，他們已經把義大利的其餘部分，都完全控制住了，解散了義國的兵力，使義大利的投降幾乎完全喪失了實際上的效力。

此後，當聯軍再繼續向義大利半島上推進的時候，就好像是一個打氣筒的活塞桿子向內抽送的時候一樣，愈下去其阻力也就愈大。本來德軍的原定計畫，只想使聯軍進入羅馬的時間略為遲延一點，而準備在義大利的北部，去等候聯軍。但是當他們看到聯軍的進展，因為受到狹窄正面和困難地形的限制，變得如此的緩慢，而且在這樣一個有限的作戰中，聯軍的兩棲威力也完全喪失了它的彈性時，於是他們的膽子不免放大了，開始把援兵南調以來增援凱賽林的部隊。

第五軍團的進展，在超過那不勒斯二十哩的弗爾吐諾河(Volturno)上就暫時被阻，之後到了卡西諾(Cassino)的前方，在加里格里諾河(Garigliano)之線也遭到更爲強硬的抵抗。在十一和十二兩個月當中，聯軍一再的進攻，都未能穿過這個障礙物。此時，沿著東岸前進的第八軍團也在桑格羅河(Sangro)上被阻，等到渡過之後，還是感到寸步難移。一直到年底，聯軍花了五個月的時間，距離起點沙爾羅，一共只前進了七十哩而已。多數的進展都還是九月間所獲得的，此後速度可說是慢到了極點，結果他們甚至於創出了一個新名詞「寸進」(inching)來形容它。侵入的作戰簡直慢得好像牛吃草一樣，咬下一點然後慢慢的加以咀嚼。

從長期的經驗看來，這種戰術有時也能夠成功，不過通常其結果卻總是不免令人失望。這一場戰役對於這條規律也不例外。它一再的證明出來，在一個狹窄的正面上，採取直接攻擊的方式，通常總是會得到負的結果。即令是具有極端優勢的兵力，也一樣會感到英雄無用武之地——因爲兵力雖多，必須要有迴旋之餘地，才能發生作用，換言之必須要有相當寬廣的正面。義大利半島一共只有一百哩左右的寬度，而大部分的空間又都爲縱橫起伏的山地所塞滿。一旦當德國最高統帥部決定在南部加高他的賭注時，他們的防禦密度也就相對的加大，於是聯軍在義大利腿部上的前進，遂變成了戰略上的爬行。

一九四四年初，聯軍對於敵後的綿長海岸線，又企圖作一次新的海運迂迴。一月二十二日，一支側擊的兵力在安其奧(Anzio)登陸，約在羅馬南面二十五哩外。在這個地區中一共只有兩個營的德軍，所以聯軍若迅速的向內陸挺進，則可以馬上攻佔掩護著羅馬門戶的亞爾班丘陵(Alban Hills)——甚至於羅馬本身也唾手而得。可是聯軍的計畫卻是以下述的計算爲基礎：他們估計敵人必然會對這個登陸作迅速的逆襲，所以他們主要的工作就是要趕緊鞏固橋頭陣地，而在南面的主力卻準備乘德軍抽調增援側面的機會，在正面上尋找弱點進攻。但是德軍的反應卻並不如他們所料。

當安其奧方面的敵人完全缺乏抵抗力的態勢明顯之後，亞歷山大(聯軍統帥)即希望在那裏的部隊，能夠訊速的向內陸挺進，可是當地的地區指揮官本身又構成了一個新的障礙物。因爲他的行動太持重，所以耽擱了一個星期以上的時間，卻沒有太多的進展。於是凱賽林一方面有時間，把預備隊調往那個地區，另一方面他自己也擊敗了聯軍主力諾在卡西諾地區的進攻。二月三日，登陸後的第十三天，德軍對於安其奧橋頭陣地，發動了一個強烈的反攻。雖然這個攻勢終於被阻止住了，但是處於又淺又窄的灘頭中的聯軍，其形勢卻已經是十分的危殆，它的窘境就好像是一個大規模的「集中營」——這是第一次大戰中，德軍對於聯軍在薩羅尼加橋頭陣地，所奉贈的一個綽號。但是大家也都記得到了一九一八年，這個「笑話」卻翻了邊，敵軍從薩羅尼加突出之後，遂終於使德國走上總崩潰的途徑。這正好合了一句古話：「最會笑的人，最後才會發出笑聲。」

五月間，聯軍在義大利又重新發動一次大規模的攻勢。這一次也可以算是一個較大計畫中的一部分。因爲它是聯軍對於德國發動決定性攻勢的「大計畫」中的一個開端而已。一個月後，集中在英國南部的聯軍，也開始向法國發動渡海侵入戰。在兩次打擊之前，都有猛烈的空襲以作爲前奏，其目的是想絞斷敵人補給線。

亞歷山大將軍計畫的第一個階段，是在卡西諾的兩側，發動一個新的攻擊，該地也就是以前攻擊被阻的地方。爲了增強這個攻勢的效力，李斯將軍(Gen. Leese)的第八軍團延展了它的正面，並且把它的重量從亞德里亞海方面移轉過來，和克拉克的第五軍團會合在一起，向古斯塔夫之線(the Gustav Line)進攻。這個攻擊在五月十一日下午十一時，月亮初升之際展開，以攻佔支持敵人防線的山地要塞爲目的，這些要塞恰好掩護著通到利里河谷(Liri Valley)的狹窄出口。

向東面的門戶開羅山(Monte Cairo)的進攻，經過了好幾天的苦戰之後，仍然缺乏良好的進展。不過在卡西諾到海岸之間，聯軍在古斯塔夫線上，卻已經突破了一些小缺口。其中最重要的一個透入，是由余安將軍(Gen. Juin)所指揮的法屬殖民地軍所造成。因爲他們對於山地戰的技術特別有研究，所以能夠經過奧雲希(Aurunci)山地中的險惡道路，實行追擊，而收到了意想不到的效果。三天之內，前進了六哩遠，經過了馬爵山(Monte Majo)，達到了俯瞰利里河谷的高地，把敵軍在古斯塔夫的抵抗力，慢慢的挖鬆了。這個威脅使第八軍團的英國部隊，在向谷地推進時減少了很多氣力。於是他們一直迂迴過了卡西諾，並於十八日將其攻陷。同時也爲美軍的進攻達成了開路的任務。

到了在五月二十三日，聯軍在安其奧也開始從橋頭陣地躍出進攻。當地的德軍守兵爲了向南增援的緣故，其力量已經減弱，於是聯軍的行動恰好配合上了這個弱點。到了第三天，德軍的防線在壓迫之下開始發生了裂痕。一旦突破完成之後，德軍就感到缺乏預備隊，以來應付聯軍的擴張戰果。此時聯軍正向亞爾班丘陵和敵軍在南部的主要交通線進攻。

和安其奧的打擊同一時間，第八軍團也向在利里河谷中的德軍最後陣地，開始發動攻擊。加拿大部隊在第一天之中，即已突破敵人的陣線，到了第二天，即可以很明顯的看出，全線各地的德軍都已經向後撤退。當安其奧的威脅也開始加強之後，德軍後撤的速度便更快。在幾天之內，向羅馬的直接退路已在第六號高地上，爲聯軍所切斷，德軍被迫只好改向東北面，經過險惡的山路行走。在那裏，他們的行軍縱隊更容易遭受空中打擊的威脅。

雖然有相當數量的殘部已經經過這條小路，逃出了陷阱，但是德軍至終還是喪失了退守羅馬城的機會。亞歷山大將軍把所有一切可能集中的兵力，都移到他的左翼方面，以來對付德軍的另一個軍團。又經過了一個星期的惡戰，終於攻佔了亞爾班丘陵。一旦當這個戰略性的防浪堤潰裂之後，聯軍的兵力遂迅速的淹沒了羅馬附近的平原，並於六月五日的清晨，佔領了羅馬城。九個月之前，當義大利政府投降時，這個城市本已是他們的囊中物，可是一直到現在，才算是眞正到手。

法國侵入戰

羅馬被佔的次一天，諾曼第登陸便接著展開——這是戰爭中最富有戲劇性，和最具有決定性的行動。以英國爲基地的美英聯軍，由於受到惡劣天候的阻礙，所以渡海的行動曾經一再延遲。當他們發動攻勢時，風力還是很強烈，使他們的行動感到相當困難——但是也似乎在敵人意料之外。艾森豪對於這個冒險的決定，不僅從結果上看來是正確的，而且也更增加了奇襲的效力。

聯軍登陸的時間是六月六日上午，地點是夾在岡城(Caen)和瑟堡(Cherbourg)之間的塞納灣。在登陸的前夕，已利用月光，在兩翼的附近，投擲了強大的空降部隊。

在侵入戰的準備階段中，聯軍曾經連續不斷的實行空中攻勢，其強烈的程度可說是史無前例。尤其是以敵方的交通線爲攻擊目標，其目的是使敵人陷於癱瘓的狀態，無法把預備隊調到危急的地區中去。

雖然有許多的因素都足以指明出，這個地區即爲聯軍可能登陸的地點，但是德軍在奇襲之下，卻還是喪失了平衡——他們的預備隊大部分還是位置在塞納河的東岸上。一方面是上了聯軍欺敵計畫的

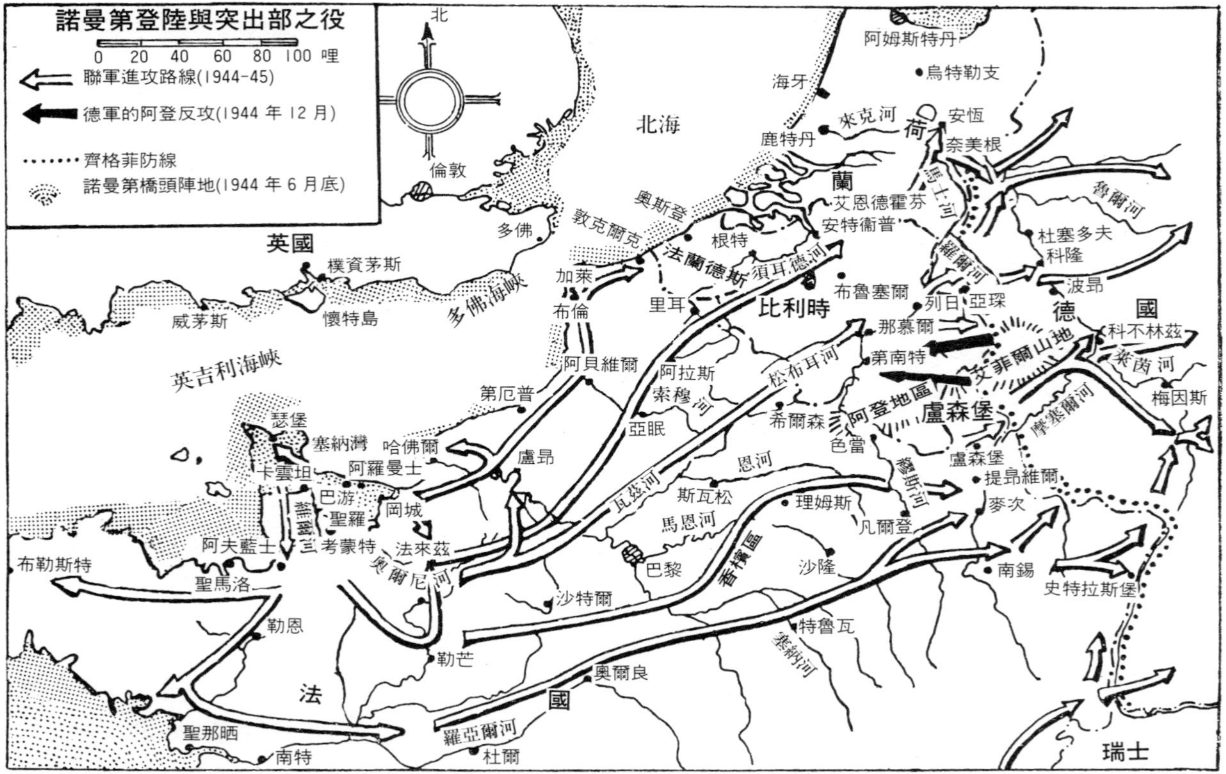
諾曼第登陸與突出部之役
0 20 40 60 80 100 哩
聯軍進攻路線(1944-45)
德軍的阿登反攻(1944 年 12 月)
齊格菲防線
諾曼第橋頭陣地(1944 年 6 月底)
北
倫敦
多佛
英國
樸資茅斯
威茅斯
懷特島
多佛海峽
英吉利海峽
北海
海牙
阿姆斯特丹
烏特勒支
鹿特丹
來克河
荷
安恆
奈美根
蘭
奧斯登
敦克爾克
艾恩德霍芬
安特衛普
根特
馬士河
魯爾河
杜塞多夫
科隆
加萊
法蘭德斯
須耳德河
布魯塞爾
羅爾河
布倫
里耳
比利時
列日
亞琛
波昂
德
國
那慕爾
科不林茲
阿貝維爾
阿拉斯
第南特
艾菲爾山地
萊茵河
松布耳河
第厄普
索穆河
阿登地區
盧森堡
梅因斯
瑟堡
希爾森
摩塞爾河
塞納灣
哈佛爾
亞眠
色當
盧昂
盧森堡
卡雲坦
阿羅曼士
恩河
提昂維爾
巴游
瓦茲河
斯瓦松
理姆斯
默斯河
維爾河
聖羅
岡城
麥次
馬恩河
凡爾登
阿夫藍士
考蒙特
法來茲
布勒斯特
巴黎
沙隆
南錫
聖馬洛
奧爾尼河
香檳區
史特拉斯堡
沙特爾
特魯瓦
勒恩
塞納河
勒芒
奧爾良
法
國
聖那晒
羅亞爾河
南特
杜爾
瑞士

當，另一方面是他們有一種先入爲主的想法，以爲聯軍不僅會直接渡過海峽，而且還更會採取最短的路線。聯軍爲了想獲得最大量的空中掩護，而不惜採取過分謹慎的行動，結果使他們在義大利戰役中的進展和目標，都受到了很大的障礙和限制。可是現在卻無意中獲得了一個利益，使敵人產生一種主觀偏見，認爲他們一定會採取謹愼路線的。接著聯軍的空軍又炸毀了塞納河上的橋樑，更使這個錯誤的計算成爲德軍的一個致命傷。

在侵入戰尙未發動之前，希特勒根據聯軍在英國的部署，在三月初，即開始懷疑聯軍會以諾曼第爲其登陸地點。他的參謀本部人員並不同意他的見解。可是負責防守北段海岸線的隆美爾，也和他的意見相同。但是西歐聯軍總司令倫德斯特，卻認爲聯軍的登陸地點可能會在第厄普和加萊之間，因爲那裏的海峽寬度要算是最狹窄的。之所以產生這種信念的原因不僅是因爲聯軍在過去，一向喜歡用最大限度的空中掩護，也不僅是受了他們現有欺敵計畫的影響，而是照理論上看來，這似乎是一條最短的路線。從正統派戰略理論家眼中看來，這實在勢所必至，理有固然。所以他不認爲敵人有出其不意的可能性，甚至於也不會有避重就輕的打算。

聯軍實際的計畫，不僅是以避過敵方準備最佳的防線爲著眼點，而且還有更進一步的想法。當他們選擇諾曼第路線時,他們的作戰線是具有雙重的目標,可以同時威脅到哈佛爾(Havre)和瑟堡兩個重要港口。一直到最後一分鐘爲止，德軍始終摸不清楚哪裏是他們的眞的目標——這樣遂使德軍一直陷入左右爲難的窘境。等到德國人認淸了瑟堡是聯軍的主要目標之後，塞納河又構成一道鴻溝，把他們的兵力切成兩段，使他們必須繞一個很大的彎子，始能把預備隊運到緊急的地區中。又因爲聯軍的空軍不斷的加以干擾，所以在運動中的時間就更爲延長。此外，當增援的兵力到達戰場之後，他們到達的地區卻是在岡城附近，距離瑟堡還很遠。英軍在岡城地區的牽制，不僅本身在那裏構成了一個威脅，而且也更構成一個防盾，足以掩護美軍在瑟堡半島上的作戰。這種雙重的效力和交替的威脅對於整個侵入戰的成功，實具有極大的貢獻。

聯軍的龐大船團，在海運過程中，一路都沒有遭受到阻礙，而灘頭的佔領又比意料中的情形，要容易得太多了。只有美軍的左翼在維爾河(Vire)口以東，曾經受到相當的損失。成功的主因是設計的完美，和裝備的優良，其中包括許多新發明的東西。即令如此，成與敗的機會還是間不容髮，其所差的距離實比一般人所想像的還更窄。灘頭的發展還是不夠深，所以侵入軍並未能控制岡城和瑟堡兩個地區的「鎖鑰」。所幸的，攻勢正面的寬度卻變成了一個重要的因素，足以挽救這個危機。德軍的天然趨勢，是集中兵力在兩翼方面，以來保護這些要點，所以中間當然感到力量空虛。英軍在阿羅曼士(Arromanches)附近登陸，繼之以迅速的擴張，使英軍進入巴游(Bayeux)。到了週末，這個透入的膨脹使聯軍在奧爾尼(Orne)和維爾河之間，獲得了一個寬近四十哩，縱深由五哩到十二哩的橋頭陣地。他們在瑟堡半島的東邊，也已經確保了另一個橋頭陣地，不過形狀卻比較小。十二日，美軍又奪獲了卡雲坦(Carentan)的中間據點，所以橋頭陣地的連續長度達到了六十哩以上。

蒙哥馬利將軍，在艾森豪之下，負責整個侵入軍的執行指揮，現在遂可以使他的攻勢發展得更爲圓滿。

第二個星期，在西面的側翼上，聯軍橋頭陣地又已經有了顯著的擴張。在這裏，美軍第一軍團開始橫越瑟堡半島的腰部前進，而在東側翼上的英軍第二軍團，再繼續向岡城周圍施加壓力，以來吸引德軍的增援兵力，尤其是裝甲師。從戰略方面來說，這個英軍在東面突破的威脅，可以算是一種間接路線，以來協助蒙哥馬利在橋頭陣地的西端，實行突破的計畫。

在第三個星期當中，首先切斷了瑟堡，美軍轉向半島的頂端，從後方攻入港口。六月二十七日，美軍攻佔了瑟堡，不過港口本身卻已經暫遭受破壞，暫時不能使用。在岡城附近，由於地形有利於彈性防禦，而敵人又用極高明的防禦戰術，所以英軍的攻擊始終被阻，但是由於他們的不斷威脅，卻使德軍喪失了使用預備隊的自由權。

在這個壓力的掩護之下，侵入軍的兵力增加速度到了顯著的高度。人工港口的發展也很有幫助，它抵銷了天氣的干擾作用，增強了奇襲的效力，使敵方的計畫失靈。

俄軍攻入波蘭

在芬蘭前線發動一次前奏性的攻勢之後，俄軍的夏季戰役在六月二十三日也開始揭開序幕——這是希特勒侵俄三周年紀念日的後一日——攻勢的起點在白俄羅斯，普里配特沼地之北。在一九四三年的戰役中，這個地區證明出它是防務最堅強的一區，所以德軍對於它感到很放心，只給予最少量的增援。他們最注意的是夾在普里配特沼地和喀爾巴阡山地之間的開闊地區，而預料俄軍會在那裏發動他們的春季攻勢。結果德軍又是在奇襲之下，喪失了平衡。

當地的德軍指揮官主張撤到伯利及那(Beresina)之線，在現有戰線的後方約九十哩處，但是希特勒卻悍然拒絕了這個要求，所以德軍的處境遂更爲困難。若果眞能在適當的時機中，作這樣的一個退步，則俄軍的攻勢可能會暫時停頓下來。

一旦當德軍的防線外殼被刺穿之後，俄軍的進展即開始變得異常的迅速。在巴格朗揚(Bagramyan)和齊恩雅霍夫斯基(Chernyakovsky)兩個集團軍的向心攻擊之下，維特斯克在第四天就落入俄軍手中，於是德軍第三裝甲軍團的防線上，被撕開了一個大洞。此時，德軍第四軍團由於向聶伯河之線，作了一個短程的撤退，使其正面上的俄軍攻勢壓力，已經略告減輕。但是由於這個空洞的發生，俄軍遂得以迅速的向南衝入，橫越過莫斯科—明斯克公路，而到達德軍第四軍團的後方。同時，羅柯索夫斯基(Rokossovsky)集團軍也在這個德軍巨型突出地的另一側翼上，切了一刀。從普里配特沼地的正北面突入，以每天二十哩的速度躍進，切斷了明斯克背後的交通線，使這個重要的據點陷於孤立的地位，於是到了七月三日，明斯克也被俄軍攻陷。

這種多方面的間接性攻擊，遂使德軍整個防線發生了全面崩潰的現象。俄軍所俘獲的人數，打破了過去的紀錄。不過過了頭幾個星期之後，德軍被俘的人數又逐漸減少，雖然俄軍前進的速度並未減緩。這兩個事實的結合，實具有極重大的意義。一方面，表示德軍指揮官的本領，實在是很高明。當希特勒最後爲事實所迫，不得不承認大規模退卻是有此必要時，德軍的將領們即能夠發揮出他們的特長，把殘餘兵力安全的撤出，而不受到太大的損失。另一方面，這種撤退的速度和範圍，再加上許多重要的據點，都是不經一戰即自動放棄，也足以表示出德軍指揮官，對於間接路線的運用，是已經大有進步。

若將作戰的過程加以仔細的觀察，即可以看出有許多次，俄軍在進攻中總是能夠同時威脅到兩個重大的目標，可是俄軍卻又有意的避開它們，而從中間防禦力薄弱的地區穿透過去，以深入到它們的後方，迫使德軍對於兩個據點都必須同時放棄。此外，更有意義的是，當俄軍兩個主要攻勢箭頭，分別向華沙和茵斯特堡(Insterburg)進攻時，卻首次遭到嚴重的挫折，其原因是兩方面的攻勢都已經變成了直接路線的緣故。

在不到兩個星期的時間內，俄軍已經把白俄羅斯境內的德軍，全部予以肅清。到了七月中旬，他們已經佔領波蘭東北部的大半邊，逼近布勒斯特—里多夫斯克和畢亞里斯托(Bialystok)，渡過了尼門河(Niemen)，並且向東普魯士的邊界上前進。俄軍這一方面的進展，對於德軍北面集團軍而言，在它的側翼上面，已經突入了一百哩的深度。這個集團軍在林德曼(Lindemann)的率領之下，沿著那耳瓦到普斯科夫之線，還在擔負著掩護波羅的海諸小國的任務，現在不幸已陷於腹背受敵的窘境。

七月十四日，俄軍在普里配特沼澤之南，沿著科威爾(Kovel)到塔諾普之間的正面上，也開始發動了他們那個期望已久的攻勢。在那裏的德軍卻早已在撤退之中，十天之內，他們已經達到羅佛(Lwow)和盧布令(Lublin)——在華沙東南面約一百哩。至於普瑟密士(Przemysl)、布勒斯特—里多夫斯克，和畢亞里斯托等要塞城市，也都在同一星期之內淪陷了。在北翼方面，俄軍經過了地文斯克(Dvinsk)，向在里加後方的波羅的海海岸線進攻，就這樣可以使林德曼的兵力有被切斷的危險——他撤退得特別的慢。到了七月底，俄軍已經進入了里加灣，而在中央方面，他們也已經透入了華沙的外圍。

但是事實的發展，卻證明出德軍現在已經從震驚中恢復了他們的定力，當他們已經退得夠遠，足以使他們免於眼前的危難之後，他們對於情況遂逐漸恢復了控制力。而另一方面，戰略性伸展過度的自然律開始逐漸發生效力，俄軍已經進展得太遠，他們的補給已經跟不上來，不久，即可以看出來德軍還有餘力，足以制止俄軍的前進，而俄軍在征服了這樣大的一塊土地之後，勢必要有相當的時間，始能修復交通線，而再來重整攻勢。

八月初德軍發動了一個反攻，重新打通了北面的退路，並且把俄軍逐出了華沙的近郊，當華沙城內的波蘭人，聽到俄軍迫近開始起義的時候，德軍也有足夠的實力，把他們迅速的鎮壓平復。華沙之南，俄軍在維斯杜拉河上，固然建立了一個橋頭陣地，但是卻並未能作進一步的發展。在八月這個月的其餘時間之內，一切情況都沒有任何重要的變化。

於是俄軍變換了他們的方向，在南面的羅馬尼亞防線上，發動了一個新攻勢，才打破了這個暫時性的僵持局面。差不多正當俄軍要發動攻勢的同一時候，羅馬尼亞政府，於八月二十三日，也宣布他們已經準備求和。這個行動更使俄軍能夠迅速的前進，經過雅士(Jassy)沿著普魯特和希里特(Sereth)兩條河流中間的走廊地帶，一直衝向加拉茲缺口。並且也幫助了俄軍，把還留在普魯特河以東，處於暴露突出地位的德軍，加以包圍了。在他們的背後，俄軍繼續前進，二十七日攻佔了加拉茲和福克沙尼，三十日又佔領了普洛什蒂(Ploesti)油田，並且於次日進入了布加勒斯特(Bucharest)。俄軍的戰車在十二天的前進中，一共衝過了二百五十哩的距離。

於是俄軍開始向北、向西，和向南，作扇形的展開。他們越過外西凡尼亞阿爾卑斯山，向匈牙利進攻，達到了南斯拉夫的邊界，一刀切斷了希臘境內德軍敗兵的退路，又渡過多瑙河向南攻入保加利亞——此時蘇俄政府才開始向保加利亞宣戰。

義大利的僵局

當羅馬淪陷之後，德軍的抵抗力並不如意料中那樣的迅速崩潰。凱賽林把他的兵力，撤出了那個險惡困難的環境，使用非常高明的手段，以來指揮這一次退卻戰。當聯軍再繼續向北進攻的時候，他們又使其受到一連串的新阻力。整整花了七個星期的時間，聯軍才到達羅馬北面一百六十哩外的亞諾河上，開始向比薩(Pisa)和佛羅倫斯(Florence)兩城的郊外進攻。凱賽林又堅守了三個星期，才放棄了佛羅倫斯，從亞諾河之線，撤回到後面山地中的主防線——哥德防線(Gothic Line)。

因爲認清了這一道障礙物的堅韌性質，所以亞歷山大現在才計畫採取一個新的側面攻擊行動。把第八軍團的重量，又移到亞德里亞海方面的側翼上，在八月時，他開始向皮沙羅(Pesaro)附近，哥德防線的東部沿海岸地區進攻，並向利米尼(Rimini)實行突破。

但是凱賽林卻有能力阻止這個威脅的發展，把這個門戶又重新關閉。於是亞歷山大爲了想把它打開，遂不得採取硬攻的手段。雖然逐漸的，聯軍終於還是找到了一條進路，攻入了波河河谷的東端，但是平原上充滿了葡萄園，黏性土壤在雨後，就很快的變成了爛泥潭，所以在這個地區中，實在難於作迅速的追擊。這年秋季的大雨，對於疲兵久戰的德軍而言，可以算是個意外的救星，使他們避免了崩潰的危險，而形成了一個新的僵持局面，一直延續到春天。

八月間爲了實行在法國南部登陸的計畫，亞歷山大所部的實力，又被抽去了一部分。實際上法國南部的行動，對於法國北部的主戰場，並無太多的價值，因爲在南部登陸之前的兩個星期，北面的勝負即已經早成定局。可是同時卻把亞歷山大唯一的一點剩餘力量，都搜括殆盡，否則這一點力量對於義大利的戰局，也許可能發生決定性的作用。不過天下事卻往往是塞翁失馬，焉知非福。因爲亞歷山大的秋季攻勢，不具有局部決定性的壓力，結果才使德軍沒有自動撤往阿爾卑斯山麓地區。若是德軍能夠在那個時候撤退，則不僅他們的兵力還能維持相當的強度，足以在那裏作有效的抵抗，而且天氣條件對於撤退行動，也可以作有利的掩護。

一九四五年初，凱賽林的兵力又被抽去了四個師，開往西線增援，而同時希特勒又繼續下令，禁止德軍立即撤回阿爾卑斯山區。此時，德軍在物資方面的窘態也就日益明顯。到了春天，他們已經極端缺乏飛機戰車，運輸工具和燃料，使他們再也無法迅速的撤回阿爾卑斯山的「避難所」。當四月間聯軍大舉進攻的時候，他們輕鬆的突破了德軍的單薄防線，迅速的鑽到了德軍後面，然後扇形的展開，封鎖住一切退路，德軍陷於混亂之中，紛紛徒步逃命。

聯軍在義大利算是終於獲得了最後的勝利，在苦戰之後，這似乎是一個應得的獎品，而使人忘記了過去的許多苦痛回憶。敵人先在義大利崩潰，然後才在主戰場上崩潰，使人感覺到這和第一次大戰的情形，頗爲類似——當在戰略上被圈禁在馬其頓的聯軍，突然衝出來之後，第一次大戰就開始結束了。不過這一次德軍的崩潰，其主要確定的原因卻還是主戰場上的作戰。當聯軍在諾曼第突破了德軍的戰線之後，一九四四年八月間，那裏的戰事即已開始進入最具有決定性的階段。

諾曼第突破

七月間在諾曼第，有一整個月的苦戰，除了重大的死傷數字外，看不出有任何的效果。可是德軍卻不像聯軍，能夠吃得消這種消耗。在那個表面上幾乎成爲靜態的戰線後方，聯軍的實力是正在不斷的增加之中。

七月三日，美軍第一軍團在攻佔了瑟堡之後，已經重新整頓就緒，遂決定作一個突破的企圖，向南衝出這個半島的底線。但是攻擊軍卻還是感到空間太有限，毫無迴旋的餘地，所以進展極為遲緩。七月八日，鄧普賽(Dempsey)將軍所指揮的英軍第二軍團，透入岡城，但是在奧爾尼河的渡口上，還是為德軍所阻。其他連續的側面攻擊也都逐一為德軍所擊退。七月十八日，又作了一個野心更大的企圖，是謂「佳林作戰」(Operation Goodwood)。英軍使用三個裝甲師，梯次的編成了一個大方陣，從岡城東北面的橋頭陣地躍出。首先用強烈可怕的空中轟炸，在三哩長的正面上，造成一個狹窄的缺口，然後英軍就從這裏鑽進去以達到德軍岡城防線的後方。短時間之內，英軍似乎已經有了突破的希望，但是進展卻實在太慢，而低級的指揮官們又不敢大膽的，繞過德軍已經設防的村落。此時德軍迅速的搜集戰車和戰防砲，橫跨著聯軍進路，建立了一道屏障。當這次機會喪失之後，英軍的再度進攻即更少進展。不過他們卻吸引住了敵人的注意力。使他們把最好的軍隊，都留在岡城地區中。九個裝甲師當中就有七個是被牽制在這一方面。

在諾曼第橋頭陣地的西端，美軍在布萊德雷指揮之下，於七月的頭三個星期當中，把他們的戰線向前推進了五哩到八哩的距離。此時，巴頓的美軍第三軍團，已經從英國運往諾曼第，準備大舉進攻。「眼鏡蛇作戰」(Operation Cobra)是在七月二十五日才開始發動，使用六個師的兵力，在一條長僅四哩的正面上同時進攻。開始攻擊前的空中轟炸，要比「佳林作戰」時還要猛烈。地面被炸得都是坑洞，結果反而幫助了德軍的零星守兵，便於阻止聯軍的前進。頭兩天當中，美軍一共只進展了五哩遠的距離。此後缺口才慢慢的擴大，進展也逐漸加速——直向半島的西南角上鑽去。七月三十一日，聯軍作了一個具有決定性的突破。因為前一天，英軍第二軍團突然的把他們的重點，從奧爾尼河的東面，移到了巴游以南的中央地區，準備向考蒙特(Caumont)附近進攻。德軍為了應付這個危機，把岡城地區中所有一切可以調用的兵力，都是集中到那一方面去。於是美軍即在此時，沿著瑟堡半島的西岸附近開始向阿夫藍士(Avranches)衝出，打開了那裏的大門。

從這個缺口中湧出，巴頓的戰車首先向南衝去，然後又轉向西南，很快的掃過了大半個不列塔尼(Brittany)。於是他再折向東面，繼續掃過羅亞爾河以北的地區，向勒芒(Le Mans)和沙特爾(Chartres)進攻。這個本來只有七十哩寬的橋頭陣地，突然放寬成四百哩的正面，由於空間太寬廣了，使敵人的那一點微弱兵力，根本上無法阻止他們的進展。當德軍企圖守住任何道路中心的時候，聯軍卻不斷的從旁繞了過去。

這個迅速發展的唯一危機，即爲德軍也許可能發動一次反擊，以來切斷在阿夫藍士的咽喉要道，那是一切補給所必須經過的地方。在希特勒堅持之下，德軍在八月六日的夜間，開始發動這個反擊，一共調來了四個裝甲師，準備孤注一擲。希特勒從他那個遙遠的大本營中，在地圖上所選擇的路線，實在是太直接化，所以一頭就撞在美軍側翼方面的「防盾」上。誠如布萊德雷所說的：「假使敵人的戰車，再多向南面溜過幾千碼的距離，那麼他們在這頭一天之內，也許即已經突入了阿夫藍士。」德軍一經被阻之後，聯軍的空軍馬上飛來助戰，於是這個攻擊就此無疾而終。而當這一次突擊失敗之後，德軍也開始陷於腹背受敵的險境，當他們的重量向西移動的時候，而美軍的裝甲兵力卻向東挺進，達到了他們的後方。美軍的左翼向北旋轉，以阿戎頓(Argentan)爲目標，此時克里拉將軍(Crerar)的加拿大第一軍團也從岡城向法來茲(Falaise)推進，於是雙方構成了一個鉗形運動。雖然這個鉗形並未能適時的合攏，把被圍的兩個德國軍團一網打盡，可是他們還是收容了五萬人的俘虜，而在戰場上的遺屍也在一萬具以上，至於所有突圍逃出的德軍，也都已經潰不成軍。由於在那個日益逼緊的空間裏面，他們不斷的受到空軍的轟炸，所以車輛的損失比人員還要厲害。德軍在法來茲「口袋」中受到了重創之後，遂使他們再無餘力來阻止聯軍的東進，因此聯軍迅速的渡過了塞納河。

每一次當德軍逃出了一個陷阱之後，他們不知不覺的，卻又陷入了一個更大的陷阱之內。他們在內陸方面的側翼，不斷的受到迂迴，他們的後方也不斷的受到威脅，因爲巴頓的裝甲兵，正在聯軍的左翼方面，拚命的往前衝。他在進路上，不斷的繞過敵人的據點，所以進展極速，使德軍的主力在戰略上，不斷的受到迂迴的威脅。

當巴頓的兵力在巴黎上方，越過塞納河向前推進之時，指揮最先頭部隊的第四裝甲師師長吳德將軍(Gen. Wood)，曾經把他自從阿夫藍士突破以後，所採用的進攻路線，寫了一個大綱送給我看。其中的要點是說：「唯一可做的事情就是必須依照下述兩條原理：㈠大膽，㈡間接路線。」

當聯軍打開西戰場上的大門時，空間和速度就變成了兩把互相配合的鎖鑰。直接的進攻雖往往被阻，而迂迴的行動卻經常可以獲得勝利。一旦聯軍獲得一個可以自由調動的無限制空間之後，機械化的機動性，遂使他們可以把強大的優勢力量，完全發揮出來。

這種寬廣的側翼迂迴，使得德軍在法國境內的地位，迅速的開始崩潰，因此八月十五日，當美法聯軍所組成的第六軍團，在巴區將軍(Gen. Patch)指揮之下，從法國南部登陸時，實在已經是畫蛇添足。這種侵入戰只算得上是「散步」，因爲德軍在南部海岸上，一共只留下了四個師的兵力，而且素質也都低劣不堪。以後當聯軍直向內陸挺進，衝到隆河河谷時，其所遭遇到的主要問題，都是在補給方面，而非戰術方面。八月二十三日，聯軍佔領了馬賽，同一天之內，聯軍又經過山地，達到了格勒諾勃(Grenoble)。

八月十九日，法國的地下軍在巴黎開始起事，雖然在前幾天之內，他們的情況非常的危險，可是聯軍的裝甲部隊於二十五日趕到了該城，扭轉了這個局勢。此時，巴頓軍團卻已經在巴黎的東北面，向馬恩河狂奔。

第二個重要的發展，即爲英軍第二軍團的擴張行動，他們在盧昂以東，渡過了塞納河，把還正在盧昂以西，與加軍第一軍團相持的德軍第七軍團殘部，裝進了陷阱之中。德軍大部分都能夠迅速的溜走，退過塞納河，但是他們卻想不到英軍的裝甲縱隊，又迂迴得更遠更深，在更後方的地點上切斷了他們的退路。鄧普賽的矛頭於三十一日清晨，達到了亞眠，從塞納河上起，兩天一夜共走了七十哩。渡過了索穆河，他們就迅速經過阿拉斯和里耳，直向比利時邊境進發——到達了尙留在加萊海峽附近的德軍第十五軍團後方。在東面，霍奇(Hodges)的美軍第一軍團也已經向前躍進，在希爾森(Hirson)附近，達到了比利時邊界。

在更東邊，巴頓軍團所作的行動就分外驚人，他穿過香檳地區，繞過凡爾登，在麥次與提昂維爾(Thionville)之間，達到了摩塞爾河河岸，接近著德國本土的邊界。不過因爲燃料的補給已經開始發生困難，所以逐漸喪失了它的重量。由於燃料缺乏，其裝甲矛頭不得不停止前進，儘管在戰略方面的希望，卻是一天比一天多。因爲此時他們距離萊茵河已經不到八十哩。他們獲得燃料補充之後，馬上又繼續前進，可是敵方的抵抗卻已轉堅。巴頓的突進對於「法國之戰」而言，是一個決定性的因素，但是在「德國之戰」中，由於補給上的限制，卻使他們無法具有同樣的決定性。「伸展過度」的戰略性規律在此又發生了作用，使戰局陷於停頓。聯軍在這個地區中，停頓了很長久的時間。首先巴頓被迫向麥次，作直接性的進攻，接著爲了爭奪這個名城，又發生了長期的近接戰，完全喪失了迂迴的意味。

九月初在左翼方面，聯軍的進度又開始加速，現在提早獲得勝利的希望，就又轉移到這方面來了。英軍的裝甲縱隊於九月三日進入布魯塞爾，九月四日又進入安特衞普，接著就透入了荷蘭。利用這個巨型的迂迴運動，蒙哥馬利已經把留在加萊和諾曼第的德軍後路，完全切斷——這也就是他們在西線上的主力。美軍第一軍團佔領了那慕爾，並且在第南特和吉維特兩點上，渡過繆斯河。

在這個千鈞一髮的時候，德軍在西戰場上的前敵指揮官，已經改由摩德爾元帥充任，他在俄國前線上，以能從「無中生有」的環境中獲得預備隊，而負有盛名。他現在遂更大規模地創造出了一個奇蹟。德軍在法國境內被俘的總數，已在五十萬人以上，現在他們的防線，從北海以達端士邊界，全長爲五百哩，所以若憑常理來推斷，則他們實在是無處可以抽調預備兵力，以來防守這樣長的一條防線。可是德軍卻居然能夠創出奇蹟，使戰爭又再拖了八個月之久。

在這個恢復期中，由於聯軍補給方面發生了困難，使他們獲益不少。因爲聯軍最初的攻擊，其重量都很輕，所以德軍使用臨時雜湊的兵力，居然也可以撐得住。接著聯軍的力量增加得也很慢，使他們無力作強大的攻擊。補給困難的理由，一部分是由於聯軍自己進展太快太遠；一部分是由於德軍故意留下一些守兵，死守住法國的各港口。結果聯軍對於敦克爾克、加萊、布倫、哈佛爾，以及不列塔尼方面的若干大港，都無法利用，這對於聯軍的攻勢，是一個很重大的間接阻礙。雖然他們已經佔領了更大和更好的安特衞普港口，但是德軍卻依然控制住須耳德運河河口，使聯軍無法加以利用。

在尚未從諾曼第地區突出時，聯軍的補給從基地運到前線的距離，還不到二十哩。現在卻已延長到三百哩左右。這個重擔完全由聯軍的摩托化運輸車輛負荷，因爲法國境內的鐵路網早已爲空中攻擊所炸毀。在過去，轟炸曾使德軍陷於癱瘓的境地，使他們無法對聯軍的侵入，作有效的反擊。現在卻倒過來，它也使聯軍在追擊時，難於保持他們的動量。

九月中旬，爲了想挖鬆德軍防線的根基，聯軍曾經作過一次果敢的企圖。他們準備把三個空降師，投擲在荷蘭境內敵軍右翼的後方，以便當英軍第二軍團向下萊茵河進攻時，可以先掃清他們的進路。在德軍防線的後方，空降部隊分成許多梯次，向一個寬達六十哩的地帶，紛紛降落。在所有四個戰略性「踏腳石」上，都要獲得一個立足點：㈠在艾恩德霍芬(Eindhoven)的威廉敏娜運河(Wilhelmina Canal)渡口，㈡在格拉夫(Grave)的馬士河(Mass，即繆斯河的下游)渡口，㈢在奈美根(Nijmegen)的瓦耳河(Waal)渡口，㈣在安恆(Arnhem)的來克河(Lek)渡口。這四個踏腳石當中，有三個已經被佔穩通過。但是在第三點上發生了一點挫折，結果遂使聯軍喪失了佔穩第四個的機會，因爲德軍的反應實在是太快了。

這個挫折使聯軍的地面攻勢，也隨之而失敗，並且把第一空降師完全犧牲在安恆。不過因爲有迂迴德軍萊茵防線的可能性，所以這個險是值得一冒的，而把空降部隊投擲在如此深入敵後的地區中，也要算是非常英勇的行爲。第一空降師在安恆這個孤立位置上，一共苦戰了十天之久，本來預計他們最多只能支持兩天的時間。但是由於空降部隊著陸的地點，四個點都在一條直線上，這無異於把第二軍團的攻擊方向，都明白的告訴了敵人，所以成功的機會遂不免大爲減少。

因爲目標太明顯，遂使德軍的問題大爲簡化，他們只要集中一切的預備隊，以來守著最後一個踏腳石，在英軍第二軍團的領先部隊趕到之前，先把那裏的空降部隊完全消滅即可。荷蘭的地形，加上它的狹窄路線，也幫助德軍阻止住聯軍的進展，因爲聯軍在這裏無法繞著大圈子走，以來迷惑敵人，和掩蔽進攻的方向。

萊茵河之戰

在安恆的賭博失敗之後，提早獲得勝利的希望也就隨之而消滅。聯軍只好暫時採取守勢，首先沿著德國的邊界，增強他們自己的力量，以便發動一個謹愼的巨型攻勢。這種工作當然需要很長久的時間，而尤其是因爲聯軍寧可企圖先在亞琛（Aachen），打開德國大門，而不去肅淸須耳德運河岸上的德軍，以來打通一條新的補給路線。結果美軍對於亞琛的攻擊是不免太直接化，所以其進展不斷的受到阻礙。

沿著西線的其餘部分，從九月到十月之間，聯軍更是缺乏任何有意義的進展。在這段期間，德軍的防守兵力卻已經在繼續增強之中——除了從法國逃回來的殘部以外，也增加了不少的新力量。德軍儘管在物資方面處於絕對的劣勢，可是他們的增援進度，卻超過了聯軍之上。一直到十一月初，須耳德運河河口上的德軍才被完全肅淸。

十一月中旬，聯軍在西線同時使用六個軍團的全部兵力，發動了一次總攻勢。所花的成本極高，而收穫之小則令人失望，繼續的努力也不過只是徒然使攻擊部隊大傷元氣而已。

對於這次攻勢應採取的基本模式，英美兩軍當局的意見並不一致。英軍主張集中全力打擊某一點，但是美軍卻希望採取寬廣的正面，到處向德軍防線作試探性的進攻。在這次攻勢失敗之後，英國人當然批評美國人的計畫失當，因爲兵力分散，所以才得不到結果。不過若對於作戰的情形，再加以仔細的分析，就知道最基本的錯誤還是企圖太明顯。儘管攻勢在表面上是具有寬廣的意味，分別由幾個軍團來執行，可是在每個軍團地區之內，他們的攻擊卻都是非常的狹窄集中。在每一處，聯軍所進攻的地點，都是德軍所事先已經預料到的。因爲所有的攻擊都是以進入德國的天然門戶爲目標。此外，主要的攻擊地區又是一個平原地帶，在這個冬季作戰中，很容易變成澤國，而影響到行動的速度。

十二月中旬，德軍突然發動反攻，使聯軍方面的軍民，都不免大吃一驚。他們已經能夠限制聯軍的攻勢，使其速度減慢到爬行的程度，並且還不曾動用他們自己的機動預備隊。所以自從美軍「突破」的機會逐漸消蝕了之後，德軍會來一次激烈反擊的危險性，似乎已經很明顯，尤其是聯軍方面也知道，德軍曾經乘著十月間的平靜時期，把他們多數的裝甲師，都撤出了第一線，並使它們獲得新戰車的再裝備。但是因爲聯軍求勝心切，才會完全忽視了這個反攻的可能性，結果遂至於爲敵所乘，受到很大的震動。

無論是大型反攻也好，小型逆襲也好，都是乘著對方已經動用了他們的全部力量，而尙未能達到其目標時發動，才最爲有利。在這個時候，由於久戰之餘，敵人的部隊必已疲憊，而其指揮官手裏也不會有太多的預備隊，來應付敵人的反擊——尤其是當這個反擊是從另一個方向打來，則更會使他們手足無措。

德軍統帥部對於地形的選擇，其觀念也與他們的對手完全不同，這也是對他們有利的。他們所選擇的反攻戰場，就是那個丘陵起伏，森林密布的阿登地區。那是公認的險惡地區，所以照正統派的看法，絕不可能在那裏作大規模的攻勢。同時，森林對於兵力的集中，可供掩蔽之用，而較高的地勢使地面乾燥，便於戰車的馳騁。這兩點對於德軍都是有利的。

他們主要的危險，即爲害怕聯軍空軍會迅速的加以干擾。摩德爾對於這個問題，曾經作過下述的總評：「第一號敵人就是對方的空軍，因爲他們具有絕對的優勢，可以用戰鬥轟炸機的攻擊，和地毯轟炸的方式，來毀滅我方的攻擊矛頭和砲兵，並且使後方的運動變得完全不可能。」所以德軍根據氣象預測的結果，來選擇發動攻勢的日期，希望能夠獲得天然的掩護。結果頭三天當中，雨霧交加，使得聯軍空軍無法起飛作戰。這樣，惡劣的天氣也變成了一個有利的因素。

德軍實在需要這一切的「有利因素」，因爲這一次，他們賭本實在是太小了，而賭注卻又下得太高。他們自己也明知這是孤注一擲，所以他們才打出了最後的一張王牌。打擊的主力爲第五和第六兩個裝甲軍團，所使用的戰車是從各處盡量搜括得來的。

從攻勢的眼光來看阿登地區，其最大的弱點就是高山與深谷交錯，使中間通過的道路變成了「咽喉」要點。在這些點上，戰車的前進是很容易被阻塞的。德軍當局爲了預防這種危險，本來可以首先使用傘兵，把這些戰略性隘路，迅速的加以佔領。但是自從一九四一年五月，德軍曾經大規模使用空降部隊，攻佔了克里特島之後，他們就聽任這個特殊技術性的兵種自行退化，於是到那時能用的人數已經十分的有限。

這次反攻的目標實是太遠大——使用一條間接路線，一直向前突破，衝到安特衛普爲止，切斷英國集團軍與美軍和補給之間的聯繫，然後再把孤立的英軍完全擊毀。曼陶菲爾所率領的第五裝甲軍團，預定在阿登地區中，首先突破美軍防線，先向西衝進，再轉向北面渡過繆斯河，經過那慕爾以達安特衛普。他們一面前進，一面沿途建立了一道側衛阻塞防線，以阻南面的美軍，干涉北面的戰事。第六裝甲軍團由黨衛軍將軍狄特里希 (Sepp Dietrich) 指揮，則沿著一條斜行的作戰線，向西北挺進，經過列日以達安特衛普，在英軍和北部美軍的後方，建立起一道戰略性的阻塞線。

由於奇襲的助力，在最初數日中，德軍的反攻進展頗速，使聯軍方面大為震動，並且發生了紊亂。最深入的穿刺是曼陶菲爾的第五裝甲軍團所造成的。但是由於聯軍空軍的壓力，使他們感到燃料缺乏，終於喪失了時機。他們始終不曾衝到繆斯河上，但是在某幾點卻已經十分的接近。德軍失敗的主因有兩點：㈠是被繞過的美軍殘部，還是死守著阿登山地中的若干重要「瓶頸」，使德軍的運動不易暢通。㈡當蒙哥馬利受命負責挽救這個北面危局的時候，他的行動也非常的迅速，立即調動預備隊開向南方，以阻止敵人渡過繆斯河。

在第二階段，當聯軍已經集中了他們的兵力，正準備拔去已經揷在他們防線中的那個巨型「尖劈」的時候，德軍卻作了一個技巧的退卻，使他們跳出了那個網羅。專以這個作戰本身的經過而論，德軍的反攻對於他們還是有利的，雖然未能達到預定的目標，但是卻已經破壞了聯軍的整個攻勢準備，他們自己的成本並不算高，而敵人的損失卻很慘重。唯一的錯誤，就是到了作戰後期，希特勒又是堅持不肯撤退。

但是從整個的戰局來看，這一次反攻卻是一個「送終」的行動。在這次作戰中，德軍所消耗的力量，已經超過了他們所能夠負擔的限度。由於這一次的消耗，遂使德軍對於爾後的聯軍攻勢，再也沒有持久抵抗的可能性了。同時它也使德國軍人認清了，他們絕無「回天」的力量，因此也使他們完全喪失了希望。簡言之，這次戰役無異於是宣告德國在軍事方面，已經破產。希特勒從此再也無法欺騙德國的軍民，他們都知道眼前已是山窮水盡，再打下去只不過是徒然犧牲罷了。

最後階段

從八月起一直到年底爲止，俄軍的主戰線都完全陷於靜止的狀態中，停止在波蘭的中央部分。俄軍現在正在補修他們的後方交通線，並且增強前線上的兵力。秋天時，他們曾經企圖攻入東普魯士，但並未能擊潰德軍的防線。

此時，俄軍的左翼從羅馬尼亞和保加利亞，繼續向前推進，使用一個巨型的迂迴運動，逐漸的把匈牙利和南斯拉夫，都框進他們的圈子之內。這在大戰略和戰略兩方面，都是一個具有長遠目標的行動。因爲一方面要在所通過的國家中，建立控制的體系，另一方面又受到交通阻塞的影響，所以進展得很慢。但是只要它還在繼續進行之中，那麼它對於共同的目標，也就當然的增加了戰略上的影響作用。德軍爲了應付這個側翼上的威脅，不免抽調了很多的兵力，結果使他們更難於應付東西兩面的主要攻勢。

一月中旬，柯涅夫的部隊在波蘭南部，向德軍發動了一個大規模的攻勢，以桑多米爾茲(Sandomierz)附近的維斯杜拉河上橋頭陣地爲起點。等到他們透入了德軍防線，並對於中央地區，構成了側面的威脅之後，朱可夫的兵力也隨之在華沙附近的橋頭陣地，向前躍進。雖是在冬季條件之下，這個攻擊在第一個星期內的進展，其速度實不亞於過去的夏季攻勢。

在西波蘭的防線後方，多數地區都是寬濶平坦，對於守方極爲不利——德軍在一九三九年的攻勢中，即已有過這種經驗。一個機動性的攻擊者，在這裏是佔了先天的地利，若是他擁有優越的兵力，則在這個寬廣的空間中，更是具有運動自如，蹈隙乘虛的利益。而現在德軍卻是處於守勢，同時又缺乏兵力及機動性的地位。

在第二個星期中，俄軍的步調還是維持著原有的速度，而俘虜的數量卻已在不斷的增加，這表示由於事先德軍統帥部，遲遲不肯實行總退卻，以至於俄軍的矛頭現在已經追過他們。而德方對於德國邊界內的若干大城鎮，也開始匆匆撤退平民人口，更顯示出俄軍進展的速度和威力，已經使德軍統帥部的原定計畫喪失了效力，他們現在準備退守國界，所以才作此行動。

從夾在克拉考和洛次兩城之間的寬廣空間中前進，柯涅夫的大軍掃過了波蘭西部邊界，進入了西利西亞。一月十九日，克拉考和洛次兩個城市都被攻陷，前者是由於朱可夫側翼進攻之所致。二十三日，柯涅夫在布勒斯勞(Breslau)上方，進入奧得河(Oder)，其正面寬達四十哩，並已經在好幾個點上，渡過了這條河流阻塞線。在這個迅速的前進中，他蹂躪過了上西利西亞的重要工業區，而使德國的戰時生產受到重大的打擊。但是德軍在奧得河的彼岸，卻已經厚積兵力。實行固守。並限制了俄軍橋頭陣地的擴展。

在俄軍的右翼方面，羅柯索夫斯基的兵力，也從納雷夫河上(在華沙的東北面)，向東普魯士進攻。他們從邊界的西端，透入東普魯士，經過著名的坦能堡古戰場——這是一九一四年俄軍遭到慘敗的地方——並於二十六日在但澤(Danzig)以東，達到波羅的海海岸。在東普魯士境內的德軍，大部分都被切斷，然後被包圍在哥尼斯堡(Konisberg)。

此時，在俄軍中央的朱可夫部隊，已經向西北面進攻，以兩個交通中心——托侖(Torun)和波茲蘭(Poznan)——作爲目標。然而他卻繞過這兩個據點，直接衝向德國邊界，讓它們像兩個小島般，孤立的站在狂潮之中。朱可夫於二十九日，越過了德國國界，然後繼續向奧得河挺進，該河在這一方面，要比在西利西亞境內更往西流。因為他的目標已經明顯地指向柏林，距離奧得河岸只有五十哩遠，所以他自然會遭遇到德軍的強烈抵抗。雖然他的戰車於三十一日，即已在庫斯特寧(Kustrin)附近，達到了奧得河，但是又過了相當的時候，他的兵力才能夠以寬廣的正面，推進到河岸上，而其渡河的企圖，卻一再連續的為德軍所擊退。

柯涅夫的兵力現在企圖作一個側面的助攻，以求奧得河的彼岸上，向西北推進，但在奈塞河上(Neisse)又復為德軍所阻。

伸展過展的定律現在又開始生效了，俄軍在東線受阻，一直等到聯軍在西線重整攻勢之後，戰局才獲得了最後的決定。

當俄軍正在奧得河上作戰時，艾森豪在二月初，也發動了一個新的大攻勢，其目的是在萊茵河以西，將德軍擊毀，而不讓他們渡河退回去。首先由左翼方面的英加第一軍團開始攻擊，向萊茵河西岸旋轉，使正在科隆(Cologne)以西，面對著美軍(第一和第九兩軍團)的德軍，受到側面上的威脅。但是由於受到德軍阿登反攻的影響，這個攻勢未能提前進行，現在因為解凍的緣故，地面又變得非常的柔軟，這使德軍在抵抗方面獲益不少。德軍炸毀了羅爾河(Roer)上的水壩，使美軍受到洪水氾濫的阻礙，延緩了兩個星期的時間。以後當美軍進攻時，仍然還是受到頑強的抵抗。結果一直到三月五日，美軍才進入科隆。此時德軍已經有了充分的時間，足以把他們那個殘破的兵力，連同多數的裝備，都撤過萊茵河。

不過德軍為了想阻止聯軍左翼方面的進攻，其所使用的兵力，在比例上未免過高。結果使他們自己左翼的兵力減弱，而替美軍第一和第三兩個軍團，造就了一個好機會。第一軍團的右翼在波昂衝到了萊茵河上，而其中的一個支隊在雷馬根（Remagen），使用奇襲的手段，搶到了一座完整的橋樑。艾森豪並沒有從這個意想不到的缺口中，立即作擴張行動，因為若是那樣做，他就勢必要調動他的預備隊，而且對於下一個階段（也就是決定階段）的計畫，也必須作相當的調整。但是雷馬根的威脅，卻構成了一個很好的吸引力，吸住了德方那個已經很感缺乏的預備隊。

美軍第三軍團突入了艾菲爾地區（Eifel，即阿登山地向德國境內的延長部分），卻要算是一個更大的收穫。這次又是巴頓擔負矛頭的任務，和在諾曼第突破時一樣，還是那個身經百戰的第四裝甲師。他們在柯不林茲（Coblenz）衝到萊茵河岸上。巴頓於是把他的兵力往南面一轉，越過下摩塞爾河，進入了帕拉庭那特地區（Palatinate），再進到萊茵河的西岸上，切斷了面對著巴區第七軍團的德軍的後路。這一擊之下，他使他們無法退過萊茵河，並且捕得一大口袋的俘虜。接著他再回轉身來，在毫無阻力的狀態之下，向東渡過了萊茵河。這次渡過的時間是在二十二日夜裏，地點在梅因斯（Mainz）到渥姆斯（Worms）之間，接著他就向巴伐利亞的北部深入，以求迅速的擴張戰果。於是德軍整個防線都脫節了，當時有一種傳說，認為德軍可能會退到自南部山地中，憑險死守到底，巴頓的這一擊也打消了這種企圖的可能性。

二十三日夜間，蒙哥馬利集團軍，在荷蘭邊界附近的萊茵河下游方面，也開始照預定計畫，作渡河的攻擊。在黑夜裏，聯軍分四點渡河，第二天上午，再把兩個空降師，投擲在更遠的地方，以來減輕德軍對於橋頭陣地的壓迫。德軍的抵抗開始到處發生了潰裂的現象，而終於變成了全面的總崩潰。

即令如此，戰爭還是又拖了一個月以上才結束。此時除了南北兩端部分地區，德軍的殘部可以說已經不再有任何抵抗的作用。但是當聯軍越過萊茵河再往前進之時，其補給問題卻使他們遭到很多的困難。而空中攻擊，也製造了許多的碎瓦頹垣，阻塞著進路，此外還有複雜的政治因素，也使他們不能不多所顧慮。

當聯軍渡過萊茵河之後，軍事上的勝負即已經成為定局，不過在此以前，德軍的力量即本已用盡，所以這實在只是一個時間問題而已。

當聯軍從各個方向上向中央壓迫時，德軍原有的綿長戰線，也就迅速縮短，可是他們的力量卻減低得更快，更不成比例。其原因是由於希特勒，一直堅持要實行那種毫無彈性的防禦戰略，所以才會把德軍的力量完全消耗殆盡。當他尚未被勝利的氣焰沖昏腦筋時，他對於攻勢戰略方面，卻是具有極靈巧的彈性。可是等到他來使用防禦戰略時，卻反而完全喪失了彈性。這眞是個很奇怪的對比。

由於德軍的力量和他們的物質資源，都已經匱竭到了極點，然而他們在那樣寬廣的周界上，卻還能夠繼續支持那麼長久的時間，實在要算是奇蹟。一方面，是由於德軍具有一種超人的忍耐力，而另一方面，聯軍的「無條件投降」要求也與有功焉——從大戰略方面來看，這實在是一條太直接的路線。不過最重要的卻是這個事實也正足以證明出，近代化的防禦實在是具有極大的潛力。依照任何正統軍事家的計算，在這種強大攻擊力量的重壓之下，以德軍的力量要想抵抗一個星期的時間，似乎都很成問題，可是他們卻居然苦撐了好幾個月之久。當他們所據守的正面，若是長度能與兵力成相當比例的時候，他們即常常能夠擊退優勢的敵人——這個優勢的對比常在六比一以上，有時更在十二比一以上。所以擊退德軍的不是聯軍，而是「空間」。

假使德國的對手，在過去早能認清這一點，而改用能夠發揮「防禦」優勢的方法，以來對付德國的侵略，則這個世界將可省卻很多麻煩和悲劇。

很久以前，著名的拳師梅士(Jem Mace)，累積他多年拳賽的經驗，而歸納出下述的格言：「讓他們先向你攻擊，結果他們就會被他們自己所打倒。」另外一個名拳師麥柯依(Kid McCoy)，在教拳的時候，也發表了同樣的意見：「引誘你的對手進攻，然後乘他兩隻手都佔據了，而你還有一隻手是空著的時候，來把他擊倒。」

梅士格言中所表現出來的眞理，也就是我們從非洲、俄國，和西歐的各個戰場上面，所可能獲得的最有價值的戰術性教訓。任何有經驗和有頭腦的指揮官，即令是在採取攻勢的時候，他們也都知道如何去獲得守勢的利益。

對於整個戰爭而言，這也是最主要的教訓。德國人是被自己打敗的。假使他們自己不那樣倒行逆施，那麼他們的對手想擊敗他們，就不免會難上加難了。德國人對於勝利的問題，採取一種太直接性的路線，結果使對方對於他們的問題，卻反而獲得了間接性的解決。德國的失算和膨脹過度都足以使對方坐享其利。不過假使聯軍方面，在最初即能對戰爭的基本條件，有更徹底的認識，而且在準備戰爭時，不採用傳統性的路線，那麼戰爭的時間和禍害必能大量的減少。

第四篇

戰略和大戰略的基礎

第十九章 戰略的理論

從歷史的分析上面，我們既已獲得結論，現在似乎就可以在這個新的基礎上面，爲所謂戰略思想，建築一幢新的住宅。

首先讓我們說明戰略到底是什麼？克勞塞維茨在他那本鉅著《戰爭論》(*On War*)中，曾經有過下述的定義：「一種使用會戰爲手段，以來獲得戰爭目的的藝術。換言之，戰略形成戰爭計畫，對於構成戰爭的每一個戰役，劃出其理想中的路線，並且管制著每一個戰役中所要硬打的會戰。」

這個定義的第一個缺點，是它侵入了政策的範圍之內。所謂政策者，也就是對於戰爭的較高層領導，這是政府的職責，而並非軍事領袖所應該過問的。軍事領袖的任務即爲對於作戰，要作執行性質的控制。第二個缺點，就是它把「戰略」的意義限制得太狹窄，只以純粹利用會戰爲限，於是遂產生一個錯誤觀念，會使人認爲會戰就是達到戰略性目的的唯一手段。對於那些自命爲克勞塞維茨的高徒，而又欠通的人們，似乎很容易就會把目的和手段混成一團，而得到這樣一個結論：在戰爭中應以決定性會戰爲主要目標，而其他一切的考慮都這個主要目標的附屬品。

戰略與政策關係

假使戰略和政策這兩種任務，都很正常的集中在一個人的手中，例如過去的腓特烈大帝和拿破崙，那麼它們之間的區別，自然不會有多大的意義。不過時至今日，這種軍人統治者已經很少見了，在十九世紀當中，幾乎暫時絕跡，於是若不把戰略和政策之間的界線，明白劃出來，則不免會有許多潛伏的害處。因爲它足以鼓勵軍人們，提出荒謬的要求，認爲政策應該向他們的戰略低頭。尤其是在民主國家中，又有一種矯枉過正的現象，政治家要想擴大他們的控制範圍，甚至於當他們的軍事僱傭如何實際使用他們的工具時，也要受到他們的干涉。

毛奇對於戰略，也曾經下了一個比較淸楚而聰明的定義。他說：「戰略就是當一位將軍想達到預定目的時，對於他所可能使用的工具，如何實際應用的方法。」

這個定義確定了一位軍事指揮官，對於政府所應負的責任——他是受著那個政府的僱用。他的責任即爲在指定給他的戰場中，使用分配給他的力量，以求對於較高級的戰爭政策，作最有利的貢獻。假使他認爲所分配的力量，不足以完成這個指定任務，他應該據理力爭，假使政府不聽信他的意見，他可以去就爭；但是假使他要想企圖「命令」政府，把何種力量交給他指揮運用，那麼便超出了他的合理限度之外了。

反而言之，政府既然具有決定戰爭政策的全權，所以就必須使這種政策，能夠經常適應著變化的條件。當戰爭正在進展時，一切的條件也都是瞬息萬變，因此政策也絕不可以硬化，而喪失了彈性。

政府對於一個戰役中的戰略，也具有干涉的權柄，不僅可以撤換喪失了信任的指揮官，而且還可以修正他們的目標，以來配合戰爭政策的需要。政府應該把任務的性質，明白的告訴軍事指揮官，但是對於他如何運用他自己的工具，卻不宜加以干涉。所以戰略並不一定只是有一個單純的目標——擊毀敵人的軍事力量。當政府看到敵人，在某一個戰區中，或全面戰場上具有軍事上的優勢時，那麼採取一個有限目的的戰略，似乎是比較聰明。

有時需要等候，直到同盟國參戰，或從另外一個戰場上有生力軍調來之後，才可能使力量平衡的局面發生新的變化。有時不僅需要等候，甚至需永久的限制軍事方面的行動，而讓經濟戰來決定最後的勝負。有時在戰前的計算中，即可以看出擊毀敵人軍事力量的任務，根本上就超出其本身能力限度之外，或者是得不償失，不值得如此去做——這時戰爭政策即可以奪取某些領土爲目的。當和平談判時，可用它來當作討價還價的工具，或是設法永遠的佔領著它。

這種政策在歷史中，可以找到許多例證，雖然正統的軍事理論並不支持它。有些人很抱歉的說，這是一種「弱勢」的政策，實際上並不盡然。事實上，大不列顛帝國的歷史即以此爲其維繫，對於英國的盟友，這種政策也常常成爲它們的救生圈。在過去，是習焉而不察，所以我們現在就要正式追問，到底這種「保守」性的軍事政策，在戰爭指導的理論中，是否也有資格佔一席之地呢？

採取有限目的的戰略的一般理由，就是爲了要想等候「力量平衡」的局面發生變化。我們常常可以用「針刺」的方法，而不必一定要冒「打擊」的危險，即足以達到消耗敵人和削弱敵人的目的，因而逐漸的使平衡發生變化。使用這種戰略的最重要條件，即爲必須使敵人的消耗量，超過他們自己的消耗量。要達到這個目的可以使用下述的手段：攻擊敵人的補給線，發動局部攻擊以達到「大吃小」的效果，引誘敵人作徒勞無功的攻擊，促使敵人分散他的兵力，設法消磨敵人的精力。

以前曾經提出過這樣一個問題：將軍在他的戰場之內，對於他自己的戰略執行，是否具有絕對的自由權。毛奇的那個比較淸楚的定義，對於這個問題似乎可以供給一個暗示性的答案。因爲假使政府已經決定採取一個有限目的，或是「費賓」式的大戰略，那麼那位將軍在他自己戰略領域之內，若還是想要擊毀敵人的軍事力量，則結果對於他政府的戰爭政策，遂不免要害多利少了。通常一個有限目標的戰爭政策，一定會產生一個有限目標的戰略，只有獲得政府的批准之後，軍事指揮官才可以去追求一個決定性的目標，而只有政府才有權決定何種目標是值得追求的。

現在我們可以擬定一個比較簡短的定義：「戰略是分配和運用軍事工具，以來達到政策目的的藝術。」戰略所研究的不僅只限於兵力的調動——一般的定義都只注意這一點——而且更注意到這種運動的效果。當軍事工具的運用，最後終於和實際戰鬥合而爲一的時候，此時如何處理和控制那些直接行動的方法，遂被稱作是「戰術」。雖然爲了便於講解起見，我們在這兩個名詞之間劃了一條界線，但是事實上，卻很難眞正將它們分隔淸楚，因爲它們之間，不僅互相具有影響作用，而且根本上即已混合成一個整體。

大戰略或高級戰略

戰術是把戰略應用到較低的一個階層中，同樣的，戰略也就是把大戰略應用到較低的一個階層中。大戰略和指導如何進行戰爭的政策，實際上是完全一樣，但是和專門決定戰爭目的的基本政策，卻又自有不同之處。大戰略這個名詞使我們想到「政策在執行中」的意味。因為所謂大戰略——高級戰略——的任務，就是協調和指導一個國家（或是一羣國家）的一切力量，使其達到戰爭的政治目的。這個目的則由基本政策來加以決定。

大戰略必須要計算到，並且還要設法發展國家的人力和經濟資源，以來維持作戰的力量。此外，精神上的資源也是同樣的重要——養成人民的意志精神，其重要性並不亞於獲得其他更具體形式的權力。大戰略也要負責規定各軍種之間的力量應該如何分配，以及軍事與工業之間的關係應該如何分配。抑有進者，軍事力量只不過是大戰略的各種工具中的一種而已，它更應該注意應用財政上的壓力，外交上的壓力，商業上的壓力，甚至於道義上的壓力，以來削弱敵人的意志。一個良好的理由（師出有名）是一把利劍，同時也是一塊防盾。所以，在戰爭中表示俠義的精神，可以算是最有效的武器，一方面可以減低對方的抵抗意志，而另一方面又可以提高本身的精神力量。

更進一步說，當戰略學的視線是以戰爭「地平線」為界的時候，大戰略的眼光卻透過了戰爭的限度，而一直看到戰後的和平上面。大戰略不僅要聯合使用各種不同的工具，而且還要限制它們的用法，避免有損於未來的和平狀態。在許多次戰爭之後，交戰雙方都常常是兩敗俱傷，其理由可以用下述的事實來加以解釋，大戰略和戰略不同，其領域之中還有一大部分都是神祕的處女地，正等待著人們去開拓和研究。

純粹戰略或軍事戰略

在掃清了場地之後，我們才可以在它的適當平面上，和原定的基礎上，把我們的戰略觀念建立起來——那就是以「爲將之道」爲基礎。

要使戰略能夠獲致成功，其最首要的要求，即爲對於「目的」和「手段」之間的關係，必須有精密的「計算」，使二者之間能夠密切的「配合」。目的必須與一切手段(工具)的總和成比例，而用來達到每一個中間目的的手段，必須與那個中間目的的價值和需要，能夠成比例——或者是要獲得某一種目標，或者是要完成某一種任務。手段絕不可以太過，因爲太過與太少同樣有害。

眞正的標準就是要使「兵力的經濟」，達到恰到好處的境界。「兵力的經濟」(或節約)已經成爲一種習用的軍事術語，它的意義早已發生歪曲，而使人忽略了它的「深意」。但是，由於戰爭是具有一種「不定性」，更由於缺乏科學化的研究，這種「不定性」的成分更分外增加，所以即令是最偉大的軍事天才，也不可能完全達到標準，不過愈是能接近這個標準，則其成功也愈大。

這種相對性是必然的，因爲無論我們如何發展戰爭科學的知識，但卻還是不免要依賴應用時的「藝術」。「藝術」不僅可以使「目的」接近「手段」，而且也給與手段以較高的價值，使目的可以更擴大。

這種情形就使計算益增其複雜性，因爲沒有一個人，對於人類天才和愚蠢的程度，可以作出正確的計算，同時意志的力量，更是無法估計的。

因素和條件

不過在戰略方面的計算要比戰術方面簡單，而且比較容易接近「眞理」。因爲戰爭中最無法計算的因素，即爲人類的意志，在抵抗力方面更顯出它的偉大價值，不過那卻是屬於戰術範圍之內的。在戰略的領域之內，除了天然的抵抗力外，它不需要克服其他的抵抗力。它的「目的」是「減少」抵抗的可能性，爲了達到這個目的，必須盡量發揮「運動」和「奇襲」兩個因素的威力。

運動是屬於物理性的領域之內，首先所要計算的就是時間、地形和運輸容量等項條件。所謂「運輸容量」者的意義，包括著運送和維持兵力時，所使用的一切工具和方法。

奇襲則屬於心理性的領域之內，它的計算要比在物理性領域之內的問題，複雜得太多了。其條件不僅衆多，而在每一種情形中，都有不同的變化。這些條件對於對手的意志，似乎都具有影響作用。

雖然就一般的情形而論，戰略的著眼如果不是比較偏重運動，而輕視奇襲；就是比較偏重奇襲，而輕視運動。實際上，這兩個因素卻互爲因果，相輔相成。運動可以產生奇襲，而奇襲又可以增加運動的衝力。因爲在運動中，假使突然增加它的速度，或是變換它的方面，那麼即令並無掩蔽，也一定可以帶有幾分奇襲的意味。同時奇襲可以阻止敵人採取對抗的行動，而爲運動碾平了道路。

至於說戰略和戰術之間的關係。在執行的時候，這條界線常常只算得上是一個暗影，我們很難決定到底戰略行動在何處結束，而戰術行動在何處開始。可是就觀念方面來說，這兩者之間卻具有很明確的分界。戰術是位置在戰鬥的領域之內，而且也塡滿了這個範圍。戰略不僅停止在這一道界線之上，而且它的目的是想要把實際的戰鬥，減至最低的限度。

戰略目的

有些人認爲在戰爭中，唯一正常的目的即爲毀滅敵人的軍事力量，有些人認爲戰略的唯一目的即爲會戰，有些更中了克勞塞維茨的毒，認爲「血液就是勝利的代價」。這些人對於上述的說法，也許會不表同意。不過即使就他們自己的立場而論，上述的說法也還是不會發生動搖。因爲即令把一個決定性會戰當作是目標，可是戰略的目的還是要使這個會戰，在最有利的環境之下進行。而環境愈有利，則戰鬥的成分也就愈相對的減低。

所以戰略的完美境界，就是要產生決定性的戰果，而不需要任何嚴重性的戰鬥——不戰而屈人之兵，善之善者也。依照我們已經研究過的結果，歷史上有許多的例證，足以說明若是能有有利條件的幫助，則戰略，事實上是可以產生這樣的結果。這些例證包括：凱撒的依勒爾達戰役、克倫威爾的普雷斯頓戰役、拿破崙的烏爾門戰役、毛奇於一八七〇年在色當對於麥克馬洪所部的包圍戰、艾倫比於一九一八年在撒馬利亞(Samaria)丘陵地對於土耳其軍的包圍戰。而最近代化，最驚心怵目，和最具有悲劇意味的例證，卻是一九四〇年，當古德林在色當作了一個奇襲性的中央突破之後，德軍在比利時境內即切斷了聯軍的左翼，並將他們一網打盡，接著遂使歐陸上的聯軍，終於發生了全面的崩潰。

以上所舉的例證，說明了若能迫使敵人自動投降和解除武裝，即能夠很經濟的達到「毀滅」敵人軍事力量的目標。可是對於獲得決定性的結果，或是完全戰爭的目的而言，這種「毀滅」並非一定必需。有時一個國家只是以維護本身安全爲目的，而並不想征服任何國家，那麼只要解除安全的威脅，就可以算是達到目的了——換言之，只要逼迫敵人放棄他的目的即可。

在波斯人早已放棄他們侵入敍利亞的企圖之後，貝利沙流士爲了想約束他部下的「決定性勝利」的野心，自願在蘇拉(Sura)吃一次敗仗。這是一個極好的例證，說明了「畫蛇添足」不特無益而且有害。反而言之，當波斯人以後又大舉來犯時，貝利沙流士還是很巧妙的把他逐退，使敍利亞境內不見敵蹤。這一次勝利可以算是在歷史上首開紀錄，它構成一個顯著的例證，表示純粹使用戰略，也可以獲得決定性的戰果——實際上，是完成了政策的目的。因爲在該次行動中，心理行動是如此的有效，使敵人自動放棄了他的目標，不再需要任何物質性的行動。

因爲這種不流血的勝利似乎是一種例外情形，所以物以稀爲貴，更增重了它的價值，這指明出來戰略和大戰略方面，它是具有極大的潛在可能性。儘管人類已經有千百年的戰爭經驗，可是我們對於心理戰的領域，還只是剛剛進入探險階段。

從對於戰爭的深入研究中，克勞塞維茨曾獲得下述的結論：「所有的軍事行動中，都充滿了智力和它的效果。」可是在實際戰爭中，所有的國家總是爲感情所驅使，而忘記了理智，因此完全忽視了這個結論的深意。他們還是不肯用頭腦，而寧願一頭猛撞在最近的牆壁上面。

因爲負責決定大戰略的當局，即爲一個國家的政府，所以它也要負責決定在戰爭中，戰略是用來獲得軍事性的決定呢？還是另有其他的目的？一位外科醫師的手術箱裏面，可以裝著許多不同種類的工具。爲了達到大戰略的目的，軍事工具不過是其他各種工具中的一種而已。同樣的爲了達到戰略的目的，會戰也不過是許多工具中的一種罷了。假使條件適合時，會戰常常是收效最快的一種工具，但是當條件不利的時候，勉強使用它卻是一種愚行。

讓我們假定有一位戰略家，由政府授權給他去尋找一個作軍事決定性的機會。他的責任就是在最有利的環境中，去尋找「決定」，以求能夠產生最有利的結果。所以他的眞正目的並非尋求會戰，而是要尋求一個最有利的戰略情況。這種情況即令它本身不能產生決定性的戰果，可是若再繼之以會戰，則一定可以獲得這種結果。換言之，使敵人喪失平衡，自亂步驟，才是戰略的眞正目標，其結果不是敵人自動崩潰，就是在會戰中輕易被擊潰。要使敵人自動崩潰，也許還是需要一部分的戰鬥壓力，可是在本質上，這與會戰卻完全是兩件事。

戰略行動

戰略如何才能使敵人喪失平衡呢？在物質性的領域中，下述的幾個行動都能產生這種結果：㈠擾亂敵人的部署，迫使他們突然的改變正面，使他們在兵力的組織和分配上，自亂步驟，發生混亂現象；㈡隔開（切斷）他們的兵力；㈢阻擾他們的補給；㈣威脅他們的退路，使其與基地或祖國之間，喪失聯繫。

上述這些方法中的任一種，都可以產生使敵人喪失平衡的效力，可是通常卻是幾種方法合用的後果。實際上，它們是很難分開的，因爲一個趨向敵人後方的行動，即可以把這種方法都合併在一起。不過各種方法的影響作用，卻可以有不同的變化，在歷史上我們可以找到這種變化的軌跡，它與軍隊數量的大小，和組織的複雜性，都具有密切的關係。當軍隊採取因糧於敵的辦法時，用搶掠或徵收的方式，來就地取得補給，那麼所謂交通線者對於他們，實在沒有什麼重要性。甚至於在一個較高度發展的軍事情況中，若是兵力愈小，則其在補給方面，對於交通線的依賴性也愈小。軍隊的體型愈大，組織愈複雜，其對於交通線的威脅，所感應的效力也就愈迅速而激烈。

當這種依賴性不太大時，戰略的運用當然受到相當的障礙，而戰術遂居於較重要的地位，雖然如此，即令是受到障礙，有本領的戰略家用威脅敵人退路，擾亂敵人平衡，和切斷局部性補給等等手段，還是可以在會戰之前，先產生出一個具有決定性的有利條件，而讓會戰來竟其全功。

要想產生效力，則這種威脅在使用時，無論就時間和空間而論，都應該較接近敵人軍隊的本身，而非以他們的交通線爲目標。所以在古代戰爭中，我們對於戰略和戰術性兩種運動，實在是很難加以區別。

就心理方面而論，是由於我們以上所列舉的物質性手段，在對方指揮官心靈上產生了一種印象，結果才使敵人發生「喪失平衡」的現象。若他是突然感受到他已經處於不利的境況之下，或者是他感覺到已經無力採取對抗的手段時，那麼這種印象也就會特別的強烈。心理上喪失平衡的主因，即爲他本人感覺到他已經陷入陷阱了。

爲什麼當我們向敵人後方，採取一種物理性的行動之後，敵人在心理上常常會感到喪失平衡，其原因即在此。軍隊也和人一樣，除非回轉過身來，把它的手臂(兵器)用在另一個新的方向上面，否則他就很難保護他的背面，不受到敵人的打擊。當「轉」一個身的時候，即可使他暫時喪失平衡，無論是軍隊或是個人都是一樣的。不過軍隊要想恢復平衡，其所花的時間一定比個人還要長。所以「頭腦」(指揮官)對於任何來自背面的威脅，總是最敏感的。

反而言之，直接面著敵人的行動，則在物理和心理上兩方面，都不特不能搖動敵人的平衡，反而更鞏固了他們的平衡，換言之即是增加了他們的抵抗力量。因爲對於一支軍隊而言，正面攻擊只能使敵人向後捲退，逐步接近他們的預備隊、補給和增援，所以原有的正面在撤退中逐漸磨薄了的時候，在它的後面卻又加上了「新層」。這樣的攻擊，充其量最多也只能使敵人發生緊張現象，而不能使其發生震恐現象。

所以當繞著敵人正面趨向他的後方時，其目的不僅是希望在途中能避免敵人的抵抗，而且還希望在最後的結局上，也同樣能如此。用最奧妙的語氣來說，就是要採取抵抗力最少的路線。若從心理方面來立論，那麼也就相當於是期待性最少的路線。它們好比是一個銅錢的兩面，能明白這個道理，則我們對於戰略的了解，才可以更推廣一層。假使我們所採取的路線，固然是抵抗力最少的，可是同時這種性質又是顯而易見的，那麼我能知則敵亦必能知，於是這一條路線馬上即可能會變得不是抵抗力最少的了。

在研究物理性的問題時，我們要永遠記著心理方面的關係，而且唯有有把這兩方面融會貫通之後，才算得上是眞正間接路線的戰略，唯其能如此，才足以破壞敵人的平衡。

僅是向敵人作間接的行軍，以達到他們的後方，這算不上是一種戰略性的間接路線，戰略的藝術沒那麼簡單。也許剛剛開始行動時候，對於敵人的正面而言，是具有間接性的，但是因爲它在前進時，是直接以敵人後方爲目標，所以很容易讓敵人看出這種危險，而搶先變換他們的部署，於是對於敵人的新正面而言，這個行動遂一點也不再具有間接性，而變成了純直接性了。

因爲敵人既然有這種搶先變換正面的可能性，所以在採取這種直趨敵後的行動之前，通常勢必還要先有一個或幾個「預備性」的行動，這些行動的目的就是要「分散」敵人的注意，和「牽制」他們的兵力。換言之，也就是想設法剝奪敵人的行動自由權。無論在物理還是心理方面，都應該先使用這些手段。在物理方面，應該設法分散敵人的兵力，使他去追求一些不相干的目標，讓他們感到「備多力分」，而無力阻止我方的決定性行動。在心理方面，要設法欺騙敵人的指揮官，使他感到困惑和恐懼。「石牆」傑克遜對此種戰略方法曾經有過下述的格言：「使敵人感到神祕莫測，引誘敵人走上錯誤的途徑，然後再實行奇襲。」前兩句也就是「分散」敵人注意和兵力的基本方法，而奇襲即爲使敵人「喪失平衡」的先決條件。必先使敵方指揮官的注意力分散，然後才可以使他們的兵力也隨之而分散。行動自由的喪失，也就是思想自由喪失的後果。

對於物理性的領域是受到心理因素的支配和影響這一點，有了一番較深切的認識之後，即更可以看出這種認識還自有其間接的價值。因爲它無異於向我們提出一個警告，告訴我們那些想用數學的方法，來對戰略作分析研究的人，其想法是如何淺薄可笑。照他們看來，只要能夠在一個選定的位置上，集中了優勢的兵力，即足以決定戰局的勝負。實際上，這種定量觀的戰略思想，也正和過去那種幾何觀的戰略思想一樣，都是犯了同類的錯誤。

一般的教科書都有這種錯誤的趨勢，把戰爭的主體，當作是「集中優勢兵力」這一回事看待。這種觀念與戰爭眞理差距太遠，因爲照這種觀念向前發展，其結果一定非鑽入牛角尖不可。福煦對「兵力經濟」的原理，曾經下了一個著名的定義。他說：「這就是一種藝術，能夠把全部的力量，於一個指定的時間中，投擲在一個指定的地點上。要想把全部的兵力，都用在一點上，那麼所有部隊之間，就必須要保持著永久性的聯繫，而絕不可以把他們分割開，使每一部分固定在某一個不變的任務上面。

它的第二個部分就是當一個結果已經達到之後，馬上又能把已經集中的兵力散開，去追求新的目標。」

假使我們採取下述的說法，那麼或許可以更準確、更流利。那就是說當一支軍隊在分布兵力的時候，必須使它的各部分能夠互相協助呼應，結合在一起對於某一點上，即足以產生最大可能的集中，而爲了使集中能夠成功，對於其他各處所使用的兵力即應以最小必要爲原則。

要想集中全部兵力的觀念，實在很不實際，即令是把它當作「口號」喊，也都未免具有危險性。而且在實際上，許多「最小必要」的兵力總和，在全部總兵力中所佔的比例，也許還會超過所謂「最大可能」的兵力。甚至於我們還可以這樣說，用來牽制分散敵人的力量花得愈多，那麼那個集中的打擊，也愈容易達到它的目標。否則，這個打擊會碰在一個太強硬的目標上，而無法把它擊碎。

專在那個理想中的決定點上，保持著優勢的重量還不夠，一定更要設法使對方在那個點上，無法「適時」的獲得增援。同時在這個點上，敵人兵力數量處於劣勢，並不能保證必勝，一定要他們在精神方面也是處於劣勢才行。拿破崙有幾次受到嚴重挫敗的主要原因，就是他忽視了這種保證條件。自從兵器的遲滯威力增大了之後，這種「分散」手段的需要遂更顯得重要。

戰略基礎

有一個較深奧的眞理，是福煦和克勞塞維茨的其他門徒們，所不曾完全了解的。那就是在戰爭中，所有的問題和所有的原理，都一律是「二元性」的。像銅錢一樣，它都有兩面。所以必須作調和妥協的計算，以求折衷於至當。事實上戰爭是一個雙方參與的事件，所以這種眞理即爲無可避免的後果，當攻擊對方的時候，一定同時也要預防對方也攻擊你。這個原理的推論就是說，當你希望你的打擊能有效時，那麼最重要的先決條件即是要取消敵人的自衛力量。只有當敵人兵力分散了之後，才可以作有效的集中；而通常爲了達到這個目的，攻方自己的兵力便先要分布得更廣泛。於是我們獲得一個表面看來似乎很矛盾的說法：眞正的集中實在即爲分散的產品。

從這種「雙方」交戰的條件之下，我們又可以獲得進一步的結論，那就是說要想保證達到一個目標，那麼你必須要有可供交換的其他目標。在這裏也可以看出來，十九世紀單純思想的代表人福煦，和他的門徒們，與我們之間所具有的重大差異。這也是實踐和理想的差異。因爲假使敵人確定你的目標是在那裏，那麼他就可能會有最好的機會，以來保衛他自己，而使你徒勞無功。反而言之，假使你採取的路線，是能夠同時威脅到幾個目標，那麼你就可以使他的注意和兵力，都分散開了。而且，這也就是「分散」敵人的最經濟方法，因爲它可以使你在眞正的作戰線上面，保持著最大比例的兵力——換言之，可以同時兼顧到最大可能的集中和分散的必要性這兩種條件。

若無一個可以替換的目標，則對於戰爭的本質而言，也完全是背道而馳。包色特在十八世紀，即曾說過下述這段十分透徹的話：「所有的作戰計畫一定要有幾個分枝，每個分枝都必須經過詳細的思考，在這些分枝當中至少會有一個是不會失敗的。」年輕的拿破崙就是完全服膺這個觀念，他也曾說：「必須面面顧到。」七十年之後，薛曼從經驗中，也曾重新學會了這個教訓。事後他在反省的時候，遂創出他那句著名的格言：「使敵人處於左右爲難的位置。」在任何一個問題中，假使有反對勢力存在，而又是無法控制的，那麼我們即必須要有遠見，能夠想到幾條可以互相掉換的路線。在戰爭中也正和在生活中是完全一樣的，只有「適應」才能「生存」！戰爭就是人類集中力量，對於環境的一種鬥爭。

爲了實用起見，在擬定任何計畫時，都必須要考慮到敵人所具有的破壞力量，要想克服這種障礙，其最好的機會即爲這個計畫可以輕易的改變，以適應它所遭遇到的環境。想要保持這種適應性，而又同時保持主動之權，那麼最好的方法即爲一個具有交換目標的行動線。因爲這樣，你就可以使你的敵人，處於左右爲難的窘境，而你卻至少可以達到一個目標——那個防禦力較弱者——甚至還可能「一箭雙鵰」。

在戰術的領域中，敵方的部署常常是以地形性質爲基礎，所以選擇這樣的目標，似乎要比在戰略的領域中爲困難。在戰略的領域中，敵人一定會有重要的目標，必須加以保護——例如工業中心和鐵路交點。但是在戰術方面，假使你懂得讓你的攻擊路線，與所可能遇到的抵抗程度相適應，而且對於所發現的弱點，盡量的加以開拓，那麼你也一樣可以獲得類似的利益。計畫就和樹木一樣，一定要有分枝，否則它就不會結果。一個只有單獨目標的計畫，就好像是一根光桿兒一樣。

切斷交通線

在計畫對於敵人的交通線，作任何打擊的時候，可以有兩種不同的方式：㈠是實行側面迂迴的辦法，㈡是在敵方正面上打開一個裂縫，然後作迅速的透入。比較成問題的，還是應該打擊在什麼地方，才會最有效呢？是應該指向敵人兵力的緊接後方呢？還是打擊在更遠的地方上呢？

當我開始研究這個問題的時候，試驗性的機械化部隊，才剛剛成立，而他們的戰略性使用還停留在思考的階段。所以我首先分析過去的騎兵突襲戰法，想以此來作爲思考的指標，尤其是注重近代有了鐵路運輸以後的用法。照我的預測，這種騎兵的突襲，比之機械化部隊的深入戰略性穿透，其所具有的可能性實在太有限了。可是這種差異卻正足以顯示出，他們所供給的例證，其意義不特沒有減弱，反而還更加強。在作了一些必要的修正之後，即可以獲得下述的結論：

一般說來，這種切斷的位置，距離敵人兵力愈近，則其效力愈迅速；距離敵人基地愈近，則其效力愈偉大。無論是採取哪一種方式，假使敵人是在運動中，或正在作戰的過程中，其所發生的效力，就會比處於靜止狀態時，要更大和更快。

在決定一個機動性打擊的方向時，其所倚賴的最主要因素，即爲敵軍的戰略位置和補給條件，例如：他們補給線的數目；採取替換補給線的可能性；在他們前線後方的補給站中所可能儲存的物資數量等等。在把這些因素都考慮過之後，其次就是要把每一個目標的可達性(accessibility)，再來考慮一番，例如：距離，天然的障礙物，以及所可能遭遇到的抵抗等等。一般說來，所經過的距離愈長，所遭遇到的天然障礙物也必然愈多，但是敵方的抵抗力卻可能會相對的減少。

所以除非天然障礙物非常的險惡，或者是敵人在補給方面對於基地具有極高度的獨立性，否則切斷敵人交通線時，是愈向後方深入，則其成功的機會和效果亦愈多。

另外還有一種想法：當這個打擊點距離敵軍位置較近時，那麼對於敵方部隊的心理，可以發生較大的效力。反而言之，假使這打擊點是在深遠的後方，那麼對於敵方指揮官的心理，也許會具有更大的影響作用。

過去的騎兵突襲，因爲往往不注意到爆破的工作，所以減低了他們的功效。因此，有許多人對於機械化部隊的突襲價值，也都不免估計過低。所應該注意的，不僅是路線的爆破足以阻止敵方攻擊物資的流通，而且對於敵方的運輸車輛，也可以實際的加以攔截，或是使它們受到被攔截的威脅。由於有了機械化部隊的發展，這種形式的攔截方法，其可能性就更分外增高。因爲機械化部隊具有較高度的彈性，和越野運動的能力。

這一段結論，由於第二次大戰的經驗，更獲得了一個新的證實。當時古德林的裝甲部隊，跑到了德軍主力的前面，切斷了聯軍的交通線，因而使他們在心理和物理上，都產生了癱瘓的現象，終至於全軍覆沒。

前進方法

一直到十八世紀末爲止，無論是在戰略方面(向戰場上的)，還是在戰術方面(在戰場上的)，都是以物理性集中的前進爲原則。等到拿破崙出現後，他才將包色特的觀念，和新師制的精神，加以充分發揮，而創立了一種分散性(distribute)的戰略性前進——軍隊分成獨立單位運動。但是一般言之，戰術性前進還是採取集中的方式。

到了十九世紀末葉，由於火力兵器的發展，戰術性前進也變成了分散性的：分成一個個的質點，以來減少火力的效力。但是戰略性前進卻也變爲集中性的——其中的原因，一部分是受了鐵路交通，和兵力擴大的影響，一部分也是由於誤解了拿破崙思想所致。

要想使戰略的藝術和效力，發生復甦的現象，那必須使分散性的戰略前進方式，首先能夠復活。

而且，新的條件——空權和摩托化的威力——也指明出來，未來的發展也一定是趨向於分散性的戰略前進。空中攻擊的危險，神祕化的目的，機械機動性的充分發揮，都暗示出在不影響團結一致，和聯合行動的原則之下，前進的兵力是應該盡量的分散。面對著原子武器的威脅，這更變成了必要的條件。無線電的發展更是一個恰到好處的幫助，它可以使分散之後，而不喪失控制和聯繫。

為了取代使用一支集中兵力作集中打擊的單純觀念，我們可以依照環境的變化，做下述的選擇方式：

㈠分散的前進，但是只有一個集中性的單純目標，即對著一個目標作「分進合擊」的行動。

㈡分散的前進，但是卻有一個集中性的連串目標，即對著連貫的目標前進（在每一種行動之前，都需要作預備的行動，以來分散敵人的注意力和兵力。除非我們有同時威脅幾個目標的可能性，使敵人早已感到困惑，而可以發生分散之效。

㈢分散的前進，也同時有分散的目標，即同時對著幾個目標進攻。

（在新的戰爭條件之下，部分性成功的累積效力——對於多數的點上，即令只是一個威脅而已——可能會要比在一點上的完全成功，還更重大。）

軍隊的效力，就要靠這種新型方法的發展來加以決定——這種方法目的，是滲入和控制一個地區，而不是佔領「線」。這種目的是實際性的，以癱瘓敵人行動為原則，而並非理論性的，以擊毀敵人兵力為原則。兵力的流動性可能會成功，而兵力的集中性卻常常遭到硬性的失敗。

第二十章 戰略和戰術的基本要點

在這簡短的一章中，我們企圖從戰爭的歷史中，摘出幾條經驗性的眞理。這些眞理是如此的普遍化，如此的基本化，因此可以稱之爲「公理」而無愧色。

它們是一種實際性的指導，而並非抽象性的原理。拿破崙曾經認淸這個道理：只有實際性的東西，才有用處。所以他留給我們的「格言」都是實際化的。但是近代化的趨勢，卻是想要找到一種可以用一個「名詞」便能表示出來的「原則」——但是卻往往需要好幾千字，才能把它解釋淸楚。即令如此，這些原則還是嫌太抽象，對於不同的人，可以有不同的解釋。至於說到它們的價値，也要看每個人對於戰爭的了解程度而定了。這種硏究愈趨於抽象化，則它們就更像一個幻影——既不可能達到，又毫無用處。

幾乎所有的戰爭原則——而不只是一條——都可以化約成一個名詞，那就是「集中」。但是眞正解釋起來，我們便需把它擴大成一句話：「集中力量來對付敵人的弱點。」假使要使這句話有任何眞正的價値，那麼我們就要更進一步的解釋著說：爲了要能集中力量，以來打擊敵人的弱點，就先要使敵方的力量分散。要使敵方的力量分散，那麼首先你自己至少要作一部分的分散，以造成一種形勢來引誘敵人。結果遂變成了下述的一連串程序——你的分散，他的分散，然後才是你的集中。眞正的集中即爲有計畫分散的後果。

這樣我們對於這個基本的原則，就有了比較深刻的認識，足以預防我們觸犯一種基本錯誤，也是最普通的錯誤，那即是：使你的對手，有自由和時間來集中他的兵力，而用以對抗你的集中兵力。但是假使只專門說明「集中」二字，而且把它當作原則看待，那麼在執行時，它根本毫無實際意義之可言。

上述的這一類的公理，是無法把它縮短成爲一個名詞；但是爲了實際上的需要，卻可以把它縮短成爲一個簡短的句子。一共只有八條，六條是正面的，兩條是反面的。除非有特殊的說明，否則它們對於戰略和戰術，都同樣可以適用。

正面的

一、調整你的目的以來配合手段　在決定你的目標時，一定要具有淸楚的眼光，和冷靜的計算。「咬下的分量超過你可以嚼爛的限度」那實在是一種愚行。軍事智慧的開端，即爲一切思想應以具有可能性爲其限度。所以應該學會一方面面對事實，而另一方面還保持著信念。信念還是十分重要的，一旦行動開始之後，信念可以使你達到表面上似乎不可能完成的目標。信念好像是電池中的電流一樣，最忌的就是蹧蹋浪費。你應該記著，假使你把電池中的電力消耗光了——即你所倚賴的人力——即自己的信念也就會變得毫無用處。

二、心裏永遠記著你的目標　當你依據環境修訂計畫的時候，心裏應該永遠記著你的目標。應該了解到許多不同的途徑，都可以達到同一個目標。在考慮任何可能性的目標時，必須要注意到它是否有實際達到的可能性。徘徊歧路固然要不得，鑽到牛角尖裏去，也是同樣的不妥當。

三、選擇一條期待性最少的路線 你要站在敵人的位置上來加以考慮，想出哪一條路線是他們最不注意的。

四、擴張一條抵抗力最弱的路線 只要這條路線所通到的終點，對於達到你的最後目標是有所貢獻的。（在戰術方面，當你使用預備隊時，就可以用到這條公理。在戰略方面，當你擴張任何戰術性成功時，也可以應用這一條公理。）

五、採取一條同時具有幾個目標的作戰線 因爲這樣你就可以使敵人處於左右爲難的窘境。你至少有贏得一個目標的機會——那就是他防禦力較差的那一個——甚至可能使你連續達到兩個目標。

具有互換性的幾個目標，可使你至少有達到一個目標的機會。假使你只有一個單獨的目標，那除非敵人是處於絕對的劣勢，否則只要敵人一旦拿穩了你的目標是什麼，那麼你便絕無達到目標的可能性。把作戰線和目標混爲一談，是一種極普通的錯誤。保持一條單純的作戰線，通常都是一種很聰明的辦法；而保持一個單純的目標，卻往往會徒勞無益。（這條公理主要適用於戰略方面，但對於滲透戰術也同樣的可以適用。）

六、計畫和部署必須具有彈性，以適應實際的環境 你的計畫對於下一個步驟，一定要具有先見之明，無論是成功，或是失敗，是一部分成功——這是戰爭中最普遍的現象——都要有預定的應付辦法。你的兵力部署，一定要讓你只需花極短的時間，即可以適應一切的環境變化。

反面的

七、當敵人有備時，絕不要把你的重量投擲在一個打擊之中 這時敵人是居於有利的位置，他可以擊退你的攻擊，或是避開你的攻擊。歷史的經驗告訴我們，除非敵人是處於極端的劣勢，否則若不先將他們的抵抗力或閃避力，加以癱瘓化，那麼這種打擊是絕不可能有效的。所以任何指揮官，除非他認爲這種癱瘓現象是已經在發展之中，否則他絕不會對一個有備的敵人，發動眞正的攻擊。要使敵人發生癱瘓現象，在物理方面來說，就是要使他們的組織渙散(disorganization)；而在心理方面來說，就是要使他們的士氣瓦解(demoralization)。

八、當一次嘗試失敗之後，不要沿著同一路線，或採取同一形式，再發動攻擊 單只增加你的重量，並不足以使戰局發生變化，因爲在這個中間階段中，敵方也同樣可以獲得增援。而且他再度擊敗你的機會也比較多，因爲他乘戰勝之餘威，在精神上早已佔了上風。

從這些格言上面，我們歸納出的基本眞理爲：要想成功，有兩個主要問題必須加以解決——「顚覆」(dislocation)和「擴張」(exploitation)。一在實際打擊之前，一在實際打擊之後；而實際打擊本身，卻是一個比較簡單的行動。除非你先創出一個顚覆的機會，否則對於敵人的打擊絕不會具有效力；接著除非你能在他尙未恢復之前，即擴張第二個機會，否則你這個打擊的效力，也絕不會具有決定性。

大家對於這兩個問題的重要性，始終不曾有過適當的認識。這個事實即足以解釋爲什麼戰爭老是不具有決定性的道理。軍隊的訓練多偏重在攻擊的執行細節方面，想從此處增進攻擊的效力。這種過分重視戰術技術的態度，遂令人忽視了心理上的因素。它的著眼是「正確」，而非「奇襲」。這樣所造就出來的指揮官，是事事都依照書本的教導，他們只注意到不讓自己犯任何錯，而忘記了必須要設法使敵人犯錯。其結果是他們的計畫往往會毫無所獲。因爲在戰爭中，唯有常常逼迫敵人犯錯，才可以使戰局發生決定性的變化。

許多指揮官都是避免顯明的事情，而在不可預料的事情中，找到一個決定性的鎖鑰——除非是他的運氣特別壞，否則他總可以有這種機會。戰爭和運氣總是分不開的，因爲戰爭也是人生的一部分。所以「不可預料」並不能保證成功，但是它卻可以保證成功有最好的機會。

第二十一章 國家目的與軍事目標

在討論到戰爭中的「目的」這個問題的時候，首先必須認清，在政治目標和軍事目標之間，是具有很明顯的差異。這兩種目標是不同的，但並非分立的。因爲一個國家並非爲了戰爭而發動戰爭，而是爲了貫徹它的政策。所以軍事目標實在是一種達成政治目標的手段而已。因此軍事目標必須受著政治目標的控制，不過其基本條件，卻是政策絕不可以要求軍事所不可能做到的事情。

所以對於任何問題的研究，其起點和終點都應該放在政策方面。

「目標」(objective)雖然是一個通用的名詞，但是卻並非一個良好的名詞。它具有一種物理性和地理的意義——容易引起思想上的混亂。所以最好特意將它分開：對於政策方面而言，我們用「目的」(the object)這個名詞；而對於軍事方面，則改用「軍事目標」(the military aim)這個名詞。

戰爭的目的是想要獲得一個更好的和平狀態——即令這所謂的好壞，只是你自己的觀點。所以在進行戰爭的時候，一定要經常注意到你所希望的和平條件。對於以膨脹爲目的侵略的國家，和僅爲自衞而戰的和平國家，都莫不皆然，雖然照他們的看法，所謂較好和平狀態這一個名詞，可以有很大的差別。

歷史告訴我們，獲得了軍事性的勝利，並不一定即相當於達到了政策上的目的。但是因爲思考戰爭的人，其中多數都是職業軍人，所以其先天的趨勢即爲忽視了基本國策，而只注意到軍事目標。結果當戰爭爆發之後，政策常常會受到軍事目標的控制——而軍事目標本身即被當作是戰爭的目的，並不曾想到它只是一種達到另一個目的的手段而已。

這種惡劣的影響還曾經再進一步的發展。因爲不注意政治目的和軍事目標的正常關係——即政策與戰略的關係——結果遂使軍事性目標變得歪曲，且失之過於單純。

要想對這個本身頗爲複雜的問題，能有眞正的了解起見，我們必須先了解過去兩個世紀中，關於這個問題的軍事思想背景，並且認淸這些觀念是怎樣演化而成的。

差不多有一個多世紀的時間，軍事思想方面的主要教條，都是以「在戰場上毀滅敵人主力」來作爲戰爭中的唯一眞正目標。這是一個公認的教條，在所有的軍事教材上面，在所有的軍事學校裏面，都莫不以此爲教育的方針。假使有任何一位政治家，膽敢懷疑這個教條，是否在所有的環境中，都可以配合國家的目的，那麼馬上就會被軍人視爲「大逆不道」。從各國軍人的回憶錄和正式的史乘上面，都可以找到此種例證，而尤以第一次世界大戰及其戰後爲甚。

這樣絕對性的一條規律，會教十九世紀以前的名將大師，大爲吃驚。因爲他們都很明瞭，採取軍事目標，必須要在國力和政策的限度之內，這是一種實際的需要，也是一種智慧的行爲。

克勞塞維茨的影響

爲什麼這條規律會變得如此的硬性化，其最大的原因是受了克勞塞維茨身後的影響。他的著作對於普魯士的軍人，尤其是毛奇，具有極大的心理作用。當普軍在一八六六年和一八七〇年，連戰皆捷之後，遂使全世界上的軍人，也都廣泛的受到他們的影響，於是大家都以普魯士的制度，來當作模範。因此對於克勞塞維茨理論的研究，實在是非常的重要。

就一般的情形說來，克勞塞維茨的門徒把他的理論，發展到了極端的程度，這似乎是他們的老師在生前所未料想到的。

在所有的學術領域之內，多數的先知者和思想家都有一種共同的命運，那就是總是被人誤解。熱心有餘，理解不足的門徒們，其對於原始觀念的損害，甚至於比具有偏見主觀的反對者，還更厲害。不過，在另一方面，我們也應該承認克勞塞維茨要比其他人，更容易招致誤解。他是康德的再傳弟子，曾經學會一套哲學化的表達方法，但是卻並未能發展出一顆眞正哲學化的心靈。他在表達他的戰爭理論時，所用的方式似乎是太抽象，使一般只具有具體化心靈的軍人們，感到頗難了解。他們只會隨著他們辯論路線進攻，可是這種路線卻常常會突然回過頭來，指向與表面上完全相反的方向。他們一方面表示敬佩，另一方面卻又感到困惑，他們只抓住他的一些生動的「警語」，僅僅只看見它們的表面意義，而未能深入了解他思想中的底流。

克勞塞維茨對於戰爭理論的最大貢獻，就是他特別強調重視心理上的因素。他大聲疾呼的，反對那個時代中最時髦的幾何學派戰略。他指明人類的精神，要比那些作戰線和作戰角的觀念，更爲重要。他討論到危險和疲勞的影響，果敢和決斷的價值，都足以表示出他對於這些問題，具有深刻的認識。

可是不幸得很，對於以後歷史過程具有較大影響作用的，卻反而是他的錯誤，而非他的創見。他的觀點是大陸化的，因之未能了解海權的意義。同時他的視線也太短窄——當那個機械時代正要開端的時候，他卻還宣稱著說：「深信數量優勢的決定性是與日俱增的。」這樣的「信條」更增強了一般軍人的「天生保守性」，拒絕相信機械化的發明，足以有創立新型優勢的可能性。對於徵兵制的廣泛推行，和永遠建立，這也是一個強有力的理由——因爲這是供給最大可能數量的一種簡單方法。因爲沒顧及到心理上的適合性，結果這種徵兵制所建立起來的大軍，比較容易受到恐怖的襲擊，而發生突然崩潰的現象。過去的老辦法，固然沒那麼制度化，可是它卻至少能使軍隊中的組成份子，都是良好的「戰士」。

克勞塞維茨對於戰術和戰略，都不曾有新奇進步的觀念。他是一個「皓首窮經」的思想家，而不具有創造性和活力。比起十八世紀所產生的「師」制，和二十世紀的「裝甲機動理論」，他的戰爭理論似乎不具有這種革命性的影響。

但是當他在想爲拿破崙戰爭，找出一個理論體系的時候，他卻把重點放在某一種退化的現象上面，結果遂構成了一種「反向革命」(revolution in reverse)的趨勢——向部落戰爭(tribal warfare)的方向上倒退。

克勞塞維茨對於軍事目標的理論

在爲軍事目標下定義的時候，克勞塞維茨受到他仰慕純粹邏輯的心理影響，所以才會有下述的說法：

在戰爭中一切行動的目標就是解除敵人的武裝，我們現在至少可以從理論上，說明這是必不可少的。假使我們想使我們的對方，接受我們意志的支配，那麼我們一定要使他居於某一種情況之下，這種情況對於他的壓迫，要比我們向他所要求的犧牲還更大。而且這種情況也當然不可以是暫時性，至少在表面上不可以如此，否則敵人就不會屈服，而寧肯苦撐待變了。所以戰爭的延續，若能對這種情況產生任何變化，那麼這種變化就一定要使它越變越壞才行。

我們能加諸於敵人的最壞境況，即為能使其完全被解除武裝。果能如此，則敵人必然被迫投降……他應該是眞正的被解除武裝或者是所處的地位具有這樣的威脅。由此看來，使敵人完全解除武裝或完全顚覆……就總是戰爭的目標了。

受了康德的影響，使克勞塞維茨的思想具有二元論的趨勢。他相信有一個完滿的理想境界，但同時又認清了在現實的世界中，這種理想絕無完全達到的可能。他對於理想和現實之間的差異，實具有深刻的認識：

理性是絕對的，心靈的發展不能夠沒有一個極致……但是當我們從抽象轉入現實的時候，所有一切的事物又都呈現出來一種不同的形象。

他又說：

戰爭的目的，就抽象方面來說……即為解除敵人的武裝。可是實際上這個目的卻很難達到，而且對於和平也並非一個必要的條件。

當他討論到用會戰爲手段，以來達到戰爭的目的時，克勞塞維茨又再度顯示出，他這種趨向極端的態度。他一開口就說出一句驚人的大話：「只有一個唯一單純的手段，那就是戰鬥。」爲了證明這條「眞理」是正確的，他又引經據典的作了一段極冗長的辯論，以來說明在任何形式的軍事行動中，戰鬥觀念都一定是它的基礎。在這一番大道理之下，似乎已經足以說服多數的人，願意誠心的接受他的教條。可是克勞塞維茨卻突然作了個一百八十度的大轉彎，他又說：「戰爭的目的並不一定都是爲了要毀滅敵人的兵力……甚至完全不經過戰鬥，常常也同樣可以達到這個目的。」

此外，克勞塞維茨也認清了：「在其他各種條件完全相等的機會之下，假使我們愈以毀滅敵人力量爲目標，則我們自己軍事力量的浪費也就愈大。它的危險就在這裏——其進銳者其退速，一旦失敗之後，所受到的挫折便更嚴重。」

克勞塞維茨用他自己的嘴巴所說出來的預言，對於第一和第二兩次大戰中，由於追隨他自己的教條，所得來的後果，可以說是十分的靈驗。因爲他那些有關會戰的教訓，所流傳下來的只是理論方面，而並非實際方面。因爲他曾經辯論著說：只有爲了避免會戰的危險，才會採取其他的手段，所以又增多了一層誤解。更因爲他斤斤計較於理論觀念的說明，更使他的門徒們，在心靈上發生了歪曲現象。

在他的讀者當中，能夠在這種哲學化的迷宮中，認淸他的眞正邏輯路線，而不迷失途徑者，可以說是百不獲一。但是任何人對於他的那些漂亮話，卻很容易把它們來當作口頭禪。例如：

我們在戰爭中只有一個手段——會戰。

對於危機的流血解決，爲了毀滅敵人力量的努力，就是戰爭的長子。

只有偉大而全面化的會戰，才能以產生偉大的結果。千萬別相信將軍們可以不流血而達到征服的目的。

因爲克勞塞維茨把這些詞句，一再的重複，結果使他那個本已經不太清楚的哲學，更增添了模糊的輪廓。它變成了普魯士人的「馬賽進行曲」，它能夠使血流沸騰，令心靈中毒。這樣一來，他這種教條就只配產生軍士，而不配產生將軍了。因爲當他使會戰似乎變成了一個唯一的「眞正戰爭行動」時，他的教條即剝奪了戰略的桂冠，而使戰爭藝術變成了大量屠殺的機器了。尤其是，他更促使將軍們一有機會就去尋求會戰，而不思先創出一個有利的機會。

克勞塞維茨還曾經說過下面那個經常爲人所徵引的句子，使他對後代的將道衰微，更難辭其咎。即：

慈善家也許會很容易幻想到，可以有一種巧妙的方法，不需要大量的流血，即能夠克服敵人，和解除他們的武裝……這是一個錯誤的觀念，必須予以根本剷除。

很明顯的，當他寫出這句話的時候，他並沒有停下來反省一下。因爲他所深惡痛絕的東西，正是戰爭藝術方面的一切大師——包括拿破崙本人在內——所一致公認的「將道」的正確目標。以後無數次的執行錯誤，都是用克勞塞維茨所說的話，來當作強辯的藉口。甚至於當他們毫無意義的草菅人命，以來作狼奔豕竄式的攻擊時，也似乎都是理直氣壯的。

又因爲他總是不斷的提到「數量」優勢的決定性價值，所以這個危險遂更分外的增高。在另外一個比較深入的分析中，克勞塞維茨也曾指明出「奇襲」的價值。他說：「奇襲是一切行動的基礎，因爲沒有它則不可能在決定點上獲得壓倒的優勢。」但是他的門徒們，卻惑於他那種慣於注重「數量」的說法，遂不免認定了，只有數量才是獲得勝利的不二法門。

克勞塞維茨對於政治目的的理論

更壞的是由於他大肆的讚揚「絕對」戰爭的觀念，並且對它作理論性的闡明——他宣稱著說，只有無限制的使用力量，才足以達到成功的道路——所以他的理論似乎是很矛盾。在開端的時候，他給戰爭所下的定義是：「戰爭僅僅是國家政策的延續，使用其他的手段而已。」可是結果卻又使政策變成了戰略的奴隸，這實在是一種惡劣的戰略。

他又有下述的說法，更使這種趨勢變本加厲：「在戰爭哲學的領域內，若引入一種調和的原理，那實在是大錯而特錯。戰爭是一種暴力的行動，向它的最大限度推進。」

近代化的總體戰爭所具有的誇大荒謬性，就是以他這種說法爲基礎的。他這種毫無限制，不計成本的暴力原理，只有對仇恨瘋狂的暴民，才可以適用。它和明智的治術以及戰略，是完全對立的。合理的戰略必須以配合政策爲目的。

假使誠如克勞塞維茨自己所說的，戰爭即爲政策的延續，那麼在進行戰爭的時候，就必須要注意到戰後的利益。一個國家若使他自己的力量，擴張到瀕臨匱竭的程度，那麼它自己的政策也將隨之而破產。

克勞塞維茨自己對於他的「力量至上」原理，也曾經加以限制。他也承認：「政治目的既然是戰爭的主動力，所以在決定軍事力量的目標和分量時，它都應該是一個標準。」

更有意義的是，當他談到絕對邏輯的追求時，還曾經有一段更有反省意味的意見。他說：「這樣，手段與目的間的所有關係都會喪失，在多數的情形之下，追求極端的努力，常常都會被它自己內部的阻力所擊敗。」

他的經典性名著《戰爭論》，是一部經過十二年深思的產品；假使它的作者能夠活得再長一點，有更多的時間對戰爭再思考，那麼他也許就可以獲致更聰明和更清楚的結論了。在他的思想有了進一步的發展之後，他很可能會有另一種新的看法——比現有的更深入。所不幸的，是他在一八三〇年患了霍亂而短命死矣，於是這個工作做了一半就中斷了。一直等到他死後，他的寡妻才將他的著作出版。在幾個封鎖得很嚴密的紙包中，找到了他的遺稿，上面寫著一句有預言意味的附註：

> 假使我中途死了而使這個工作無法完成，那麼後人所找到的，就只能算是一大堆尚未成形的觀念……足以引起無窮的誤解。

假使不是那個該死的霍亂菌，那麼這個禍害也許就可以避免了。因為早已有徵兆顯示，他的思想正在逐漸演化之中，已經差不多要放棄他原有的「絕對戰爭」觀念，而將他的整個理論加以全面修改，改採取比較合於常識的路線。可是正當此際，他卻不幸死矣。

所以這個「無窮誤解」的大門，是永遠敞開著，甚至於遠超過他本人的預測之上——因無限戰爭理論的被普遍採用，結果使文明受到了全面的破壞。因為缺乏適當的了解，克勞塞維茨的理論對於第一次世界大戰的起因和特質，都有很大的影響。而且第二次世界大戰也是一個「理有固然」的後果。

第一次世界大戰後的理論

第一次世界大戰的經過和效果，可以供給充分的理由，使我們對於克勞塞維茨理論的實用性，感到懷疑，至少對於他的繼承者的解釋，是不能不作如是觀。在陸地上，曾經作過無數次的會戰，但是其中沒有一個曾經產生過所預期的決定性結果。可是負責的領袖人物對於如何使其目標與環境配合，以及發展新方法來使目標變爲可能，這兩方面都進步得非常的遲緩。他們不肯正視問題，而只拚命的推行理論，使其向自殺性的頂點發展，把自己的力量耗盡，遠超過安全的極限以外，一心只想追求一個用會戰來獲得完全勝利的幢影，事實上，這卻是永遠不可能達到的。

結果其中一方面雖然最後崩潰了，但是其原因卻是由於海權的經濟壓力之所致，使他們肚子吃不飽而餓倒的，並不是由於流血過多的緣故。不過一九一八年，德國人在那個流產的大攻勢中，所流的血當然也很不少，結果使他們的精神渙散，認爲勝利已經毫無希望，於是也就加速他們的崩潰。假使說這種現象可以使對方獲得一種勝利的表面，那麼他們爲了爭取這個勝利，卻付出了極大的代價，在心理和物理兩方面，都已經疲憊不堪。所以他們表面上，似乎是勝利者，但是卻已經無力來鞏固他們的地位。

由此看來，無論在戰術、戰略，和政策哪一方面，理論上似乎都有錯誤，或者至少在實行方面是如此的。儘管他們的損失是那樣的慘重，可是結果卻都是白花氣力，根本上就達不到「理想」中的目的。這些名義上的勝利者，到了戰後卻無一不筋疲力盡，因此對於所謂「目的」和「目標」的問題，似乎都有加以徹底檢討之必要。

除了這些反面的因素以外，另外還有幾個正面的理由，足以引起我們作新型研究的興趣。其一爲海權所具有的決定性作用，雖然在海上並無任何決定性會戰，但是經濟上的壓力卻足以使敵人發生崩潰。於是又引起一個新的疑問：專就英國而論，似乎是犯了一個極大的錯誤。因爲他放棄了他的傳統戰略，而不惜浪費許多氣力，和付出許多成本，以求在陸地上獲得一次決定的勝利。

從新因素當中也可以產生另外兩個理由。空軍的發展，使我們可以不必先在戰場上毀滅敵人的主力，而即足以向敵人的經濟和精神中心，作重大的打擊。空軍可以用間接的手段，以來達到直接的目的——跳過敵人的阻力，而不需要推翻它。

同時，由於摩托化動力和無限履帶的聯合發展，也造成了一個新趨勢——具有高度機動性的陸上機械化部隊。這又造成了另一個新趨勢，即不需經過嚴重的戰鬥，便足以使敵人主力發生崩潰。其方法即爲切斷敵人的補給線，擾亂他們的控制體系，向他們後方作深入性的突破，以產生神經上的震動，而使敵人發生全面的崩潰。也和空軍一樣，不過程度要略差一點，這種新型的機械化陸上兵力，也具有向敵國神經中樞和心臟部分，作直接打擊的可能性。

空中的機動性，可以使用超越式的間接路線，以來達到直接打擊的效果。而戰車的機動性，在地面上也可以避過敵軍的「障礙」，以採取間接路線。我們可以用象棋遊戲來作比喻：空中機動性很像「砲」，而戰車機動性則很像「車」。當然這種比喻並不足以表示它們的相對價值，因爲空軍不僅只像一顆「砲」，可以隔子打，而且還具有「將」的那種四面行動的彈性。另一方面，一支機械化的陸上兵力，雖然不能超越空間，但是卻具有「佔領」空間的能力。

這兩種新武器的發展，對於軍事目標，以及在未來戰爭中對於目的選擇，都是注定會有廣泛的影響。

它們使軍事行動，對於非軍事性的目的，無論是在經濟和精神方面，都擴大了應用的範圍，而且也使其效力更強大。它們也增長了軍事行動對於軍事目標的行動「距離」，使一個反對「體」——例如一支敵軍——更容易被推翻。只要使它的重要器官發生癱瘓現象即可，而不一定要經過苦戰，以來作物理和整體性的毀滅。用癱瘓的方式來取消對方的抵抗力，比實際擊毀敵人所花的力量，一定經濟得多了。因爲後者所需要的時間必定較長，而所付出的代價亦必較高。除了閃避對方的阻攔，在敵國之內打擊非軍事性目標外，空軍對於如何使敵人的軍事性力量發生癱瘓現象一節，也可以開闢一個新天地。

無論是在地上還是在空中，這種多方面的機動性所具有的效力總和，都足以提高戰略的地位，而使其比戰術具有更大的重要性。未來的指揮官應該有這樣的概念，比起他們的前輩，他們應該多用運動，少用戰鬥，以來獲得決定性的結果。

當然贏得一個決定性會戰的價值，並不會消蝕，實際上由於有了新型的機動，這種機會反而更會增多，不過這種會戰在形式上，卻已經不是過去傳統性的面目了。它好像是戰略行動的自然後果。對於這樣一種「連續」性的行動，叫它是「會戰」，實大有名實不符之感。

不幸得很，在第一次世界大戰之後，各國的軍事領袖人物們，對此卻遲遲沒有認識。他們不知道由於戰爭的工具和條件已經有了新的變化，所以軍事目標也應該有新的定義。

更不幸的，是空軍方面的首長們，只想著如何保持他們的獨立地位，遂使注意力變得很狹隘，只想盡可能的以打擊非軍事性目標為限度——既不考慮到它的限制，復不考慮到它的結果。對於這種新軍種，他們充滿了樂觀心理，他們深信空軍足以造成敵人的精神總崩潰，或是像海軍一樣，達到經濟上絞死敵人的任務，而且還可以更迅速的達到這種決定性的效力。

第二次世界大戰中之實踐

當二次大戰來臨時，那些新型機械化的精兵，可說是完全兌現了他們平時高喊的口號。對於戰略性的目標，作長距離打擊時，都能夠具有決定性的效力。

一共只有六個師的裝甲兵力，遂使波蘭在幾個星期之內，國破軍亡。一共只有十個師的裝甲兵力，在德軍大批步兵師尚未趕到戰場之前，對於所謂「法蘭西戰役」即已產生了決定性作用。所有西歐各國，也都望風披靡。西歐的征服只花了一個月的時間，勝利者所付出的成本，實在是太低廉了。實際上，若照克勞塞維茨之流的標準來看，在運動中可以算是「兵不血刃」，而即令在最後決定階段，其損失數字也是「微不足道」了。

對於一個軍事性的目標，之所以能如此迅速獲得勝利的緣故，主要的原因是戰略而非戰術，是運動而非戰鬥。

此外，當深入敵後的時候，一方面足以切斷敵方的交通線，和擾亂他們的控制體系，同時也可以動搖敵方人民的精神，和破壞他們的民政組織。這兩方面的效力似乎是很難分開的。所以至少有一部分足以說明其對於非軍事性目標，是同樣的具有效力。

一九四一年四月，德軍征服巴爾幹，其行動似乎還更迅速。這又再度足以證明這種新工具的癱瘓效力，和它們在戰略上應用價值。「會戰」在相形之下，可以說是毫無意義；而這種獲得決定性結果的方法中，根本就不曾有「毀滅」的意味。

等到德軍侵俄的時候，他們又嘗試使用一種不同的方法。有許多德國的將領——尤其是參謀總長哈爾德——都抱怨希特勒太重視經濟目標，而忽略了軍事目標。但是從作戰命令和他們自己的證詞中加以分析，卻發現他們的這種指控是毫無根據的。儘管希特勒也許認為攻擊經濟目標，是更為有效，可是在一九四一年戰役的緊張階段，他卻還是同意德國參謀本部的見解，以「會戰」為第一目標。對於這種目標的追求，並未能獲得決定性的結果，不過卻產生幾次巨型的勝利，每次都把敵人兵力擊毀了不少。

是否集中全力去爭取經濟目標，即可以獲得更具有決定性的效果，這固然是一個無法解答的疑問。但是有些最傑出的德國將領，卻認為「征俄之役」之所以失敗的主因，就是因為德國人是遵照「傳統典型」的形式，去追求會戰的目標。假使他們肯盡量向前疾驅，直趨精神與經濟並重的目標，例如莫斯科和列寧格勒，則他們也許已經獲勝。機動戰爭新派的領袖古德林，即力主此種見解。可是在這個緊要關頭，希特勒卻反而倒向正統派方面去了。

在德國人這一連串的迅速勝利之中，空軍也和地面上的機械化部隊相配合，以使敵人和敵國發生癱瘓和瓦解的現象。空軍的效力也很驚人，其重要性與裝甲兵相較，似乎是在伯仲之間。兩者之間在評價時是很難分開的，結合在一起，遂造成這種新型的閃擊戰。

在戰爭的後期，英美兩國的空軍對於聯軍陸海軍的成功，更是具有極大的貢獻。首先應該說明的是，因爲有了空軍的力量，聯軍才有侵入歐陸的可能性，接著在通往勝利的進路上，它也始終是一個必要的保證。因爲他們對於軍事目標的打擊——尤其是交通方面——才使德軍受到了極大的障礙，而無法向登陸的聯軍作有效的對抗。

可是空軍方面，對於這一類的作戰，卻沒表現出同樣的熱忱，他們寧肯以敵國的非軍事性目標——即工業中心——爲攻擊對象。他們的目的是想對敵國作直接的打擊，以同時摧毀敵人的經濟和精神。他們認爲這種方式要比與其他軍種合作，來對敵國的軍事力量作聯合的打擊，可以具有更多和更快的決定性。

雖然空軍人員稱這種行動爲「戰略轟炸」，實際上這個名詞是不正確的，因爲這種目標和行動都是在大戰略的領域之內。所以嚴格說來，似乎應該叫作「大戰略轟炸」才比較妥當。若是這個名詞嫌得太冗長，那麼叫作「工業轟炸」也行，這個名詞可以把精神和經濟兩方面的效力，都包括在內。

儘管曾經有過多次的詳細調查，但是這一類的轟炸，對於勝利的貢獻究竟有多大，還是很難加以決定。對於數字的估計，也人言人殊，有些人主張工業轟炸，有些人卻堅決的反對它。除了人工的霧幕以外，同時這些調查的紀錄本身，也非常有問題——比任何其他軍事行動的問題還要多。

不過即令我們對於它的效力，是保持著一種合理樂觀的看法，但是若說其效力的決定性，比不上對於戰略性目標的空中攻擊——專就軍事領域而言——則似乎是非常的公平。無論如何，它們的決定性並不那麼明顯。同時，這也是很明顯的，在戰爭中的每一個階段內，它們的實際效力總是趕不上預計的目標。

更明顯的是工業轟炸對於戰後情況所造成的過度傷害。除了物質方面的大量破壞，很難修復以外；還有比較不明顯的，是在社會和精神兩方面的影響，也許這個效力還更具有持久性。這一類的行動，對於一個基礎比較淺薄的文明生活，無疑可產生更深入的危險。而有了原子彈之後，這種危險更是日益巨大。

在這裏我們又談到了戰略和大戰略之間的基本差異。戰略研究只是以贏得軍事勝利的問題爲限度，大戰略卻必須具有較深遠的觀念——它的問題是如何贏得和平。這一套思想並不是把「車放在馬的前面」，只是要弄清楚馬和車所要去到的目的地。

對於以非軍事性目標爲主的空中行動，都要算是屬於大戰略的領域之內。從它本身性質的試驗上看來，這似乎不是一個健全的目標。即令它對於戰爭能具有更多的決定性，可是用它來當作軍事性的目標，似乎還是很不明智的。

對於理論的進一步修正

爲了想要修正某一種理論，或者是想重新調整它，以來獲得更好的平衡，那麼最好是先對這個問題的背景有所認識。據我所知，在一次大戰之後，第一個主張把克勞塞維茨理論所引出有關於戰爭目的的理論，加以再檢討的人，似乎就是我自己。在發表了許多的雜誌論文之後，一九二五年我又出了一本專書，書名爲《巴黎，或者是戰爭的將來》(*Paris, or the Future of War*)。

這一本小書的開端，即爲對正統主義的批評，反對「在戰場上毀滅敵人主力」的想法——這是一次大戰中，大家所追求的目標。我指明出這是一種不具有決定性，而且又浪費精力的行動。接著我在這本書中極力陳述「精神目標」的重要性。並且指明出兩點：㈠一支裝甲兵力可以對敵軍的「阿奇里斯腳跟」——即構成敵人神經系統的交通線和指揮中心——造成多麼決定性的打擊；㈡除了與這個戰略性的行動相配合以外，空軍還可以對一個國家的神經體系——即工業中心——作具有決定性的打擊。

當兩年之後，英國第一個試驗性機械化部隊成立的時候，英國的陸軍參謀本部即訂購這本書，以供那些軍官們作研究教材。而空軍參謀本部方面，對於這本書，更曾經作充分的利用——這是一點都不稀奇的，因爲當時還沒有一本研究空中戰略的專門教科書，而這本書與他們思想的發展趨勢，又恰好能夠配合。所以空軍參謀總長曾經把這一本書，廣泛的送人閱讀。

現在我卻宣布這些見解又有加以修正之必要，那本書是在二十五年前所寫的，經過了長期反省之後，發現它還是不免有一些錯誤。它表現矯枉過正之感。勞倫斯在一九二八年，曾經寫了一封信給我，裏面討論到這個問題：

> 克勞塞維茨的邏輯體系太完全了，容易把他的門徒們引入歧路——至少對於那些願意用手打仗而不願用腿跑路的人，尤其如此。你現在獨力想把這種趨勢扭轉過來，那些以軍事爲職業的人對你卻少有助力。可是當你成功之後（大約會在一九四五年左右），這個趨勢馬上又會倒到另外一面去。我們在前進的時候，總一定是走著「之」字形的路線。

在一九二五年時，我自己對於用空軍攻擊非軍事性目標的利益，也未免太過分強調了。不過我還是曾經有過一個附帶的限制。我也曾強調說明：當執行的時候，必須設法使永久性的傷害，減到最低的限度，因爲今天的敵人，也許就是明天的顧客，甚至於還是未來的同盟國。所以我的信念是認爲，一個具有決定性的空中攻擊，其對於戰敗國的全部損害，以及對於未來購買力的影響，都會比現有形式的延長戰爭較輕。

根據後來更進一步的研究，我才認清了對於工業中心作空中攻擊，似乎很難獲得立即具有決定性的效力，實際上所產生的只不過是另一種新形式的延長消耗戰而已。比起一次大戰的形式，也許殺傷力略小，但破壞力卻可能更大。可是當我指明出這一點之後，馬上就發現空軍方面很不願意接受這種修正的意見，而寧肯堅持原有的舊觀念。他們對於「速決」的觀念，繼續保持過分樂觀的信念，當戰爭的經驗逼得他們非得改變觀念的時候，他們卻模仿一次大戰時陸軍方面的態度，把他們的希望從工業消耗，移到了人力消耗方面。

話雖如此，認清了用非軍事性機構當作目標的缺點和錯誤之後，並不是說我們又要回到舊路上，仍然再用舊有的「會戰」觀念，來當作我們的目標。克勞塞維茨的公式，從一次大戰的經驗中，即足以證明它的缺點太多，不能再用。而二次大戰也充分的表現出，對於一個軍事目標採取戰略性間接行動，是不僅有新的可能性，而且也有新的利益——與我們對於這一方面的預測，可以說是若合符節。即令在過去，雖然他們在工具方面是具有很大的限制，可是有某些偉大的名將，對於這種路線也曾同樣的加以充分的發揮。時至今日，因爲有了新工具的幫助，固然戰術性的抵抗力也增加了它的強度，可是它的決定性卻似乎更顯著。新的機動性產生了一種新的彈性，在突擊和威脅的方向上可以有多種的變化，這就可以「抵銷」戰術性的抵抗力了。

根據過去的經驗和現在的條件，關於軍事目標和政治目的的理論，似乎已經到了重新修正的時候。似乎應該從三軍聯合作戰的基礎上來立論，以求產生合理的解決——因為在目前，思想方面的矛盾衝突實在是太多了。

我希望在對於這個問題的討論中，即足以說明這種配合新條件和新智識的修正理論的大概。最基本的觀念是「戰略行動」，而不是「會戰」——會戰是一個古老的名詞，對於目前的時代早已不再適用。現在再把從二次大戰所得來的結論，重述一遍：「眞正的目標並不是要尋求會戰，而是要尋求一種有利的戰略情況，假使說這種情況本身還不足以產生決定性結果，那麼若再繼之以一個會戰，則必然可以獲致這種結果。」

第二十二章 大戰略

這本書的主題是戰略的研究，而並非大戰略——或戰爭政策——的研究。要想對這個更寬廣的主題作適當探討，不僅需要更多的篇幅，而且還可能得另寫一本新書。因爲一方面固然戰略是受著大戰略的控制，但是另一方面，大戰略的原理卻有許多地方，是和戰略方面的某些原理，恰好相反。不過正是因爲這個原因，所以本書在這個最後階段中，對於大戰略的精義，也應該略加分析。

戰爭的目的是爲了獲得一個較好的和平——即令這個所謂較好者，僅僅是就你自己的觀點而言。所以在進行戰爭的時候，你必須經常不斷的注意到你所希望的和平。克勞塞維茨所舉的定義——「戰爭爲政策的延續」——其眞正的涵義亦即在此。我們一定要記得在戰後還會有和平。一個國家把他的力量用到匱竭的階段，結果必然會使他的未來政策變得總破產。

假使你只是專心集中全力去追求勝利，而不想到它的後果，那麼你就會過分的筋疲力竭，而得不到和平的實惠。這樣的和平一定是一個不好的和平，蘊含著另一次新戰爭的細菌。這種教訓在歷史上可說不勝枚舉。

假使這個戰爭是由幾個國家聯合進行的，那麼其所具有的危險可能更大。因爲在這種情形之下，一個太完全的勝利必然會使問題變得更複雜，而難於獲得公正而明智的和平解決方案。由於已經沒有一個足夠平衡的反對力量，可以控制勝利者的胃口，因此在同盟國之間，意見利害的衝突就再也沒有一個調解的力量了。這種分歧會愈來愈尖銳化，結果使戰時的盟友變成了戰後的敵人。

這裏又引出一個更深和更廣的問題。在任何同盟體系當中，最容易發生的摩擦，即爲想要「兼併」的觀念，而這種摩擦在缺乏平衡力量的時候尤其嚴重。在歷史上作這種企圖的人實在是太多了。可是歷史的教訓卻告訴我們，雖然有這種由小併大的自然趨勢，但是這種趨勢卻必須要聽其自然發展，若要想勉強速成，結果必然會造成很大的混亂。

此外，對於理想家而言，也許會感到很遺憾，可是歷史的經驗卻告訴我們：自由才能使進步有可能性，而「統一」(unification)卻很難於產生眞正的進步。因爲當統一的結果能夠使思想定於一尊之後，結果遂往往阻止了新觀念的成長。這種思想的統一只是僞定一時而已，而其本身卻只能產生反作用。

從分散中才能產生活力——只有在互相容忍的狀況之下，才會有眞正進步的可能性。這種容忍的基礎是因爲已經認淸了要想消除差異的企圖，是比容許差異的結果還要更壞。因爲這個原因，若希望和平能帶動進步的發展，則其最好的保證即爲由權力平衡所構成的互相制衡關係。無論在國內政治方面，還是國際關係方面，其原理都是一樣的。

就國內政治方面而言，英國的兩黨制度，儘管在理論方面，比之其他各國的政府制度，似乎具有很多的缺點，可是實際上憑著它的悠久歷史，即足以證明其具有的優越性。就國際方面而言，只要平衡能夠維持住，則所謂「權力平衡」實在應該算是一個健全的理論。但是歐洲的「權力平衡」局面卻常常發生動搖，因此才會引起戰爭。這種動搖的頻率日增，因此才產生了一種緊急要求，希望能找到一個比較安定的解決方案——或者是兼併，或者是聯合。聯合是一種較有希望的方法，因爲在合作中尙可發揚生氣；而兼併則只能以某種單獨的政治利益，來壟斷全部的權力。而任何權力的壟斷都足以證明阿克頓勛爵(Lord Acton)的名言實在是一點都不錯——「權力導致腐化，絕對的權力，則絕對的腐化」。從這點看來，連「聯合」也許都難於避免這種危險，必須用十分的謹愼，來保持互相制衡及平衡的因素，以來矯正這種天然的趨勢。

憑倚著歷史的背景，以來硏究大戰略，所可以得著的另外一個結論，即爲一般戰略的理論，應具有適應國家基本政策性質之必要。在一個「進取」和「保守」性的國家之間，無論在目的上或手段上，都有很明顯的差異。

若是注意到這種不同的差異，則可以很容易看出來，在第十九章中大致說明的純粹戰略理論，是最適合於以征服爲目的的國家。假使一個民族只想保守他們現有的領土，或者只想維護他們的安全和生活方式，那麼這些理論都必須加以相當的修正，始能配合他們的眞正目標。進取性的國家，因爲先天上有所不滿足，必須要先追求勝利，然後才能達到它的目的——因此不惜冒較大的危險去求戰。而保守性的國家則完全不同，它只要設法使侵略者放棄其侵略企圖即可以達到了它的目的——換言之，即設法使侵略者認淸這是得不償失的。所以它的所謂勝利，即爲阻止敵人的求勝企圖而已。事實上，侵略者的貪慾過度，結果往往會自討苦吃——有時會自己把力量用盡了，因而抵抗不住其他的敵人，或者是由於過度的擴張，而使內部發生裂痕。在戰爭中，由於力竭而敗亡的國家，其總數要比由於外來的攻擊而敗亡者，多得太多了。

在對這個問題的各項因素衡量一番之後，馬上就可以看出來，對於一個保守性的國家而言，其主要的問題就是要找到某種形式的戰略，以來適合這種先天上比較有限度的目的，而其著眼點則爲盡量保持著自己的國力，不使浪費——這對於現在和將來都是一個極好的保證。從第一眼上看來，似乎會覺得純粹的守勢應該是一種最經濟的方法，但是這卻暗示著有靜態防禦的意味——而歷史的經驗卻警告我們，如果只倚賴這種方法是十分危險的。防禦攻勢的方法似乎是一種最好的結合，它是以具有迅速反擊力量的高度機動性爲基礎，一方面合於「力量經濟」的原則，一方面又具有恐嚇的效力。

東羅馬帝國即爲最好的例證。他們的戰爭政策是經過博考深思之後，而採用一種積極「保守性」戰略來當作基礎的。這個帝國能夠延續那麼久的壽命，此項事實實在是最好的解釋。另外一個例證就是英國，但它卻是本能多於理智的，以海權爲基礎，英國人從十六世紀到十九世紀，一直都是使用這種戰略。當英國的國力與它的成長與時俱增，而它的敵國在戰爭中，卻都因爲國力消耗過度而垮倒了，憑著這個事實，即足以說明這種戰略的價值。那些國家之所以失敗的原因，都是因爲心有餘而力不足的緣故。

經過長期的戰禍，尤其是三十年戰爭，使得各國都感到筋疲力盡，於是到了十八世紀，各國的政治家開始認清了，在戰爭中，他們的野心和慾望必不能沒有限制。這種認識一方面產生了有限戰爭的趨勢——力求避免過度的發展，以防對於戰後的前途有所妨害。另一方面，當他們感到希望較爲渺茫的時候，他們也較願意接受談判的和平。他們的野心和慾望也常常驅使他們走得太遠，結果回向和平之路時，遂不免發現他們的國力不特沒有加強，反而已經減弱，雖然如此，他們卻總是知道懸崖勒馬，而不使國力達到完全衰竭的階段。所以最滿意的和平解決，即令是對於強者而言，也都還是由談判得來，而並非是決定性軍事勝利的結果。

這種有限戰爭的教育，一直在繼續發展之中，結果卻受到了法國大革命的阻擋。由於革命的緣故，才使一些政治上的生手，變成了領袖人物。法國的督政政府，以及其承繼人拿破崙，在二十年的時間中，不斷的作戰以追求一個耐久的和平。此種追求永遠不會達到它的目標，而只會使他自己的力量逐漸匱竭，終至於難逃最後的崩潰。

拿破崙帝國的崩潰，又重新證明了舊有教訓的正確性。但是由於拿破崙神話的迴光反照，遂使這個印象又不免有模糊不清之感。當一次大戰爆發的時候，這個教訓似乎已被世人忘得一乾二淨了。甚至於經過了這次痛苦經驗之後，二次大戰中的政治家們也沒有變得更聰明。

儘管戰爭是一種違反理性的行爲，因爲當談判無法產生滿意的解決時，我們才會採取這種武力解決的方式。可是假使我們想要達到目的，則戰爭的進行勢必要受到理智的控制。因爲——

一、儘管戰鬥是一種物質上的行爲，可是其指導卻是一種心理上的程序。你的戰略愈高明，那麼你佔上風的機會也就愈容易，而所花的成本也就愈少。

二、反而言之，你所浪費的力量愈多，那麼你就會使戰局逆轉，對你不利的機會也就愈多。即令你在戰爭中能夠贏得勝利，可是由於你的力量已經用盡，所以也就很難於享受和平的利益。

三、你所使用的方法愈野蠻，則會使敵人的仇恨愈深，其自然的結果便是你所要克服的抵抗將變得越來越強硬。因此即令是雙方勢均力敵，聰明的人還是會儘量避免暴力的手段，以免增強了敵國軍民的團結，和擁護他們領袖的熱忱。

四、這種計算還可以更伸展一步。當你愈是希望用征服的手段，來獲得一個完全由你自己選擇的和平條件時，那麼在你前路上的障礙物也就會愈來愈多。

五、更進一步說，甚至於當你已經達到了你的軍事目標之後，你對於失敗那方要求得愈多，則事後所引起的痲煩也就愈多。將來一定會使你追悔不已。

力量本身是一個魔圈，也許可以視它是一個螺旋，所以對於它的控制，必須要有一種極審愼合理的計算。所以戰爭的開端固然是違背了理性，但在鬥爭的各階段中，卻又恰好證明了戰爭之不可沒有理性。

在戰場上，戰鬥的本能對於勝利也許是必要的，不過對於這匹烈馬，卻一定要把韁繩拉得很緊——而且即令在這裏，頭腦冷靜的人也還是比面紅耳赤之徒較佔便宜。若是一個政治家只具有好鬥的本能，而喪失了冷靜的頭腦，那麼他就不配那種身繫安危的重任。

所謂和平的眞正涵義，是指在戰後，和平的狀況以及本國人民的狀況，都要比戰前更好。要想獲得這種意義的和平，其可能的途徑只有兩條：㈠是速戰速決，㈡是持久戰，使用的力量力求經濟化，絕不超過國家資源所能擔負的比例之外。一定要調整目的以來配合手段。假使發現這種勝利是不具太多希望時，聰明的政治家即絕不會再錯過談判和平的機會。雙方對於彼此的實力都已經心照不宣，那麼從談判中去求得和平，似乎是要比兩敗俱傷、同歸於盡好得多了。而這也常常就是長期和平的基礎。

寧可爲了維持和平而來冒戰爭的危險，但萬不要爲了想獲得勝利的結果，而在戰爭中面臨國力匱竭的危險。這個結論似乎與一般人的習慣正好相反，但卻絕對合於歷史的經驗。只有當你認爲對於良好的目的，有良好的希望時，才值得繼續打下去——因爲和平的遠景也許可以抵得過戰爭中所受到的痛苦總和。實際上，若對於過去的經驗能作深入的研究，則我們可以獲得下述的結論：一個國家若在戰爭當中，曉得利用喘息的機會即開始和平的談判，那麼也許要比用繼續作戰的方式，來追求「勝利」目標，還更容易接近它所預期的目的。

歷史又顯示出，在許多情形之下，唯有當交戰國的政治家能對心理因素有較深的了解，在做和平「試探」時，才可能獲得比較有利的和平。他們的態度正和在國內黨爭時完全一樣；每一個政黨都不願意表示讓步，即令其中有一方有任何願意和解的意圖時，他所使用的語言也還是太強硬，所以其他方面的反應也都很慢——一方面是受了驕傲和偏見的影響，另一方面是把這種可能合乎常識的行動，當作是示弱的表示。於是這個千載難逢的機會居然就這樣溜過去了，衝突還是繼續發展下去，終於還是兩敗俱傷。假使這兩方面若是注定了還是得在同一個天頂之下，繼續生活的話，那麼這樣繼續打下去，實在是毫無利益可言。對於近代化戰爭而言，這個原理似乎要比國內的黨爭，還更合用，因爲自從各個國家都工業化之後，彼此就更是休戚相關。所以這實在是政治家的責任，當追求「勝利的幢影」時，卻萬不可以忽視戰後的情況。

當雙方因勢均力敵，而不具提早獲勝的可能性時，那麼聰明的政治家，此時應可從戰略心理學方面學會一點新的道理。這在戰略學中也可以算是一條極粗淺的原則，當你發現你的對手正據守著一個堅強的位置，頗難加以硬攻的時候，那麼你就得爲他留下一條退路，這似乎是減弱他抵抗力的最快方法——圍師必鬥。對於政治而言也是一樣，尤其是在戰時更是如此，你要爲你的敵人準備好一架梯子，以便他可以爬下來。

現在又有一個新問題發生了，這種以所謂「文明國家」間的戰爭歷史爲基礎，所獲得的結論，對於那種純粹劫掠式戰爭的復活，或劫掠與宗教混合式的復活，是否也照樣能夠適用呢？前者的舊例爲野蠻民族對於羅馬帝國的襲擊，後者的舊例爲狂熱的回教徒所發動的戰爭。在這一類的戰爭中，任何談判的和平所具有的價值，似乎要比其正常標準更低(從歷史上看來，很明顯的，很少有國家是守信用的，除非這個諾言與他們的利害一致)。但是每當一個國愈不重視道義上的義務時，卻往往是愈尊重物質上的力量——一個強大的阻嚇力量，即足以使他們不敢輕於挑戰。這正和人與人之間的經驗是一樣，一個惡人對於實力和他差不多相等的對象，往往不敢挑戰，而當他面對著一個實力比他強大的對手，其態度反而不如秉性善良的君子那樣堅定。

無論是個人也好，國家也好，對於侵略成性的對手，如想用收買的手段——用摩登化的說法，就是所謂「安撫」——都實在是愚不可及。因爲收買的價錢愈高，則對方的身價也必愈抬愈高。但是侵略者卻是吃軟怕硬的。因爲他們所相信的只有力量，因此在實力的威嚇之下，他馬上就會自動低頭了。除了對於純粹瘋狂的現象以外，這都不失爲一個當頭棒喝。

固然和這種野蠻敵人，是很難的建立眞正的和平關係，但是要引誘他們接受一種休戰的狀況，也似乎並不太難。這要比想毀滅他們的企圖，似乎可以節省不少的精力，因爲他們也和所有的人類一樣，具有困獸猶鬥的勇氣。

歷史的經驗可以供給充分的例證，顯示出文明國家的喪亡，由於敵人直接攻擊而造成者頗少，由於內在的腐化，再加上在戰爭中把國力用盡了的後果所造成者卻頗多。一種拖延不決的局面固然是很難受——國家也和個人一樣，因爲受不了這種精神上的痛苦，而寧肯走上自殺的途徑。但是比起追求「勝利幢影」而使國力匱竭的話，則拖延卻似乎還不失爲中策。何況對於實際的敵國實行休戰，也可以使我方的力量獲得休息生長的機會，而警戒的心理也更足以促使一個民族奮發上進。

反而言之，愛好和平的民族更容易惹起不必要的戰禍，因爲當他們一旦起而作戰的時候，那麼就比野蠻民族更具有追求極端的趨勢。因爲後者是把戰爭當作一種圖利的手段，假使當他發現敵人太強大，而不容易克服時，他馬上就會準備叫停了。可是那個爲感情而非爲理智所驅使的戰士，雖然開始作戰時感到很勉強，一打起來之後卻反而有打到底的趨勢。所以即令他自己不會直接戰敗，卻往往會間接的把自己打敗了。只有不戰然後才能削弱野蠻主義的精神；而戰爭卻只會更加強它——正好像是火上加油一樣。

第二十三章 游擊戰

三十年前，在我自己所著的一本書的前言中，我曾經杜撰了這樣一句格言，那就是說：「假使你想要和平，必須先了解戰爭。」照我看來那個似乎古老而過分簡單的格言，與「假使你希望和平，必須準備戰爭」，是完全一樣的，而且也更爲適當。所謂準備戰爭者，往往被證明出來不僅爲一種對戰爭的挑釁，而且也常是錯誤的。換言之，即一心只想準備再使用上次戰爭的老方法，而忽視了情況早已經發生了徹底的改變。

今天，在核子時代中，我那個修正的格言可能應該再加以擴大。但並非像某些人所想像的，只是將「核子」這個形容詞加在「戰爭」的前面而已。因爲像目前所已有的核子權力，除了保持作爲嚇阻以外，根本上是不可以使用的，假使眞是使用起來，那麼其結果就只是「混亂」(chaos)，而不是「戰爭」(war)——因爲戰爭是一種有組織的行動，在混亂的狀況中是不可能繼續進行的。但是核子嚇阻卻又無法嚇阻較微妙形式的侵略，而且不僅不適用於此種目的，反而還更有利於刺激和鼓勵這一類侵略的趨勢，所以對於上述格言，現在必須要作的擴大註釋是有如下述：「假使要想和平，必須首先了解戰爭，尤其是游擊和顚覆形式的戰爭。」

在這個世紀的鬥爭中，游擊戰已經變得比過去任何時代都更爲重要，而且也僅只是在這個世紀，它才在西方的軍事理論中受到了相當的注意——儘管在過去的時代裏，非正規兵力的武裝行動也是一種常見的現象。克勞塞維茨在其鉅著《戰爭論》中，只用了短短的一章來討論這個問題，那是在其第四篇(討論「防禦」的各個方面)第三十章中快要結束的地方。在分析「武裝人民」(arming the people)這個主題時，他把它當作一種對抗侵入者的防禦措施，他固然曾經列舉基本成功條件及其限制，但卻不曾討論到其有關的政治問題。同時，他對西班牙人民向拿破崙大軍所發動的普遍抵抗運動，也只是略爲提到而已。在他那個時代的戰爭中，這實在是游擊行動的最顯著例證——而且「guerrilla」這個字變成正式的軍事名詞，也是由此而起。(譯者註：「guerrilla」這個字的西班牙原意爲「小戰」。)

一個世紀以後，對於這個主題才有較廣泛和較淵博的討論出現，那就是勞倫斯(T. E. Lawrence)所寫的《智慧七柱》(*Seven Pillars of Wisdom*)。這本書對於游擊戰理論的分析可以算是一個傑作，而以其攻擊價值爲討論之焦點，那也是勞倫斯本人對於阿拉伯人的革命所獲得的經驗與反省結合而成的結晶，那個革命一方面爲一種爭獨立的鬥爭，另一方面也是聯軍對土耳其戰役的一部分。但是在第一次世界大戰中，游擊行動曾經發揮重要影響的唯一機會，就只限於這個在中東的外圍戰役，在歐洲戰場上，它只扮演著不重要的角色。

但是在第二次世界大戰中，游擊戰就變得是那樣普遍，幾乎可以說是一種無所不在的現象。凡是被德國人所佔領的歐洲國家，都有游擊戰的發展；而被日本人所佔領的亞洲國家，也多數是如此的。它的成長大部分是可以追溯到勞倫斯所造成的深刻印象，而尤以在邱吉爾的心靈上爲然。德國人在一九四〇年攻佔了法國之後，遂使英國處於孤立的地位，因此利用游擊戰來當作對抗兵力的想法，遂成爲邱吉爾戰爭政策的一部分。在英國的計畫作爲組織中，有特殊的部門專門製造和培養「反抗」(resistance)運動，以阻止希特勒建立其「新秩序」(New Order)爲目的。在希特勒擴大了其征服範圍，加上日本又以德國同盟國的身分投入戰爭之後，此種努力也就隨之而推廣。這些反抗運動的成功程度也各有不同，最有效的爲狄托(Tito)在南斯拉夫所領導的克羅埃西亞(Croat)共產黨民兵。同時，在遠東方面，從一九二〇年代起，共產黨即早已在進行一種大規模的長期游擊戰。

第二次世界大戰之後，在東南亞以及世界上的其他部分，游擊戰的發展更是如火如荼，在非洲以阿爾及利亞爲起點，在大西洋的彼岸還有古巴。這個戰役很可能仍將繼續發展，因爲只有這種戰爭才能適合近代的條件，而同時又最能利用社會的不安，種族的糾紛，和民族主義者的狂熱。

隨著核子兵器威力的擴大，這種發展也就變得順乎自然。尤其是當氫彈在一九五四年出現時，美國政府也就同時決定採取所謂「巨型報復」(massive retaliation)的政策和戰略，認爲它可以嚇阻任何形式的侵略。當時的美國副總統尼克森曾經這樣的宣布說：「我們已經採取了一種新原則，我們不能讓共產黨在全世界用小戰來把我們蠶食致死，我們在將來應依賴巨型機動化的報復權力。」這種要使用核子兵器以來擊碎游擊的暗示性威脅，其荒謬的程度正好像說要用大鐵鎚來擊退一羣蚊蟲一樣。這種政策是毫無意識可言，其自然的效果反而是刺激和鼓勵那種侵蝕性的侵略形式，因爲核子兵器對它們根本派不上用場。

這樣的後果是很容易預知的，儘管當艾森豪總統和他的顧問們在決定依賴「巨型報復」政策，和採取他們所謂「新看法」(New Look)時，顯然未曾計料及此。要想說明這一點，最簡單的方法即爲重述當時某一批評的意見。

今天在我們心靈中必須澄清的最緊急和最基本問題，即爲所謂「新看法」的軍事政策和戰略。這個重要問題又與氫彈的出現具有密切的關係。

氫彈固然能夠減少全面戰爭的機會，但卻同樣也能增加有限戰爭的可能性。敵人可以選擇各種技術，這些技術在模式上雖然是各有不同，但其設計卻都是使我們難於使用核子兵器來作爲對抗工具。

這種侵略也許是採取有限的速度——即爲一種逐漸侵蝕的程序。它又可能具有有限的深度，但速度卻是很快的——即很快的咬下一小塊，然後立即繼之以談判。它更可能是只具有有限的密度——也就是採取許多質點的多方面滲透行動，那些質點是如此的微小，幾乎構成了一種看不見的蒸氣。

總結言之，氫彈的發展已經減弱了我們對共產黨侵略的抵抗力，這是一種非常嚴重的後果。爲了應付這種威脅，我們現在也就變得必須依賴傳統性兵器。不過結論的意義卻並非說我們應該退回到傳統性的方法上，而是應能發展一些較新的方法。

我們已經進入了一個新的戰略時代，那是與那些舊時代的革命者、原子空權的提倡者所假想的情況完全不同。我們對手現在正在發展的戰略是以一種二元觀念爲基礎，即一方面閃避優勢的空權，另一方面又要割掉它的腳筋(hamstringing)。很諷刺的，我們對於轟炸兵器的「巨型」效力愈加以發展，則也就愈足以幫助此種新型游擊戰略的進步。

我們自己的戰略必須以對此種觀念的明白了解爲基礎，而我們的軍事政策也需要重新調整其方向。對抗戰略還是有發展之餘地，而我們也應有效的發展它。

對於這些因素及其含意的認識是發展得很遲緩，直到一九六一年，甘迺迪總統上台時才突然的加速。那年五月之間，這位新總統在國會中致詞時，他曾經宣布說他正在「指導國防部長，與我們同盟國合作，迅速擴充現有的兵力，使其能應付核子戰爭，準軍事行動，以及次有限或非傳統性戰爭」。新的國防部長麥納瑪拉(McNamara)先生也宣稱「我們的反游擊兵力已經增加了百分之一百五十」，同時新政府也正在考慮對反共的外國游擊兵力予以援助。

有這樣一句格言：「早有警告也就是早有準備」(forewarned is forearmed)，這對於游擊和顛覆戰爭的應用程度，是又遠過於正規戰爭。對於此種戰爭的準備基礎，就是首先應了解其理論和歷史經驗，再加上有關此種戰爭正在進行或將要發生的特殊情況之知識。

游擊戰必須永遠是動態的，並能不斷維持其動量(momentum)。比起正規戰的情形，靜態的間隔更有害於它的成功，因爲那可以使對方加緊其對於國家的控制，並使其部隊獲得休息，同時又足以減弱人民參加或幫助游擊隊的熱心。在游擊行動中是絕無靜態防禦的可能，除了暫時的埋伏狙擊以外，也絕對不能有固定的防禦陣地。

從戰略方面來說，游擊行動是要企圖避免會戰，所以也就違反了一般戰爭的正常實踐；而在戰術方面，對於任何足以使其有遭受損失可能性的戰鬥，也都應力求避免。因爲除了埋伏狙擊以外，在任何戰鬥中，所可能犧牲的往往就是最優秀的領袖和人員，這樣下去就會使整個運動受到打擊，而終於油乾燈熄。所以「打了就跑」(hit and run)是一個較好的觀念，但卻仍略嫌籠統。因爲多數的小型打擊和威脅所能產生的效果，往往是比少數大規模的打擊更好——可以在敵軍中產生累積的擾亂作用，使其士氣頹喪，同時也可以在人民之間產生遠較廣泛的印象。無所不在(ubiguity)加上無影無縱(intangibility)實爲在此種戰役中求進展的基本祕訣。因此我們應該說：「輕輕地打了就跑」(tip and run)，同時，這也常是一種達到攻擊目的的最好方法，因爲它可以引誘敵人進入埋伏的地區。

游擊戰也違反了正統戰爭的一個主要原則，那就是所謂「集中」的原則——游擊與反游擊兩方面都是如此。在游擊方面，「分散」爲生存和成功的必要條件，他們應永遠不構成一個目標，但在分成微小粒子活動時，又應能像水銀一樣的膠結成一大塊，以來壓倒任何防禦脆弱的目標。對於游擊隊而言，「集中」的原則是已爲「兵力的流動性」(fluidity of force)原則所代替了——現在當正規兵力在核子威脅之下作戰時，這個原則也同樣適用，不過程度上略有不同而已。同時對於反游擊方面，「分散」也是必要的，正好像大鐵鎚打不死蚊蟲一樣，對於如此溜滑的游擊隊，狹義的兵力集中是毫無用處的。要想擊毀這種兵力，是必要張開一頂精密的蚊帳，所包括的地區愈廣闊愈好，這種控制網愈寬廣，則反游擊戰也就愈能奏效。

空間與兵力的比例在游擊戰中是最重要的因素。勞倫斯對於阿拉伯革命所作的數字計算是一種很生動的例證，他認爲土耳其人要想控制這個革命，則必須每四平方哩就要建立一個要塞化的據點，而一個據點又至少需要二十名守兵。照這樣計算，土耳其必須要有六十萬人，始能控制其所想嘗試控制的地區，但實際上它卻只有十萬人可以運用。所以勞倫斯說：「我們的成功是可以斷言的，因爲只要了解空間與數量的比例之後，則馬上就可以用簡單的計算來加以證明。」這樣的計算，即令是不免過於簡單，但卻仍能代表一項概括性的眞理。空間對兵力的比例的確是一個基本因素，但其效果卻因爲下述各項因素而有所變化——地區的形勢，雙方的相對機動性，和雙方的相對士氣。崎嶇的山地或森林地帶對於游擊隊是最有利的。由於有了機械化地面兵力和飛機的發展，沙漠已經減低了其價值。都市地區是利害參半，但平均說來，還是對游擊戰有不利的趨勢，儘管對於顛覆活動，那卻是最好的戰場。

雖然山地和森林，就先天性質而言，可以對游擊隊的安全提供最佳的保障，同時也可以提供奇襲的機會，但是也並非完全有利無害。因爲這樣的地區，一定很難於獲得補給，同時距離重要目標也一定較遠。這些目標所包括的，又不僅是佔領權力所呈現出來的弱點（尤其是交通線），而且還有應爭取其合作的人民。一個游擊運動若把自己的安全視爲第一，則不久便會自動的熄滅，其戰略應經常以打擊敵人爲目標。

空間與兵力的比例所代表的爲數學加地理的因素，但這又與心理加政治的因素是分不開的，因爲游擊運動的前途和進展，都與作戰地區中人民的態度，是具有極密切的關係。從積極方面來說，他們應願意幫助游擊隊，把情報和補給供給它；從消極方面來說，他們應不把情報供給敵人，並幫助隱藏游擊隊。游擊成功的主要條件即爲應使敵人永遠處於黑暗中，游擊隊則不僅了解當地的情況，而且對於敵人的部署和行動，也都有可靠的情報。因爲游擊隊爲了安全和奇襲的需要，大部分都在黑夜的掩蔽下行動，所以上述的條件也就至爲重要。更進一步說，他們愈能獲得迅速而詳細的情報，則也就愈易於獲得當地人民的支援。

游擊戰是這樣的一種戰爭，即眞正從事於戰鬥的人很少，但卻必須有賴多數人的支援。雖然就其本身而言，它是一種最富有個別性的行動方式，但若欲作有效的行動，和達到其目的，則又必須有羣衆的集體同情和支援。所以只有在配合著民族抵抗的號召、獨立的要求，和社會經濟的不滿心理時，這種作戰才會有最高度的效力，因爲這樣可以使它變成一種意義遠較廣大的革命。

過去，游擊戰一向都是弱者的武器，所以主要是防禦性的，但在核子時代時，它卻逐漸發展成一種侵略的形式，特別適合於利用核子僵持的情況。所以「冷戰」的觀念現在已經落伍了，而應該改稱爲「僞裝戰爭」(camouflaged war)。

但是這種廣泛的結論卻也引出一個更深入的問題。西方國家的政治家和戰略家若是足夠聰明，當在企圖對此種戰爭發展一種對抗戰略時，就應該能向歷史學習，避免再犯過去的錯誤。

爲什麼在最近二十年間，這種戰爭會突然大爲流行呢？其主要原因之一就是在邱吉爾領導之下，英國在一九四〇年採取了一種在敵方佔領國家內，盡量製造和培養民間抵抗運動的戰爭政策，希望用這種手段來對付德國人——這個政策又延伸及於遠東，以來對付日本。

當時，對於這種政策的推進是具有極大的熱心，而且也視爲毫無疑問，當德國的征服狂潮已經席捲了歐洲的大部分時，這也似乎是唯一足以抵抗希特勒控制的手段。同時，此種路線對於邱吉爾的心靈和脾氣也最爲契合，除了他的那種直覺性的固執，和一心只想擊敗希特勒而不計及任何一切後果的想法以外，他和勞倫斯也有密切的友情，而且也一向是他的崇拜者。他現在還認爲有機會可以把勞倫斯用於阿拉伯相當有限地區中的技術，擴大用之於歐洲大陸。

假使若有人對於這種政策表示懷疑的話，就會顯得他是缺乏決心，甚至於是不愛國，所以即令有人認爲這種政策對於歐洲未來的復興是有不利的影響，但卻還是沒有人願意甘冒那種惡名而起來表示意見。戰爭常常是一方面做著惡事，而另一方面又希望這種惡事能產生很好的結果，所以若想嚴辨善惡，則沒有不影響決心者。更進一步說，謹慎小心的路線在會戰中往往是一種錯誤，但此種路線卻常爲人所採用，相反的在戰爭政策的較高階層中，謹慎小心的路線是很少受到欣賞的，但事實上在這個階層中，那卻往往是比較聰明的，儘管通常總是不孚人望的。在戰爭的狂熱中，公衆意見所要求和擁護的都是一些最激烈的措施，而不考慮其後果。

那麼結果又是怎樣呢？武裝的抵抗毫無疑問的曾經給與德國人以相當的牽制，以西歐而言，功效最顯著的是在法國。此外，在東歐和巴爾幹，也曾對德國人的交通線構成嚴重的威脅，最足以說明他們的功效者，是德國指揮官們所提供的證據。正好像在愛爾蘭叛亂時的英軍指揮官一樣，他們對於應付游擊性敵人的負擔感到非常厭倦，因爲後者能獲得人民的掩護，並能作突如其來的打擊。

但若仔細的分析，可以發現必須要有一支強大的正規兵力，正在與敵人作正面的搏鬥時，游擊隊始能發揮其牽制的功效。若是沒有強大的攻勢吸引住敵方的主要注意力，則游擊隊的行動最多不過是產生一點擾亂作用而已，並無太大的價值。

在這種情況之下，他們的效力是遠不如廣泛的消極抵抗——而對於本國人民所造成的損害卻遠較巨大。他們所挑起的報復是遠比敵人所受到的損失爲嚴重，他們使敵方部隊有了採取暴力行動的機會，對於一個駐在不友好國家領土上的部隊，往往是一種放鬆神經的樂事，游擊隊所直接造成的，以及在報復過程中間接造成的物質損害，只會使其自己的人民感受痛苦，而且最後又會變成未來重建國家時的障礙。

但是最嚴重的，也是最持久的創傷還是在精神方面。在愛國的號召之下，武裝抵抗運動也吸收了許多的惡勢力，使他們有好聽的藉口，以來無惡不作。這誠如約翰生博士(Dr. Johnson)的名語所云：「愛國心是一個惡棍的最後掩護。」更壞的是整個下一代的青年人也都受到此種惡劣的精神影響，在對抗佔領當局的戰鬥中，使他們養成了藐視權威，和破壞道德規律的習慣，以至於在侵入者已經離去之後，仍舊很難恢復正常的「法律與秩序」。

暴力的習慣在非正規戰爭中所生的根，是要比在正規戰爭中較深。在正規戰爭中，還有服從權威的習慣與之抵銷，而在非正規戰爭中，一切不服從權威和破壞規律的行動卻都被視為美德，成為鼓勵的對象。所以在這種已經被挖空了的基礎上，也就很難重建一個安定的國家。

在我與勞倫斯本人對他的阿拉伯戰役作了一番討論之後，即開始使我認清了游擊戰的危險後果。我對於那次戰役所寫的書，以及對於游擊戰理論所作的闡述，在上次大戰時曾經被許多突擊單位和反抗運動的領袖們當作一種指導方針來看待。溫格特(Wingate)當時還是一位在巴勒斯坦服務的上尉，他在二次大戰爆發的前，特地來看我，並說明他有將這種理論作較廣泛應用的想法。(譯者註：溫格特在巴勒斯坦服務時，曾幫助猶太人組織地下自衛武力，戴陽就是他的助手兼門徒。以後溫格特在緬甸曾主持深入敵後的作戰，頗具戰功並升任少將。)但是我在那個時候即已開始發生了疑惑——那並不是對於其眼前的效力，而是對於其長遠的效果。因為作為是土耳其人的承繼者，我們英國人現在在勞倫斯所曾經撒播阿拉伯叛亂種子的同一地區中，也正遭遇著同樣的困難。

當我再研究一個世紀以前的半島戰爭軍事史，以及其後的西班牙史時，這種疑惑也就更形加深了，在那次戰爭中，拿破崙雖然能夠擊敗西班牙的正規陸軍，但其成功至終卻被西班牙的游擊隊所抵銷。作為是一個對抗外國征服者的民間起義行動，那要算是歷史紀錄上最有效的一次。它不僅取消了拿破崙對西班牙的控制，而且也動搖了其權力的基礎，所以實在是比威靈頓的勝利還更偉大，但是它卻不曾替解放後的西班牙帶來和平。因為接踵而來的即為一種武裝革命的流行病，一直延續了半個世紀之久才平息——但在這個世紀又再度爆發了。

另外一個不祥的例證，就是一八七〇年，法國人爲了困擾德國侵入軍而創造的「自由射擊者」(franc-tireurs)，結果也還是變成了作法自斃。他們那些人對於侵入軍只能發生極輕微的擾亂作用，而在國內卻發展成爲自相殘殺的鬥爭，即所謂巴黎公社(Paris Commune)之亂。而且此種「不合法」的傳統在以後的法國歷史上，也形成了一種永久性的弱點。

那些曾經計畫發動暴力叛亂，並將其當作我們戰爭政策之一部分的人，實在是太輕忽了這些歷史的教訓。在戰後的時代中，對於西方同盟的平時政策已產生了嚴重的影響——而不僅只是在亞非二洲鼓勵反西方運動而已。譬如以法國而論，那是早就可以認清，比起未來政治和道義上的不利影響，那種地下抵抗的軍事效力實在是得不償失。此種疾病還仍在傳播。除了養成一種不現實的看法以外，它也破壞了法國的安定，並危險的削弱了北大西洋公約組織的地位。

現在開始學習歷史的教訓似乎也還不太遲。不過由於敵人的這種「僞裝戰爭」的活動已經使我們受到了很大的損失，於是也就使人想到我們應該採取同樣的反攻行動，即以其人之道還治其人。但更聰明的想法是我們不應走敵人的舊路，而應設法去尋求一種更微妙和更具遠見的對抗戰略。無論如何，那些擬定政策和執行政策的人，對於這個主題是必須要有比前人更深入的了解。

附錄：李德哈特及其思想

鈕先鍾

引言

李德哈特為本世紀的偉大戰略思想家，他在一九七〇年逝世，我早就想為他寫一篇紀念文，但由於事冗，一直都不曾下筆。最近在英國《三軍聯合季刊》（*RUSI*）上看到有人寫了一篇論李德哈特的文章，深感他的思想到今天已經受到很多誤解，尤其是英國的後輩對於先賢如此缺乏了解，更令人浩嘆。所以遂決定草擬本文以供國內研究戰略思想的人士參考。

李德哈特生於一八九五年，歿於一九七〇年，享年七十五歲。當一次大戰爆發時，他還是劍橋大學的學生（主修現代史），投筆從戎之後在索穆河會戰（一九一六年）中曾受到毒氣重傷。戰爭結束時，升到上尉官階。一九二四年從陸軍中退役，從此以寫作為生。李德哈特眞可算是多產作家，他所寫的文章幾乎多到難以計算。專以一九二七年而論，他在報紙上發表過一百四十篇專欄。所出版的專書多達三十餘種。所以，「著作等身」對他而言，絕非虛譽。儘管如此，這樣多的著作隨著時代的演進有許多都已喪失其價值，到今天仍可傳世者已經不多。研讀他的重要著作，我們不僅可以了解其思想，而且也可以肯定其貢獻。

概括言之，李德哈特的思想是經過幾個階段的演變。最初只注意到戰術層面，接著升高到(軍事)戰略層面，再進步到大戰略層面，及至晚年，他更潛心歷史研究，並進入哲學的境界。當然，他同時也無法脫離現實，所以從二〇年代到七〇年代，他也曾對英國政府，甚至整個西方世界，提出很多具體的建議。因此，他所留下來的思想遺產實在是太豐富，要想加以概括的論述的確很不容易。

爲了簡便起見，謹依照上述的演變順序來分段分析。不過限於篇幅，所重視的是可以傳世的部分，至於那些只與某一時代有關的部分則不予論列。

早期的思想

李德哈特被公認爲閃擊戰的先知者，這似乎已無疑問。不過，事實上，他在此思想領域中的地位至少還是僅次於富勒(J. F. C. Fuller)。李德哈特與富勒在思想上的關係是一個非常有意義的問題，值得深入分析。李德哈特不曾受過任何正規軍事教育，但他的確有高度的天才，到一次大戰末期即以對步兵戰術的研究受到英國陸軍當局的賞識。不過嚴格說來，他此時對於戰略和戰史等較高深的學問還沒有什麼成就。

李德哈特之所以能走上學術研究的途徑，實在應歸功於富勒的提攜和指導。富勒生於一八七八年，比李德哈特年長十七歲，他是正規軍人出身，一次大戰時已官居上校，任英國唯一戰車軍(Tank Corps)的參謀長。所以他對於李德哈特而言，不僅年長而且資深，至少是師友之間。從一九二〇年開始，李德哈特即完全接受富勒的意見，認爲戰車將是未來戰爭中的決定性武器。在這個階段，他對於富勒也推崇備至，下面一段話可以作爲證明：

您是機械化領域中的導師，而我的皈依卻到一九二一年才完成。我一向只在步兵戰術領域中探索，對於機械化戰爭毫無研究。我早就佩服您的淵博。雖然我的心靈在能力和範圍上也正在發展，但我卻經常承認您的優越地位。

從那個時候開始，他們兩人即共同努力於裝甲戰思想的提倡，雖然在細節上彼此仍然常有爭論，但大體上，他們的意見是一致的。至於他們對於歷史的貢獻則很難分高下，儘管在二次大戰之後，德國軍人都比較推崇李德哈特。古德林在《德國百科全書》(*Der Grosse Brockhaus*)中稱李德哈特爲「機械化戰爭理論的創始者」。事實上，這個尊號應屬於富勒。

富勒對李德哈特的思想啓發又還不僅限於裝甲戰的領域。受到富勒的指導，他開始擴大其研究的範圍，和加深其思考的層次。他開始了解戰爭是一種社會和政治現象，同時所注意的已經不再是戰術而是戰略。不過，李德哈特非常人也，他的思想雖以富勒爲源頭，但並不受其限制。所以遂能青出於藍，另立宗派而成爲一代大師。他們之間的關係眞可算是學術史上的佳話。

間接路線

假使說思想也和貨品一樣有商標，則「間接路線」就可以算是李德哈特的商標。從一九二五年開始，李德哈特就一直從事於歷史的研究，並且希望從這種研究中找到戰略的精義。到一九二九年，他出版了一本書名爲《歷史中的決定性戰爭》(*The Decisive Wars of History*)，所謂「間接路線」的戰略觀念也就是在此時正式公開發表。在此必須指出這本書的書名有一點小毛病，因爲從歷史家的觀點來看，具有決定性的是「會戰」而不是「戰爭」。

他以後在其回憶錄中曾綜述其當時的想法：「必須對全部戰爭歷史加以研究和反省，然後始能充分了解間接路線藝術的眞意。」儘管「間接路線」的觀念是在一九二九年即已提出，但李德哈特的思想還是經過長時間的演進，始臻於成熟。他到一九四一年才正式採用《間接路線的戰略》(*The Strategy of Indirect Approach*)爲書名。到一九四五年二次大戰結束時，其書擴大再版，並成爲當時各國參謀學院的必讀之書。李德哈特到此時也開始名滿天下，這又與德國將軍對他的推崇不無關係。

一九五四年，第一顆氫彈爆炸之後，李德哈特又把他的書擴大、修正、再版，並且換了個新書名：《戰略論：間接路線》(*Strategy: The Indirect Approach*)。一九六七年，李德哈特已垂垂老矣，他又把這書擴大再版，這也就是其生前的最後一版。事實上只增加了一章，其餘內容幾乎毫無改變。

間接路線雖是他畢生提倡的戰略觀念，但他從不曾宣稱那是他的發明。事實上，他雖曾創造此一名詞，但其內容又都是古已有之的觀念。不過，由於時代的演進，這些舊觀念遂被忽視或遺忘，於是李德哈特在研究歷史時遂再度發現它們。他不僅恢復原有的觀念，而且更依過去戰爭中的教訓予以綜合組織，並作有系統的解釋，而成一家之言。

他自稱基於對三十個戰爭，二百八十多個戰役的研究，發現其中只有六個是用直接路線而能獲致決定性戰果。其餘均屬於間接路線的範疇。所以，他作結論說：間接路線實爲最有希望和最經濟的戰略形式。當他最初使用此一名詞時，那只具有地理意義。他指出：「名將寧願採取最危險的間接路線，而不願駕輕就熟走直接路線。必要時，只率領小部分兵力越過山地、沙漠，或沼澤，甚至於與其本身的交通線完全斷絕關係。」但以後，他又發現所謂「路線」不僅具有實質意義，而更具有抽象意義，所以他說：「從歷史上看來，除非路線具有足夠的間接性，否則在戰爭中就很難產生效果。此種間接性雖常是物質的，但卻一定是心理的。」他又指出「敵人心理平衡的動搖實爲勝利的主要條件」。

間接路線是一種抽象原則，李德哈特對於其實際應用又另有一套理論，他稱之爲「公理」(axiom)。他認爲從戰史的研究中可以發現若干經驗性的「公理」。他把它們一共歸納成爲八條：六條是正面的，兩條是反面的，並且認爲對於戰略和戰術都同樣適用。

正面六條爲：(一)調整目的以適應手段；(二)心中經常保持目標而計畫則應適應環境；(三)選擇期待最低的路線(方向)；(四)利用抵抗最小的路線；(五)採取能同時到達幾個目標的作戰線；(六)計畫和部署都必須有彈性而能適應環境。

反面兩條爲：(七)當對方有備時愼勿傾全力作孤注一擲的進攻；(八)失敗後勿用同一路線(或同一形式)再發動攻擊。

李德哈特認爲他這套公理並非所謂「戰爭原則」，而對後者則頗有微詞，儘管那正是富勒所提倡的。事實上，他對戰爭原則的批評不免過火，而他的公理與原則相差也非常有限，最多不過是五十步笑百步而已。李德哈特認爲戰略是藝術，戰爭原則過分簡化，不切實際。但富勒卻認爲其間接路線正犯同樣毛病。富勒說：「若認爲間接路線是萬應靈丹實乃大錯。」

事實上，李德哈特並無把間接路線視爲萬應靈丹的意圖，不過由於過分地強調，遂不免有言過其實之嫌。李德哈特爲什麼會如此？要了解這一點則又必須先分析其在一次大戰之後的心態。戰爭結束後，李德哈特九死一生撿得一條性命，他在痛定思痛之餘，對於戰爭期間那些高級將領(尤其是英國的海格)只知蠻攻硬打，而完全不用頭腦，坐視許多青年冤枉地犧牲在西方戰場上，眞是深惡痛絕，所以在思想上也就自然地產生反動，他說：「好鬥(pugnacity)是與戰略完全相反。」這不僅暗示他有所爲而發，更可以表示他已經從慘痛的經驗中學得了一項重要教訓，那就是正如劉邦向項羽所說的話：「吾寧鬥智不鬥力。」

間接路線就是鬥智，直接路線就是鬥力。在戰略領域中應該盡量鬥智不鬥力，這個大原則是絕對不錯，所以我們對於李德哈特有時不免言論偏激應該加以諒解。從這裏又可導出另一個問題，那就是李德哈特在思想上與孫子的關係。他在一九二七年以前還不曾讀過《孫子》，但其思想早已與孫子有許多地方不謀而合。到一九二九年首創間接路線時，他不僅已經讀過《孫子》，而且也已深受《孫子》的影響。他以後在其著作的卷首列舉《孫子》語錄十三條，即可爲證明。用《孫子》的「術語」來表達：直接就是正，間接就是奇，所謂間接路線不僅爲迂直之計，而也正是奇正之變。

李德哈特到了晚年對於孫子更是推崇備至。他在一九六三年替格里菲斯(Sannel B. Griffith)所新譯的《孫子》英文本作序時，曾指出《孫子》爲世界上最古老的兵書，但在思想的淵博和深入程度上，從無後人能夠超越他。他又說在過去所有的軍事思想家之中，只有克勞塞維茨可與其比較，但甚至於他還是遠比孫子「陳舊」，儘管他的著作晚了二千年。他最後說：「《孫子》這一本短書所包括的戰略和戰術基本知識，幾乎像我所著的二十多本書中所包括的分量一樣多。」

有趣的是，李德哈特對於克勞塞維茨的態度與其對孫子的態度幾乎成強烈對比。雖然他說克勞塞維茨可與孫子比較，但概括言之，他對克勞塞維茨的批評是貶多於褒。而且他對於克勞塞維茨的思想不僅不太重視，甚至於還頗多誤解。對於其原文的引用也往往斷章取義，對其思想的解釋常有扭曲，不正確、不公平之嫌。爲什麼會這樣？似乎不難解釋。孫子論將把「智」列爲第一位，克勞塞維茨論軍事天才把「勇」列爲第一位。尤其是克勞塞維茨的言論，從表面上看來，不無崇尚暴力的趨勢，而那正是李德哈特所最厭惡的。

戰略與大戰略

間接路線雖可算李德哈特的商標，但他在戰略思想領域中的貢獻又非僅此而已。就最基本的層面來說，李德哈特對戰略所下的定義不僅簡明扼要，而且更有其特點。他說：「戰略爲分配和使用軍事工具以達到政策目標的藝術。」英國當代戰史大師何華德(Michael Howard)認爲這個定義至少和任何其他定義一樣好，而且比其中大多數均要好。他這個定義至少有三個優點：㈠明白說明手段與目的之間的關係，足以表明戰略爲工具之學；㈡擴大戰略所涵蓋領域，不限於戰爭或戰時；㈢提出「分配」(distribution)觀念，爲過去所有戰略家所未注意者。李德哈特的定義直到今天仍爲許多從事戰略研究的學者所採用，不過又並非毫無缺點：㈠他的定義只能適用於傳統軍事戰略範疇(李德哈特曾稱之爲純戰略)；㈡他雖提出「分配」的觀念，但並未考慮「發展」(development)的觀念，似美中不足。

照何華德的分類，李德哈特要算是最後一位「古典」戰略家(classical strategist)，他的思想主流都是在先核時代(pre-nuclear age)發展成形。儘管如此，他又仍爲核子時代的少數戰略先知之一。人類對於核子時代的來臨，反應相當遲鈍，但李德哈特在一九四六年即已出版一書名爲《戰爭革命》(*The Revolution in Warfare*)。他在書中指出核子武器的出現已使全面戰爭變成荒謬的自殺行爲，這也意味著將來核子國家之間若發生戰爭只能採取有限形式。

儘管當時李德哈特已名滿天下，但他的思想對於美國官方並未產生任何影響，美國將軍仍在準備打上次的戰爭，並且把核子武器視爲另一種武器而已。一九五〇年他出版《西方的防衛》(*Defense of the West*)，一九六〇年又出版《嚇阻或防禦》(*Deterrent or Defense*)，這些書都可以代表最早期的核子戰略理論。但仍然曲高和寡，不過他在美國政界至少有一位知音，那就是甘迺迪總統。甘迺迪說：「沒有任何其他的軍事專家能比李德哈特贏得更多的尊敬和注意。在兩代人的時間內，曾經把具有稀有想像力的智慧帶入戰爭與和平的問題中。他的預測和警告時常是不幸而言中。」

從現代戰略思想的觀點來看，李德哈特的最大貢獻可能是在大戰略的領域中。雖然大戰略的名詞和觀念由來已久，但在當代戰略家中，李德哈特實爲最早重視此一領域並曾作相當深入探討的第一人。在《戰略論》中不僅一再提到大戰略的觀念和運用，而且還闢有專章（第四篇第二十二章）。誠然，他的研究還是以軍事戰略爲主，但他對大戰略研究的倡導可謂開風氣之先。他指出：「大戰略領域大部分仍爲未知，仍有待於探勘和了解。」他又說：「要想對這個更寬廣的主題作適當探討，不僅需要更多的篇幅，而且還可能得另寫一本新書。」

李德哈特對於大戰略雖只作簡略的檢討，但要言不煩，對於爾後的研究者能提供不少的啓示。他指出：「大戰略的任務爲協調和指導所有一切的國家（或國家組合）的資源，以達到戰爭的政治目標。」他又說：「大戰略應計算和發展國家經濟資源和人力支持戰鬥力量。同時還有精神資源也和具體形式的力量一樣重要。……軍事權力僅爲大戰略工具中之一種，大戰略更應考慮應用政治壓力、外交壓力、商業壓力、道義壓力以來減弱對方的意志。」最後，他更指出：「戰略的眼界以戰爭爲限，大戰略的視線必須超越戰爭而看到戰後的和平。」

李德哈特在討論大戰略時，一再的流露出其哲學思想。有許多名言都值得重視。他說：「戰爭的目的爲獲得較好的和平。」國家在戰爭中不可專心求勝，而把國力消耗殆盡，否則將無以善其後。他又以東羅馬（拜占庭）爲例，說明「持盈保泰」的重要。他對於現代世界提出警告：「工業化已經使所有國家在命運上變得不可分。政治家的責任爲永遠不應忽視現實而追求勝利的幻想。」

雖然，他對於大戰略並未作較深入的研究，而且在這一方面的思想也未能構成嚴謹的體系，這很可能是由於到六〇年代，他已經體力漸衰，心有餘而力不足。儘管如此，其著作中關於這一方面的遺產，即令只是一鱗半爪，也還是彌足珍惜。

爲什麼不向歷史學習

像所有一切著名的古典戰略家一樣，他們的研究都是以歷史爲基礎，而且有時甚至於可以說，他們對歷史的興趣或造詣要比對戰略還要更較深入。李德哈特與克勞塞維茨在思想方面有很多差異，但在這一方面卻完全一樣。在其晚年，李德哈特更是把其全部精力都投在歷史上。他在辭去倫敦國際戰略學會(Institute for Strategic Studies)理事時，曾致函其會長布強(Alastair Buchan)指出他準備集中其全部剩餘精力在歷史方面，因爲那是他最感興趣者。

李德哈特寫了很多歷史，其第一和第二兩次大戰史更是不朽之作。不過有一本小書卻最足以表現其歷史思想。這本書名爲《爲何不向歷史學習？》（中譯本改名《殷鑑不遠》）。李德哈特雖不是一位史學專家，但他治學態度的嚴謹和客觀，絕不遜於專業性的學者。他認爲歷史的目標就是求眞(truth)。他又愼重地解釋：「發現事實眞象，並解釋其原因，即尋找事相之間的因果關係。」

李德哈特對於歷史的貢獻採取一種保守的看法，他說：「作爲一個路標(guiding signpost)，歷史的用途很有限，因爲雖能指示正確方向，但並不能對道路情況提供明細資料。不過，作爲一個警告牌(warning sign)的消極價值則比較明確。歷史可以指示我們應該避免什麼，即令並不能指導我們應該做什麼！它所用的方法就是指出人類所最易於重犯的若干最普通錯誤。」

他引用俾斯麥的名言：「愚人說他們從經驗中學習，我則寧願利用他人的經驗。」歷史是宇宙性的經驗，比任何個人的經驗都更長久，更廣泛，更複雜多變。不過，李德哈特又很認眞地指出：「史學家的正確任務就是把經驗蒸餾出來以作爲對未來時代的一種醫學警告，但所蒸餾出來的東西並不是藥品。假使他已竭盡其所能，並忠實達成此種任務，則他也就應該心滿意足。如果他相信後代一定會吸收此種警告，則他也就未免過分樂觀。歷史在這一方面至少已對史學家提供一項教訓。」

他這段話固然有一點諷刺，但也正是針對人類的弱點，那就是不向歷史學習而一再重蹈覆轍。李德哈特對於人性的弱點有深刻認識。他指出：「那些影響國家命運的大事，其決定基礎往往不是平衡的判斷而是衝動的感情，以及低級的個人考慮。」人往往大事糊塗，小事精明，明足以察秋毫之末而不見輿薪。這樣的事實不勝枚舉，深值警惕。李德哈特曾指出一九三九年的波蘭外長貝克(Joseph Beck)，在一支菸還沒抽完的時間中即已決定該國的命運。

所以，他說如果能因研究歷史而認清人性弱點，則應哀矜而勿喜。對犯錯的人不要隨便加以譴責，但必須努力使自己不再犯同樣錯誤。因此，他強調歷史對個人的基本價值。歷史教我們以「人生哲學」(personal philosophy)。他又引述羅馬史學家波里比亞斯(Polybius)的話：「最具有教訓意義的事情莫過於回憶他人的災難。要學會如何莊嚴地忍受命運的變化，這是唯一的方法。」簡言之，歷史意識能幫助人類保持冷靜，度過難關。歷史指出最長的隧道還是有其終點。於是也就能增強苦撐待變的信心和勇氣。

結論

李德哈特不僅著作極多，而且也名滿天下，僅憑這樣簡短的敍述，實在很難對其思想和成就作一完整介紹。不過文章總是要結束，現在就引述何華德的意見來作爲結論。何華德首先指出「五十餘年來，其研究的淵博和深入已經使軍事思想本身的性質發生變化」。但是李德哈特對於人類的貢獻卻非僅限於軍事思想，甚至於也不限於任何學術領域。李德哈特不僅爲戰略家和史學家，他是一位通儒，也就是一位哲學家。

李德哈特的本性使他無法僅在某一有限領域中從事專精的研究。他早在一九二五年就曾這樣地說：「儘管在任何部門的專業經驗是有益於專技的養成，但把眼光集中在技術問題上將會產生使視界狹窄的惡劣趨勢。」所以，誠如何華德所云，他是古代「聖賢」(sages)中的最後一位。他在學術思想領域中的地位正像法國的伏爾泰(Voltaire)，英國的羅素(Russell)和蕭伯納(Bernard Shaw)。李德哈特不僅是一位戰略家，正像羅素不僅是一位數學家，蕭伯納不僅是一位劇作家一樣。

到他晚年，他的思想也就更有爐火純靑，超凡入聖的趨勢。他所發表的言論有時看來似乎很粗淺，但實際上卻是至理名言，值得回味。現在就引述一段話以代表他對後世的永恆忠告：「研究戰爭並從歷史學習。盡可能保持堅強，但無論如何都應保持冷靜，要有無限的耐心。不要欺人太甚，經常幫助他維持面子。萬事均應替對方著想，必須避免自以爲是的態度。」

國家圖書館出版品預行編目資料

戰略論：間接路線／李德哈特（B. H. Liddell-Hart）
著；鈕先鍾譯. -- 二版. -- 臺北市：麥田, 城邦文
化出版：家庭傳媒城邦分公司發行, 2007. 09
面；　公分. --（戰略思想叢書；3）
譯自：Strategy: the indirect approach
ISBN 978-986-173-294-7（平裝）

1. 戰略　2. 軍事史

592.4　　96016658